green 주방관리론

김용분 · 박기오 · 권오천 · 황성원 · 박윤주 공지

光文閣

머리말

호텔 및 외식경제산업이 국민경제의 성징으로 인한 생활양식의 변화, 여가의 증가, 가처분 소득의 증가 등 사회 문화적 환경에 변화에 따라 소비자의 욕구는 다양하게 변화하고 있다.

경제가 성장할수록 먹을거리에 대한 중요성이 날로 강조되면서, 높아신 소비자들의 눈높이를 따라가기 위해서는 한 차원 높은 커뮤니케이션이 필요했고, 이에 기업들은 '완벽'을 목표로 하며, 주방을 공개, 기업 운영의 소중한 자산인 '신뢰'를 쌓아 나가고 있다.

주목할 만한 것은 외식 기업의 주방 공개가 '자신감'과 '책임감'의 표현이라는 점이다. 외식 기업 운영의 기본이자 가장 중요한 공간인 주방 운영에 집중하며, 기업의 경쟁력 제고와 고객에 대한 책임 실현에 힘쓰고 있다.

따라서 그에 따른 주방 운영 시스템과 인간공학적으로 설계된 공간 배치와 분석, 인적 자원의 효율적인 관리, 위생적인 식재료관리 등에 의해 최고의 품질과 서비스로 이어져 고객 만족을 실현시킨다.

본서는 전체 4 Chapter로 주방 현장에서 이루어지는 실무를 우선적으로 중점을 두었고 이론적 배경을 적절히 구성하였다. Chapter 1에서는 주방관리 개론으로 이해와 관리의 특성을 요약했고, Chapter 2에서는 주방을 경영하는 데 있어 관리적인 측면으로 식품안전관리, 원가경영관리, 메뉴경영관리, 식품위생관리, 인적자원관리, 작업관리, 단체급식관리를 설명하였다. Chapter 3에서는 주방시설관리에 대한 부분으로 시설관리와 장비관리, 기물관리, 설비환경관리를 설명하였다. Chapter 4에서는 과학적 주방시설의 설계와 배치를 위한 인체공학과 공간 설계, 식당 시설의 개발 절차, 효율적인 주방 설계와 공간 분석, 기기류의 배치를 세심하게 설명하였다.

따라서 본서는 호텔 및 외식산업 학문을 전공하는 학생 및 조리사, 일반인들이 주방의 이해와 관리 내용을 배우는 데 체계적인 도움을 주고 활용하도록 각종 사진과 내용, 그림, 표, 도식화를 일목요연하게 이해하도록 하였다.

앞으로 전체 내용에 있어 일부분은 더욱 수정 및 보완되고 추가될 수 있도록 노력할 것이다.

아울러 본서가 호텔 및 외식산업 주방 분야를 배우는 학생 및 조리사, 일반인들에게 부가가치를 더할 수 있도록 바라마지 않고 활용되기를 기대하며, 부족한 교재임에도 출간될 수 있도록 많은 도움을 주신 분들과 광문각출판사 박정태 사장님께 깊은 감사의 마음을 드립니다.

2012년 초봄

저자

목차

Chapter 04 과학적 주방 시설의 설계와 배치

CHAPTER

01 주방관리의 개론

01 주방관리의 이해

1. 주방관리의 개념과 정의
2. 주방 발전의 역사적 흐름
3. 주방관리 기능과 구성
4. 주방의 형태 및 분류

02 주방관리의 특성

1. 주방의 조직관리
2. 주방 조직의 형태와 특징
3. 주방 환경의 변화
4. 조리인의 자세

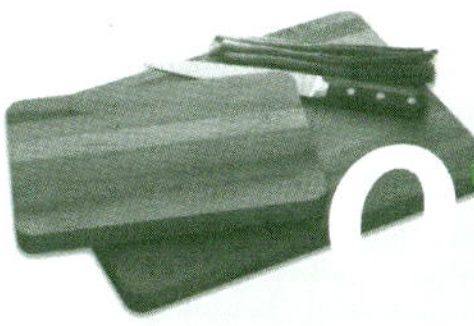

01 주방관리의 이해

1. 주방관리의 개념과 정의

1) 주방관리의 개념

관리의 사전적 의미는 "목표의 달성을 위해 조직된 집단의 합동적인 노력을 지휘 · 촉진하는 과정"이라고 정의하고 있다. 일반적으로 관리라 하면 사람을 통제하고 지휘 감독하면서 시설을 유지하고 보수하며, 개량하여 재산적 가치의 수냉을 늘리며 경제적인 가치를 높이는 과정이라고 할 수 있듯이 주방의 관리도 같은 개념이라 할 수 있다.

관리의 기본적인 목표 · 정책을 주어진 조직의 테두리 안에서 달성하고 실시하기 위해 계획을 세우고, 그 계획에 따라 조직의 인적 · 물적 자원을 조직화하고, 조직 구성원의 활동을 지휘 · 조정하는 과정이다.

이와 같이 목표의 달성을 위한 수단으로 볼 때, 능률이 최고의 평가 기준이 되어야 한다. 관리가 추구해야 할 기본적 가치와 궁극적 목표는 바로 노력과 비용이 최소한으로 투입되었을 때 서비스와 성과가 최대한으로 산출되기 때문이다.

특히 최근에 조직의 규모가 확대되고 기능이 전문화되고 있는 경향이 나타나고 있으며, 이러한 경향은 관리의 문제를 더욱더 중대한 것으로 만들고 있다.

따라서 호텔 및 외식업체의 주방관리는 "주방이란 일정한 공간을 중심으로 고객에게 제공될 상품(메뉴)을 가장 경제적인 방법으로 생산하여 최대의 이윤을 창출하는 데 요구되는 제한된 인적 · 물적자원을 관리하는 과정"을 가리킨다. 즉 주방관리란 제한된 공간에서 가장 경제적으로 조직의 목표를 추구하는 데 사용하는 인적 · 물적 자원의 관리를 말한다.

2) 주방(廚房)의 정의

호텔 및 외식업체의 주방은 고객에게 판매하는 상품, 즉 음식을 만드는 생산라인이며 식당은 고객을 직접적으로 접대하는 판매장이다. 이것은 주방이 생산과 동시에 소비되는 동시 소멸성의 상황 변수가 많은 독특한 특성을 가지고 있는 공간이라는 것이다.

그리고 주방은 음식물을 생산하는 작업 공간으로서 조리 · 판매 · 서비스 기능의 복합적 시스템 속에서 각 구성원의 역할 분담을 형성하고 이루어지는 중요한 부서이다.

또한, 호텔 및 외식업체의 주방은 메뉴 상품에 있어서 메뉴의 품질을 유지하는 것이 가장 중요하고, 그 다음으로 시각적 효과를 극대화하는 것이 두 번째라고 할 수 있다. 메뉴 판매 상품을 보기 좋게 담는 것은 메뉴 상품을 최상의 상태로 보일 수 있도록 한다. 최근의 메뉴 상품은 신선해 보이고, 복잡하지 않고 단순하며, 세련된 모양을 추구하는 경향을 나타낸다.

따라서 주방(廚房)이란 "조리 상품을 만들기 위한 각종 조리기구와 장비, 그리고 식재료의 저장 · 가공시설을 갖추어 놓고 조리사의 기능성 및 위생적인 작업 능률 수행으로 고객에게 판매할 음식을 만드는 작업 공간"이며, "호텔 및 외식업체의 식음료 상품을 판매할 수 있도록 음식을 만들어 내는 생산 공장으로 호텔 및 외식업체 주방은 고객에게 사용 가능한 식재료를 이용하여 물리적 또는 화학적인 방법으로 제조함과 동시에 판매하는 곳"으로 정의할 수 있다.

이처럼 주방은 호텔 및 외식업체의 상품에 결정적인 영향을 미친다. 아래의 표는 여러 학자들의 호텔 주방에 대한 정의를 표현하고 있다.

[표 1-1] 여러 학자들의 주방의 정의

학자	주방의 정의
김기영 1991	주방장 혹은 조리 부서의 장을 중심으로 법적 자격을 갖춘 조리사가 제법 또는 표준량목표(standard recipe)에 의해 음식을 조리 · 가공 처리할 수 있는 일정한 시설과 조리기구를 갖추어 놓은 장소

월간식당 1992	건축물, 혹은 이동 구축물인 선박, 차량 등의 구획 내에서 각종 조리기구 및 저장설비를 사용해서 기능적 위생적으로 조리작업을 해서 음식물 제공, 서비스하는 설비가 있는 작업 공간
최수근 1993	조리 상품을 만들기 위한 각종 조리기구와 식재료의 저장시설을 갖추어 놓고, 조리사의 기능적, 그리고 위생적인 작업 수행으로 고객에게 판매할 음식을 생산하는 작업 공간
김현덕 1994	일정한 조리기술을 가진 조리사가 음식을 조리할 수 있는 일정한 시설과 조리기구를 갖추어 놓은 장소로써의 조리실
곽미경 1995	호텔 이용 고객의 기호에 알맞은 요리를 제공하기 위해 조리 능력과 자질 및 법적 자격을 갖춘 조리사가 각종 조리시설 및 조리기구를 이용하여 안전하고 위생적인 환경 속에서 조리 작업을 행할 수 있는 공간
이보순 2000	법적 자격을 갖춘 조리사가 표준량목표(recipe)에 의해 식용 가능한 식품을 조리기구와 장비로 화학적 · 물리적 및 기능적 방법을 가해 고객에게 판매할 식음료 상품을 만들 수 있도록 차려진 장소라고 정의
윤선일 2001	음식을 만들 수 있도록 시설을 차려 놓은 일정한 장소 또는 음식을 만들기에 편리하도록 시설을 갖추어 놓은 방
손선익 2006	호텔의 식음료 상품을 판매할 수 있도록 음식을 만들어 내는 생산 공장으로 호텔 주방은 고객에게 사용 가능한 식재료를 이용하여 물리적 또는 화학적인 방법으로 제조함과 동시에 판매하는 장소
황춘기 외 9 2010	고객에게 제공되는 식음료 상품을 만드는 공간이자, 식음료 상품의 질을 결정하는 공간인 주방은 외식업소에서 고객에게 제공하는 상품 중 대부분의 유형적인 상품을 생산하는 공간

2. 주방 발전의 역사적 흐름

1) 주방의 역사적 배경

(1) 주방의 역사

1 고대 시대의 주방

초창기 인류가 불이나 조리도구의 개념이 없었기 때문에 가장 원시적인 수렵활동을 통하여 조리를 하지 않는 상태의 날것으로 섭취를 하였을 것이다. 그러다 천둥, 번개나 부싯돌로 인하여 불을 접하였고 불에 익힌 고기가 날것보다 맛있다는 걸 인식하면서 좀 더 맛이 가미된 식사를 즐기게 되어 불이 이용되기 시작했던 것으로 보아 다함께 모여서 궁핍함을 해결하는 군집 형태의 식사 장소가 제공되었을 것이며, 불을 이용하기 적당한 장소가 주방의 역할을 하였을 것이다.

이처럼 불의 사용은 사람의 식생활에 큰 전환점이 되었다. 불을 사용하면서 굽고, 삶기를 하여 나뭇가지 등에 끼워 먹었을 것으로 추측되며, 이러한 것들이 주방도구의 원시적 형태라 할 수 있다.

인류가 불을 발견하여 이용함으로써 음식을 익혀 먹게 되었고, 이는 소화흡수율을 높여 주는 결과를 가져왔으며, 풍미를 좋게 해주는 것과 동시에 위생적인 살균처리 및 유독 성분이 불활성화된 음식을 섭취하게 해주었다.

현재 고대 주방의 흔적들이 많이 발견되고 있다. B.C 10000년에 이미 덴마크에서 살던 종족과 오크니 섬에서 많은 사람들이 주방에서 조리와 식사를 함께 하였다는 증거가 있으며, 고대 이집트의 무덤과 사원의 벽화를 통해 음식의 준비와 서비스가 존재하였음을 알 수 있다.

또한, B.C 5000년경 스위스 호수에 살던 사람들이 단체로 식사를 했던 기록이 남아 있다. 고대 그리스 지방의 타베르나(Tavernas)라는 지역에 작은 레스토랑인 그곳에서 고대 로마 사람들은 포도주와 음식을 얻을 수 있었으며, 로마 사람들은 음식 판매와 음식점 운영에 관한 법률까지 만들기도 하였다. 고대 폼페이 유적에서는 커다란 포도주 항아리, 서비스 카운터, 오븐, 기타 여러 조리기구 등을 사용하던 레스토랑 흔적이 발견되었다.

그리고 고대 중앙아시아 고지에서 전래되었다는 보리와 밀도 일찍부터 고대 중국의 신장 위그르 지방에서 주식 중 하나로서 밀을 맷돌에 갈아 반죽하여 손으로 얇게 밀어 국수를 만들어 주식으로 먹었던 유물과 주방의 흔적이 발견되었다. 또한, 파키스탄에서 발굴된 고대 모헨조다로 유적에서 대량의 음식을 석조 오븐과 스토브가 만들어진 식당 같은 곳에서 음식을 만들었던 흔적도 발견되었다.

2 중세 시대의 주방(Medieval, BC 476~AD 1450)

동로마제국 시대에는 십자군 원정이나 무역 등으로 아랍, 아프리카, 페르시아 유목민들의 접촉으로 요리 기술과 재료들 간의 조화를 기반으로 보다 발전하는 기회를 가져다 주어 주방의 발전이 이루어졌다. 11C 시작과 함께 기독교의 영향으로 포도주와 올리브유, 그리고 빵은 고기 중심 문화를 대신하여 새로운 종교 사회의 음식 문화를 주도하면서 이와 함께 주방의 역할도 다양해졌다.

11C 이후 이탈리아 중북부를 포함한 서유럽의 여러 지역에서는 농업혁명이 시작되면서 고기, 밀 등 곡물들의 생산이 급증하였다. 13C에 들어서면서 다른 유럽 지역들보다 샤프란, 계피, 후추, 육두구, 정향, 생강 등의 다양한 향신료의 사용이 보편화되었고, 기존의 식재료만을 먹었던 불만족이 새로운 유제품과 음료들로 만들어졌다. 그러면서 14~15C에는 도시 문화가 발달한 중북부 지역에서는 커다란 화덕의 사용으로 음식을 대량으로 조리하면서 도시민들 대상으로 판매하는 전문 음식점이 등장하며 주방의 발전이 이루어졌다.

로마제국의 멸망 후 암흑의 시대로서 여행, 교역이나 물물교환을 위한 지역 간의 이동도 극히 제한되어 도로와 숙박시설이 황폐화되었다. 중세시대 때는 종교적인 이유로 세속적인 향락을 금기시하였고 근검절약을 강조하여 경제활동이 쇠퇴하였으며 여행의 안락함과 편리함도 사라지게 되었지만 시간의 지남에 따라 유럽의 팽창과 함께 도시에 식량이 공급되어 시장이 발달하고, 대중음식점들이 나타나기 시작하였다. 단조로운 재료들을 가지고 새로운 음식들을 고안하면서 다양한 조리법과 조리기술이 발달하기 시작하였던 것이다.

르네상스 시대에 접하면서 귀족 중심으로 음식 문화가 발전하여 나이프, 포크 등을 사용하면서 조리기술이 발달되었다. 조리사들의 주방 조직과 직무 등도 시도되었으며 식사 코스의 개념이 바뀌고 각종 소스들이 개발되면서 주방의 발전도 이루어지고, 대량생산의 음식이 가능하게 되면서 위생관리 지침도 만들어지게 되었다.

식생활 공간에서 주방이 분리되어 운영된 것은 5세기경 종교적인 의식을 치루는 장소로써 음식을 준비하고, 섭취를 할 수 있는 공간으로 집의 수호신을 숭배하는 행동에서 신들을 위한 음식을 준비하는 장소적인 역할을 하기 위하여 분리되었다고 추정한다.

16세기 이탈리아 화가 빈센조 캠피가 1580년대에 그린 주방

Ancient Kitchen, Windsor Castle, engraved by William James Bennett Poster

유럽에서 주방 발전에 전성기를 이룬 것은 프랑스의 루이 시절이다. 그 이유는 귀족 사회의 빈번한 연회 생사를 치루기 위해서는 많은 수의 조리사를 필요로 하였고 넓은 공간의 조리시설이 요구되었기 때문이며, 더구나 부의 표현으로써, 먹기 위한 음식보다는 아름다움을 표현하는 방법으로 주방시설 역시 매우 호화스러운 분위기를 연출하게 되었다. 따라서 르네상스 시대의 요리 특징이 데커레이션에 치중하는 면을 보이고 있는 것은 당연한 것으로 여겨진다.

이처럼 이탈리아에서 프랑스의 르네상스 시대로 넘어오면서 많은 조리기술이 개발되었고 1800년대부터 1900년대 초반까지 '앙토넹 까렘(Antonin Careme)'과 '오귀스트 에스꼬피에(Auguste Escoffier)'는 요리 발전에 많은 기여를 하였다.

또한, 이들은 프랑스요리에 각종 소스를 개발하였고, 요리의 체계화와 간소화 및 레시피를 정리하였으며, 조리사들이 주방 조직과 직무에 대한 세세한 분류도 처음 시도하였다.

3 현대적 주방의 출현

고대에서 중세까지는 왕족과 귀족을 중심으로 한 음식 문화가 이루어졌다. 그 후 18세기부터 동서 문명의 왕래로 인하여 향신료가 유럽으로 대거 유입되면서 상류층 계층을 중심으로 부르주아의 탄생과 함께 산업혁명이 발생하였다.

사업가 · 무역상인 · 금융업자 · 제조업자들이 유럽 사회를 서서히 지배하면서 유럽의 음식 문화 시장이 고급화되고 대중화가 조금씩 나타나기 시작했다. 이때부터 중산층 계급 등 일반 서민들 대상으로 하는 대중음식점이 나타났고 현대적인 호텔 및 외식산업이 싹트기 시작했다.

1600년경 프랑스에 최초로 카페가 출현하여 유럽으로 확산되면시 훗날 1760년 '몽블랑게' 라는 카페에서 식사를 판매하기 시작하였고 레스토랑 사업은 프랑스혁명 이후 프랑스궁정이나 왕족 밑에 있던 프랑스 전문 조리사들이 유럽의 각 나라에 왕궁으로 자리를 옮기면서 주방에서 프랑스음식 문화의 요리를 꽃피우기 시작하게 되었다.

또한, 근대의 호텔업인 inn의 시대로써 인(inn)은 현대의 호텔에 비하여 시설이 매우 빈약하였지만, 여행에 필요한 최소한의 필요 조건인 수면, 음식, 생명 · 재산 보호에 관련된 사항만을 제공하였다.

Grand Hotel 시대인 19세기 들어서며 새로운 사상이 태동하면서 많은 변혁이 일어났다. 그 영향으로 왕정은 공화정으로 바뀌고 귀족 세력의 점진적인 붕괴 현상이 일어나게 되었다.

따라서 그들의 사교 모임은 궁정에서 밖으로 옮겨지게 되었고 그 사교장으로 호텔이 등장하였다. 그 당시 호텔은 중세 시대부터 내려오는 인(inn)과는 전혀 다른 기능을 가졌는데, 단순히 여행자를 숙박시키는 기능보다는 숙박과 음식과 관계되는 호화와 사치를 제공하는 장소로 등장하였고, 귀족 세력이 붕괴된 후에는 새로운 부유 계층을 위한 사교장으로 등장한 것이다. 이러한 변화로 주방의 역할이 더욱 증대되었으며, 주방의 발전으로 요리도 다양하게 발전되었다.

1807년 독일 바덴바덴에 건립된 최초의 호텔과 1850년 파리에 건립된 회사 조직체에 의한 최초의 호텔 경영의 등장, 세자르 리츠에 의한 1889년 '사보이 호텔' 이 나타나면서 호텔에서 고급요리들을 판매하여 점진적으로 외식산업을 주도해 나가기 시작했다.

20세기 접어들어 공장, 학교, 병원 등 기타 상업지역에서 많은 식사를 하게 됨에 따라 대중적인 레스토랑이 번성하였다. 그리고 2차 세계대전 이후 단체급식과 패스트푸드가 급성장하기 시작하였고, 1950년대에는 본격적으로 저렴하고 신속한 서비스형태로 패스트푸드가 대중의 인기를 얻으면서 주방 시스템도 효율성 강조와 대량생산으로 비용 절감이 이루어졌다.

(2) 주방기구의 발전

1 고대 · 중세 시대의 주방기구

주방기구로서 가장 기본적인 식기는 식사에 사용하는 기구의 총칭으로 일반적으로는 주식, 부식, 음료 등을 담는 도구를 말하지만 넓게는 음식물을 만드는 조리기구도 포함한다.

요리를 담는 식기로는 주발과 접시 등을 예로 들 수 있는데, 식기의 기원은 고대 유적에서 발굴되는 소수의 유물에서 추측할 수밖에 없다. 구석기 시대에는 토기가 만들어져 있지 않았기 때문에 나뭇잎이나 돌을 식기로 사용했을 것으로 추측한다. 지금도 덥고 비가 많이 오는 지역과 채집, 수렵을 생업으로 하는 사회에서는 나뭇잎을 식기로 사용하고 있다.

이와 같은 엽명 문화권(葉皿文化圈)은 인도에서 동남아시아, 오세아니아에 걸쳐 널리 분포해 있었다. 또한, 인도나 네팔의 힌두 문화권에서는 사라수(沙羅樹) 잎을 대오리로 꿰매 맞춘 접시를 일상적으로 사용하고, 또 의례(儀禮) 때에 사용하며, 오세아니아에서는 타로토란이나 바나나 잎을, 동남아시아의 자바 지방에서는 오갈피나무과 식물의 잎을 사용하였다.

그리고 요리를 집는 식기로는 젓가락, 숟가락, 국자, 나이프, 포크 등이 있다. 이러한 도구를 사용하는 문화를 크게 분류하면 크게 젓가락 문화권과 나이프 · 포크 문화권으로 나눌 수 있다.

젓가락 문화권은 젓가락을 사용하여 음식을 먹는 사람들로 쌀을 주식으로 하는 한국, 중국, 일본, 베트남 사람들이다. 젓가락은 이미 중국 은(殷)나라 시대에 사용되고 있었으며 한민족(漢民族)에 의해 계승 및 발전했다. 우리나라에서도 숟가락이 주가 되고 젓가락이 종이 되는 식사 양식이 지금까지도 지켜지고 있으며, 현재 중국과 일본에서는 젓가락이 주가 되거나 젓가락만으로 식사를 하고 있다.

반면에 유럽의 나이프 · 포크 문화는 젓가락 문화보다 발생 시기가 훨씬 늦다. 중세시대의 레오나르도 다빈치나 같은 시대의 다른 여러 화가가 그린 식사 광경 그림에도 고기를 자르는 나이프는 그려져 있지만, 포크나 스푼은 그려져 있지 않다.

유럽에서 포크는 16세기 무렵 이탈리아에서 처음 사용하였으며 이탈리아의 메디치 가문의 캐서린 메디치 공주가 프랑스 앙리 2세 왕에게 혼인하면서 프랑스 궁중에서 포크 · 나이프를 사용하면서 북방으로 전파되었고, 반대로 스푼은 북유럽에서 생겨나 남쪽으로 전해졌다. 그 후 유럽에서 대중들이 손으로 먹는 식사법에서 나이프, 포크, 스푼의 식습관으로 완전히 바뀐 것은 18세기 중반부터였다.

물과 음료를 담는 식기로는 찻잔, 주기(酒器 : 술병, 잔, 조끼, 글라스), 컵, 텀블러, 커피잔 등이 있다. 문명이 발달하지 않는 미개 사회에서 술잔은 야사열매의 껍질, 대나무 통, 쇠뿔 등 자연물을 이용한 것이 많았다.

그러나 고대 및 미개 사회의 주기는 일반적으로 술에 한정하지 않고 보통의 식기로서 쓰였던 것으로 추측된다. 음료를 넣는 그릇도 이슬람 세계처럼 하나의 그릇으로 모두가 돌려 마시는 문화와 한국, 중국, 인도와 같이 개인용 식기를 사용하는 문화가 있다. 기타로써는 재료나 조리된 음식물을 저장, 보존하는 식기인 밥통, 보온병, 단지, 항아리, 술병 등과 음식을 올려놓는 도구인 상, 쟁반 등이 있다.

동양에서 중국의 식기에는 은(殷), 주(周) 시대부터 용도별로 여러 가지 식기가 사용되었다. 일상적으로 사용된 것은 토기였지만, 제기(祭器)는 청동제였다. 제기에서 추측해 보면, 당시에는 정(鼎 : 세 발에 양손잡이가 달린, 고기를 찌는 도구)에서 필(畢 : 포크 모양의 도구)과 비(匕 : 큰 숟가락)로 고기를 꺼내 도마 위에 올려놓고 고기를 나누어 각자가 손으로 집어 먹은 듯하다.

또 술이나 국물을 마실 때에는 사(柶)라는 가늘고 긴 숟가락을 사용하였다. 한(漢)나라 때에는 요리를 접시에 담아 안(案)이라는 책상보다 낮은 상에 올려놓고 숟가락과 더불어 젓가락을 써서 먹었다. 이와 같이 상에 요리를 올려놓는 형식은 한국과 일본에서도 발달했다. 그러나 중국에서는 남북조(南北朝) 이후, 안의 높이가 차츰 높아져 당(唐)나라에서는 마침내 식탁과 의자를 사용하게 되었고 오대십국시대(五代十國時代) 이후는 식탁과 의자에 의한 식사가 일반화되었다. 식기의 재료로 육조시대(六朝時代) 이후에는 도기와 칠기를 사용하였는데 특히 느릅나무를 재료로 하여 녹로(물레)를 돌려 만든 칠기접시나 주발을 많이 사용하였다.

서양의 식기로는 유럽에서는 17세기 중반까지 큰 접시에 담은 음식을 함께 손으로 집어 먹고 핑거볼의 물로 손을 씻고 수건으로 닦는 식사 양식이었다. 큰 접시는 청동제나 도제(陶製)였고, 금이나 은으로 만든 것도 있었다. 요리용 나이프는 청동제, 주기는 도기, 나무, 유리 제품이 많았다.

16세기에는 개인용 식기의 보급과 병행하여 포크와 스푼을 쓰기 시작했다. 스푼을 각자가 휴대하는 풍습이 생겼고 여행할 때 나이프와 포크를 휴대하는 풍습이 있는 지방도 있었다. 스푼에는 각종 신앙이나 풍습이 따르는 경우도 있다.

예를 들면 중세 북유럽에서는 액을 막거나 행복을 가져오기 위해 나무스푼에 조각을 하였다. 영국에서는 아이들이 세례(洗禮)를 받을 때 이름을 지어준 사람이 자루에 그리스도 12제자의 상(像)을 새긴 한 벌의 스푼을 아이에게 주는 풍습이 있어 "사도(使徒)의 스푼"이라고 하였다. 한편 17세기에 들어 땜납이라는 납과 주석의 합금이 나타나 스푼과 접시, 단지를 가공이 간단한 백랍으로 만들게 되었고, 18세기에는 마이센자기(磁器)가 만들어지면서 오늘날 서양요리에서 쓰는 식기가 대부분 갖추어지게 되었다.

양식기는 접시가 대부분이며 이밖에 여러 가지 모양과 크기의 볼, 글라스, 컵, 나이프, 포크, 스푼 등이 있다. 접시에는 오르되브르를 담는 큰 접시, 개인 접시, 빵 접시, 수프 접시, 고기 접시, 과일 접시, 디저트 접시 등이 있으며, 디저트 접시가 접시 중에서 가장 용도가 넓다. 볼에는 샐러드볼, 펀치볼, 핑거볼, 컵에는 수프용, 음료용, 우유용, 글라스에는 술잔, 텀블러, 고블릿 등이 있다.

2 현대의 주방기구

19세기 말 에디슨의 전기 발명은 각종 기구 및 장비의 획기적인 발전을 이루게 하였으며, 따라서 주방기구도 전기 시설과 냉장 기능 및 가스시설을 갖춘 현대식 주방기구가 등장하였다. 또한, 전기를 이용한 각종 냉장 · 냉동 장비와 동력을 이용한 각종 장비, 열기구들이 개발 보급되었다. 아울러 주방의 조리 방법과 동선 등 획기적인 변화에 따라 음식의 고급화와 대량생산이 가능하게 되었다.

이러한 비약적인 발전으로 최근에는 전기와 가스를 열원으로 하는 각종 열기구와 스팀기구, 마이크로웨이브와 적외선을 이용한 기구들, 컴퓨터를 내장한 조리기구들, 영하 60℃ 이하로 급속 동결이 가능한기구와 진공을 이용한 포장기구들, 과학적 측정 장비 및 기구 등 다양한 형태의 조리기구와 장비 들이 인체공학을 기초로 제작 판매되고 있으며, 이러한 조리기구와 장비의 발전은 조리 방법과 기술의 발전을 이루게 하는 동력이 되고 있다.

(3) 한국 주방의 변천사

1 한국 부엌의 역사

기원전 4000~5000년 전, 신석기 시대 우리나라 최초의 집인 움집에는 부엌과 방이 따로 없이 부엌은 집 한가운데에 자리하였으며 그 주위가 방이었다. 이러한 형태로 보아 부엌에 방이 딸려 있음을 짐작할 수 있다. 그 시대의 부엌 시설은 모닥불 형태로 바닥을 우묵하게 파낸 곳(깊이 약20cm, 지름 50cm) 내부에 돌을 둥글게 둘러 냇돌을 놓고, 불이 외부에 번져 나가지 않도록 다른 돌이나 진흙을 낮게 쌓아 놓았다. 이후 토기를 많이 쓰게 되면서 속이 깊은 단지를 묻어서 화덕으로 사용하였으며, 이 화덕은 불을 피우고 일으키는데 쉬웠으며 불씨나 뜬숯을 모아두는 데에도 활용되었다.

청동기 시대(기원전 1500~300년)와 철기 시대(기원전 1200~586년)에 이르러 집의 평면은 원형에서 사각형과 직사각형으로 바뀌었고 부엌은 한가운데에서 내벽 쪽으로 옮겨졌다. 또한, 다른 구조의 집을 살펴보면 집 가운데와 벽 쪽의 화덕이 있는데, 가운데 것은 난방을 위한 것이었으며 벽 쪽의 화덕은 조리를 위한 부뚜막으로 나뉘었다.

삼국 시대에 들어오면서 부엌은 거의 완전한 모양을 갖추게 되었으며, 이는 황해도 안악에서 발견된 고구려 고국원왕 무덤(안악3호분)의 그림과 그 밖의 여러 무덤의 그림을 통하여 이를 알 수 있다.

우리 부엌에 대한 최초의 기록은 3세기경의 중국 사서인 《삼국지》〈변진전〉에 있다. 그 내용은 "부엌이 대체로 서쪽에 있다."라는 한 구절뿐이었으며, 이러한 방향의 형태가 오늘날까지 이어져 내려왔다. 이러한 이유는 좋은 집은 산을 등지고 남향으로 앉은 집을 제일로 꼽았다. 뒷산은 겨울의 추운 서북풍을 막아주고, 남향으로 앉은 집은 햇살을 남김 없이 받아들여 겨울이 길고 추운 우리나라에서는 이보다 더 좋은 집터는 없는 것이다. 그러므로 남향집에서는 자연히 안채는 남쪽, 부엌은 서쪽에 두었으며, 이 경우 부엌에서 밥을 풀 때 주걱 질은 자연히 집 안쪽을 향하나 부엌이 동쪽에 있으면 주걱 질은 집 밖으로 향한다. 부엌을 서쪽에 둔 이유는 바로 이 때문인데, 주걱 질을 집 안쪽으로 하면 복을 불러들이지만 그 반대가 되면 복을 내쫓는 결과가 된다고 믿은 것이다.

조선 시대에도 이러한 집의 형태는 그대로 이어졌으며, 유중림(柳重臨)이 낸 《증보산림경제(增補山林經濟)》(1776년)의 "부엌을 서남쪽에 두면 좋지만 서북쪽에 두면 나쁘다."라는 내용이 그 예이다. 이 형태의 구조는 현대에도 남아 있다. 목수들은 집을 지을 때 부엌 자리를 '물이나 쌀을 들여 푸는 방향'에 두는 것을 원칙으로 삼으며, 일반 가정에서도 키질을 할 때 집 밖을 향해서 까부르면 복이 나간다고 생각한다.

이러한 풍속의 중요한 이유로는 음양오행 사상을 들 수 있다. 양은 동의 방향이고 음은 서의 방향이다. 따라서 조선 시대 상류 가옥에서 남자의 공간인 사랑채나 사당을 동쪽에, 여성 공간인 안채를 서쪽에 배치한 것도 이러한 이유이다.

이와 같은 이유는 궁궐에서도 지켜졌다. 창덕궁 대조전의 경우에 대청 오른쪽의 '동온돌'에서는 임금이, 왼쪽의 '서온돌'에서는 왕비가 기거했다. 이와 같이 여러 관점에서 보면 여성 공간인 부엌이 서쪽에 배치되는 것은 당연한 것이며, 줄다리기와 같은 민속놀이에서도 '암줄은 서부', '수줄은 동부'라 일컫는다.

부엌의 어원은 명확하게 밝혀지지 않았으나 부뚜막을 뜻하는 만주 말 'fushu'나 올차 말 'pusku', 또는 골디 말인 'puksu'에 비교하여 주장한 이도 있다. 또 어떤 이는 부엌의 '부'가 불에서 왔다고 하며 그 증거로 부싯돌, 부지깽이, 부뚜막, 불갈고리, 부대기[火田] 따위를 들어 설명한다. 그리고 부엌의 '엌'은 장소를 나타내는 접미사라는 것이다. 이에 따르면 부엌은 본디 '불 때는 곳'이라는 뜻을 지녔으나 후에 '밥이나 음식을 만드는 곳'으로 바뀐 셈이다. 우리나라에서 부엌이라는 말이 처음 기술된 옛날 문헌은 《두시언해(杜詩諺解)》(1948년)의 초간본으로 이 문헌에는 '브억'으로 쓰여 있다. 이 후 중간본(1632년)에는 '브웕으로 바뀌었고, 《역어유해(譯語類解)》(1690년)에서는 '부억'으로 바뀌었다. 이러한 변화로 보면 부석 → 브억 → 브웕 → 부억 → 부엌으로 변화됨을 알 수 있다.

오늘날 영남과 일부 호남 지역, 함경도 지방에서는 부엌을 '정지' 또는 '정주'라고도 하며 이는 방과 부엌의 사이인 정주간에서 온 말로 유희춘의 《신증유합(新增類合)》(1576년)에서는 주(廚)를 '정듀 듀'로 새겨졌고, 허준의 《언해태산집요(諺解胎産集要)》(1608년)에는 '정주'로 쓰여 있다.

2 고대부터 고려 시대의 한국 주방

오늘날 주방기기(식기)는 음식의 종류에 따라 그 종류가 많다. 우리나라의 경우 대략 B.C. 1000년 정도의 신석기 시대는 토기가 조리기구 또는 식기로 사용되었다. 그리고 5~6세기 이후에는 청동기가 사용되었다는 것이 발굴된 유물을 통해 밝혀졌으며 5~6세기의 유물로 청동제 합(盒), 금제 완(椀) 등이 발굴된 것으로 보아 이미 그 시대에 여러 종류의 식기가 사용되었다는 것을 알 수 있다.

고조선을 계승한 고구려에서는 수렵은 물론이고 농업, 목축업, 어업, 제염업이 매우 발달했다. 고구려가 통합한 동옥저는 토질이 비옥하고 산을 등지고 바다를 향해 있어 오곡이 잘 자라고 농사짓기에 적합하였다. 또한, 고구려가 동옥저에 담비 · 무명베 · 물고기 · 소금 등과 해산물을 조세로 징수한 것으로 보면, 농업과 목축업 및 수산업이 발달해 풍부한 생산량을 가졌음을 알 수 있고 동옥저의 오곡과 수산물 등은 조미료인 소금과 함께 고구려의 다양한 음식의 재료가 되었을 것이다.

황남 안악군 오국리에 있는 안악 3호 고분 벽화와 약수리 고분의 부엌 벽화와 북한의 용호동에서 출토된 고구려 시대의 화덕 등에는 고구려 부엌의 모습이 보인다. 그동안 발굴된 유적들에 의하면 아궁이와 고래는 직각을 이루고 있었는데, 이는 고조선의 것을 계승한 것이다. 또한, 좋은 구조로 만들어진 부엌에서 조리용 기구로 양손잡이가 달린 시루를 사용했음을 알 수 있다.

북한 용호동 출토 고구려 화덕

안악 3호 고분 벽화와 약수리 고분벽화

백제는 고구려와 마찬가지로 농업과 목축업이 발달하고 특히 해양 국가의 면모를 보여주듯이 어업이 발달하여 음식의 재료가 매우 다양했다. 문헌 자료와 고고학의 출토 자료로부터 정리된 백제의 음식 재료는 곡물류, 채소류, 과일류, 육류, 어패류 등으로 구분되는데 각 분류별로 매우 다양한 종류가 있어 음식의 종류가 무척 풍부했을 것이며, 이러한 음식물의 재료로 조리할 때 술 · 기름 · 꿀 · 엿 · 견과류 · 과실열매 · 식초 · 간장 · 된장 · 젓갈 등의 조미료를 사용하였을 것으로 보아 주방의 발달을 추측할 수 있다.

신라가 삼국 중 가장 벼농사에 힘썼던 것으로 보아 쌀이 주식이었음을 알 수 있고 아울러 쌀을 재료로 하는 음식이 다양하게 만들어졌을 것으로 생각된다.

《삼국사기》와 《삼국유사》의 기록에 신라의 조미료와 음식의 가짓수가 많이 보이고 있어, 신라의 음식은 조리법과 종류가 무척 다양했음을 알 수 있다. 아울러 우리 민족의 전통 음식은 삼국 시대에 다양한 갖춤 새를 가졌던 것으로 확인된다. 신라 지역에서 출토된 각배층 토기와 호형토기로부터 고구려나 백제 못지않게 술이 발달하였음을 알 수 있어 주방의 발달 문화를 알 수가 있다.

삼국시대에 형성된 음식 문화는 고조선의 것도 있을 뿐만 아니라 오늘날 한민족의 풍속과 음식에서 중요시되고 있는 것들이 당시에 이미 주방에서부터 존재하고 있었음을 보여주고 있다.

3 조선시대 서민 및 궁중의 주방

조선시대 초기에 생겨난 서민 주막의 영업 형태가 커지고 매매 행위가 확대됨에 따라 객주라는 계층이 나타났다. 이들은 주요 도시와 항구를 중심으로 위탁매매를 주업으로 하는 물상 객주와 숙박을 전문으로 하는 보상 객주가 있었던 것으로 나타났다.

그리고 주방의 전통 가구는 찬탁 · 찬장 · 소반 · 뒤주 · 공고상(公故床) · 두리반 · 반월반(半月盤) · 단각반(單脚盤) · 원반(圓盤) · 목반(木盤) · 함지 · 구절판 · 도시락함 등이 대충 우리나라 전통 부엌 가구의 부류에 속한다.

찬장은 그릇을 넣거나 음식을 담아 보관하는 주방기구로 사용하였으며, 도자기 · 유리로 된 무거운 그릇을 넣기 위해 굵은 골재로 튼튼하고 안전하게 만들었다. 찬장에는 2층, 3층 찬장이 있고, 찬탁은 찬방(饌房)에서 식기를 얹어 놓는 것으로, 3층, 4층까지의 것에 천판(天板)이 있다. 3층 찬탁에는 밑층, 또는 중간층이나 위층에 찬장을 겸하도록 여닫이로 한 것이 있고, 사방이 모두 확 트인 찬탁도 있다.

또한, 조선시대의 여러 관청 조직은 《경국대전(經國大典)》, 《신증동국여지승람(新增東國輿地勝覽)》, 《만기요람(萬機要覽)》, 《한경식략(漢京識略)》 등을 통하여 주방의 세세한 모습을 알아볼 수 있다. 《경국대전》에는 궁중 음식에 관한 직제나 사무 규정 등이 적혀있을 뿐 구체적인 궁중 음식의 재료 · 조리법 · 배선 · 식사예법 등에 대하여는 나와 있지 않다. 궁중의 음식이나 의례에 관련이 있는 관청은 육조 중 이조 · 호조 · 예조의 삼조가 담당하여 각각에 속한 하급 관청에서 실무를 맡았다.

조선시대 궁중의 주방으로 궐내에는 왕 · 왕비 · 대왕대비 · 세자는 각각 대전 · 중궁전(왕비전) · 대비전 · 세자궁의 전각에서 각각 기거했다. 일상의 식사는 각전에 딸린 주방에서 담당이 정해진 벼슬아치나 차비들이 만들어 올렸다. 왕과 왕비의 침전에서는 수라를 들었고, 왕과 왕비의 수라를 만드는 곳을 수라간(水刺間) 또는 소주방(燒廚房)이라고 하며, 침전과는 별채에 배치하고 있었다.

창덕궁의 수라간은 침전인 대조전(大造殿)과는 상당히 떨어진 곳에 있었다. 수라상을 올릴 때는 배선실에 해당하는 퇴선간에서 상을 차리고 물린 상을 정리하며 생과방(生果房)에서 후식을 만들어 올렸었다. 이러한 궁중 음식은 현대 한국음식의 큰 발전을 이루게 하는 토대를 마련하였으며, 궁중의 주방에는 여러 주방의 형태가 있었다.

① 안소주방(內燒廚房)

안소주방은 왕 · 왕비의 평상시의 조석(朝夕) 수라상과 낮것[點心]주식에 따르는 각종 찬품(饌品)을 맡았다. 식전의 자리조반[初朝飯] · 낮것[點心] · 야참(夜饌) 등을 생과방과 협조하여 올렸고, 자릿조반으로는 응이 · 잣죽 · 깨죽 · 타락죽 등의 유동식을 차리고, 낮것은 국수를 말은 장국상이나 다과를 내고, 야참은 수정과 · 식혜 · 과실 등을 내었다.

② 외소주방(外燒廚房)

외소주방(밖소주방)은 주로 궁중의 크고 작은 잔치 때의 음식을 장만하는 곳으로 평상시의 일상식을 만드는 안소주방과 대조된다. 궐내의 대소 잔치는 물론 윗분의 탄일에 잔칫상을 차리며 차례 · 고사 등도 담당하였다. 왕자녀의 백일 · 탄일에는 백설기를 몇십 시루씩 쪄서 궁내의 각 궁에 돌리고 그밖에 종친과 외척에 골고루 돌리는데 이일도 담당하였다.

③ 생과방(生果房)

평상시의 조석 식사인 수라 이외에 후식에 속하는 것, 즉 생과 · 숙실과 · 조과 · 차 · 화채 · 죽 등을 만든다. 조석 수라상을 소주방 내인을 도와서 함께 거행하며, 잔치 음식의 다과류도 이곳에서 관장하였다.

④ 퇴선간(退膳間)

수라간에서 올라오는 수라상의 찬물을 받아 배선을 하고, 수라 시간을 제조상궁이 알리면 온돌방으로 들여가고 더운 것을 따뜻하게 해 두었다가 들여갔다. 퇴선간은 지밀에 부속되어 있는 중간 부엌으로 역할을 하는 곳으로 지금의 배선실(配膳室)이다.

[표 1-2] 《경국대전》에 나온 궁중 차비의 직무와 인원

직 위	담 당 직 무	문소전	대 전	왕비전	세자궁
반감(飯監)	어선(御膳)과 진상을 맡는 벼슬아치	2인	6인	4인	4인
별사옹(別司饔)	음식물을 만드는 구실아치	4인	14인	6인	4인
상배색(床排色)	음식상을 차리는 구실아치	4인	10인	4인	4인
탕수색(湯水色)	뜰의 설비 · 열쇠 보관 구실아치	4인	10인	4인	4인
적색(炙色)	구이를 맡는 이	4인	6인	4인	4인
반공(飯工)	밥을 맡는 이	6인	12인	6인	6인
포장(泡匠)	두부를 맡는 이	4인	2인	2인	2인
주색(酒色)	술를 맡는 이	4인	4인	2인	2인
다색(茶色)	차를 맡는 이	2인	4인	2인	2인
병공(餠工)	떡을 만드는 이	4인	2인	2인	2인
증색(蒸色)	각종 찜을 만드는 이	4인	10인	4인	4인
등촉색(燈燭色)	등촉을 맡는 이	–	4인	4인	2인
성상(城上)	대궐문을 지키는 이	4인	34인	8인	10인
수복(守僕)	제사에 관한 일	4인	–	–	–
수공(水工)	마당을 소제, 물을 긷는 일	2인	18인	6인	4인
별감(別監)	액정서의 하인	6인	46인	16인	18인

멀리 떨어진 안소주방에서 음식을 만들어 운반하므로 음식이 차가워지므로 이곳에서 다시 데워서 수라상에 올렸다. 수라는 이곳에서 짓고, 수라상 물님도 이곳에서 처분하고 기타 수라를 드실 때에 쓰이는 기명(器皿) · 화로 · 상 등도 관장하였다.

⑤ 주원숙설소(廚院熟設所)

궁중의 연회 때에 임시로 가가(假家)를 지어서 설치한 주방을 주원숙설소, 또는 내숙설소(內熟設所)라고 하였다. 그리고 임시로 설치한 주방을 행주방(行廚房)이라 하였고, 그밖에 민가나 지방 관청에서의 반비간(飯婢間)은 반찬을 만드는 곳을 이르며 찬간이라고도 하였다.

조선의 마지막인 구한말 1876년, 1882년에 한국의 일본과 미국의 조약 체결 후 일본 공사관, 미국 공사관이 설치되었다. 이어 영국, 프랑스, 러시아 등이 한국 진출을 꾀하는 등 한반도는 열강들의 이권 쟁취 각축장이 되었다. 이러한 상황에서 숙박업은 주로 외국인들에 의하여 발전하였고 그 수요자들도 대부분 외국인들이었다.

1887년에 요정과 숙박을 전문으로 하는 시천여관이 일본인에 의하여 건축된 것을 시발로 하여 남산 주변과 충무로 지역을 중심으로 숙박 시설이 증가하게 되면서 한층 더 우리나라에 호텔이라는 숙박 시설이 처음 등장한 것은 1888년 인천의 대불호텔이었다.

구한말 강화조약으로 3개 항이 개항된 후 외국인들의 편의를 위한 낯선 모습의 일본식 또는 서구식 숙박 시설이 호텔이라는 간판을 걸고 처음 등장한 호텔인 것이다.

1902년 손탁호텔은 여관 형태를 벗어난 서구식 호텔의 건축과 운영을 했고 우리나라 숙박 시설의 일대 전환기를 가져오면서 함께 주방의 기능도 더 커져가는 계기가 되었다.

(4) 현대적 주방의 출현

관광 산업에 대한 전반적이고 법적 기반을 갖추고 활발하게 움직임을 보이면서 계속적인 정부의 정책 지원과 꾸준히 민간 기업인들의 노력으로 외화 획득 산업과 무형의 굴뚝산업으로 발전하며, 20세기 접어들면서 공장, 학교, 병원, 기타 상업지역에서 많은 사람이 식사하게 되고 단체급식이나 대중적 레스토랑으로 번창하는 초석이 되었다.

제2차 세계대전 이후 시스템적 단체급식과 패스트푸드가 급성장하기 시작하였고, 1950년대에 본격적으로 싼 가격과 신속한 서비스 패스트푸드점이 출현하게 된다.

[한국 호텔의 변천사]

① 우리나라 최초의 호텔 등장

1888년 우리나라 최초의 서구적 호텔 : 인천 중구 위치 대불호텔

1902년 서울의 근대적 호텔 : 서울 정동 위치한 손탁호텔(처음 프랑스 요리 제공)

② 일본강점기 철도호텔 등장

1912년 부산철도호텔 : 우리나라 최초의 철도 호텔

1912년 신의주 철도 호텔

1914년 조선호텔 : 호텔이 처음으로 회의 장소로 이용

③ 일본강점기 상용 호텔 등장

1936년 반도호텔 : 우리나라 최초의 상용 호텔로써 이 시기는 우리 국민의 여행이 제한되어 일본인과 외국인을 위한 시설로 쓰였다.

④ 6 · 25전란 이후 민영 호텔 등장

1952년 대원호텔 : 우리나라 최초의 민영 호텔

1955년 금수장호텔 : 지금의 소피텔 앰버서더의 전신

1959년 M. O. T가 직영한 호텔(서울반도, 조선, 지방의 8개 호텔 등 10개)

⑤ 1960년대 이후

1961년 8월 관광 사업 진흥법 시설 기준이 우수한 호텔을 관광호텔로 지정(메트로호텔, 아스토리아호텔, 뉴코리아호텔, 사보이호텔, 그랜드 호텔)

1963년 워커힐호텔 : 우리나라 최초의 휴양지 호텔

1965년 PATA 개최 후 호텔의 중요성을 인식

⑥ 1970년대 이후

1970년 조선호텔 : 국내에서는 처음으로 자본과 경영을 분리 경영

1970년 관광호텔 등급 제도, 관광호텔 지배인 자격시험제도 실시

1978년 하얏트호텔, 힐튼호텔, 부산조선비치호텔, 경주코롱호텔

1979년 HTL 신라 개관을 시작으로 1979~1980년 사이에 HTL 롯데, 경주조선호텔, 경주도큐호텔, 부산서라벌호텔, 서울가든호텔 등 대형호텔 개관

⑦ 1980년대 이후

1983년 Hilton HTL, 제53차 ASTA 개최

'86, '88 이후 외국 체인 호텔이 개관 : 스위스그랜드호텔, 인터콘티넨탈, 라마다 호텔, 롯데월드호텔 등

⑧ 1990년대 이후

1990년 제주 신라가 리조트호텔로 개관 등

1999년 코엑스인터콘티넨탈호텔 개관

2000년 JW 메리어트호텔 개관

2003년 하얏트리젠시호텔 개관

2004년 W 서울워커힐호텔 개관

2005년 파크하얏트호텔 4월 개관

3. 주방관리 기능과 구성

1) 주방관리의 기능

주방관리는 식당의 조직에서 중요한 기능이며 보다 능률적이고 효율적으로 목적을 달성하도록 하여 지속 · 유지하고 발전하는 데 있다.

주방 관리 기능을 구분한다면 계획, 조직, 통제와 조정으로 구분할 수 있다. 주방에서는 일정한 공간을 유지하면서 그 공간 속에서 기물과 기기 및 조리사들로 구성되어 주방에서 이루어지는 생산 과정을 구체적이고도 체계적으로 조직적으로 관리하는 것이 주방의 관리 기능이다.

주방의 주어진 공간 내에서 고객에게 판매할 상품을 효과적인 방법으로 생산하여 이윤을 창출하여 기업에 기여하는 일련의 과정이라 할 수 있다.

(1) 계획화

주방에서 계획화는 사명감과 목표, 그리고 업무를 달성하기 위한 행동 방안을 선택하는 것을 포함한다. 관리 활동을 합리적으로 수행하려면 이에 앞서 그 활동 목표 및 실시 과정에 대한 계획을 세우고 이 계획에 따라 활동을 통제함으로써 합리적인 목표달성이 가능해진다.

따라서 주방관리적인 측면에서 주방관리에 필요한 인적 자원 계획, 시설 계획, 음식 식자재의 계획, 안전 및 위생 계획, 음식 생산 계획을 세워 이에 맞는 체계적이고 과학적인 주방관리 측면의 계획이 세워져 집행되어야 할 것이다.

(2) 조직화

조직화란 호텔 및 외식업체들이 목적을 달성하기 위해 각종 직무들을 명확히 하고 이들 직무들을 유기적으로 결합하여 직무 상호 간의 전체적인 관련을 객관적으로 규정하고 이들 각 직무에 적합한 사람을 적재적소에 배치하는 관리 활동이다.

따라서 주방관리 측면에서 주방의 조직화라는 것은 적재적소에 인적 자원을 배치하고, 지식과 기술을 겸비한 조리사를 각 파트에 배치하며, 이에 맞는 활동을 하게 한다.

이와 같이 조직화된 상태에서는 음식 식자재와 메뉴 상품을 생산해 내는 활동의 한 측면으로써 실행 기능을 들 수 있으며, 이러한 기능에서 조리사의 안전과 위생에 관련되는 안전 위생관리의 한 측면으로서 효율성을 높여야 할 것이다.

(3) 통제와 조정

통제와 조정이란 업무 활동을 미리 설정된 계획과 일치하도록 지휘하고 감독하는 것을 의미한다. 따라서 이를 위해서는 항상 업무 결과를 계획하고 비교해야 한다. 통제는 집행 활동이 계획에 일치하도록 하부의 활동을 측정하고 수정하는 일이다.

따라서 통제는 주방의 업무 목표와 계획에 대한 성과를 측정하고 업무에 차질이 있는 곳을 발견하면 즉시 수정 보완하기 위한 행동 조치를 취함으로써 계획의 달성을 보장하는 것이다.

이 같은 통제는 주방의 인적, 시설, 기자재, 안전위생, 생산관리에 있어서 효율적으로 관리하기 위해서는 유기적으로 관리해야 업무가 효율적으로 진행될 것이다.

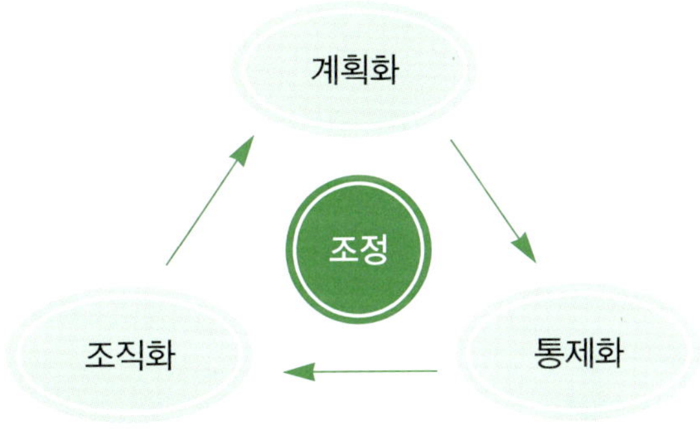

[주방관리의 기능]

2) 주방관리의 구성

주방관리를 실행하기 위해 계획적으로 조직화된 구성원들이 통제와 조정을 통하여 각 업무별로 활동하고 식자재 구매에 입각한 입고, 저온 창고와 냉동 · 냉장고의 저장, 주요리를 위한 전처리 작업, 메뉴 생산, 서비스 등으로 주방 업무 흐름을 요약할 수 있다.

따라서 조리 작업 동선의 흐름을 효과적으로 처리하는 데 중점을 두고 주방의 공간이 구성되어야 한다.

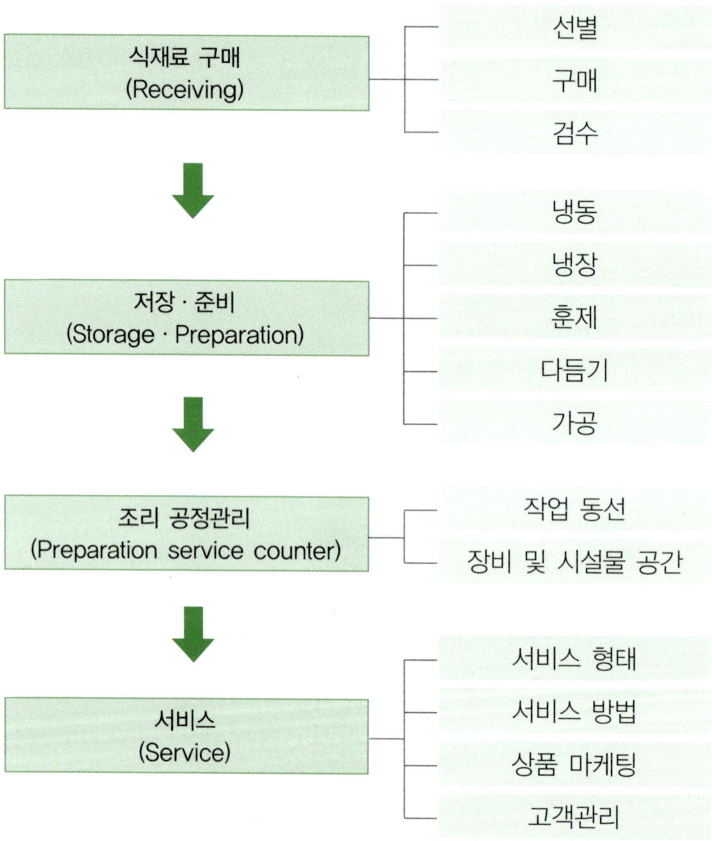

[주방관리의 구성]

4. 주방의 형태 및 분류

1) 가정 주방의 형태

가정 주방의 유형은 독립형, 다이닝키친(Dining-Kitchen), 리빙다이닝(Living-Dining), 리빙다이닝 키친(Living Dining Kitchen)으로 분류할 수 있다. 가정 주방의 형식을 알기 쉽게 나누어 보면 다음과 같다.

(1) 가정 주방의 형식

독립형	개실형	-
	반독립형	Alclove 형
		Hatch 형
겸용형	생활공간 겸용형	DK(Open style)
		LK(Semi-Close style)
		LDK(Open style)
	기능 겸용형	Utility Kitchen
		가사 · 주부실 겸용 Kitchen
		그 밖에 아동실 겸용 등

1 독립형

타실과 겸용시키지 않는 조리 작업 전용 공간의 형태이다. 주방과 식사 공간을 분리함으로써 소리와 냄새, 사람 출입을 벽이나 문으로써 완전히 차단하는 독립된 식사실의 형태, 주택의 면적이 넓거나 많은 손님을 초대하는 가정에 적합하다. 거주자들의 선호도가 높은 유형이다.

2 다이닝키친(Dining-Kitchen)

식사 공간을 주방과 함께 두어 주부의 노동력을 줄이는 가장 이상적인 방법이다. 가족 수 적은 핵가족의 경우 적당하며 이 유형은 가정주부의 일손을 덜어 주고 주택 내 주방이 차지하는 공간을 절약할 수 있으나 자칫하면 식사의 즐거움이 무시될 가능성이 있고 음식의 냄새가 문제시될 수 있다.

3 리빙다이닝(Living-Dining)

가족들이 모이는 거실과 식사실을 하나의 공간으로 만들고 주방은 분리시키는 방법이다. 식사실을 거실과 함께 사용함으로써 독립형보다는 면적을 융통성이 있고 식사 시간의 다른 활동에도 사용할 수 있다. 식사를 대접하는 손님 초대가 많은 가정이나 주택 면적에 비해 가족 수가 많은 가정에 적합한 유형이다.

4 리빙다이닝키친(Living Dining Kitchen)

거실 · 식사실 · 주방을 하나의 공간 속에 배치한 유형으로 가족 수가 단출한 가정이나 소규모 주택으로 공간을 효과적으로 사용해야 하는 적당한 경제적인 유형이다.

(2) 가정 주방의 배치 형태별 유형

주방의 가구를 배열하는 형태에서 다음과 같이 나뉜다.

[표 1-3] 형태별 가정 주방의 분류

형 태	특 징
일자형(一자형)	작업대를 일렬로 배열 · 배선을 집중시킬 수 있어 경제적, 작업 동선이 길어지는 단점 소규모 주방이나 다이닝 키친(DK)에 적합
병렬형(二자형)	두 벽면을 이용해 작업대를 배치, 동선 단축, 사용 편리 통로 너비는 90~120cm가 적당
L자형(ㄱ자형)	맞닿은 두 벽면에 작업대를 ㄱ자로 설치 一자형보다 동선이 짧음 여유 공간이 생기는 효율적인 배치 형태
ㄷ자형(U자형)	3벽면에 작업대를 설치, 효과적이며 짜임새 있는 형태
반도형(페닌슐라형)	一자형의 작업대에 이어 반도처럼 방안에 돌출시켜 배치 주방의 넓은 면적 요구
섬형(아일랜드형)	一자형의 작업대 앞에 섬 같이 하나의 작업대를 배치 주방의 넓은 면적 요구

2) 호텔 및 외식 주방의 형태

호텔 및 외식 주방의 형태는 음식이 상품 가치와 동반하여 고객에게 제공되는 과정이기 때문에 음식의 수량, 서비스의 형태, 상품 가격, 서비스 시간 등에 따라 나누어진다.

일반적으로 주방의 형태는 일정한 규격과 형태 및 공식화되어 있는 것은 아니지만 호텔 및 외식업체 등의 영업 형태에 따라 분류할 수 있고 표준형 주방, 편의형 주방, 혼합형 주방, 시스템 주방 등으로 구분한다.

1 표준형 주방

흔히 시중에서 볼 수 있는 소규모 레스토랑 주방 형태를 띠고 음식 준비를 자체에서 해결하는 영세적인 사업장의 형태이다. 비교적 메뉴의 가짓수가 적고 식재료의 검수 · 저장 · 전처리 · 조리 · 서비스 하는 공정이 일정한 공간에서 이루어지는 시스템으로 분업화하기 어렵고, 오염 구역과 비오염 구역 공간이 세분화되어 있지 않다.

2 편의형 주방

분식점이나 간이형 업소에서 볼 수 있는 형태로 전처리 구역 등이 없어 식재료가 대부분 즉시 조리할 수 있는 상태로 입고되며 위생 처리, 저장 시설, 세척 시설 관리에 주의하여야 한다.

3 표준 편의형 주방

편의형과 표준형의 혼합된 형태로 조리하는 공간이 확보되어, 작업량이 늘고 관리 효율을 높이고 종업원의 전문화가 완성된 주방 형태이다.

특징으로 오염 구역과 비오염 구역 공간으로 구분 가능하며 전처리 공간, 세척 공간 등의 오염 구역과 저장 시설 조리 완성 구역 빛 서비스 0공간으로 구분힌디. 메뉴의 개발에 따라 변경하기가 용이하고 보통 생산과 판매가 하나의 공간에서 이루어져 원가절감을 할 수 있는 장점도 있다.

다만 조직화된 주방 구조가 비효율적이기 때문에 생산성이 저하되는 단점도 있어 업무 개선이 필요하다.

4 분리형 주방

일반적으로 서양식 조리 부문에서 채택하고 있는 주방의 조직 형태로 동일 부문 내에서 여러 개의 주방을 가지고 있는 형태로서 서양식의 소스, 스프, 재고 및 반제품을 생산하여 동일 업종의 여러 주방에 가공된 식재료를 공급하여 주는 기능을 가진 주방이다.

이러한 시스템을 갖춘 주방은 대규모의 호텔 및 단체급식, 케이터링 등 같은 곳에 시설과 모든 종류의 기자재를 구비하고 있으며, 특히 주방의 동선 공간이 확보되어야 하고 식재료의 입출고가 편안하게 설계로 저장 시설이 충분하여야 한다.

즉 시스템의 주방은 업무의 효율을 위해 메인 주방과 부속 주방을 같은 층에 배치 설계 하는 주방의 형태이다.

비오염 구역과 오염 구역을 구분할 수 있고 저장 공간 · 전처리 공간 · 준비 공간 · 세척 공간 · 제과제빵 공간 · 냉장조리 공간 · 육류 공간, 온요리 공간 · 찬요리 공간 등을 분리할 수 있다.

이런 주방은 대형 호텔의 메인 주방 등 대규모 주방에 적합하고 프랜차이즈 체인 레스토랑에 적합한 형태의 주방이다.

주방 형태 분류			
표준형 주방	편의형 주방	표준 편의형 주방	분리형 주방
– 저장고 – 전처리 공간 – 세척 공간 – 마무리 공간	– 세척 공간 – 마무리 공간 – 저장고	– 저장고 – 전처리 공간 – 준비 공간 – 세척 공간 – 간이 저장고 – 마무리 공간	– 저장 공간 – 전처리 공간 – 세척 공간 – 준비 공간 – 간이 저장고 – 제과/부처 – 보조주방

아래의 그림은 표준 편의형(결합된) 및 분리형(분리된) 업장 주방 도면의 예를 나타낸다.

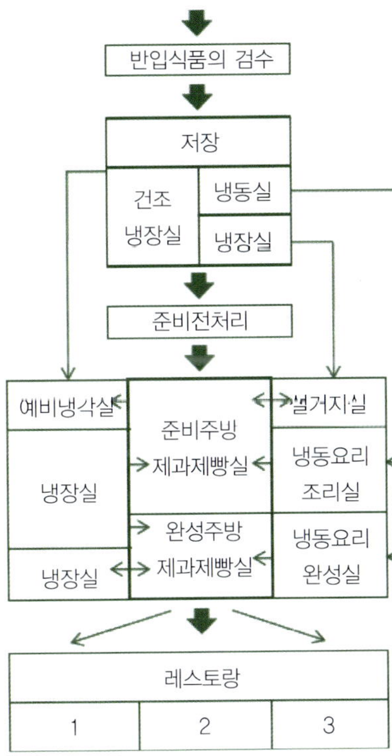

결합된 메인과 업장 주방의 도면

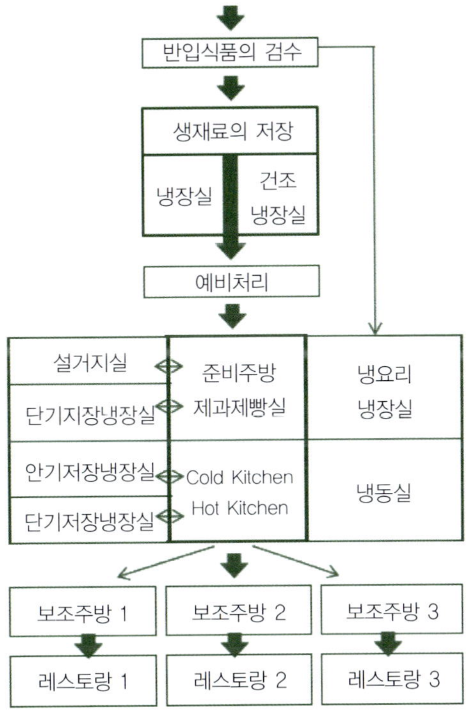

분리된 메인과 업장 주방의 도면

[표준 편의형(결합된) 및 분리형(분리된) 주방의 도면]

아래의 그림은 우리나라 호텔 주방의 주방 구조 배치를 예로 나타난 것이다.

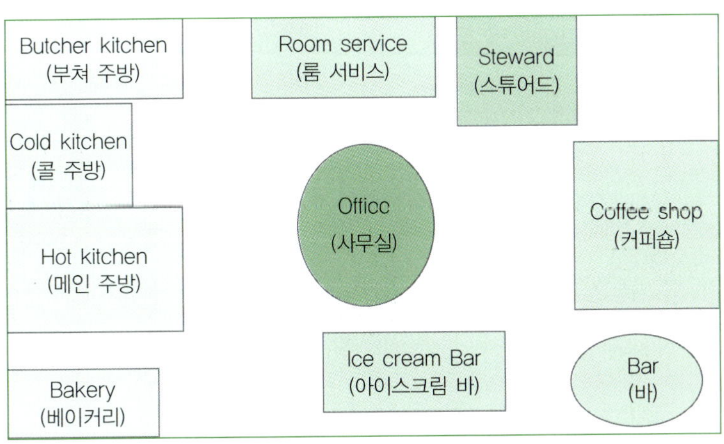

[호텔 주방의 주방 구조 배치]

3) 호텔 및 외식업체 주방 분류

호텔 및 외식업체 주방을 분류할 때에는 규모나 기능의 역할, 그리고 영업의 형태에 따라서 대체적으로 주방을 분류할 수 있다. 그러나 가장 중요하게 여겨지는 호텔 주방의 조직은 호텔마다 등급과 업장의 종류 등 규모에 따라 조직의 범위가 차이를 보이기 때문에 정확하게 일정한 기준을 가지고 분류한다는 것은 매우 어려운 일이다.

그러나 보통 호텔의 규모는 관광관련법에 나타난 법규상 등급에 따라 일정한 기준이 부여되는 관계로 2급 이하의 호텔 주방, 즉 소규모 주방, 1급 이하는 중규모 주방, 특 2급 이상은 대규모 주방으로 분류할 수 있다.

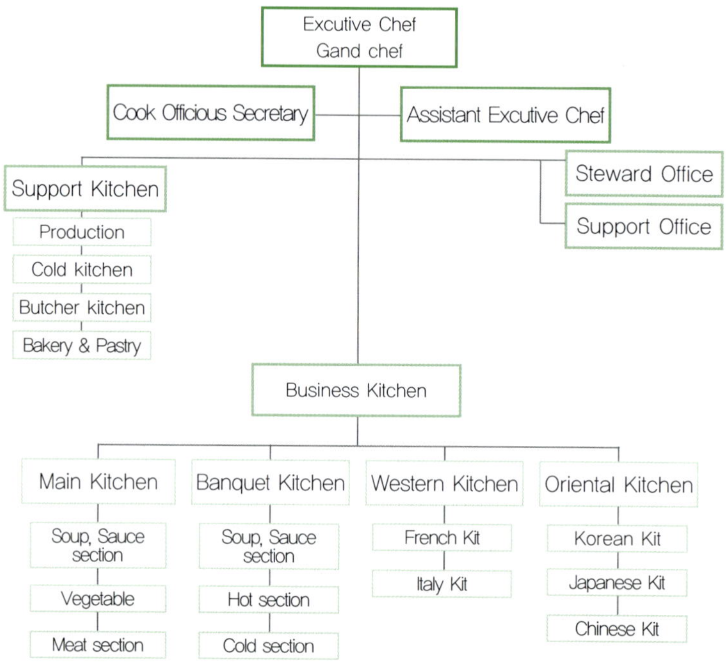

[호텔 및 외식업체 주방 분류]

4) 기능에 의한 호텔 주방 분류

주방의 역할은 구체적으로 일정한 공간에서 음식을 만들어 판매할 수 있도록 생산적인 기능과 서비스적 기능을 유지하고 있다.

생산적인 기능의 내용은 각 업장별 영업의 형태에 따라 생산되는 메뉴의 종류가 다르기 때문에 기능별로 주방 동선과 시설이 알맞아야 된다.

또한, 서비스적 기능은 생산된 메뉴에 따라 업장의 유형이 다르기 때문에 준비 주방과 영업 주방으로 나누어 분류하는 것이 적합하다. 아래는 호텔 주방의 기능적 분류다.

지원 주방(Support Kit)

· **특성**
모든 요리의 기본을 통해 준비하여 각 업장으로 지원하는 주방

· **종류**
주요리 주방(Main Kit)
어육가공 주방(Butcher Kit)
제과 · 제빵 주방(Pastry & Bakery)
얼음 조각실(Ice carving room)

영업 주방(Business Kit)

· **특성**
지원 주방의 도움을 받아 각 업장별로 요리를 완성하여 제공하는 주방

· **종류**
연회 주방(Banquet Kit)
뷔페 주방(Buffet Kit)
커피숍 주방(Coffee Kit)
이태리 주방(Italy Kit)
룸 서비스(Room service Kit)
한·중·일·양식 주방

[호텔 주방의 기능적 분류]

(1) 중심지원 주방(Main production kitchen, Central kitchen)

1 온요리 주방(Hot kitchen)

중심지원 주방은 호텔 주방의 핵심 주방으로서 보통 메인 주방(main kitchen)이라 부르기도 한다. 더운 요리 주방에서는 모든 음식에 열을 가해서 음식을 만들어 낸다. 각 영업 주방에서 고객에게 판매할 음식을 미리 준비하여 알맞은 시간에 맞도록 지원해주는 기능을 하고 있다.

일반적으로 서양식 시스템의 주방의 형태로 동일 부문에 여러 개의 주방을 가지고 준비 작업과 반제품 또는 완성품을 생산하여 단순화 · 표준화 · 전문화하여 단위 주방 등에 제공한다.

대규모의 호텔에서 단위 영업장(레스토랑)에서 필요한 식자재를 생산하여 공급하는 주방이다. 비용 절감과 아울러 신규 메뉴 개발이 용이하고 분업화로 인한 인건비와 대량 구입에 따른 식재료 등이 절감된다.

2 냉요리 주방(Cold kitchen)

고객에게 제공되는 모든 요리를 조리 과정이 더운 요리라도 차갑게 만들어 영업 주방에 지원하는 주방이다. 냉요리를 만드는 과정에서 맛과 음식의 양을 중요시하지만, 냉요리는 그릇에 담는 음식의 모양과 색상 및 조화를 중요하게 생각하기 때문에 냉요리 주방은 무엇보다도 청결해야 하며, 작업대 높이 및 조명시설이 매우 적합하도록 해야 한다.

지원 주방(Main kitchen) 내에서도 찬요리를 담당하는 주방은 과일, 채소, 어류 및 육류와 가금류 등의 식재료를 다양하게 이용하여 업장 별 주방에 공급해야 하는 중요한 부서이다.

3 어육 가공 주방(Butcher kitchen)

부처 주방은 각 업장별 주방에서 필요한 각종 어패류, 육류, 가금류 등을 주문한 방법에 따라 부위별 모양과 크기 및 형태별 크기, 양을 조절하여 제공한다. 또는 여러 종류의 어패류와 육류를 이용하여 햄(Ham)이나 소시지(Sausage)와 같은 가공식품을 만들어 업장별 주방에 제공하는 주방이다.

4 제과 · 제빵 주방(Pastry & bakery)

제과 · 제빵 주방은 지원 주방으로서 독립된 시설과 규모 및 기능을 갖추고 각 업장별 주방에서 필요로 하는 디저트(dessert)를 만들어 제공하는 것이 대부분이다. 그러나 경우에 따라서는 제과 · 제빵 주방이 메인 주방에 소속되어 있기도 한다.

연회행사와 각 업장에서 주문한 다양한 빵과 케이크, 초콜릿, 쿠키, 피이, 뿌티-뿌아 등의 디저트를 만들어 배분하는 역할을 하는 주방이다. 그리고 독립된 판매의 공간을 확보하여 주방에서 만들어 낸 각종 제과 · 제빵류의 제품을 고객에게 직접 판매하기도 한다.

5 얼음 조각실(Ice art room)

대규모 조직을 갖춘 호텔 주방에 얼음 조각실이 분리되어 있지만, 대부분의 호텔에서는 지원 주방 내에서 함께 이루어지고 있다. 주로 얼음 조각, 스티로폼 조각을 하여 연회 행사장의 분위기와 음식의 미각을 돋우는 역할을 한다. 특히 얼음 조각의 근본적인 취지는 음식을 위한 보조 역할이다.

6 기물 관리 부서(Steward)

주방의 바닥이나 벽을 청소하고 특히 주방 및 식당에 사용되는 기물을 세척하고 준비하는 부서이다. 외국인 경영 체제하에서는 Steward가 조리용 기기 및 기물들을 전문적으로 세척하지만 우리나라 시스템하에서는 견습생이나 조리사 보조가 담당하고 있는 경향이 있다.

(2) 영업 주방(Business kitchen)

1 커피숍 주방(Coffee shop kitchen)

영업 주방의 특징은 중심 지원 주방에서 만들어진 음식을 제공받아 고객의 주문에 따라 완성하여 제공하는 주방이다. 그렇기 때문에 지원 주방과의 유기적인 관계를 갖고 최상의 상품을 만드는 데 최선을 다해야 한다.

커피숍 주방은 대개 커피나 차 또는 주스 등을 음식과 함께 제공하는 경우가 많으며, 주기적으로 음식을 특색 있게 개발하여 제공하는 것이 바람직하다. 또는 커피숍에서 아침(Breakfast)을 판매하는 경우가 있기 때문에 기본적인 조리시설도 갖추고 있어야 한다.

2 연회 주방(Banquet kitchen)

연회 주방의 경우에는 주로 지원 주방과 각 업장별 주방의 지원을 받아 연회행사의 내용에 맞게 음식을 제공하는 주방이다. 호텔 운영에 따라 독립 형태의 주방으로 조직이 형성돼 있는 호텔이 있거나 독립된 연회 주방이 없이 고객의 주문에 따라 지원 주방과 함께 사용하기도 한다.

대부분의 연회 주방은 자체 주방에서 온요리는 직접 만들어 제공하고, 또한 독립된 주방을 갖추고 있다 하더라도 냉요리와 디저트 및 제과 · 제빵류는 지원 주방의 도움을 받아야만 한다.

3 각 업장별 주방(Section kitchen)

호텔은 각 업장별 크기와 종류에 따라 호텔의 등급 결정에 영향을 받는 경우가 있다. 등급별 호텔은 관광법적 규정에 의해 필수적인 부대시설을 갖추어야 등급을 인정받을 수 있다. 업장별 주방은 한국 식당, 서양식 주방(프랑스식), 일식 주방, 중식 주방, 이태리식 주방, 라운지 칵테일바 등의 주방이 있다.

이들 각 업장별 주방의 영업은 특정 국가의 문화와 향토색이 짙은 음식을 만들어 내국인은 물론 외국인 고객들에게 제공하도록 준비하는 주방이기 때문에 지원 주방의 지원을 덜 받는 편이다.

4 룸서비스 주방(Room service kitchen)

룸서비스는 객실에 투숙한 고객에게 제공하는 일련의 식음료 서비스를 말한다. 룸서비스 주방은 객실에 투숙한 고객을 대상으로 주문한 음식을 만드는 주방이다. 대부분의 룸서비스 주방은 독립된 주방으로서 역할을 하지만 경우에 따라서는 메인 주방이나 커피숍 주방과 같은 장소에서 이루어진다.

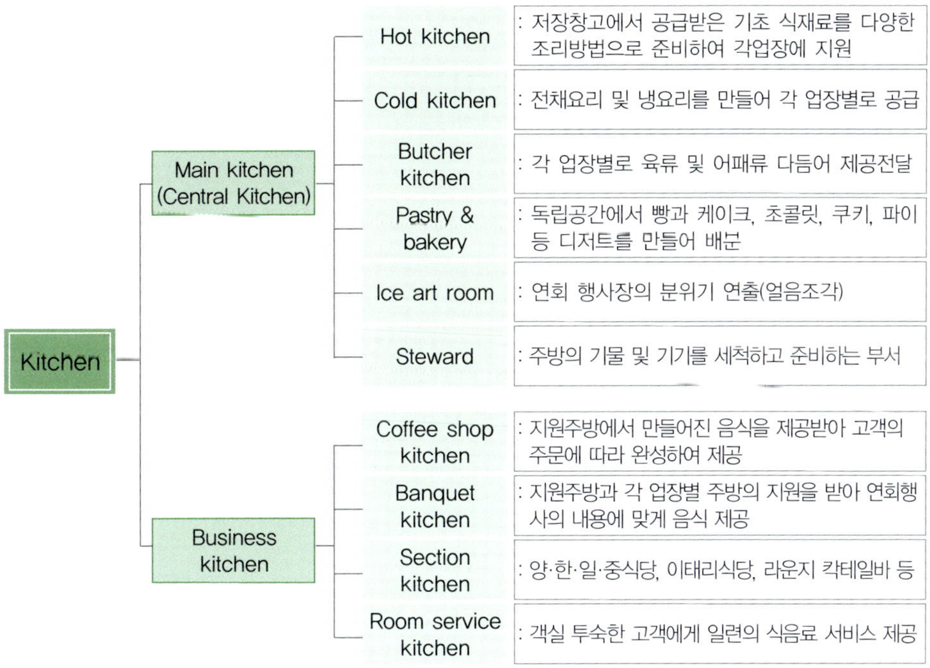

[호텔 주방의 기능적 분류]

강인희, 《한국 식생활사》, 삼영사, 1991년.
김광언, 《한국의 부엌》, 대원사, 2003년.
김기영, 《호텔 외식산업 주방관리실무론》, 백산출판사, 2007년.
김명란, 《도예와 식문화》, 월간 도예, 1996년 6월호.
백상현, 《한국형 주방가구 디자인에 관한 연구》, 서울산업대학교 석사학위논문, 2000년.
신재영 · 박기용, 《외식산업개론》, 대왕사, 2001년.
이재희, 《식기 디자인 개발에 관한 연구》, 경희대학교 석사학위논문, 2001년.
이정자 · 윤대환, 《최신호텔외식실무주방경영론》, 백산출판사, 2005년.
한복진, 《조선시대 궁중의 식생활문화》, 서울대학교출판부, 2005년
한복진, 《조선왕조 궁중음식》 화산문화, 2002년
황춘기 외 9인, 《New주방관리론》, 지구문화사, 2010년.

02 주방관리의 특성

1. 주방의 조직관리

1) 주방 조직의 개요

주방 조직의 목적은 식당에서 영업을 할 수 있도록 조리된 상품을 공급하고, 직무 수행의 필요한 권한과 책임을 합리적으로 배분하고 직무 간의 상호관계를 합리적이고 효율적으로 편성하는 데 있다. 주방의 조직은 주방의 형태, 규모, 고객 서비스 방법과 유형, 메뉴의 내용, 범위에 따라 결정된다.

주방 환경의 인력관리는 조직의 성장 발전, 인적 자원에 대한 조직화, 조직 구성원의 전문화, 경쟁 우위 및 성과 향상 등 전반적으로 전략적 관리를 위한 수단이 되고 있다. 그래서 주방 조직의 효율적인 인적관리는 주방의 시설 및 작업 공간의 형태에 따라 각기 다른 인적관리 기준이 설정되어야 한다.

호텔 주방은 호텔의 규모와 형태 및 메뉴의 성격에 차이가 있지만 구성은 비슷하다. 인적 자원은 그 역할에 따라 Line(수직 지위 계통)과 Staff(수평 보좌 역할)로 나눌 수 있다. 국내 호텔 주방 환경의 구성은 주로 아래와 같다. Executive chef는 주방 환경을 운영하며 전체를 총괄하며, Assistant Executive chef는 Executive chef의 업무를 대행하거나 보좌하는 역할을 수행하며 서양식 및 동양식에는 Sous chef를 두기도 한다. 그리고 주방 사무 직원은 각종 사무업무 담당 및 주방장의 비서 역할을 한다.

[표 1-4] 국내 특급 호텔 주방 조직의 직급별 및 역할

직 책	역 할
Executive Chef	조리부 영업활동에 대한 전체적인 관한과 책임
Assistant Executive Chef	총주방장 보좌 및 부재 시 업무 대행
Sous Chef	단위주방 관장 및 Section의 모든 업무 관리감독
Head Chef	주방 기능의 원활한 협조 및 운영, 주방의 총지휘자
Assistant Head Chef	주방장 대행 업무, 기능적, 실무적 능력 구비
Section Chef	영업장 Section Part 관리, 생산관리, 직원관리, 교육
Cook	Cook helper, Trainee 업무 지도 및 주요 요리 담당
Cook Helper	주방 청소, 조리를 위한 준비 과정 담당
Trainee	주방의 기본 업무를 습득하는 사원
Chief Steward	기물에 관한 관리 책임, 인력관리 및 교육 담당
Assistant Chief Steward	연회 행사 Banquet 기물 이동 배치, Dish washer 담당
Steward, Stewardess	Chief Steward 보좌, 용역 인력 관리감독
Cook Officious job	주방 조직에 대한 조리 사무 업무담당

자료 : 호텔주방, 조직환경에 따른 임파워먼트가 직무만족, 조직몰입 및 이직의도에 미치는 영향, 안형기, 박사학위논문

2. 주방 조직의 형태와 특징

1) 주방 조직의 직급 체계

호텔 주방은 요리의 생산, 식자재의 구매, 인력관리 및 메뉴 개발 등 호텔 요리 상품과 주방 운영에 관계되는 전반적인 업무를 효율적으로 수행하기 위해 구성된 조직이다.

특급 호텔의 경우 주방 조직 구분과 직급 체계는 일반적으로 구성은 유사하다. 가장 높은 직위에는 조리부 영업활동에 대한 전체적인 권한과 책임을 갖는 Executive chef가 있다. 그리고 아래에 이를 보좌하는 Assistant Executive chef, 양식 단위 영업장을 관할하는 Sous chef 및 동양식 영업장을 관리하는 Sous chef를 들 수 있다.

이러한 기본적인 조직 구성 아래 각 단위 영업장을 중심으로 Head chef와 Assistant head chef가 있으며, 그 다음 직급에 따라 Section chef, cook, cook helper 및 Trainee 등이 있다.

그림에서 보면 국내 특급 호텔의 주방 환경에 따른 조직의 직급 체계 및 업무 역할을 보면 아래와 같다.

[호텔 주방 조직 직무별 업무내용]

2) 호텔 주방 직무 및 단위 업무

주방 환경에 있어 인적 자원을 효율적으로 관리하기 위해서는 조직 구성원 개인에 초점을 두고 조직의 목표를 위해 스스로 노력하도록 할 뿐만 아니라 과업 · 업무 · 성취 및 상호 관련성 등의 관계를 새롭게 인식함으로써 집단 및 조직의 수준에까지 개념을 확대하여 모든 수준 간의 연결 관계를 파악해야 한다.

따라서 직무를 효율적으로 수행하려면 내용을 분석하고 직무와 구성원 간의 상관관계를 파악한 후 개개인의 전문적 기능을 소유하고 있는 인적 자원으로 구성되어 있기 때문에 구성원을 적재적소에 배치하여 직책을 부여한다. 이에 호텔 주방 환경에 직급 체계에 따라 그들이 수행하고 있는 직무 및 단위 업무는 아래와 같다.

[표 1-5] 호텔 주방의 세부적 직무 및 단위 업무

직 책	직 무	단 위 업 무
Sous Chef	메뉴 관리	고객 선호도 파악
		메뉴 관련 정보수집
		메뉴 개발
		특별 행사
	Recipe관리	Recipe 관리상의 이상 유 · 무 파악
		Recipe 작성
	생산관리	Recipe에 의거한 정확한 생산
		적정량 생산
		적정 재고 유지
	원가관리	식자재 구입
		원가 통제
	인력관리	기술 교육
		적재적소 배치
		작업 스케줄 관리
		업장 간 지원

<table>
<tr><td rowspan="18">Head Chef</td><td rowspan="4">매출관리</td><td>목표관리</td></tr>
<tr><td>G.O.P의 정확한 이행</td></tr>
<tr><td>경쟁사 대비 차별화 방안</td></tr>
<tr><td>신메뉴 관리</td></tr>
<tr><td rowspan="5">원가관리</td><td>식재료 포션제 실시</td></tr>
<tr><td>정확한 자재 예측</td></tr>
<tr><td>철저한 식재료 보관관리</td></tr>
<tr><td>원가 및 식재료 보관관리</td></tr>
<tr><td>효율적인 에너지(가스, 전기) 사용</td></tr>
<tr><td rowspan="6">위생관리</td><td>개인위생관리</td></tr>
<tr><td>식자재 보관 및 취급에 대한 위생관리</td></tr>
<tr><td>청결 및 정리정돈</td></tr>
<tr><td>안전관리</td></tr>
<tr><td>위험물 취급 교육 및 화재예방 교육</td></tr>
<tr><td>식자재 및 식재료 창고관리</td></tr>
<tr><td rowspan="3">시설관리</td><td>청결 상태 수시 체크</td></tr>
<tr><td>냉장, 냉동 작동 상태 체크</td></tr>
<tr><td>주기적 시설 및 구입 계획 수립</td></tr>
<tr><td rowspan="5">Assistant Head Chef</td><td rowspan="5">주방관리</td><td>완성된 요리 체크</td></tr>
<tr><td>부서 간 유기적인 협조 유도</td></tr>
<tr><td>주방기기 및 기물관리</td></tr>
<tr><td>직원 간의 원활한 업무관계 유지</td></tr>
<tr><td>조리사의 근무 일정 및 형태 관리</td></tr>
<tr><td rowspan="6">Cook helper</td><td rowspan="4">기초 주방 요리</td><td>채소류 업무지원</td></tr>
<tr><td>육수 제조</td></tr>
<tr><td>능력에 맞는 간단한 요리</td></tr>
<tr><td>기물 청결관리</td></tr>
<tr><td rowspan="2">주방 실무 지원</td><td>주방 정리정돈, 청결 및 환경 보존</td></tr>
<tr><td>린넨류 반납 및 수령</td></tr>
</table>

<table>
<tr><td rowspan="2">Cook helper</td><td rowspan="2">주방 실무 지원</td><td>냉장고 청결 상태 및 온도 점검</td></tr>
<tr><td>필요 식자재 및 소모품</td></tr>
<tr><td rowspan="2">Trainee</td><td rowspan="2">주방 실무 실습</td><td>주방 업무 학습 의뢰 및 수령</td></tr>
<tr><td>주방기기 사용법 학습</td></tr>
<tr><td rowspan="4">Chief Steward</td><td rowspan="4">주방 기물관리</td><td>기물관리</td></tr>
<tr><td>기기 구입</td></tr>
<tr><td>적정 재고 유지</td></tr>
<tr><td>용역 인력관리</td></tr>
<tr><td rowspan="4">Steward, Stewardess</td><td rowspan="2">Steward 업무</td><td>기물 이동 배치</td></tr>
<tr><td>Pot Wash 담당</td></tr>
<tr><td rowspan="2">Stewardess 업무</td><td>각종 식기류 세척</td></tr>
<tr><td>Dish Washer 담당</td></tr>
<tr><td rowspan="5">Cook Officious job</td><td rowspan="5">주방 사무 지원</td><td>조리 행정 및 기획</td></tr>
<tr><td>주방장 스케줄 관리</td></tr>
<tr><td>연도별, 섹션별, 행사 기획 및 보고서 작성</td></tr>
<tr><td>동업계 정보수집</td></tr>
<tr><td>부서 간 업무 협조 및 처리</td></tr>
<tr><td rowspan="11">Section Chef</td><td rowspan="7">업무 감독 및 보고</td><td>업무 관리 및 감독</td></tr>
<tr><td>영업 준비 및 마감</td></tr>
<tr><td>업무계획에 따른 사전 업무 체크</td></tr>
<tr><td>업무 결과 분석 토의</td></tr>
<tr><td>업무 진행 사항 보고</td></tr>
<tr><td>조리사의 고충 및 불평 사항 보고</td></tr>
<tr><td>상하 간의 원활한 의사소통</td></tr>
<tr><td rowspan="4">현장 교육훈련</td><td>O.J.T 교육 실시</td></tr>
<tr><td>식자재 선입선출 및 원가 의식 주지</td></tr>
<tr><td>동기부여 방안 모임 주선</td></tr>
<tr><td>위생관리</td></tr>
</table>

Section Chef	주방관리	담당기기 및 기물 유지관리
		식재료 유지 감독
		스프, 소스류 유지 보관관리
		저장 냉장고의 가동 여부 및 청결 여부
Cook	주방 실무	재고 식재료 파악 및 신청
		기본 기초 요리 준비
		연회 파티에 필요한 식재료 준비
		스프, hot & cold 채소 준비
	제반 업무	주방 제반 규정 사항 수행
		위생 청결 유지
		채소 및 과일 관리
		주문 육류, 가금류, 생선 등의 선도 유지
	현장 교육훈련	Cook helper 요리 지도
		지시사항 전달

조직 환경에 따른 임파워먼트가 직무 만족, 조직몰입 및 이직의도에 미치는 영향, 안형기, 박사학위논문

예로 국내 호텔의 주방 직급 구조는 아래와 같다.

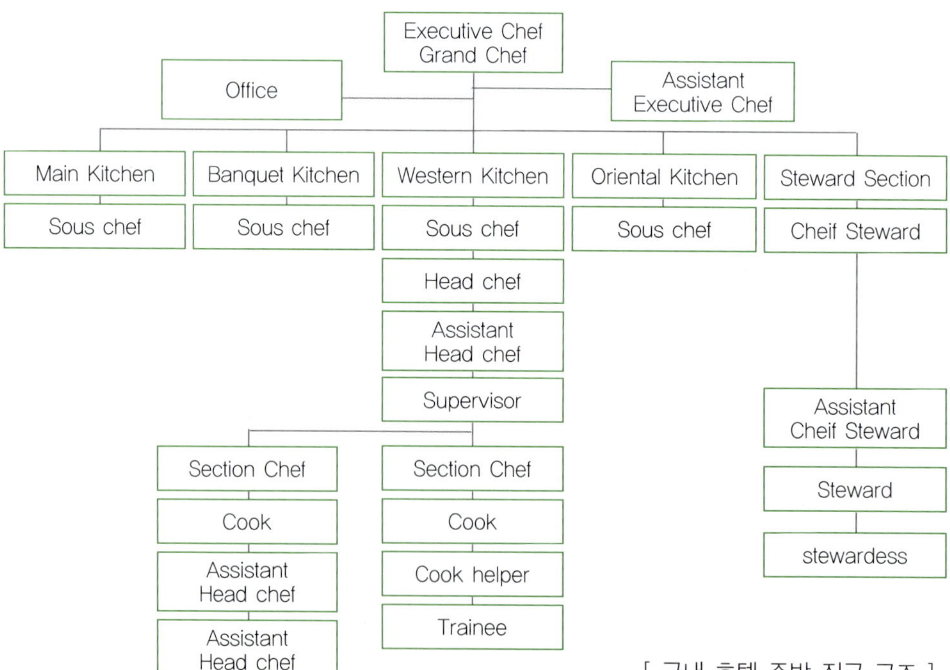

[국내 호텔 주방 직급 구조]

3) 업장별 주방 조직 구조와 직무

(1) 주요리 주방(Production or Hot kitchen)의 조직 구조와 직급별 직무

1 주요리 주방의 조직

특급 호텔의 핵심 주방으로서 각 단위 주방에서 조리를 하는데 기본적으로 필요한 스톡(stock), 소스(sauce), Meat, Vegetable Section별로 각 Section 조리장의 관할 아래 음식을 생산한다.

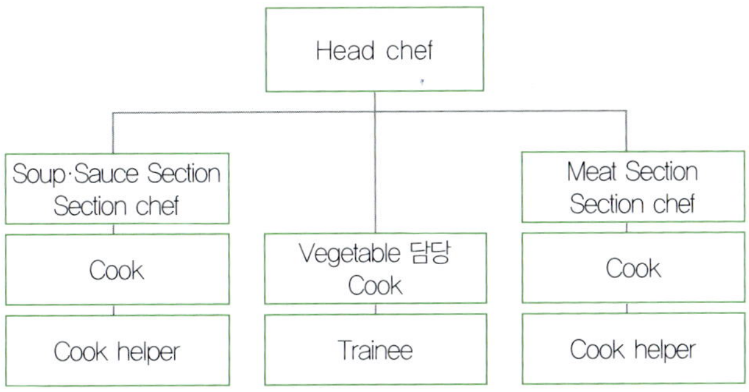

[주요리 주방의 조직]

2 주요리 주방의 직무와 업무 역할

① Head chef

Head chef는 주요리 주방에서 가장 높은 직책으로 주요리 주방의 조리 업무 관리 및 시설 등을 총괄하여 주방의 운영을 계획한다. 또한, 일일 매출, 식자재, 인원 점검 등을 한다.

② Soup · Sauce Section chef, Meat Section chef

주요리 주방의 스톡(stock), 소스(sauce)의 메뉴 개발과 레시피 관리, 원가관리, 인력관리를 담당한다.

③ Vegetable 담당

주요리 주방에서 각 영업 주방에 더운 채소 및 찬 채소 요리를 1차적으로 가공하여 지원하는 책임을 맡는다.

④ Cook

주요리 주방에서 기능적으로 실무 경력이 풍부하여 Cook Helper, Trainee 업무를 지도하고 주요리 주방의 중요한 업무를 수행하는 사람으로 각 Section chef의 업무지시에 따라 업무를 수행한다.

⑤ Cook helper · Trainee

주요리 주방에서 청소, 생산품을 조리하기 위한 준비 과정을 담당하는 직책을 말한다.

(2) 냉요리 주방(Cold kitchen, Gard-Manger)의 조직 구조와 직급별 직무

1 냉요리 주방의 조직

냉요리의 신선함을 유지시키기 위해 음식의 맛과 조리를 하는데 Section별로 각 Section 조리장의 관할 아래 Cook, Cook helper, Trainee의 조리사가 음식을 생산한다.

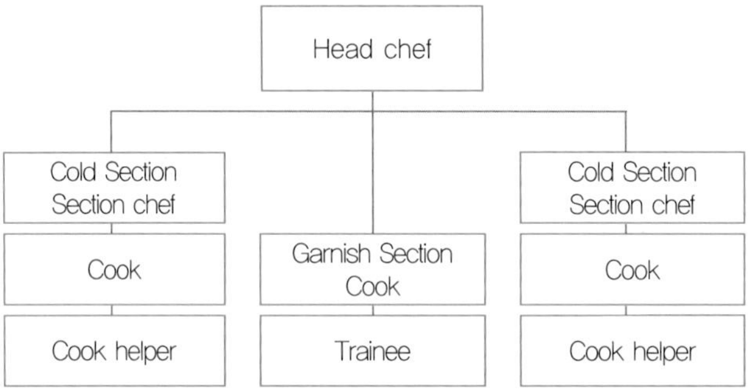

[냉요리 주방의 조직]

2 냉요리 주방의 직무와 업무 역할

① Head chef

냉요리의 Head chef는 가장 높은 직책으로 냉요리 주방의 조리 업무 관리 및 시설 등을 총괄하고 운영을 계획한다. 또한, 일일 매출, 식자재, 인원 점검 등을 한다.

② Soup · Sauce Section chef, Meat Section chef

냉요리 주방의 냉 전채(Cold appetizer)류, 냉소스(Cold sauce)류, 찬 스프(Cold soup)류, 샐러드(Salad)류, 테린(Terrine)류, 파떼(Pate)류, 젤라틴(Gelatin)류 등의

메뉴 개발과 레시피 관리, 원가관리, 인력관리를 담당한다.

③ Garnish Section

냉요리 주방에서 각 냉요리는 과일, 채소, 꽃, 얼음조각 등으로 장식된 다채로운 볼거리를 제공하는 책임을 맡는다.

④ Cook

냉요리 주방에서 기능적으로 실무 경력이 풍부하여 Cook Helper, Trainee 업무를 지도하고 냉요리 주방의 중요한 업무를 수행하는 사람으로 각 Section chef의 업무지시에 따라 업무를 수행한다.

⑤ Cook helper · Trainee

냉요리 주방에서 청소와 위생, 물품 구매 등 조리하기 위한 준비 과정을 담당하는 직책을 말한다.

(3) 부처 주방(Butcher kitchen)의 조직 구조와 직급별 직무

1 부처 주방의 조직

부처 주방 업무에 있어서 조별 직무는 상당한 의미를 가지고 있다. 조별 근무를 함으로써 시간을 탄력하게 사용할 수 있고, 식자재에 대한 기술 습득 지식에 수월하며, 일의 효율성을 높일 수 있고, 부처 주방 내에서 업장 전환을 빨리 할 수 있는 장점이 있다.

조를 편성함에 있어서는 1st, 2nd, 3rd, Cook helper 간의 인원을 조정해서 조리장과 부조리장의 권한으로 공평하게 편성해야 한다. 각조 조장의 지식과 기술이 다른 조의 조장보다 낮으면 조원들의 일에 대한 능률이 저하되고, 업무에 있어서 차질이 생기는 뮤제점이 발생 한다. 따라서 조장은 항상 기술적 · 지식적인 측면을 고려해서 습득해야 한다.

조의 조원 편성은 정기적으로 하는 것이 업무를 효율적으로 하는 데 도움이 된다. 또한, 인간적으로도 서로를 잘 알 수 있는 기회가 되므로 업무에 있어서 원활하다.

① 새벽조

새벽조는 하루의 업무를 시작하는 의미에서 중요하다고 할 수 있다. 출근하면 냉장고 · 냉동고 온도와 기기의 이상 유무, 식자재의 불출 상태, 해동 상태를 확인하고,

BEO(Banquet Event Order)를 확인해서 체크한 다음 오전의 업장 발주를 준비한다.

② 아침조

아침조는 조리장, 부조리장과 같은 조에 속하며, 아침 미팅 후에 육가공품과 훈제 제품을 확인해서 작업량을 결정한다.

③ 오후조

오후조는 BEO(Banquet Event Order)를 확인하고, 오후 업장 발주를 준비하고, 당일의 party에 맞는 식재료 정선을 준비하고 하루를 마감한다.

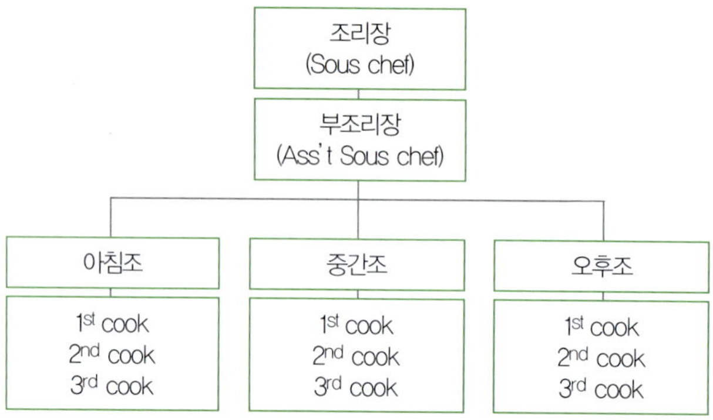

[부처 주방의 조직]

2 부처 주방의 직무와 업무 역할

부처 주방의 직책과 업무의 역할과 조별 직무는 아래의 표와 같다.

① 부처 주방의 업무 역할

직 책	업 무 역 할
조리장 Sous Chef	- 출근해서 전일의 파티 상황을 확인하고, 영업 주방에 불출한 식자재를 컴퓨터로 확인한다. - 사무실에 배달된 B.E.O(banquet event order) 확인 후 부조리장에게 그날의 업무를 지시한다. - 주방의 모든 확인이 끝나고 업무가 이루어지면 조리장 회의에 참가한다. - 회의사항 중 주방에 연관된 사항을 지시하고, 그날 팀장의 지시사항을 전달한다. - 부조리장의 중간 업무를 보고 받은 후 업무의 진행 사항을 점검한다.

조리장 Sous Chef	- 주방과 냉장고를 점검하고, 당일의 party를 확인하고 식자재를 발주한다. - 진행 중인 업무에 참여해서 직원과 함께 업무에 임한다. - 당일 보유하고 있는 재고의 현황을 보고 받는다 - 오전조 퇴근 후 logbook을 확인 후 그날의 업무를 마감한다.
부조장 Ass't sous chef	- 출근해서 주방과 냉장 · 냉동고 점검하고 스케줄을 확인 후 인원을 점검하며, 육가공품의 현황을 확인한 후 작업 지시를 한다. - 조리장에게 업무 보고를 받고 그날의 업무에 대해서 조리장과 논의한다. - 1st에게 업무를 분담시키고, 업무 진행을 확인하며 식자재를 입고를 확인한 후에 party에 맞게 정리시킨다. - 조리장 회의에서 논의 된 사항을 받은 후 조리사들에게 자세한 세부사항과 실질적인 업무를 지시하고, 업무에 기술적인 측면을 조리사들에게 교육한다. - BEO를 확인해서 다음 날의 업무를 분담시키고 식자재의 냉동, 정선 등을 지시한다. - 업무를 마감시키고, 조리장의 지시를 받은 후 오전 근무조를 퇴근시킨다. - 오후조의 일을 확인시킨 후 다음 날의 인원을 점검한다.
Cook helper	- 출근하면 주방의 바닥과 선반, 첨가물 등을 청소한다. - 냉장고 온도 점검 후, 냉장고 · 냉동고 바닥을 청소한다. - 그날 필요한 기물을 정리하고 공급한다. - 창고 물건을 수령해서 냉장고 · 냉동고에 정리한다. - 냉장고 정리 시 선입선출할 수 있도록 정리한다. - 작업이 시작되면 작업에 필요한 장비를 공급한다. - 항상 주방이 청결 유지하도록 신경을 쓴다. - 수시로 냉장고 및 냉동고의 식자재를 정리정돈을 한다.

② 부처 주방의 조별 직무표

직 책	업 무 역 할
새벽조	- 출근하며 주방과 냉장고 · 냉동고의 파악하고, 온도를 체크한 다음 단위 주방의 발주를 확인한다. - party 발주를 확인해서 작업에 차질 없이 준비한다.

새벽조	- 활어가 입고되면 활어를 손질해서 횟감으로 만들어 냉장고에 보관 후 불출한다. - 창고에서 식자재가 입고되면, 냉장고와 냉동고에 정리한다. - 오전에 업장 발주를 확인해서 준비한다. - 전날에 작업한 상품을 포장해서 냉장고에 정리한다.
중간조	- 출근하면 냉장고에서 육가공품 제품의 현황을 파악하고, 훈제 제품을 파악한다. - party가 많으면 일부는 새벽조의 직무를 돕는다. - 소시지나 햄, 그리고 marinate를 할 수 있도록 고기를 정선하고, 기기를 이용해서 준비한다.(첨가제를 준비할 때는 충분한 지식을 가지고 있는 1급 조리사가 직접 준비한다.) - 새벽조가 정선한 연어나 송어 등 훈제할 식자재를 marinate하고 전날 준비한 것은 Smoked machine에 넣고 훈제한다. - 가공 제품을 파티나 단위 주방에 불출한 충분한 양을 만든다. - 업장 업무 내용을 report 한다.
오후조	- 출근하면 냉장고, 냉동고의 식자재가 충분히 있는가를 확인한 후에 party function을 점검한다. - 오후 업장 발주를 확인하고 준비한다. - 파티에 필요한 세부적인 식자재 점검이 끝나면 당일에 사용할 식자재를 해동시키고 cooking 할 것은 미리 준비한다. - 당일에 사용할 식자재를 시장 발주 낸다. - 새벽조 및 아침조가 퇴근하며 업무 인계를 해서 미진한 부분을 마무리 한다. - 당일 생산할 육가공품에 필요한 marinate를 한다. - 당일 사용할 식자재를 파악해서 해동하고 장비를 점검한다. - 당일 사용할 기물과 기기를 준비해 놓는다. - 주방, 냉장고 및 냉동고의 청소 상태와 온도를 체크하고 당일 작업에 지장 없게 한다. - 당일 업무 중에 있었던 특이 사항을 작성하고, 식재료 재고 현황을 파악한다.

(4) 연회 주방(Garde-Manger)의 조직 구조와 직급별 직무

1 연회 주방의 조직

Garde Manger 주방에서 조별 직무는 주방 운영을 원활하게 위하여 각 시간대별 기능별로 구분되어 있다.

각 조장을 중심으로 업무의 효율성을 높일 수 있도록 직원들 간의 유대관계 상화 및 조리에 관한 기술 지식 습득, 교육을 원활하게 하여 업장을 효율적으로 운영관리 할 수 있도록 한다.

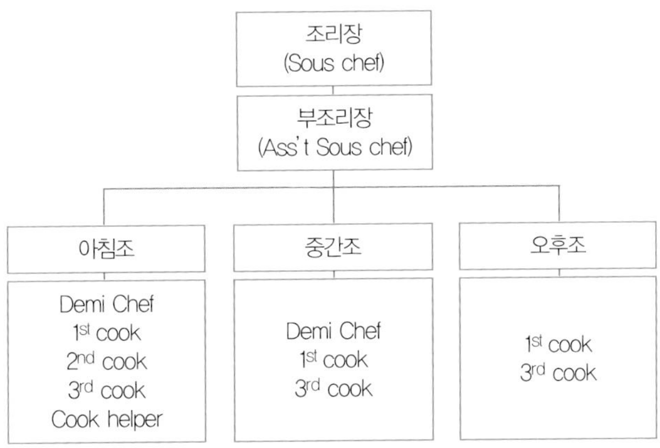

[연회 주방의 조직]

2 연회 주방의 직무와 업무 역할

① 오전조

하루의 업무를 시작하는 오전조는 출근하면 냉동 · 냉장고의 온도 및 이상 유무를 확인하고 기물 및 식재료 정리정돈 및 상태 확인, 업무량에 맞게 식재료 주문(Order), Mise-en place하고 파티를 준비한다.

② Party조

그날의 파티를 담당하는 조로서, 당일 Mise-en place 준비한 식재료 상태 및 미비한 것을 확인해 보고 미비한 것은 추가로 보완하여 완벽하게 준비해 둔다. 오전조와 같은 당일 파티를 준비하고, 그날 파티를 책임지고 담당하며, 이상 유무를 조리장에게 보고한다.

③ 오후조

오후조는 오전조 업무를 보조하며, 당일 파티에 필요한 식재료를 수령하여 준비하고, 파티와 업장에 불출된 식재료를 재고 조사(Inventory)한다. 주방의 정리 및 정돈 청소를 실시하고, 냉동 · 냉장고의 온도와 전반적인 주방기기 상태를 점검 체크한다. 하 루 업무일지를 작성하여 조리장에게 보고하고 마무리한다.

(5) 제과 주방(Bakery)의 조직 구조와 직급별 직무

1 제과 주방의 조직

Section별로 각 Section 조리장의 관할 아래 각종 연회 행사와 각 단위 업장에서 필요로 하는 다양한 종류의 빵, 케이크, 초콜릿, 쿠키류, 파이류, 페스트리 등의 모든 제과와 빵을 만들어서 공급해 주는 역할을 하는 주방이며 Cook, Cook helper, Trainee의 조리사가 음식을 생산한다.

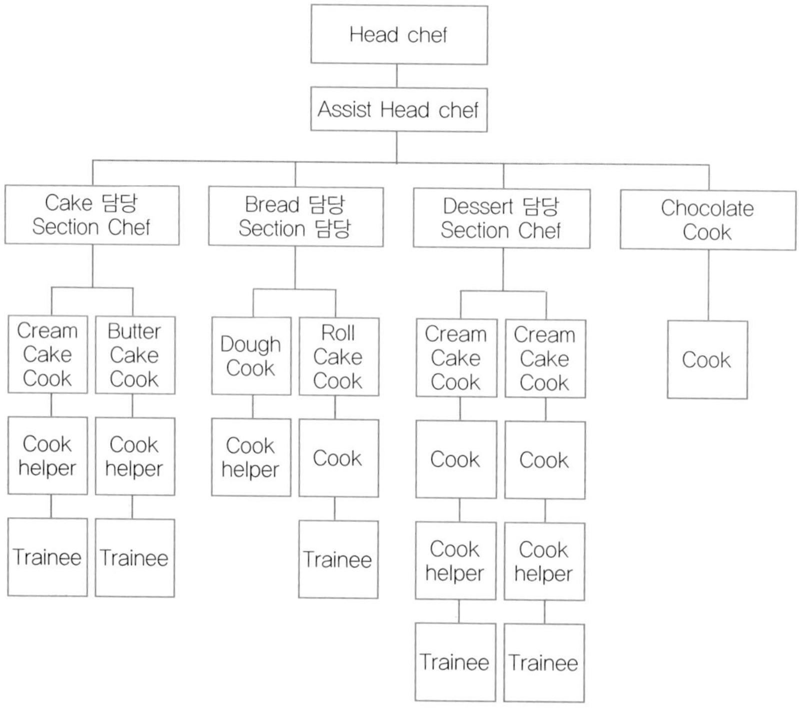

[제과 · 제빵 주방의 조직]

2 제과 주방의 직무와 업무 역할

① Head chef

제과 · 제빵 부서의 가장 높은 직책으로 제과 부서를 총괄 지휘한다. 직무는 제과 · 제빵 전 제품을 생산 지도, 감독, 기술 기능 지원, 기존 제품 개발 및 각 영업장 신메뉴와 특별메뉴, 그리고 페스티발(Festival) 메뉴 등을 총괄 책임진다. 또한, 경쟁사(일반 양산업체, 개인업체, 호텔 등)에 대한 정보를 입수하고 판매 시장 및 구매 시장조사를 한다. 주방의 안전을 책임진다.

② Assist Head chef

제과부장 직무 대행을 하며 냉장고 상태와 전반적인 제품 상태를 체크한다. 각 파트 적정 인원 배분 조정, 각 영업장 파티 스케줄 및 연회 메뉴 체크 등 중요한 부분을 감독하고 특히 기술적인 교육과 업무 지시 계획 수립 등을 책임진다. 또한, 화재 및 안전교육을 실시하며 식재료의 유효 기간 등을 확인한다.

③ Cake, Bread, Dessert Section chef

부제과장의 지휘를 받으며 부제과장의 부재 시에 그의 직무를 대행한다. 각조 주임은 파트별로 나누어 각조를 책임지고 업무를 수행한다.

제품 생산에 따른 차질 여부를 체크하여 생산하고 체크한다. 제과장의 지시에 따라 각종 파티용 Bread 및 Cake, Dessert 생산을 담당하는 실질적인 현장 책임자로서 임무를 완수한다. 또한, 제과 · 제빵사들의 개인 신상을 파악하여 시간별 스케줄 근무가 차질 없도록 배려한다. 실무 위주의 조리를 하여 부하 직원의 기술도 지도한다.

④ Cook

각종 파티 빵을 비롯하여 판매 빵류를 직접 생산한다. 각 조장(주임)의 지시에 따라 파티 준비 전반적인 생산관리를 하며 제빵사 보조의 기술을 연수시킨다. 또한, 믹서기, 오븐, 발효실 등 시설물의 관리 책임을 맡는다. 상급자의 지시를 받아 실무를 보좌하며, 표준 조리법과 조리기술을 익힌다.

⑤ Cook helper · Trainee

제과 주방에서 상급 제과 · 제빵사의 지시를 받아 제과 업무를 돕고 주방을 청결하게 유지하며 제과 · 제빵사를 도와 직접 제품을 생산하고 기술을 습득하며 식재료를 수령하고 표준 조리법과 조리기술을 습득한다.

(6) 뷔페(Buffet) 주방의 조직 구조와 직급별 직무

1 뷔페 주방의 조직

일반적으로 뷔페 주방에서는 소규모로 구분되는 한식 주방, 일식 주방, 중식 주방, 양식 주방으로 조직이 구분된다.

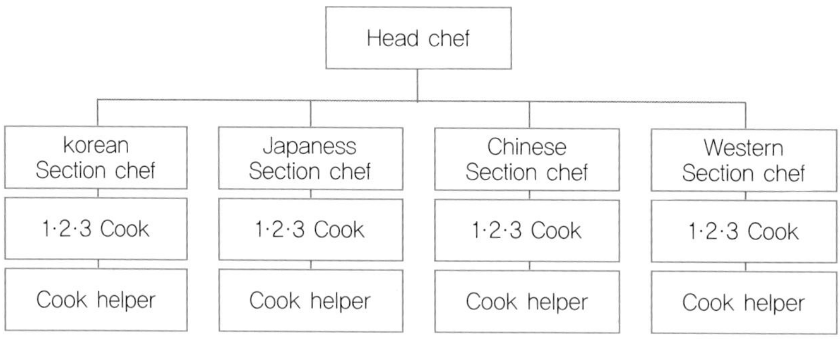

[뷔페 주방의 조직]

2 뷔페 주방의 직무와 업무 역할

① Head chef

뷔페 주방의 최고책임자로서 주방 업무를 총괄하고, 총주방장과 식음료 담당 디렉터와 상의하여 뷔페 주방 내의 기자재 및 조리장비 등 소요 기자재를 예산에 따라 주문하고, Section kitchen의 업무를 조정하여 분담시키고 각 Section kitchen의 조리장들과 협의하여 모든 주방의 기능을 효과적으로 발휘시킨다.

② Section chef

뷔페 주방장의 지휘를 받아 주방장 부재 시 이에 따른 업무를 대행하며 뷔페 주방의 운영에서 한식, 양식, 일식, 중식, 디저트 등 모든 업무를 항상 점검하며 지도 감독한다. 또한, 직원들에게 회사 업무 지침 및 교육 내용 등을 하달하기도 한다.

③ Cook(1st, 2nd, 3nd)

부조리장을 보좌하며 지시에 따라 Section kitchen내의 조리 업무를 준비하고 담당 업무를 한다. 조리 숙련자로서 각 직급에 따라 조리 기능을 직접 담당한다.

④ Cook helper

실무급 조리사들을 보조하며 주방의 청결 유지 및 식자재 수령, 자재 정리, 뷔페 주방에서 취급하는 모든 위생 부분에 대하여 담당한다.

(7) 커피숍(Coffee shop kitchen) 주방의 조직 구조와 직급별 직무

일반적으로 호텔에서 가장 분주한 주방으로 운영되며 룸서비스를 겸하고 있어 지원 주방의 도움을 받으며 운영되기도 한다. 또한, 커피숍 주방은 가벼운 식사나 커피나 차 또는 음료 등을 판매하며 식음료 판매 촉진 활동의 일환으로 단기적인 프로모션의 형태로 계절별, 축제일, 성수기에 맞는 특색이 있는 음식을 제공하기도 한다. 커피숍 주방의 운영 조직은 주요리 주방의 운영 형태와 비슷한 형태로 운영이 된다.

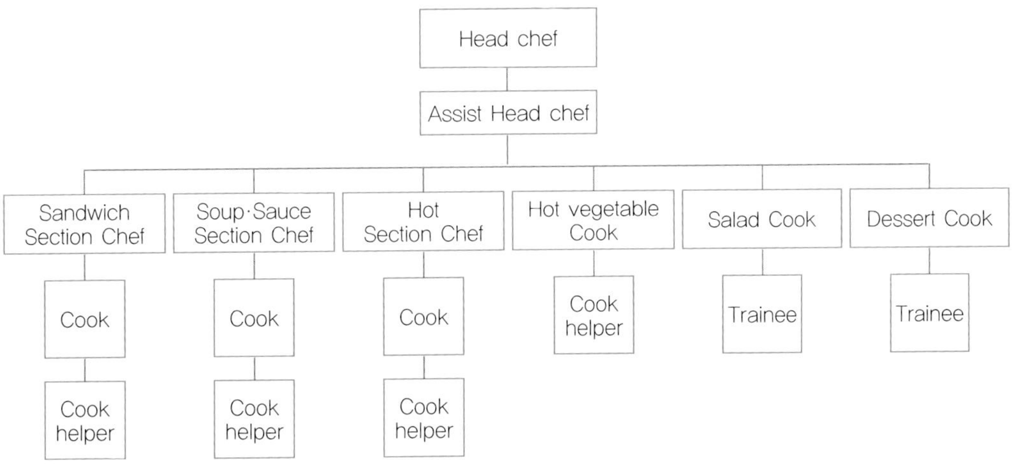

[커피숍 주방의 조직]

(8) 한식 주방의 조직 구조와 직급별 직무

1 한식 주방의 조직

한식 주방의 조직은 한식 주방장 밑으로 육부를 담당하는 육부장이 있으며, 각 파트별로 찬부 · 후식부 · 탕부 · 요리부로 구분한다. 한식 주방은 한국음식을 전문적으로 제공하는 주방으로서 교자상, 반상, 일품요리를 만들어 판매하며, 세질별 특선요리가 별도로 운영하여 제공된다. 또한, 연회(Banquet) 행사할 때 Buffet의 한국음식을 조리하여 공급하고, Room Service에 한식을 조리하여 공급도 한다. 한식 주방의 조직은 아래와 같다.

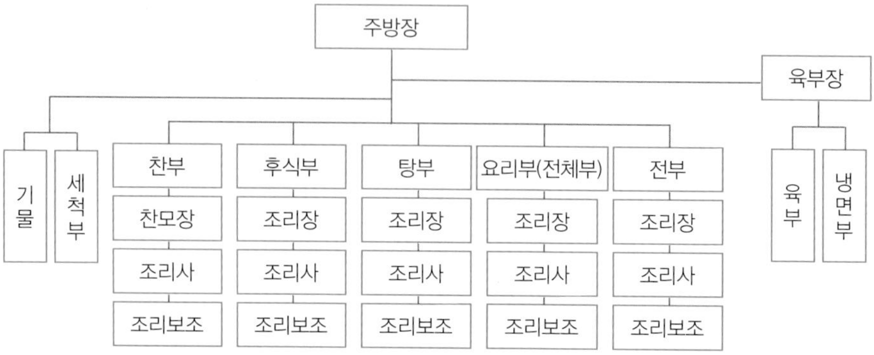

[한식 주방의 조직]

2 한식 주방의 직무와 업무 역할

① 주방장

직원 교육, 고객 불만 사항 점검, 영업부 의견 청취, 원가관리를 위한 구매 관리자와의 의견 제시, 식자재 주문 검수, 메뉴 개발, 원가 분석을 한다.

② 육부장

육류의 고기 관련된 모든 식자재를 관리하고, 숙성 과정을 체크하며, 소스 맛 일정하기 유지, 고기 저장도, 생산된 고기, 판매된 고기양 비교 관리, 고기와 함께 제공되는 양념류, 채소류, 찬류 등 관여한다.

③ 냉면장(면류 및 겨자채 담당, 찬음식 부문)

냉면 육수 맛 직접 관여 맛 유지, 냉면 고명에 들어가는 재료 점검 준비, 동치미 및 냉면, 김치, 맛 유지, 배 · 오이 · 편육류, 고명 준비, 비빔냉면 양념 보존, 육수 위생유지, 겨자채 및 차가운 음식 관여 준비, 후식 담당자 없을 시 찬음식부에서 관리한다.

④ 찬모장

경력 많은 사람이 맡으며, 맛에 대한 미각이 정확하고 선별된 찬을 만들며, 계절별 음식을 조리장과 상의하여 변화를 주어야 한다. 식자재의 흐름을 정확히 파악하여 업무에 반영하고, 김치를 담고 관리하며, 밥모와 협조하여 장 담고 관리한다. 규모가 큰 업장은 주방장 보좌하여 냉채류 및 후식류도 관리한다.

⑤ 요리부(전체부)

한국음식의 대표적 요리를 전체 개념으로 고객에게 제공하는 부서로서 한식 주방의 대표적 경험 및 기능을 가지고 있는 조리사가 담당하는 부서이다.

⑥ 전부(신선로 및 전유어)

계절별 전유어 준비, 신선로 재료 준비, 신선로 육수 탕부 담당과 점검, 숯 준비, 튀김 업무를 병행한다.

⑦ 탕부

육수를 만들고 탕에 사용할 고기, 채소를 준비하거나 탕에 사용할 양념류를 보관하며, 탕의 고명(지단채, 미나리, 홍고추) 재료를 준비한다.

⑧ 후식부

떡 · 과청류 및 음청류를 조리한다.

(9) 프랑스 식당의 조직 구조와 직급별 직무

대부분의 호텔의 프랑스 식당의 조직 구조는 프랑스 식당 Head chef에 총괄 관리아래 Sauce · Soup section을 담당하는 Chef와 Hot 담당 Section chef로 분류되며, Cold section과 Salad cook 요리 담당하는 조리사로 나누어 진다. 각 직급별의 업무는 앞서 언급했던 주요리 주방의 직급별 업무와 유사하다.

또한, 프랑스 식당에서는 주 고객이 Members, Club의 회원제로 운영되기도 하며, Memu의 구성은 Appetizer, Soup, Salad, Fish, Entree, Dessert, Coffee 등으로 구성돼 있다.

육류는 Butcher에서 제공받으며, Bakery 제품은 Bakery 주방에서 제공받고, Sauce 등은 주요리 주방에서 제공받아 판매하는 형태를 띠고 있다.

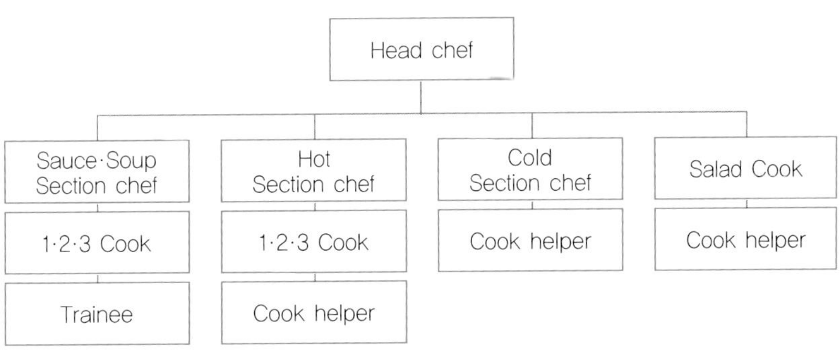

[프랑스 식당의 조직]

(10) 중식 주방의 조직 구조와 직급별 직무

1 중식 주방의 조직

호텔 중식당의 주방의 조직은 거의 비슷하다. 하지만 호텔의 전체 조직상의 약간의 차이를 보이고 있으며, 중식당은 철저하게 세분화가 되어 있다. 크게 주요리를 만드는 鍋部(스토부 · 꿔부 · 불판), 전체류와 후식을 맞은 板部(부처 · 빤부 · 칼판), 빵과 만두와 같은 각종 밀가루 음식을 담당하는 麵板 · 點心部(덴신부 · 후식부 · 면판), 조리 보조 등으로 구별할 수 있다.

2 중식 주방의 직무와 업무역할

① 鍋部(스토부 · 꿔부 · 불판)

중국요리의 조리 과정 중 최종 단계의 부분으로서 주방장의 지시에 의해 주요리의 맛을 내는 부분으로서 튀김, 볶음, 탕 등 화력을 이용하여 각종 음식의 조리와 수반되는 제반 업무를 모두 담당한다.

② 板部(부처 · 빤부 · 칼판)

찬요리를 담당하는 부분으로 주방장의 지시에 의해 전채류와 후식류의 조리 및 이에 수반되는 제반 업무를 담당한다. 그리고 칼판에서는 불판에서 조리할 모든 재료 등을 조달하여 주는 중요한 부분이기도 하다.

③ 麵板 · 點心部(덴신부 · 후식부 · 면판)

각종 밀가루로 만들어진 요리를 담당하는 부분으로 주방장의 지시에 의해 면 종류, 만두 종류, 딤섬류, 빵 등 이에 수반되는 모든 조리업무를 담당하는 부분이기도 하다.

[중식 주방의 조직]

(11) 일식 주방의 조직 구조와 직급별 직무

1 일식 주방의 조직

일식 주방의 호텔의 조직 구조는 거의 비슷하며 직무도 조직에 따라서 또는 메뉴에 따라서 다소 차이가 나지만 일반적인 사항을 요약하면 대체로 다음과 같다. 조리장(眞)은 싱(しん)이라 부르며, 메뉴 작성에서부터 조리장 전체를 장악 일을 지시 관리한다. 또한, 식재료 원가관리, 총괄적인 업무 지휘 · 관리한다.

부조리장(立て板)은 다데이다(たていた)라 부르고, 실질적인 주방장이며 업무의 지시 및 관리한다. 회(さしみ)를 썰고 주방 전체를 장악(사시미다이)한다. 칼판 보조(脇板)는 와끼이다(わきいた)하며, 칼판 보조(脇板)는 와끼이다(わきいた)라 부른다. 각 재료를 각 분야별로 담당에게 돌리며 냉장고 관리 및 칼질 조리한다. 닦는 담당(洗い方)은 아라이가다(あらいかた) 닦고, 잔심부름, 전천후 잡역=坊主(호슈)이라 한다.

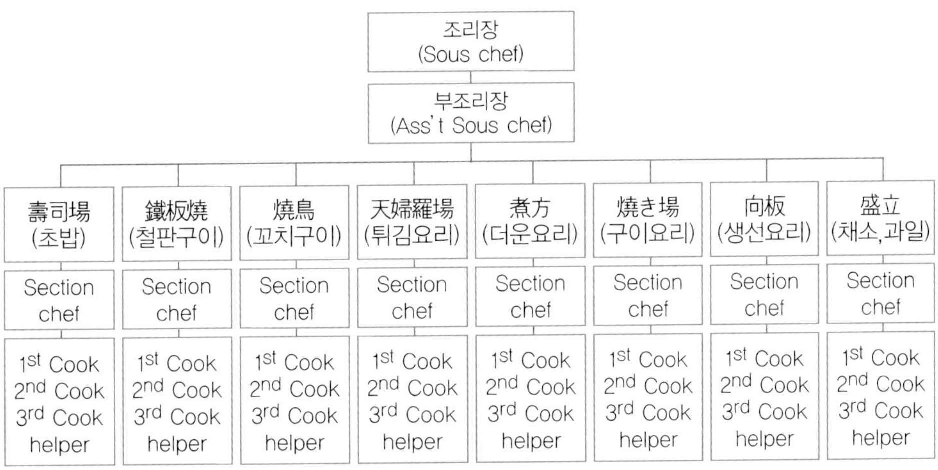

[일식 주방의 조직]

2 일식 주방의 직무와 업무 역할

① 스시바(壽司場) : 초밥

일본의 대표적 요리인 초밥류의 조리를 담당하는 부문으로 조리사가 직접 고객에게 서비스를 하는 특수한 기능을 갖고 있기 때문에 언행이나 외모, 고객관리 등 여러 면에서 매우 중요한 부분이다.

각종 초밥류, 생강을 조미한 초밥 생강(쇼가)을 준비, 초밥 조리에 수반 되는 제반 준비하며, 특히 대부분의 어패류를 날 것으로 취급하기 때문에 위생 · 청결에 특히 주의해야 한다. 일식 주방의 이미지나 매출 · 고객관리를 위해서 초밥 코너의 근무하는 조리사에 대한 외국어 · 예절교육 등 절대적으로 필요로 한다.

② 데판야끼(鐵板燒, てっぱんやき) : 철판구이 요리 담당

철판구이 요리 담당은 육류 및 어패류를 철판에 굽는 요리를 취급하며, 철판구이에 필요한 육류, 어패류와 채소 및 각종 소스와 조미료, 향신료를 준비하고 고객의 주문에 의해 조리한다. 스시요리와 마찬가지로 조리사가 직접 고객에게 서비스를 하기 때문에 몸가짐 · 언행에 주의해야 한다.

③ 야끼토리(燒鳥, やきとり) : 꼬치구이 요리 담당

주로 가금류나 조육류, 꼬치 등을 요리하는 코너로 아직 독립되어 있는 경우가 드물고, 철판구이와 공동 업무를 하기도 한다.

④ 덴뿌라(天婦羅場, てんぷら) : 튀김 요리 담당

모든 튀김 요리를 담당하는 부문으로 튀김에 필요한 어패류와 채소류를 준비하여 튀김옷에 사용될 재료를 준비한다. 소규모의 주방에서는 天婦羅場도 煮方에 통합되어 운영된다.

⑤ 니가다(煮方, にかた) : 더운 요리 담당

각종 국물요리로써 끓이고, 찌고, 졸이는 요리를 취급하며, 각종 다시(だし)와 다레(垂れ)를 만들고, 각종 냄비요리, 덮밥류, 면류, 채소류 등을 익히는 일, 전골류 등의 요리의 배선, 식재료 준비, 맛을 내는 일을 한다, 요리의 맛을 좌우하는 매우 중요한 부문이다. 요리의 최종 맛을 내어 완성하는 업무를 담당한다.

⑥ 야끼바(燒き場, やきば) : 구이 요리 담당

각종 생선과 부재료를 굽는 요리를 취급하는데 아주 대규모가 아니면 대부분 니가다(煮方)와 함께 통합되어 업무를 처리한다.

⑦ 무꼬이다(向板, むこういた) : 생선 요리 담당

각종 생선에 대한 검수와 기초 손질을 하여 각 코너별로 배분하고 생선회에 필요한 부재료를 준비하고 수족관을 관리하는 부분으로 품격 높은 생선회를 생산하는 고도의 기술과 섬세하고 예술적인 감각으로 준비하며 관리한다.

⑧ 모리다이(盛立, 盛り, もりたい) : 채소 및 과일 준비 담당

주로 채소 및 과일 등을 취급하는데 영업장의 형편에 따라서 샤부샤부, 스끼야끼 등 예술적으로 데커레이션 장식용 제작, 식재료의 색상 조화에 대한 미적 감각을 발휘하여 관련 재료의 준비 및 조리한다.

3. 주방 환경의 변화

1) 주방 환경 중요성

주방 환경은 열, 온도, 습도, 광선, 소음 등의 작업 환경 요인이 작업자의 피로, 건강 및 작업 태도 등에 크게 영향을 끼치고 음식 생산이나 서비스의 품질과 생산성을 떨어질 수 있는 요인이 된다. 즉 주방은 고객에게 안전하고 위생적이며 최상의 메뉴를 만들어 내는 공간으로서 음식을 준비하는 조리사는 주방의 인적 구성 · 시설 · 공간 · 안전 · 위생과 같은 여러 환경에 많은 영향을 받는다.

그리고 물리적 환경인 시설 환경은 고객의 반응뿐만 아니라 조리 직원의 반응에도 영향을 준다. 주방 직원과 고객 둘 다의 행동을 자극하기 위하여 기업에 의해서 통제할 수 있는 구체적인 물리적 요인 모두를 물리적 환경 요인의 범주에 포함된다. 주방의 평면 계획, 장비의 배치, 장비 설계 등의 물리적 환경의 구성 요소가 직원들의 업무수행 능력과 성과 향상을 미친다.

그러므로 주방 환경은 조리 작업을 효율적으로 근무하기 위한 공간이며 주방 내의 조리 종사원에게 직 · 간접적으로 영향을 미치는 환경적 요인으로써 조리 직원의 근무의욕과 건강 등에 영향을 미치는 여러 조건이다. 자연 환경 속에서 생활하고 있지만 인간과 자연 사이에는 건축물, 즉 주택 빌딩 등의 실내 환경이 있고, 인간은 이 속에서 생활하며, 실내 환경은 항상 건물 외부의 여러 요인의 영향을 받고 있다. 따라서 인간이 건강한 삶을 위해서는 항상 실내 및 외부 환경을 조절하여야 한다.

2) 주방 환경의 구성 요인

(1) 인적 자원 환경 요인

내적인 환경이란, 주방 내에서 자체적으로 노동 집약적인 인적 자원관리와 통제가 가능한 요소로 주방 근무자인 조리사들에게 직접적으로 관계가 있으며, 업무 수행에 있어서 능률이 저하되고, 불협화음이 일어날 수 있으며, 더 나아가 직장을 옮기든지 퇴직할 수 있는 상황이 발생한다. 여기에는 인적 구성들에게 각 업장별, 직급별, 전문야별의 특성을 맞추어 임금 및 후생복지시설 적용하며 인사 행정 체계를 고려해야 한다.

따라서 주방 형태나 서비스 형태에 따라서 업무 내용과 근무의 특성이 다르고, 레스토랑의 형태에 따라 그 주방 문화가 각각 다르다. 업무 효율성 재고를 증대하기 위해 주방 조직 문화가 원만하게 이루어져야 업무의 극대화가 이루어질 수 있다.

(2) 시설 환경 요인

주방 시설 배치 및 설비와 시공, 작업 공간, 주방기기 배치, 주방의 동선, 주방 공간의 색채나 분위기가 세밀하고 합리적으로 이루어진 주방 계획은 공간 활용의 효율성이나 생산성 향상 등 주방의 경영적인 측면에서 이익을 나타낸다. 과학적인 주방시설 배치로 세심한 주의에 맞추어 작업 환경을 제공하였을 경우 이동 거리 감소 등의 조리사 업무에도 효과를 줄 수 있으므로 전체적인 주방의 운영에 크게 기여한다.

즉 인간이 작업을 수행하는 데 소요되는 작업장의 활동 공간 내에 작업대의 높낮이와 배치 방법, 의자의 조립 방식, 조명 방식 및 기구 설치, 온도, 습도, 냄새, 소음, 진동, 색채 등의 물리적 환경 조건의 합리적인 설계와 배치 방법은 작업자의 피로와 스트레스를 적게 할 수 있고, 작업 능률을 높일 수 있기 때문이다.

[표 1-6] 주방의 물리적 환경과 내부 요인

작업 환경	자극의 종류	원인	신체 증상	조절 기법
기후적 환경	열, 습도	열 조리장비	체온 상승 초래, 탈수증 (체온 조절, 노폐물 제거 장애)	냉난방 및 환기 조절
시각적 환경	빛(光)	형광등	색깔 감각 둔화, 피로 유발	인공조명
청각적 환경	소음	조리 시, 세척 시, 냉장고, 후드 등	청력 손실, 간접적 영향(정서 방해, 수면 방해, 소화 방해 등)	흡음 차음 자재 선택
촉각적 환경	촉감	조리 장비	피부 상처	인공 · 기계적 조절/작업 조건변경
후각적 환경	냄새(臭)	조리 시 발생	불쾌감, 산소 부족	환기 조절

4. 조리인의 자세

1) 조리장의 직업관

요리는 흔히 "요리는 예술이다." 또는 조리사는 "의사 중의 의사다."라고 한다. 서양요리에서 요리를 하는 사람은 'Professionals'로 간주하고 수백 년 동안 그렇게 이식되어 왔다. 그러나 조리사가 진정 예술가로가 되고 최고의 의사인 프로페셔널이 되기 위해서는 그의 손에서 나오는 조리 자체가 예술품이면서 사람을 살리는 명약이 되는 장인정신의 자세가 깃들어져 있을 때만 가능하다.

그러기 위해서는 훌륭한 조리장으로서의 인격과 기술, 창조성, 미적 감각이 요구된다. 아무리 자신이 훌륭한 조리사라고 하지만 전문적인 지식이나 창조적 발전에 노력을 게을리한다면 오늘날 조리장으로서의 자격을 유지할 수 없을 것이다.

1 조리에 대한 지식

① 조리에 대한 안전과 보관, 이동 기법을 숙지해야 한다.

② 조리의 생산 단계에서부터 구매, 조리, 고객에게 제공하기 전까지 확고한 지식이 필요하다.

③ 합리적인 조리 생산 방식의 기준 등 직접적인 업무를 실행한다.

④ 동시에 조리가 지니고 있는 매력과 영양, 제조 원가를 관련된 사람에게 구체적으로 이해시킨다.

2 조리 기술

① 어떻게 하는 것이 가장 효율적이고 경제적인지에 대한 방법을 숙달한다.

② 새로운 방식을 적용하고 객관화시킬 수 있는 능력을 배양한다.

③ 단순한 작업에서 반복적인 기술 습득 후 순차적으로 성장하여 고급 기술 습득한다.

④ 7~10년의 경력이 쌓인 후 정체되기에 퇴보하지 않기 위한 꾸준한 자기개발 노력을 필요로 한다.

3 맛의 조화

① 후각, 촉각, 미각, 청각, 시각, 공감각으로 조리를 음미할 때 자신의 최대한 능력을 작용시킨다.

② 요리의 맛은 고객의 신분이나 지위, 사회적인 명성과는 별계로 생각하며 맛의 조화를 균일화시킨다.

4 예측과 판단

① 조리장의 경영적인 측면에서 고객의 기호와 재료의 특성을 파악하여 판단한다.

② 신중한 판단으로 시장 변수에 능동적인 상황 대처한다.

5 자부심

① 조리사의 단정한 유니폼과 깨끗한 모습, 안전한 신발, 스카프, 짧은 손톱, 곱게 쓰인 모자를 착용한다.

② 높고 하얀 모자는 조리사의 인격과 자질이 담기게 되는 조리사의 거울로 인식한다.

2) 조리 업무의 기본 단계

① 조리사는 조리에 관한 기본적인 기술과 지식을 습득하고 창조적으로 개발할 수 있는 능력을 함양하며, 세계 요리의 흐름과 신기술 빠르게 흡수하여 개발, 응용할 수 있어야 한다.

② 위생에 관한 문제에 있어서 조리사는 능동적으로 대처해 나가야 한다.

③ 요리 상품의 생산 단계로서 고객의 욕구에 맞도록 합리적으로 조리 과정이 진행되고 있는지 품질관리에 관심을 가져야 한다.

④ 요리 상품의 판매와 사후관리로서 요리를 통한 고객의 욕구를 충분히 만족시켜 주었는가, 상품의 서비스 과정은 빠르고 정확하게 진행되었는가, 직원의 서비스는 만족스러웠는가? 등의 지속적인 고객관리가 필요하다.

⑤ 조리 업무의 의사 결정 단계로서 전년도 매출 기록, 객실 예약 상황, 당일 예약 상황 등에 관한 자료를 이용, 예상 이용객 수를 예측함과 아울러 사용될 식자재의 구매 의뢰, 신메뉴의 작성, 개발 등이 있다.

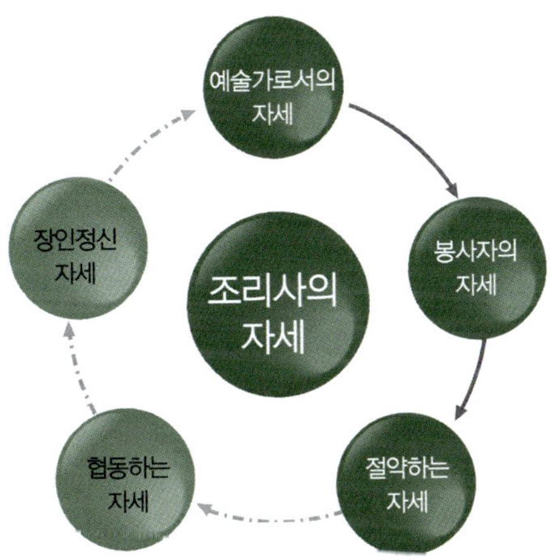

[조리인의 자세]

강무근, 《주방관리론》, 학문사, 2000년.
김기영, 《호텔 외식산업 주방관리실무론》, 백산출판사, 2007년.
김봉애, 《건강에 영향을 미치는 주거환경》, 한국생활환경학회지, 제10권, 제4호, 2003년.
김준식, 《Garde Manger주방의 효율적인 관리방안에 관한 연구》, 경기대학교 석사학위논문, 2005년.
김희기, 《호텔 중식당의 메뉴개발에 관한 연구》, 경희대학교 석사학위논문, 2000년.
나영선, 《호텔서양조리실무개론》, 백산출판산, 1996년.
롯데호텔, 《조리직무교재》, 명지출판사, 1990년.
박병렬 · 이형우, 《호텔제과제빵 기술론》, 문지사, 1996년.
손청락, 《관광호텔 일식메뉴 개선에 관한 연구》, 경희대학교 석사학위논문, 1996년.
안형기, 《호텔주방 조직환경에 따른 임파워먼트가 직무만족, 조직몰입 및 이직의도에 미치는 영향》, 경기대학교 박사학위논문, 2003년.
윤재풍, 《조직학원론》, 박영사, 1991년.
이인수, 《한국산업사회 조직구성원 커뮤니케이션 연구》 연세대학교 석사학위논문, 1996년.
이창국, 《호텔주방 조리종사원의 직무만족도와 이직에 관한 연구》, 경기대학교 석사학위논문, 2000년.
이형우, 《관광호텔 베이커리 메뉴품질의 평가에 관한 연구》, 경기대학교 박사학위논문, 2002년.
장태경, 《관광호텔 부쳐 주방관리의 효율성에 관한 연구》, 경기대학교 석사학위논문, 2003년.
전경철, 《관광호텔 일식레스토랑 메뉴의 표준양목표에 관한 연구》, 경기대학교 석사학위논문, 2001년.
진양호, 《한국관광호텔 서양요리 표준화에 관한 연구》, 경희대학교 석사학위논문, 1987년.

CHAPTER 02 주방 경영관리

01 식품안전관리

1. 식품안전관리의 개요와 업무
2. 구매관리
3. 검수관리
4. 저장관리
5. 재고관리

02 주방의 원가 경영관리

1. 원가의 정의와 구성
2. 원가의 계산 및 분석
3. 표준 원가계산
4. 원가관리
5. 국제 원가 회계 기준(IFRS)

03 주방의 메뉴 경영관리

1. 메뉴의 이해
2. 메뉴의 계획
3. 메뉴의 가격
4. 메뉴의 개발 방법
5. 메뉴의 평가

04 식품위생관리

1. 식품 위생의 관리 개요
2. 식중독
3. 식재료 위생관리
4. 시설과 기기위생
5. 개인위생
6. 위해요소 중점관리기준(HACCP)

05 주방의 인적 자원관리

1. 주방의 인적 자원관리 의의
2. 인재 확보, 직무, 평가관리
3. 인적 자원의 보상관리
4. 인적 자원의 배치와 교육(OJT)

06 주방의 작업관리

1. 주방의 작업관리
2. 주방 작업의 생산성
3. 세척관리
4. 안전관리

07 단체급식관리

1. 단체급식의 개요
2. 단체급식의 유형
3. 급식 시스템과 발전 방향

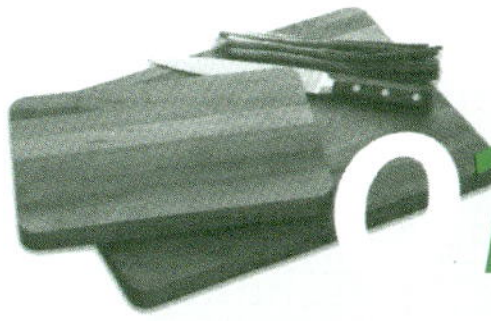

01 식품안전관리

1. 식품안전관리의 개요와 업무

1) 식품안전관리의 개요

(1) 식품안전관리

최근에 식품의 안정성 확보를 위해 식품, 식품첨가물, 기구 · 용기 · 포장 등에 관한 식품안전관리는 식품위해 사전예방을 위해 HACCP 적용 확대, 유해 물질 안전 강화, 수입 식품 및 수입 농축수산물 등으로 강화하고 있다.

또한, 식품안전관리를 위해 우리나라는 식품안전 정보, 소통 확대 강화, 소비자 중심의 식품안전 감시망 구축, 식품 위해사범 척결, 처벌 강화로 부당 이익 몰수 등의 대책과 함께 식품 사고 발생 예방과 신속한 사후 대응으로 식중독 상시 예방 체계 강화, 위해식품 신속 조치를 수행하고 있다.

그러므로 호텔 및 외식업체의 식품안전관리는 원가의 대부분을 차지하고 있는 우수한 식재료를 선택구입하므로 식품안전관리가 이루어지며, 이것은 기업 운영에 있어 매우 중요한 일이다. 또한, 우수한 식재료의 선택은 식품안전뿐만 아니라 식품의 맛과 품질, 가격을 결정하는 중요한 요소가 된다.

따라서 기업은 메뉴에 따라 적절하게 식품의 각 종류를 파악하고 식품 고유 영양과 맛의 특성을 살펴 위생적 위해 방지 및 식품 손실 방지, 유통과 비축의 원활성과 편리적 기능을 갖춰야 한다. 그러므로 식품의 구매 또는 저장의 과학적 시스템화는 필수적이다. 이에 식품안전관리는 주방 운영을 원활히 이루어지도록 관리하는 것이 주목적이라 할 수 있다.

(2) 식재료의 개념 및 중요성

호텔 및 외식업체 기업이 운영을 위해서는 상품(메뉴)을 만들어서 판매함으로써 이윤을 발생시켜야만 한다. 그러기 위해서는 생산물의 원료가 되는 식자재가 꼭 필요하다.

제철에 생산되는 제품이 영양가와 가격 측면에서 품질이 우수하며, 각 지방에서 출하되는 농수산물의 작황을 인지하여 구매하는 것이 매우 중요하다. 호텔의 식자재는 원산지에 따라 국산·수입산 식재료로 구분할 수 있으며, 광의의 식자재로 주된 음식은 자재와 부가적 음식인 음료까지 포괄한다. 그러므로 식자재는 음식(메뉴) 생산을 위한 중간 재료로써 완전한 음식 생산을 위해 사용되는 물질적인 것이다.

제조업에서 자재비가 제조 원가에서 차지하는 비율이 20~90% 이르며, 보통 70% 이상 정도로 중요시되고 있다. 그러나 호텔 외식업체에서는 제품인 메뉴를 생산하기 위해서 메뉴의 원가 중 약 30% 정도로 인건비와 함께 큰 부분을 차지하고 있기 때문에 식재료는 신중하게 구매해야 한다.

따라서 식자재는 메뉴의 계획 단계에서부터 철저하게 시장조사를 통하여 결정되어야 하고, 경영 측면에서 손실률이 적고, 생산량이 많아야 기업의 이익을 발생시키는 데 큰 도움을 준다.

최근에 식재료의 안정성에 대한 문제가 사회적으로 대두되고 있는 것은 고객에게 제공되는 메뉴의 안정성과 직결되기 때문에 매우 중요하다. 다양한 소비자들의 소득 수준 향상과 질적인 측면에서 건강 지향 식품 및 고급 식품에 대한 안전 선호도 증가 등으로 소비자들의 기대를 충족시키기 위해서는 우수한 식재료에 대한 정보와 조달 능력이 뒷받침되어야 한다.

2) 식품안전관리의 업무

식품안전관리의 업무는 양질의 음식을 제공하기 위하여 경영자와 고객 모두를 충족시키고, 이를 위하여 음식 생산에 적합한 식자재를 확실하고 투명하게 구매하고 검수, 저장, 출고 등의 관리를 하는 것이다.

식품안전관리는 필요로 하는 시기에 원하는 양을 기대한 품질 수준의 양으로 조달해야 하는 점에서 식자재의 생산과 유통 및 품질의 측정과 저장에 관련된 부분까지 수행해야 되므로 매우 중요하다.

따라서 단순한 물품 구입에 국한되지 않고, 경제적 효율성이 바탕이 되어야 한다는 것을 의미한다. 구매 품목에 대한 규격, 무게, 수량, 품질, 기타 등 각각 특성을 세부적으로 파악하여야 한다.

[표 2-1] 식품안전관리 업무

관리 업무	관 리 사 항
공급 업체 선정 및 구매 합리화	식단의 기준 또는 요리 종류, 발주 시기에 따른 공급 업체 선정
발주 업무	납품의 일시와 가격, 발주 방법 결정을 통한 재고 확인 후 발주
정확한 검수의 책임	검수 담당자나 납품전표에 따라 식재료의 양과 질의 확인
보관·입고·출고·통제	보관 기준에 따라 식재료의 입출고량 통제
식재료비 예산 통제	계획한 예산에 맞춰 식재료비 관리

2. 구매관리

1) 구매관리의 개념

일반적으로 경영이라고 지칭하는 것은 사람(人) · 물건(物) · 돈(金)의 3요소로 구성되고 있다. 이 중에서 물건은 상품 또는 식자재 등을 말한다. 물건을 관리하는 업무인데 식품 구매는 음식의 생산, 조리 및 출고 업무와 조직의 전체적 관점에서 구매관리가 치밀하게 진행되어야 한다.

구매(Purchasing)란 '대가'를 지불하고, 자사가 외부로부터 자재 및 용역을 취득(획득)하는 기능을 말한다. 조달은 반드시 '대가'의 지불이 수반되는 것이 아니라는 점에서 다르다. 따라서 구매란 적절한 품질 및 수량의 물품을 적정한 시기에 적정한 가격으로 적정한 공급원으로부터 구입하여 필요로 하는 장소에 공급하는 것이라 할 수 있다. 구매는 공통적으로 중요 기능이며, 회사 조직의 전반에 큰 영향을 미치고 있다.

[표 2-2] 구매관리의 본질

구분	과거	현재
1	서비스의 기능	이익의 창조 기능
2	타부문의 종속 기능	경영의 주요 기능
3	구매 요구를 접수한 때로부터의 업무	구매 방침 및 계획 단계로부터의 의무
4	비전문적	고도로 훈련된 전문 요원에 의한 직무

따라서 효율적 구매관리를 달성하려면 정기적이고 치밀한 시장조사와 구매 품목에 대한 특성을 고려하여야 하며, 물품의 원가를 최소화시키고, 구매 품목의 품질, 규격, 무게, 수량, 기타 특성을 세부적으로 기술한 표준구매명세서를 작성하여 검토해야 음식의 품질을 유지할 수 있다.

2) 식품 구매 절차

구매관리는 음식을 생산하는 데 필요한 물품을 확보하는 기능으로서, 구매(purchasing), 검수(receiving), 저장(storing), 재고관리(inventory control)가 포함되며 조달(procurement)의 개념으로 사용되기도 한다.

효율적 구매관리를 하려면 첫째 물품의 원활한 공급이 가능해야 하고, 둘째 식품의 원가를 최소화시킬 수 있어야 하며, 셋째로 공급하는 음식의 품질을 유지할 수 있어야 한다.

식품을 구매하기 위해서는 메뉴관리와 원가관리를 통하여 구매 목적의 기준이 되는 표준화된 자료 정보가 사전에 준비되어야 한다.

표준 조리량 목표(Standard Recipe)에 의해 식품 재료 구매가 이루어져야 하며, 구매는 합리적 계획을 세워 시장조사와 함께 시장 가격의 정보를 파악하여 품질, 규격, 가격, 구입 시기, 공급 업체, 거래 조건 등 비교하여 필요성을 인식하고 공급 업체를 선정하여 발주하고 물품의 인수·검수 한 후 대금 결제 약정에 의하여 대금을 지불하는 형식을 취한다.

식품 재료의 구매는 판매 또는 조리 목적으로 필요한 적정 재고량 파악과 구매량의 결정에 따른 메뉴의 확정으로 품질 기준을 설정한 뒤에 납품 업자를 선성해야 한다. 그리고 구매 가격을 결정하는 단계에서 생산성과 수익성을 고려하고 결재 조건과 납품 시기를 결정하는 데 구매 담당자는 납품 업자와 상호 협상의 결과에 따라 결재 조건과 시기를 결정하는 단계이다.

[표 2-3] 구매관리의 4가지 기능

구입품	회사 전체와의 관계
품질관리 납기관리 원가관리 불합격품관리	자체 생산, 외주 생산 구분 원가 절감 활동 매입관리 VA/VE 활동 등
거래처	**부분 경영**
거래처 평가와 선정 거래처 실태조사와 발굴 거래 조건 협정 협력회 활동 지원 등	계획·발주관리·가격관리 리스크관리 거래처관리 구매 업무 규정의 정비 등

(1) 구매 담당자 업무

구매 담당자는 세부적으로 기록된 구매 조건과 송장의 기록 내용을 비교 및 검토 확인하여 물품을 받는다. 그리고 구매 주문서에 의해 현물을 확인하고 대조한 뒤 주문내용과 틀린 것을 발견하여 반품의 처리 방법을 해결하고 검수 작업을 한다. 구매의 주문서사본, 구매 청구서, 물품인수장부 등 구매 주문에 관련 업무 서류 등은 기록 및 기록관리해야 된다.

[표 2-4] 식재료 구매 담당자 업무

구매 담당자 업무	세 부 업 무
기획업무	구매계획서 작성, 구매 결과 분석 및 실질 분석
원가결정 및 관리	주기 단위별 구매 원가 결정, 구매 원가 관리 및 경쟁지수관리
시장조사	경쟁 호텔 및 외식업체 가격 분석, 시세 분석
식재료경영	주 단위 및 규격 결정, 신상품 개발
구매방법결정	품목별 경쟁력 있는 방법 결정
공급업체관리	공급 업체 관리 및 평가, 공급 업체별 구매 품목 결정
고객관리	시황 및 식재료 정보 사항 공지, 식재료 모니터링
거래선 등록 및 대금지급확인	공급 업자와의 거래약정서 체결 업무 공급 업체별 지급 시기, 방법, 금액 확인

(2) 구매 절차

식품 구매 활동 측면에서 중요성은 구매 상품 철저한 분석, 적절한 구매를 통한 질 좋은 상품 구입, 서비스 납기 · 포장 · 지급 조건 · 품질 보증 · 거래 조건 등 Total service 의미를 함축한다. 적절한 가격과 양으로 구입하고 공급자의 경쟁적 관계 유지, 구매 경쟁을 위한 세밀한 시장조사, 독과점 상태의 상품을 복수 거래 상태로 경쟁 구매 체계 확립 등이 될 수 있다. 식품구매 의사 결정의 영향 요인에는 아래와 같다.

식품 구매 의사 결정의 영향 요인		
• 경영 정책과 전략 • 경쟁 상황 • 마케팅 전략 • 식품의 유통 구조	• 메뉴의 종류와 특성 • 예상되는 식품 수요량 • 수요 시장의 기대	• 식재료의 수율 • 식품의 생산량 • 식품의 재고량

식품의 구매 절차 과정은 아래와 같다.

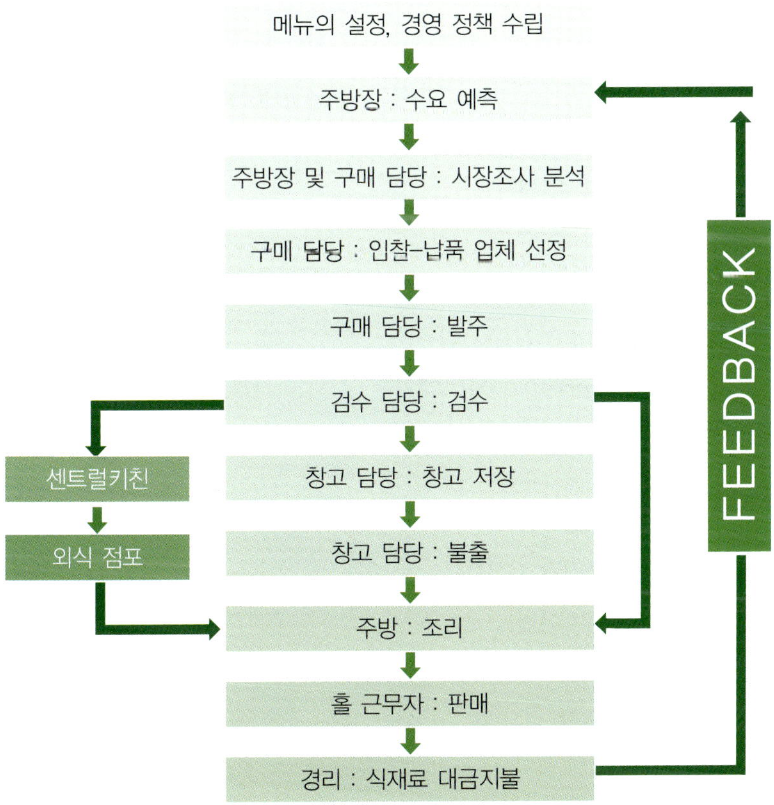

[식품 구매 절차 과정]

3) 구매 방법

(1) 집중 구매와 분산 구매

1 집중 구매 방법

호텔 및 외식업체에서 필요로 하는 식품을 한 개의 업소에서 집중적으로 구매하는 일괄 방식을 말한다.

- 장점 : 일괄된 구매 방법 확립, 구매 가격이 저렴해짐, 구매 비용이 절약된다.
- 단점 : 한 개 업소에서 여러 가지를 동시에 취급하므로 비전문적이고 능률이 저하되어 긴급할 때 식품 납입이 어렵다.

2 분산 구매 방법

각 업소별로 필요한 물품을 분산해서 구매하는 방식이다.

- 장점 : 구매 절차가 간편하고 능률적이고 긴급할 때 유리하다.
- 단점 : 경비가 많이 소모되고 높은 가격으로 구입할 우려가 크다.

(2) 정기 구매와 수시 구매

1 정기 구매

수시로 사용되는 물품을 구입하여 이용하는 방식을 말한다. 여기에는 생산계획에 따라 정기적으로 구매하는 방법과, 표준 재고량이 일정 수준에 도달하였을 경우 자동적인 구매 방식을 택하는 것이다.

2 수시 구매

구매 요구서가 들어올 때마다 수시로 구매하는 방법으로 비정상적인 방법이며 돌발 상황에 따라 대처하는 방법이다.

(3) 시장 구매와 투자적 구매

1 시장 구매

시장 변동 특정 상황에 따라 구매하는 방식이다.

2 투자적 구매

시장 상황이 좋을 때 구매하고자 하는 물품을 필요 이상으로 다량으로 매입하여 가격이 높아졌을 때 일부를 전매할 목적으로 구매하는 방식을 말한다.

(4) 장기 계약 구매와 당용 구매

1 장기 계약 구매

호텔 및 외식업체에서 일정 기간 이상 다량으로 필요할 경우 업체와 장기 계약하고 일정한 시간마다 정해진 양만큼 납품하도록 하는 방식을 말한다.

2 당용 구매

필요한 물품을 그때 상황에 맞춰서 즉시 구매하는 방식을 말하며, 불안하기는 하니 큰 자본이 요구되지는 않는다.

(5) 일괄 위탁 구매

구입하고자 하는 물품이 다양한 종류이면서 소량일 경우 유리한 방식인데 물품이 소량이면서 다양할 경우 특정 업장에게 구입 원가를 확실하게 책정하여 일괄적으로 위탁을 취하는 구매 방식을 말한다. 다음은 식재료 수요 예측 영향 요인의 원인에 대한 그림을 나타낸다.

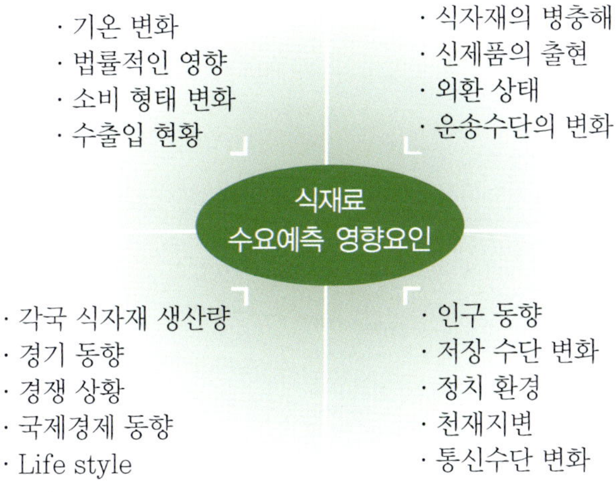

[식재료 수요 예측 영향 요인]

4) 식품 구매 시 주의해야 할 사항

① 허가 관청에 신고 또는 허락을 받는 사업등록자의 제품인지 확인해야 한다.

② 각 식품(육류 · 채소류 · 해산물류 · 가공품류 등)의 유형에 따라 회사의 기준 · 규격, 용량 등이 일치하는지 확인해야 한다.

③ 구매 업체의 업소명 및 소재지가 명확한지 확인해야 한다.

④ 가공식품의 제조연월일의 유통 기한을 확인해야 한다.

⑤ 구매하는 식품이 위생적으로 처리된 제품인지 확인해야 한다.

⑥ 원 재료명 및 함량이 일치하는지 확인한다.

⑦ 각 식품(육류 · 채소류 · 해산물류)의 식품 신선도의 기준이 부합되는 확인해야 한다.

⑧ 합성 감미료, 합성 착색료, 보존료, 산화방지제, 표백제 등의 식품첨가물이 함유된 식품에 있어서는 그 함유된 식품첨가물의 명칭과 용도가 식품 규격에 맞는지를 확인한다.

⑨ 식품 가격이 시장 유통 소비 구조의 가격 변동에 따라 적정한 가격인지 확인해야 한다.

⑩ 기타 식품 등의 구입하는 세부 표시 기준에서 정하는 사항에 맞는지 확인해야 한다.

3. 검수관리

1) 검수관리의 의의

각 주방의 업장에서 사용할 식재료에 대한 구매관리 과정의 절차가 마무리되어 본격적으로 음식재료에 사용할 식재료가 업장으로 입고되면서 동시에 이루어지는 관리 활동을 말한다.

검수관리 진행 과정에는 배달된 식재료를 구매 명세서에 맞게 검사하고 수령하여 관리하는 활동이다. 검수관리에서 납품되어진 물품이 발주한 요건에 맞는지, 또는 불량 상품이 입고되었는지 등을 확인하고 적절하게 조치를 취해야 한다.

2) 검수 절차

검수는 납품된 식재료와 물품의 품질, 신선도, 위생, 수량, 규격이 주문된 것과 일치하는지 검사하여 수령 여부를 결정하고 판단하는 과정이다. 따라서 검수가 효과적으로 이루어지려면 검수 설비 및 기기, 발주서 또는 구매 청구서 사본 등을 구비하고 납품 되어진 물품이 주문한 요건에 맞는가, 불량품이 발생하지 않았는가를 직접 확인하여 적절한 조치를 취해야 한다.

따라서 검수 담당자는 상황에 적합하도록 공급 업자의 물품 배달 시간 등 검수 일정을 미리 계획하여야 한다. 아래의 그림은 검수 절차를 그림으로 노식화한 것이다.

납품 물품과 주문한 내용, 납품서의 대조 및 품질검사

↓

물품의 인수 또는 반품

↓

인수한 물품의 입고

↓

검수에 관한 기록 및 문서 정리

[검수 절차]

3) 검수 방법

(1) 물품의 검수 방법

1 전수 검사법

희귀성 물품이거나 고가 또는 소량일 때 납품되는 물품을 전량 검사하는 방법으로써 자세하게 검수를 할 수 있지만 검수의 시간과 노력의 낭비가 소요된다.

2 발췌 검사법

일명 Sampling 검사법이라고 하며, 납품되는 물품 중에 일부를 무작위의 임의 방식으로 발췌하여 검사한 결과로 전체를 평가하는 방법이다. 이 방법은 시간의 비용이 유리한 측면이 있다.

(2) 식품의 관능검사

식품의 검수를 할 경우 물리화학적이고 실험적인 데이터의 분석보다는 검수자의 오랜 경험과 기술 및 지식, 경험을 바탕으로 판별하는 방법을 말한다.

이 방법은 검사자의 주관적인 판단에 의지할 수밖에 없으며, 주로 맛, 냄새, 향, 광택, 외관 등을 다각적으로 판단하고 평가한다. 아래의 표는 식품의 감별법을 나타내주는 표이다.

[표 2-5] 식품의 감별법

구분		내용
물리적 검사		온도, 비중, pH, 방사능, 중량, 용도, 경도, 물성 등
화학적 검사		일반 분석(정성, 정량) 등
관능검사	맛	단맛, 쓴맛, 신맛, 짠맛, 매운맛, 떫은맛 등
	외관	형태, 선도, 점성, 탄성, 광택, 경도, 등급 등
	기타	색깔, 향미, 조직, 크기, 촉감, 물성, 이물질 등
생물학적 검사		세균, 효모, 곰팡이 등 미생물, 효소 등
독성검사		독성(급성, 만성)

(3) 일반 식품 품목별 검사

1 쇠고기

우리나라의 쇠고기의 등급 기준은 육질 등급과 육량 등급으로 구분한다. 판정 육질등급은 고기의 질을 근내지방도(Marbling), 육색, 지방색, 조직감, 성숙도에 따라 1++, 1+, 1, 2, 3의 5개 등급으로 구분하고, 육량 등급 판정은 등지방 두께, 등심 단면적(배 최장근 단면적), 도체중량을 종합하여 규정 의한 산정된 육량지수에 따라 A, B, C의 3개 등급으로 구분한다.

① 쇠고기 도체 등급 표시

아래의 표는 우리나라 농림수산식품부에서 나타내주는 육질 등급 판정기준의 표이다.

구분 단위 : kg. (%)		육 질 등 급					
		1++등급	1+등급	1등급	2등급	3등급	등외
육량등급	A등급	1++A	1+A	1A	2A	3A	
	B등급	1++B	1+B	1B	2B	3B	
	C등급	1++C	1+C	1C	2C	3C	
	등외						

자료 : 농림수산식품부, 소도체 등급표시

② 쇠고기 육량 등급 판정 기준

등지방 두께, 배최장근 단면적, 도체의 중량을 측정하여 산정된 육량지수에 따라 다음과 같이 A, B, C의 3개 등급으로 구분한다. 아래의 표는 우리나라 축산물 등급 판정소에서 나타내주는 육량 등급 판정 기준의 표이다.

육량 등급, 단위 : kg, (%)	육 량 지 수
A	67.20 이상
B	63.30 이상 ~ 67.20 미만
C	63.30 미만

자료 : 농림수산식품부, 육량등급 판정기준

③ 쇠고기 육질 등급 판정 기준

근내지방도(Marbling), 육색, 지방색, 조직감, 성숙도에 따라 1++, 1+, 1, 2, 3의 5개 등급으로 구분한다. 근내지방도 기준은 배최장근 단면에 나타난 지방 분포 정도로 나타낸다. 또한, 육색은 배최장근 단면의 고기 색깔이 정상 분포도가 No2~No6로이며, 지방색은 배최장근 단면의 근내지방, 주위의 근간지방과 등지방 색깔이 정상 No1~No6가 된다.

아래는 각 기준에 맞는 그림을 나타낸 것이다.

[근내지방도에 의한 등급기준]

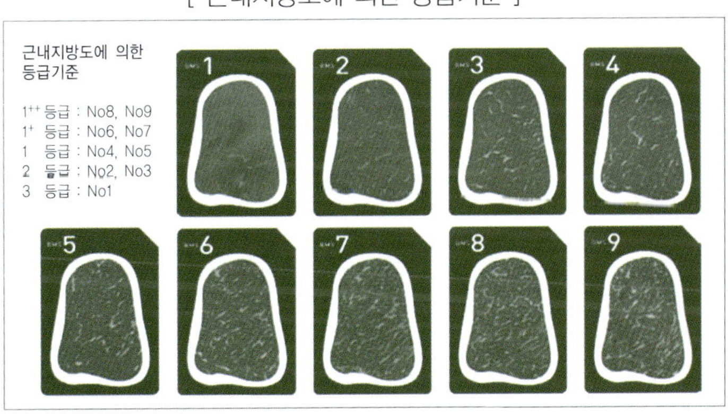

자료 : 축산물등급평가원

[육색]

자료 : 축산물등급평가원

[지방색]

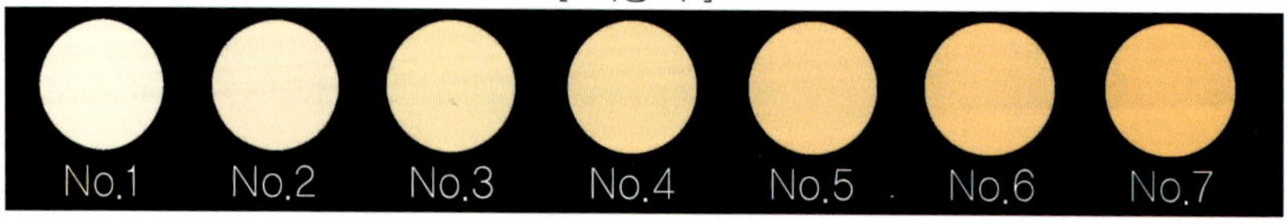

자료 : 축산물등급평가원

2 돼지고기

우리나라의 돼지고기의 등급 기준은 육질 등급은 육색, 지방색과 질, 조직감, 지방 침착도, 삼겹살 상태, 결함에 따라 1+, 1, 2등급의 3개 등급으로 구분하고, 규격 등급은 도체중과 지방 두께 및 외관(균형, 비육 상태, 지방 부착 상태, 마무리)을 종합적으로 고려하여 A, B, C의 3개 등급으로 판정하여 구분한다.

① 돼지고기 도체 예비 등급 부여 기준

예비 육질 등급	적 용 범 위	
	최종 규격 등급	근내지방도
1^+등급	A	No.4, No.5
1등급	A	No.2, No.3
	B	No.2, No.3, No.4, No.5
2등외	A, B	No.1
	C	No.1, No.2, No.3, No.4, No.5

자료 : 축산물등급판정원, 돼지고기 도체 등급표시

② 돼지고기 도체의 중량과 등지방 두께 따른 예비 규격 등급 판정기준

도체중량과 등지방 두께를 측정하여 A, B, C, D로 등급 판정으로 나누며, 도체의 중량은 도축장 경영자가 측정하여 제출한 도체 한 마리 분의 중량하고, 등지방 두께는 왼쪽 반도체의 마지막 등뼈와 제1허리뼈 사이와 제11등뼈와 제12등뼈 사이의 2개 부위의 등지방을 mm단위로 측정하여 평균치를 산정(소수점 절사)한다. 다음의 표는 돼지고기 도체의 중량과 등지방 두께 등에 의한 규격 등급 1차 판정 기준과 규격 등급 2차 판정 기준, 돼지 도체 중량과 등지방 두께 등에 의한 육질 등급 1차 판정 기준을 표로 나타낸 것이다.

[표 2-6] 중량과 등지방 두께 등에 의한 규격 등급의 육질등급 1차 판정 기준

<table>
<tr><th rowspan="3">구분</th><th colspan="4">인 력 판 정</th><th colspan="3">기 계 판 정</th></tr>
<tr><th colspan="2">박 피 도 체</th><th colspan="2">탕 박 도 체</th><th colspan="3">탕 박 도 체</th></tr>
<tr><th>중량 (kg)</th><th>등지방두께 (mm)</th><th>중량 (kg)</th><th>등지방두께 (mm)</th><th>중량 (kg)</th><th>등지방두께 (mm)</th><th>수율 (%)</th></tr>
<tr><td>A 등급</td><td>74이상 ~ 86미만</td><td>12이상 ~ 22미만</td><td>80이상 ~ 94미만</td><td>17이상 ~ 27미만</td><td>83이상 ~ 96미만</td><td>14.0이상</td><td>56.0이상</td></tr>
<tr><td rowspan="4">B 등급</td><td>71 ~ 74</td><td>10 ~ 25</td><td>80 ~ 83</td><td>15 ~ 30</td><td rowspan="4">80 ~ 100</td><td rowspan="4">12.0</td><td rowspan="4">54.0</td></tr>
<tr><td>74 ~ 86</td><td>10 ~ 12</td><td>83 ~ 96</td><td>15 ~ 17</td></tr>
<tr><td>74 ~ 86</td><td>22 ~ 25</td><td>83 ~ 96</td><td>27 ~ 30</td></tr>
<tr><td>86 ~ 90</td><td>10 ~ 25</td><td>96 ~ 100</td><td>15 ~ 30</td></tr>
<tr><td>C 등급</td><td colspan="2">A, B에 속하지 않는 것</td><td colspan="2">A, B에 속하지 않는 것</td><td colspan="3">A, B에 속하지 않는 것</td></tr>
</table>

자료 : 축산물등급판정원, 중량과 등지방두께 등에 의한 규격등급의 육질등급 1차 판정기준

3 일반 식품의 품별 검사

일반 식품의 검사는 아래의 표에 나타낸 검수 방법에 따라 확인을 해야 된다.

종 류	검 수 방 법	온도
Beef Pork	• 당일 사용 제품 : 5도℃ 이하 • 돼지고기 : 비계는 하얗고 살코기는 엷은 분홍색, 고기 결이 매끈하고 탄력이 있으며 잡냄새가 없어야 한다. • 쇠고기 : 선홍색으로 탄력이 있고 결이 고우며 잡냄새가 없어야 한다. • 색의 변화 : 밤색, 초록색, 보라색 반점은 곰팡이가 생겼거나 냉동 상태가 나쁘다는 증거이며, 쇠고기의 경우 빨간색이여야 하며, 어두운 빨간색은 오래 저장된 것이고 엷은 보라색은 장기간 공기 순환이 없는 것에서 저장하였거나 상하고 있는 것이다.	당일 사용 제품은 5℃ 이하
Chicken	• 살이 촉촉하고 두툼하여 푹신한 느낌을 주어야 하며 껍질이 크림색으로 윤기가 있어야 한다. • 품질이 좋지 못한 것은 살이 단단하지 못하고 탄력이 없으며, 고약한 냄새가 나고 날개 부분이 끈적거리거나 어두운 색으로 변한 것은 부패한 것이다.	당일 사용 제품은 5℃ 이하
Fish	• 날것일 경우 얼음에 채워 배달한다.(0 ~ 5℃) • 해동했다가 다시 얼린 생선은 건조하거나 탈수가 된 것 같이 보이며 생선살 끝 부분이 밤색을 띠어서도 안 된다.	당일 사용 제품은 5℃ 이하
Egg	• 껍질은 까칠까칠하고 깨지지 않고 오물이 묻어 있지 말아야 한다. • 외관상 깨트려서 보았을 때 흰자와 노른자가 탄력이 있고 흘러내리지 않아야 한다.	–
진공포장 제품	• 포장지 내에 거품이 있으면 반품한다. • 진공포장이 안 되어 있으면 반품한다.(유통기한 확인)	0~10℃
두부	• 온도를 측정하고 사용 전 냄새, 맛을 본다. • 사용 전까지 냉장 보관한다.	0~10℃
유제품	• 이취가 없는 것(살균우유 : 5일, 멸균우유 : 7주) • 포장지가 손상되지 않을 것 • 사용 전후 냉장 보관	5℃ 이하 (우유) 냉장 0~10℃

냉동식품	• 부패 여부뿐 아니라 해동했다 다시 얼린 표시가 있는지 검사한다. • 포장된 것은 상자를 열어 온도계를 사이에 넣어 측정한다.	당일 사용 제품은 5℃ 이하
통조림	• 식품 위생법 및 식품 공정상에 규정된 표시 사항을 확인한다. • 유통기한을 확인하고, 외관상 이상이 있는지 확인한다. (움푹 들어갔는지, 새는 곳이 있는지, 부풀었는지)	-
야채과일	• 내용물을 먹어 본다. • 일반 채소는 상온, 신선도 확인, 내용물을 실펴보고 잘라본다.	전처리 채소 5℃ 미만

[표 2-9] 어패류의 선도 판정법

항목	부위	선도판정평가	
		신선	초기부패
외관	체표	• 윤이 나고 싱싱한 광택이 있다. • 비늘이 단단히 부착되어 있다.	• 광택이 없어진다. • 비늘의 탈락이 많다.
	눈알	• 혼탁이 없다. • 혈액의 침출이 적다.	• 희게 혼탁하며, 눈알이 안으로 들어감
	아가미	• 신선한 선홍색을 띤다.	• 주변부터 암색을 띠게 되며 차츰 암녹회색이 된다.
	복부	• 복부가 갈라지지 않는다.	• 복부가 갈라져서 내장이 노출되거나 항문으로부터 장 내용물이 나온다.
냄새	전체	• 이취가 없다.	• 불쾌한 비린내가 난다.
	아가미	• 거의 냄새가 없다.	• 불쾌한 냄새가 난다.
단단함	등,꼬리	• 손가락으로 누르면 탄력이 있다.	• 탄력이 약하다.
	복부	• 내장이 단단하고 탄력이 있다.	• 손가락으로 누르면 항문으로부터 장 내용물이 나온다.
점질물	체표	• 손으로 만져도 점질물에 거부감이 느껴지지 않는다.	• 점액의 점착성이 증가한다.

4) 검수 시 유의사항

구매관리 과정에서 검수 시 유의사항으로 공산품, 농산물, 수산물, 육류를 구분하여 검수 작업대에서 검사한다. 외부 포장 등 오염 우려가 있는 것은 제거한 후 조리실에 반입한다. 식재료명, 품질, 온도, 이물질 혼입, 포장 상태, 유통기한, 수량 및 원산지 표시 등을 확인 기록을 유의해야 한다.

따라서 검수자는 식품의 품질을 평가할 수 있는 지식과 경험을 갖추며, 검수 절차 및 방법, 식품 감별법을 숙지한다.

[표 2-10] 식품 검수 유의사항

유 의 사 항
• 식재료를 검수대 위에 올려놓고 검수하며, 맨바닥에 놓지 않도록 한다. 검수대 조도는 540lux 이상을 유지한다.
• 식재료 운송 차량의 청결 상태 및 온도 유지 여부를 확인 · 기록한다.
• 식재료명, 품질, 온도, 이물질 혼입, 포장 상태, 유통기한, 수량 및 원산지 표시 등을 확인, 기록한다.
• 검수가 끝난 식재료는 곧바로 전처리 과정을 거치도록 하되, 온도관리를 요하는 것은 전처리를 하기 전까지 냉장 · 냉동 보관한다.
• 외부 포장 등 오염 우려가 있는 것은 제거한 후 조리실에 반입한다.
• 검수 기준에 부적합한 식재료는 자체 규정에 따라 반품 등의 조치를 취하도록 하고, 그 조치 내용을 검수일지에 기록 · 관리한다.
• 곡류, 식용유, 통조림 등 상온에서 보관 가능한 것을 제외한 육류, 어패류, 채소류 등의 신선 식품 및 냉장 · 냉동식품은 당일 구입하여 당일 사용하는 것을 원칙으로 한다.

5) 검수 요령

식품의 검수 요령으로 아래의 각 식품의 유의사항을 확인하여 처리해야 한다.

유 의 사 항
• 냉장 · 냉동식품이 실온에 방치되지 않고 정확히 냉장 · 냉동고에 들어가 있는지 확인한다.

- 당일 구입하여 사용하여야 하는 식재료 품목 중, 전날 사용한 식재료가 냉장 · 냉동고에 남아 있는 것이 없는지 확인한다.
- 입고된 식품의 규격 및 전처리 사양을 확인한다.
- 냉장 · 냉동, 조리식품에 대해 온도를 확인한다.
- 수량, 중량, 규격을 확인한다.
- 식품별 검수 기준에 따라 품질 상태를 확인한다.
- 상자의 무게를 제외하고 중량을 측정한다.
- 수산물은 물과 얼음, 소금을 제외한 중량을 측정하는데, 사전에 수율에 대한 입고 수량을 합의하여 놓는 것이 바람직하다.
- 식품별 검수 기준, 규격에 따라 품질 상태를 확인하고, 포장 상태, 유통기한, 원산지 표시, 이물질 혼입 여부, 이취 등을 확인하여 반입 여부와 개선 조치사항을 결정한다.
- 검수 기준에 부적합한 식재료는 자체 규정에 따라 반품 등의 조치를 취하도록 하고, 그 조치 내용을 검수일지에 기록한다.
- 검수 실시 후 결과를 검수일지에 반드시 기록한다.

6) 반품

식재료 검수 결과 신선도, 품질 등에 이상이 있거나 규격 기준에 맞지 않는 식재료는 반품하고, 검수 기준에 맞는 식재료로 재납품할 것을 지시한다. 반품 시에는 반품 확인서를 발행하며, 반품이 재발하는 업체에 대하여서는 납품 참여 제한 등 재조치 방안을 강구하도록 한다.

4. 저장관리

1) 식품 저장

검수를 거친 식재료는 적절하게 보관 및 관리하지 않으면 식재료에 오염이 일어날 수 있다. 품질을 최적으로 유지하고 위생적으로 보관하기 위해서는 조리사들의 신속하고 올바른 식재료 보관이 필수적이다. 따라서 검수를 마친 후 제대로 보관 및 관리를 하지 않으면 손실을 가져오므로, 과학적인 보관이 요구된다.

저장 시설의 위치, 저장고의 내부 배치(Layout), 안정성, 저장 상태, 적합한 저장 시설 등이 합리적으로 구비시키고 효과적으로 저장품을 관리 통제하여야 한다. 저장 창고의 위치로는 같은 층에 검수 장소, 창고, 주방이 있는 것이 효율적이므로 검수 구역과 조리 구역 사이에 인접하는 위치하는 것이 좋다.

식재료의 저장 방법으로는 '선입 선출에 의한 출고', '저장 기준 및 기간 준수', '저장 물품의 안정성 확보' 등이 있다. 냉장고는 대형 냉장고, 소형 냉장고가 있는데 업체 규모에 따라 바닥 면적과 투자 비용을 절감할 수 있도록 사용해야 한다.

보관된 물품의 출고는 출고 청구서를 근거로 담당자는 부서 책임자의 지시를 받고 출고한다. 출고 청구서의 내역을 확인하여야 하며 품명, 규격, 수량, 출고 일자 등을 정확히 기록하여야 한다.

2) 저장관리의 일반 원칙

(1) 저장 위치 표시의 원칙

식품 재료가 어디에 있든지 쉽게 위치 파악을 확인할 수 있어야 한다. 그러므로 품목별로 카드를 만들어 관리하여야 한다.

(2) 분류 저장의 원칙

최적의 상태로 저장하는 저장 기준을 참고로 하여 식자재의 성질, 용도, 기능 등에 따라 분류 기준을 설정한다. 같은 식품 종류의 물품끼리 저장함으로써 입출 고시의 번잡과 혼동을 방지하여야 한다.

(3) 품질 유지의 원칙

일반적인 식자재의 적정 저장 온도와 습도, 저장 기간 등을 적용하여 품질의 변화가 생기지 않도록 최고의 품질 수준을 유지한다.

(4) 선입 선출(FIFO : First In First Out)

식재료의 저장 기간이 짧을수록 재고 자산의 회전율이 높다. 특히 변질되기 쉬운 품목과 유효기간이 표시되어 있는 품목의 출고관리에 유의해야 한다. 그러기 위해서는 적재할 때부터 입고 순서에 따라 출고될 수 있도록 하여야 한다.

(5) 공간 활용의 원칙

저장 시설에 있어서 가장 중요한 것은 보온 및 충분한 저장 공간이다. 저장 공간은 저장 품목의 양과 부피에 따라 결정되며 품목 자체가 점유하는 공간 이외에도 운반 장비의 이동 공간도 고려되어야 한다.

(6) 식자재 저장관리의 4가지 원칙

1 안전성(Safety)

상하기 쉬운 식품은 운송에서부터 저장까지의 시간이 가장 중요하며 급속히 그리고 효과적으로 다루어 져야 한다. 건조된 물품의 경우에는 손상, 부패, 유해물, 곤충 등과 물품의 위생적인 문제는 없는지를 검사해야 한다.

저장고 운용상의 안전사고에 대비한 인하 안전 및 식자재 안전을 위한 적재 방법, 사닥다리, 선반 설비, 냉장고 내부에 설치된 개폐 장치를 안전제일의 원칙에 입각하여 점검하여야 한다.

2 위생(Sanitation)

모든 저장고는 청결하여야 하며, 곤충이나 벌레, 박테리아 등의 오염으로부터 보호되어야 한다.

3 지각(Sense)

보관된 물품의 배열, 재고조사 대장의 순서에 의한 진열, 출하 횟수에 따른 위치 선정에 의한 선입 선출 방법, 재고 카드의 부착, 식품 특성에 의한 분류, 저장 등 합리적으로 운영되어야 한다.

④ 저장고 보안(Security)

Key관리, 창고 출입자의 제한, 비상용 키의 관리 절차 등 재고 자산 보호 방안이 강구되어야 한다.

3) 냉장 · 냉동 보관 방법

식재료의 선입 선출 원칙을 지키면서 적정량을 보관하고 냉기 순환이 원활하게 하도록 하며 적정 온도 유지하는 것이 매우 중요하다. 냉장 · 냉동고 용량의 70% 이하가 좋으며, 냉장 · 냉동고에 식품을 보관할 경우 반드시 그 제품의 표시 사항(보관 방법 등)을 확인한 후 그에 맞게 보관한다. 냉장고는 5℃ 이하, 냉동고는 -18℃ 이하의 내부온도가 유지되는가를 확인 및 기록한다.

또한, 오염 방지를 위해 신선한 식품은 냉장실 하부, 가열조리식품은 위쪽으로 구분하여 보관한다. 그리고 냉장 · 냉동고의 문 개폐는 신속하고 최소한으로 해야 한다. 개봉 사용한 통조림류는 깨끗한 용기에 옮겨 담아 냉장 보관한다.

[표 2-11] 식재료별 보관 온도 및 기간

구분	식재료별	보관 온도	비고
주식류	쌀, 밀가루, 보리쌀, 라면 등	15 ~ 25℃	3개월
육류	쇠고기, 돼지고기 등	냉장 상태 : 5℃	3일
		냉동 상태 : -18℃	1개월
생선류	고등어, 꽁치, 삼치 등	냉장 상태 : 5℃	1일
		냉동 상태 : -18℃	15일
엽채류	배추, 양배추, 시금치, 상추, 콩나물 등	세척 상태 : 5℃	1일
		자연 상태 : 15-25℃	3일
근채류	무, 양파, 감자 등	세척 상태 : 4℃	2일
		자연 상태 : 15-25℃	7 ~ 20일

4) 상온 보관 방법

선입 선출이 용이하도록 보관 · 관리를 우선으로 하며 정해진 곳에 정해진 물품을 구분하여 보관한다. 식품과 식품 이외의 것을 분리하여 보관하고 식품 보관 선반은 바닥, 벽으로부터 15㎝ 이상의 공간을 띄워 청소가 용이하게 한다.

포장의 제품을 나누어 보관할 때는 제품명과 유통기한을 반드시 표기한다. 장마철 등 온도, 습도가 높을 때는 곰팡이 피해를 입지 않도록 한다. 유통기한이 있는 것은 유통기한 순으로 진열하며, 라벨이 보이도록 진열한다. 식품 보관실에 세척제, 소독액 등 유해 물질을 함께 보관하지 않는다.

5) 식재료별 보관 및 방법

(1) 주식류

분류	품명	보관 온도 (℃)	최적 보관기간 (최장 보관기간)	비고
주식류	쌀	15~25℃	3개월	곰팡이 발생 전까지 사용 가능
	보리쌀	15~25℃	3개월	
	밀가루	15~25℃	3개월 (9~12개월)	
	식빵	15~25℃	48시간	
	건면	15~25℃	4개월	
	숙면	15~25℃	24시간	
	라면	15~25℃	3개월	
	시리얼	15~25℃	(6개월)	
	마카로니, 스파게티	15~25℃	(2~4개월)	

(2) 채소류

분류	품명	보관 온도 (℃)	최적 보관기간 (최장 보관기간)	비고
채소류	엽채류	4~6℃	1일	채소를 씻은 상태
		15~26℃	3일	채소를 씻지 않은 상태
	근채류	4~6℃	2일	
	과채류	15~25℃	3개월	무 : 보관일 7일
		7~10℃	5일	
		15~25℃	3일	
	감자류 뿌리채소류	20℃	(7~30일)	씻지 않은 상태

(3) 조미식품류

분류	품명	보관 온도 (℃)	최적 보관기간 (최장 보관기간)	비고
조미료류	간장	25℃	6개월(1년)	
	된장	25℃	1개월(6개월)	
	고추장	25℃	1개월(6개월)	
	고춧가루	25℃	3개월(6개월)	서늘하고 통풍이 양호한 곳에 보관
	식초	25℃	1년(2년)	서늘하고 직사광선 피해서 보관
양념류	향신료	25℃	(6개월)	건조 저장 : 습도 50~60%
	겨자	25℃	(2~6개월)	
	소금	25℃	(무기한)	
	소스류	25℃	(2년)	
감미료	설탕	25℃	(1년)	건조 저장 : 습도 50~60%
	흑설탕	25℃	(1년)	
	시럽, 꿀	25℃	(1년)	

(4) 유지류

1 공통 사항

① 직사광선을 받지 않는 서늘한 곳에서 위생적인 용기에 넣어 보관한다.

② 보통 5~25℃에서 보관한다.

③ 생선 등과 같이 냄새가 많이 나는 식품과 분리 보관한다.

분류	품명	보관 온도 (℃)	최적 보관기간 (최장 보관기간)	비고
유지류	참기름	15 ~ 25℃	1년(6개월)	
	들기름	15 ~ 25℃	15일(3개월)	
	미강유	15 ~ 25℃	8개월(1년)	
	옥수수기름	15 ~ 25℃	8개월(1년)	
	콩기름	15 ~ 25℃	8개월(1년)	
	마요네즈	15 ~ 25℃	(2개월)	건조 저장 : 습도 50~60%
	샐러드드레싱	15 ~ 25℃	(2개월)	
	샐러드오일	15 ~ 25℃	(6~9개월)	
	쇼트닝	15 ~ 25℃	(2~4개월)	

(5) 어육류

분류	품명	보관 온도 (℃)		최적 보관기간 (최장 보관기간)		비고
		냉장	냉동	냉장	냉동	
육류	쇠고기	4	−12 ~ −18℃	3일 ~ 5일	1 ~ 3개월	냉장 또는 냉동 상태로 보관
	돼지고기	4	−12 ~ −18℃	2일 ~ 3일	15일 ~ 1개월	
가금류	닭고기	4	−12 ~ −18℃	2일 ~ 3일	15일 ~ 1개월	
생선류	생선류	4	−12 ~ −18℃	1일 ~ 2일	15일 ~ 1개월	
패류	패류	4	−12 ~ −18℃	1일 ~ 2일	15일 ~ 1개월	
기타 어육류	두부류	4	−12 ~ −18℃	1일 ~ 2일	15일 ~ 1개월	찬물에 담갔다가 냉장시키거나 찬물에 담가 보관

기타 어육류	달걀	4	-12 ~ -18℃	7일 ~ 2주	15일 ~ 1개월	씻지 않고 냉장 상태로 보관
	어묵	4	-12 ~ -18℃	2일 ~ 5주	15일 ~ 1개월	냉장 상태로 보관
갑각류	게, 새우	4	-12 ~ -18℃	1일 ~ 2일	(3~4개월)	

(6) 가공식품류

분류	품명	보관 온도 (℃)	보관 기간	비고
우유 및 유제품류	우유	10℃	(약 7일)	미개봉
	버터	10℃	(6개월)	(가염품)미개봉
	치즈	5℃	(6 ~ 12개월)	가공 치즈, 미개봉
통조림류	과일	15 ~ 21℃	(1년)	건조 저장 (습도 50 ~ 60%)
	과일주스	15 ~ 21℃	(6 ~ 9개월)	
	해산물	15 ~ 21℃	(1년)	
	수프	15 ~ 21℃	(1년)	
	채소	15 ~ 21℃	(1년)	
유제품류	무연당연유	15 ~ 21℃	(1년)	건조 저장 (습도 50 ~ 60%)
	분유	15 ~ 21℃	(6 ~ 9개월)	
	육아용 분유	15 ~ 21℃	(12 ~ 18개월)	
기타	아이스크림	-18℃ 이하	(3개월)	
	과일	-18℃ 이하	(8 ~ 12개월)	
	과일주스	-18℃ 이하	(8 ~ 12개월)	
	채소	-18℃ 이하	(8개월)	
	감자튀김	-18℃ 이하	(2 ~ 6개월)	
	케이크	-18℃ 이하	(3 ~ 4개월)	
	과일파이	-18℃ 이하	(3 ~ 4개월)	
	베이킹파우더, 베이킹 소다	15 ~ 21℃	(8 ~ 12개월)	
	건조된 콩	15 ~ 21℃	(1 ~ 2년)	건조 저장(습도 50 ~ 60%)

	과차, 크래커	15 ~ 21℃	(1 ~ 6개월)
	건조한 과일	15 ~ 21℃	(6 ~ 8개월)
기타	잼, 젤리	15 ~ 21℃	(1년)
	피클	15 ~ 21℃	(1년)
	옥수수녹말	15 ~ 21℃	(2 ~ 3년)
	이스트	15 ~ 21℃	(18개월)

5. 재고관리

식재료를 창고에 저장하지 않고 음식 제품을 소비자에게 빠른 시간에 판매할 수 있다면, 소비도 짧아지고 비용도 최소화될 것이다. 그러나 대부분의 음식 제품은 식당의 현실 때문에 저장고를 필요로 하게 된다.

재고관리는 고객을 위한 서비스가 재고 비용과 균형이 이루어지도록 적절하게 재고를 유지하는 것이다. 재고 비용을 최소화하면서 고객의 수요와 고객 만족을 실현하고, 주방에서 음식 생산 과정에 필요한 원료의 재고 부족이 발생하지 않도록 사전에 통제하는 관리 시스템인 것이다.

따라서 어떤 경우이든 비합리적인 재고관리는 외식 업체의 생존에 심각한 문제를 야기시킬 수 있는 것이다. 따라서 외식 업체의 재고관리의 문제를 단순히 큰 문제가 없기를 바라는 정도로 안이하게 생각하여 직관적인 방법에만 의존하면 문제가 있다.

그러므로 외식 업체의 재고관리와 식자재 수요 계획은 전체 음식 생산 시스템 및 음식 판매 시스템과 유기적인 관계를 고려하여 과학적이고 합리적인 방법으로 해결한다.

재고를 보유한다는 것은 자본을 이용하는 것이므로 비용의 발생을 의미한다. 그렇기 때문에 재고관리의 주된 목적은 재고가 있음으로써 얻게 되는 이익과 이것을 보유하는데 드는 비용 간의 최적 균형을 유지하는 데 있다.

강윤숙, 《집단급식소 위생 점검 기준과 영양사의 올바른 대처 방안》, 대한영양사협회, 2008년.
교육과학기술부, 《학교급식위생관리자율기준》, 2000년.
교육과학기술부, 《학교급식 위생관리 지침서》, 2004년.
국립농산물품질관리원, 《친환경농산물관리정보시스템》, 2008년.
김기영, 《호텔 외식산업 주방관리실무론》, 백산출판사, 2007년.
농림수산식품부, 《축산물등급판정세부기준》, 2011년
박대환 · 공기열, 《호텔외식 구매관리론》, 기문사, 2007년.
윤태환 · 이정자, 《최신호텔 외식실무 주방경영론》, 백산출판사, 2005년.
이민석, 《집단급식소에서의 효율적인 식재료 검수지침 및 적용》, 대한영양사협회, 2008년.
이철근, 《구매관리》, 갑진출판사, 2007년.
정호권, 《최신 호텔구매 경영론》, 한올출판사, 2004년.
진양호, 《호텔 수입식재료 관리에 관한 연구》, 한국관광산업학회, Tourism Research 제16호, 1995년.
추욱호 외 11인, 《구매조달관리》, 청구, 2004년.
한국기업경영연구회, 《신구매관리실무》, 한국기업경영연구회, 2006년.
홍기운 · 진양호 · 김장익, 《식품구매론》, 대왕사, 2006년.
菅間正二, 《圖解よくわかるこれからの購買管理：なるほど!これでわかった》, 2005.

02 주방의 원가 경영관리

1. 원가의 정의와 구성

1) 원가의 정의

원가관리는 재무 활동의 예산과 목표를 세우고 계획을 결과와 비교하여 부분별로 평가 통제 기능이다. 원가관리는 원가 표준을 정하고 실제로 발생한 원가를 표준과 비교하여 차이를 분석함으로써 주방관리의 효율성을 높이는 데 목적이 있다.

원가란 제품을 소비자에게 제공하기 위해 투입한 경제 가치를 포함하는 데 재료비, 인건비, 판매비 등을 포함한다. 원가관리는 원가 계산에 의하여 적정 가격의 결정과 경영 합리화에 대한 자료를 제공한다.

최근에는 식재료의 수불관리 등 손익관리가 효율적으로 전산화 시스템이 적용되어 메뉴별 원가와 손익, 보고서 등이 정확하게 원가관리가 되고 있다.

(1) 원가의 개념

원가는 재료비(material cost), 인건비(labor cost), 경비(expense)의 3가지를 원가의 3요소라 한다. 원가(原價, Cost)란 어떤 재화나 서비스를 획득하기 위해서 표기한 자원을 화폐 가치로 표현한 금액을 말한다. 주방에서는 재료비 구성 요소는 식재료비, 인건비, 경비로 나눌 수 있다.

식재료비는 음식 생산을 위하여 소비되는 식재료 구입에 소요된 비용이다. 인건비는 주방에서 조리 작업에 투입된 인원과 직접 관계되는 생산 인적 자원의 비용이다. 경비로는 식재료비와 인건비를 제외한 모든 비용으로 감가상각비, 전력비, 수도광열비, 보험료 등이 있다.

원가관리의 특성은 특정 기간에 걸쳐 종합적인 통제 수단으로 원가관리가 활용되고 있고, 원가 계산 기간은 월별, 분기별, 연별로 나누어 정기적으로 실시한다.

원가 절감을 통하여 이익을 증진시키고 원가를 분석하여 원가 인하의 목표치를 달성하고 구체적인 세부 계획을 세워 제품의 가격을 결정하는 데 기초 자료를 제공한다.

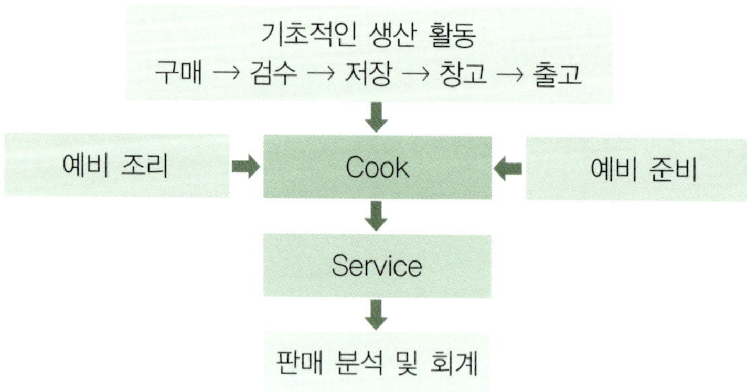

[메뉴 원가의 흐름]

2) 메뉴와 원가

메뉴는 주방 원가 구성의 결정체라 할 수 있다. 기업은 수익을 목표로 경영을 하는데 상품을 구성하는 메뉴 상품은 총원가 개념에서 반영된 상품의 제조와 판매를 위한 수익적 가치이다.

메뉴 상품 제조 원가는 직간접적 원재료비, 노무비, 경비가 포함된 것으로 주방에서의 식재료 조리사의 인건비, 조리를 하는데 필요한 제반경비로써 동력비, 전기료, 감가상각비가 가산된 것이다. 통상 메뉴 상품 매출 원가는 메뉴 상품 제조 원가에 광고비, 영업비 등 일반 관리 판매비가 포함된 것이다. 그러므로 메뉴를 계획하고 고객에게 제공되기 위해서는 원가 분석을 충분히 검토해야 경영의 효율화를 가져올 것이다.

3) 원가의 분류

(1) 형태별 분류(재료비 · 노무비 · 경비)

원가가 발생하는 형태에 따라 재료비 · 노무비 · 경비로 분류하는 것이다.

첫째, 재료비는 물품의 소비로 인하여 발생하는 원가를 말하며 소비한 물품의 형태에 따라 다음과 같이 세분한다.

① 주요 재료비 ② 부분품비 ③ 연료비
④ 소모품비 ⑤ 소모공구비품비

둘째, 노무비는 노동 용역의 소비에 의하여 발생하는 원가를 말하며 지급 형태에 따라 다음과 같이 세분한다.

① 임금 ② 급료 ③ 제수당 ④ 퇴직급여

셋째, 경비는 재료비와 노무비 이외의 제조 원가 요소를 말하며 기업의 실정에 따라 적당한 형태의 과목으로 분류한다. 일반적인 분류는 다음과 같다.

① 전력비 ② 가스수도비 ③ 운임
④ 감가상각비 ⑤ 수선비 ⑥ 소모품비
⑦ 세금과 공과금 ⑧ 임차료 ⑨ 보험료
⑩ 복리후생비 ⑪ 여비교통비 ⑫ 통신비 등

(2) 제품과의 관련에 의한 분류(직접비 · 간접비)

원가가 제품이 이루어지는 것과 관련하여 직접적으로 인식되는지의 여부에 따라 직접비와 간접비로 분류하는 것이다. 직접비는 제품을 생산하고 있을 때 어느 제품의 제조에 소비되었는지를 파악할 수 있는 원가다. 이에 대해서 간접비란 어느 제품의 제조에 소비되었는지를 파악하기 어려운 것과 여러 제품의 제조를 위한 것이다.

직접비에는 직접 재료비, 직접 노무비, 직접 경비가 있다. 이것을 제조 직접비라 하며 원가를 집계하는 대상별로 직접 부과한다. 이에 대해서 간접비에는 간접 재료비, 간접 노무비, 간접 경비가 있다. 이것을 제조 간접비라 하며 이것은 합리적인 방법과 적당한 배부 기준에 의하여 원가를 집계하는 대상별로 배부해야 한다.

(3) 기능별 분류

원가가 어떠한 기능으로 발생한 것인가에 따라 분류하는 것이다.

기능별 분류는 다음과 같다.

첫째, 재료비의 경우는 주요 재료비(구체적으로는 주요 재료비 · 부분품비), 보조 재료비(주요 재료가 연구 재료비 등으로 소비된 것), 주방 소모품비, 연료비 등으로 분류한다.

둘째, 노무비의 경우는 직접공의 직접 작업 임금(구체적인 예로는 조리사 임금 · 조리사 일용 임금 · 특별 조리사 초청 임금 · 실습생 임금 등), 조리사의 간접 작업 임금 · 대기 임금 · 휴업 임금, 간접 임금, 급료, 잡급, 제수당, 퇴직급여 등으로 분류한다.

셋째, 경비는 각 부문의 기능별 경비로 분류할 수 있다. 예컨대 수선비의 경우는 기물 수선비 · 건물 수선비 · 차량 수선비 등으로 세분하고 전력비의 경우는 동력용 전력비 · 조명용 전력비 · 난방용 전력비로 세분할 수 있다.

(4) 생산량과 관련한 분류(변동비 · 고정비)

원가 중에는 생산량(조업도)이 증가하거나 감소함에 따라 비용의 증가와 감소를 하는 것과 증가와 감소를 하지 않는 것이 있다. 생산량이 증감에 따라 증감하는 비용을 변동비라 하고 생산량의 증감에도 불구하고 증감하지 않는 비용을 고정비라 한다(다만, 기간을 전제한 설명이다). 이 같은 내용을 도표로 표시하면 아래와 같다.

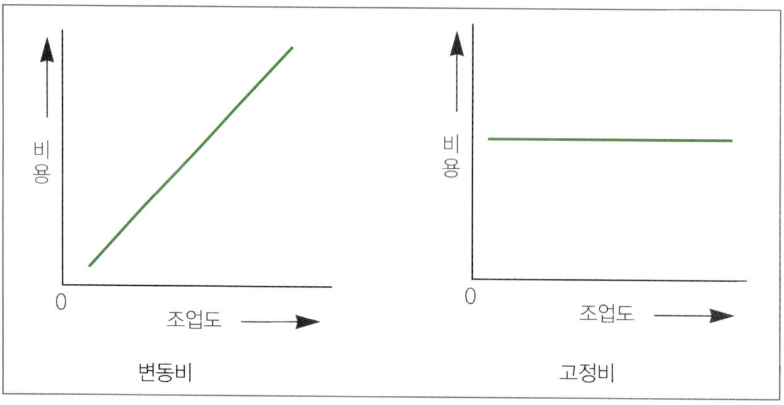

[변동비, 고정비]

변동비란 예컨대 직접 재료비를 들 수 있다. 설렁탕을 생산할 때 직접 재료비인 쇠고기 뼈는 조업도가 증가(즉 설렁탕을 많이 생산)하면 쇠고기 뼈는 사용량이 증가하므로 당연히 사용한 만큼 비용도 증가하기 마련이다. 그리고 조업도가 감소하면 사용량이 감소하므로 당연히 사용에 대한 비용이 감소하기 마련이다.

고정비란 예컨대 주방장의 급료와 토지 건물의 임차료 또는 소유 건물에 대한 감가상각비 및 재산세 등이다. 이들 비용은 조업도가 증가(즉 설렁탕을 많이 생산)한다 하여 증가하거나 감소하지 않고 월별, 분기별, 연별 단위로 고정적으로 비용이 발생한다.

[표 2-12] 원가의 분류

분류 기준	분류 항목
제품 생산과 관련성	• 간접비, 직접비
경영 활동 기능성	• 제조 원가, 비제조 원가
비용과 생산량 관계성	• 고정비, 변동비, 반변동비, 반고정비
비용 통제 가능성 여부	• 통제 가능 원가, 통제 불가능 원가

4) 원가의 구성

원가 구성을 살펴보면 직접 원가, 제조 원가, 총 원가, 판매 가격순으로 원가의 구조가 이루어진다.

(1) 직접 원가

직접 원가는 직접 재료비, 직접 노무비, 직접 경비로 구성되며, 제조 간접비가 포함되기 이전의 원가의 기초를 구성한다.

(2) 제조 원가

직접 원가에 제조 간접비, 즉 간접 재료비 · 간접 노무비 · 간접 경비를 합한 원가로서 생산 원가라고 부른다. 제조 원가는 특히 생산 활동에 관한 원가, 즉 재료를 가공해서 제품으로 생산하기까지 소비된 원가를 말한다.

(3) 총 원가

총 원가는 제조 원가에 판매비와 일반 관리비를 더하여 계산된 원가이다. 총 원가에는 제품이 제조되어 판매될 때까지 발생한 모든 원가 요소가 포함되어 있기 때문에 이것은 판매 원가라고 부르며, 여기서 판매비란, 제품 또는 서비스의 판매 및 마케팅 활동을 수행하는 과정에서 발생하는 비용으로 광고비, 판매촉진비, 판매사원 급료, 포장비, 운송비 등이 여기에 속한다.

(4) 판매 가격

판매 가격은 총 원가에 일정한 이윤을 가산한 것으로 이와 같은 원가 구조에 의해 판매 가격이 결정된다. 때에 따라서 판매 가격은 총 원가보다 더 낮게 책정될 수 있을 수 있으며, 판매 가격의 결정은 원가보다 고객의 가치가 우선되어야 한다.

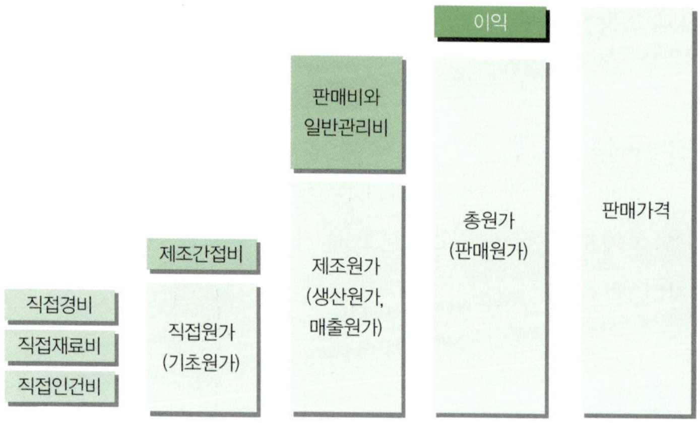

[원가의 구성과 판매 가격]

원가관리의 구성 요소는 아래의 표와 같다.

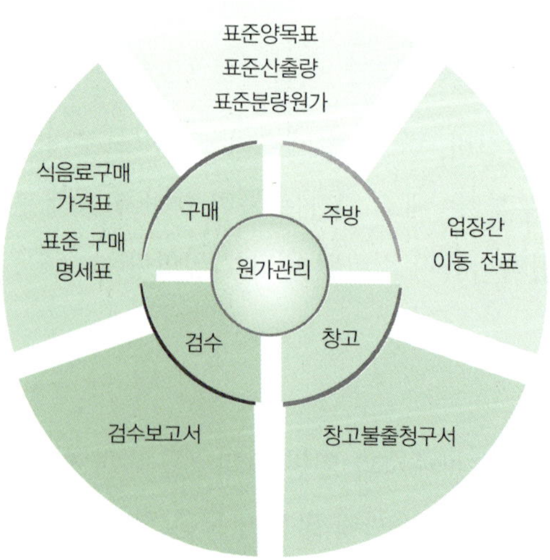

[원가관리의 구성 요소]

2. 원가의 계산 및 분석

1) 원가 계산의 이해

원가 계산은 제조 원가의 재료비, 노무비, 경비, 계산을 기초로 자료를 제공받아 계산의 목적 및 방법에 따라 구분 분류하여 집계하는 것이다. 이는 재무회계의 기초 자료로서 재무제표의 근간이 된다. 주방 원가에서는 식재료 부분의 주재료와 부재료, 그리고 인건비 부분에서 노무비 주방에서 발생되는 경비 등의 자료가 주방원가의 기초 자료이다.

이는 주방 경영의 재무제표 결과를 나타내는 원천 자료이기도 하다. 재무회계의 목적은 원가의 실제 발생액을 계속 추적하면서 계산해야 정확하나 실제 발생액을 계속 계산해야 하는 것은 계산상 어려움이 따르고 필요한 자료의 제공도 쉽지 않으므로 효과적 관리를 위해서는 예정 가격 또는 표준 원가에 의한 실제발생액과 차액을 계산하는 방법을 적용하여 결산할 때 발생한 원가 차액을 조정한다. 아래의 그림은 원가 계산의 원칙을 나타낸 것이다.

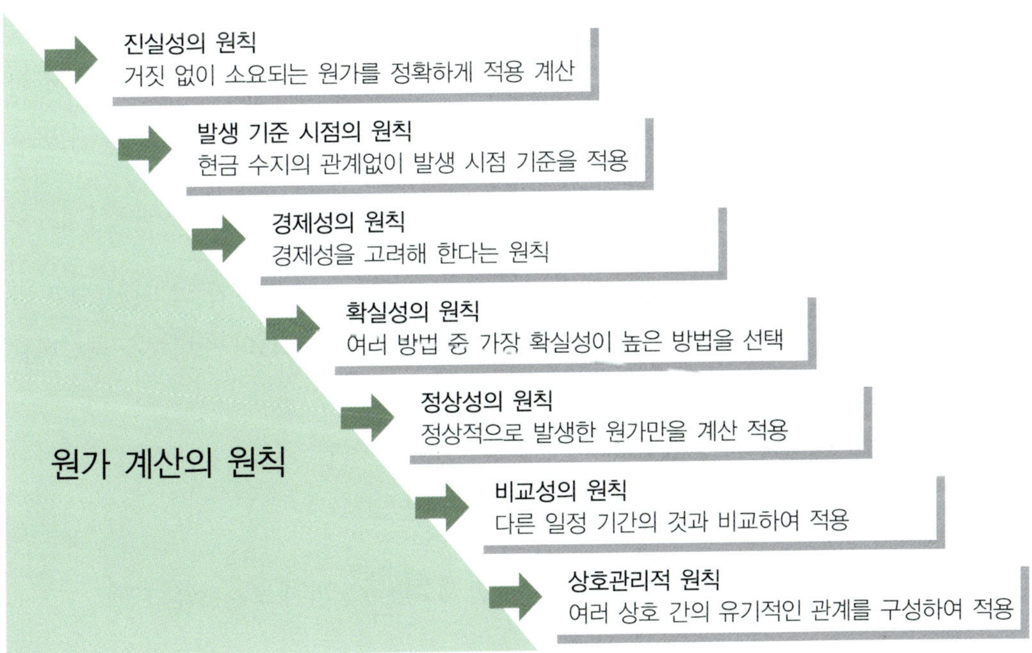

[원가 계산의 원칙]

2) 원가 계산 방식의 분류

재무회계의 결과를 얻고 경영을 하는 데 의사결정을 하기 위하여 반드시 원가 계산의 실제와 원가 계산 제도의 중요성, 그리고 내용에 따라 실제 원가 계산 제도와 표준 원가 계산 제도를 분류하는 개념을 인식하고 있어야 한다.

(1) 식재료비 계산 및 분석

음식을 만들기 위해 구입한 식재료의 비용을 식재료비 또는 식품비라고 하며, 직접 재료비에 속하는 대표적인 비용으로 계산하는 방법이다.

1 식재료비 계산

① 구매할 때 실거래 가격 계산

구매할 때 사용한 납품서나 영수증의 가격으로 계산하는 방법이다. 재고가 없이 당일 소비를 원칙으로 하는 경우에 많이 이용된다. 이 방법은 메뉴에 따른 식재료비를 계산하기 힘들고 남은 재고에 대한 것을 고려하지 못하는 단점이 있다.

② 재고조사를 이용한 계산

재고조사를 하여 일정 기간 동안 소비된 식재료의 양을 파악한 후 단가를 곱하여 식재료비를 계산한다. 따라서 월말에 재고조사를 실시하고 나서야 식품비가 계산되는 단점이 있다. 식재료의 소비량을 계산하는 방법에는 계속 기록법과 재고조사법 두 가지가 있다.

- 계속 기록법 : 식재료를 품목별 종류별로 분류하여 각 재료가 입·출고되고 발생할 때마다 구입, 출고 및 재고량을 계속 기록하여 재료의 소비량을 계산하는 방법이다.
- 재고조사법 : 기말이나 일정 시기에 식재료의 기말 재고량을 파악·조사하여 계산하는 방법이며, 공식은 아래와 같이 적용된다.

(월초 재고량 + 구입량) − 월말 재고량 = 당기 재료 소비량

③ 표준 레시피 이용한 계산

표준 레시피의 기본 단위 가격을 이용하여 식재료비를 계산하는 방법이다. 메뉴별로 식재료비를 산출할 수 있으며, 호텔 및 외식 업체의 전산 프로그램(Pos system)에 적용하는데 표준 레시피의 1인 분량 자료와 시장조사를 통한 식재료의 단위별 단가 자료가 연결되어 메뉴의 작성과 동시에 단가 계산이 이루어져 효율적이다.

2 식재료비 분석

회사의 경영 활동을 실태를 파악하고 경영의 의사결징과 지료로 활용되는 지표가 되며 효과적인 원가관리를 수행하기 위해서는 식재료비의 분석이 필요하다.

① 식자재비 비율

원가 3요소 중 가장 높은 비율을 차지하는 것은 식자재 비용이다. 식자재 비율은 전체 매출액 중 식자재비가 차지하는 비율이며, 메뉴 품목별에 식자재비 비율은 각 품목의 메뉴 가격 중 식자재 비율을 말한다.

$$\text{식재료 비율(\%)} = \frac{\text{식자재비}}{\text{매출액}} \times 100$$

$$\text{메뉴 품목별 식자재 비율(\%)} = \frac{\text{품목별 식자재비}}{\text{품목별 메뉴가격}} \times 100$$

② 식자재 재고 회전율

자금이 재고 자산으로 묶여 있는 상태를 나타내는 것을 식자재의 재고 회전율이다. 재고 회전율을 적정한 수준으로 맞추면 저장 비용이나 사무비용, 구매 등의 비용을 줄일 수 있으므로 바람직하다.

$$\text{식자재 재고 회전율} = \frac{\text{식자재비 총액}}{\text{평균 재고량}} \times 100$$

(2) 인건비 계산 및 분석

1 인건비 계산

주방의 인건비는 제품 생산을 위한 메뉴를 만들기 위해 소요된 노동력을 화폐가치로 측정한 것으로 계산 목적에 따라 지급 임금과 소비 임금으로 구분한다.

① 지급 임금

음식을 만든 직원들에게 지급하는 임금, 급료, 상여금 등을 합한 금액을 말한다. 지급 임금은 개인의 경력, 학력, 직급에 따라 차등으로 임률이 달라지므로 개인별로 다르게 계산하여 적용한다. 여기서 임률(Wage rate)이란 시간급제인 경우에는 시간당 임금, 성과급제인 경우에는 생산량당 임금의 의미를 내포한다.

- 지급 임금 : 기본 임금 + 각종 수당
- 시간급제인 경우 : 기본 임금 × 작업 1시간당(H) 임률
- 성과급제인 경우 : 기본 임금 × 제품 1단위당 임률
- 할증 임금 : 근로 기준법에 따른 초과 시간, 야간, 휴일 등의 근로시간에 대한 임금

② 소비 임금

제품의 제조 원가 계산에 필요한 인건비를 산정하기 위한 목적으로 계산된다.

- 소비 임금 : 특정 제품 제조에 소요된 작업 시 간수 × 소비 임률
- 소비 임률 : 원가 계산 기간의 임금 총액 ÷ 그 기간의 총 작업 시간 수

2 인건비 분석

인건비 분석은 총지출 또는 총 매출액에 대한 인건비 비율을 계산한다.

$$\text{인건비 비율} = \frac{\text{급식 인건비}}{\text{총 매출액}} \times 100$$

그리고 호텔 및 외식산업에서 인력 구조는 정규직과 비정규직으로 있으므로 정규직 환산 인원(Full-Time Equivalents: FTEs) 산출이 필요하다.

FTEs = 총 노동 시간 ÷ 필요 기간에 따른 정규직 법정 근로기준 시간

(3) 경비 계산 및 분석

경비는 음식을 만들기 위해서 소요되는 원가 중에 재료비와 인건비를 제외한 비용을 말하며 지급 경비, 월별 경비, 측정 경비가 있다.

1 경비 계산

① 지급 경비

여비교통비, 보관료, 접대비, 운임비, 수선비, 통신비 등 실제의 지급액 또는 지급 청구액이 있을 때 계산되는 경비를 말한다.

② 월별 경비

감가상각비, 지급임차료, 특허권사용료, 보험료, 지급임차료 등으로 원가 계산이 발행한 경비를 월별로 분할해서 계산하는 방법을 말한다.

③ 측정 경비

전력비, 가스비, 수도광열비와 같이 그 달(매월)의 소비액을 측정계기에 의해 산정하는 경비를 말한다.

2 감가상각비

① 정액법

고정 자산의 감가 총액을 내용연수로 균등하게 할당하는 방법이다. 정액법에 의하면 매년 일정액의 감가상각비를 계산할 수 있다.

$$\text{매년 감가상각액} = \frac{\text{구입가격} - \text{잔존가격}}{\text{내용연수}}$$

② 정률법

구입 가격에서 감가상각비 누계를 차감한 금액에 매년 일정한 비율(상각률)을 곱하여 산출한 금액을 상각하는 방법으로, 내용연수가 경과함에 따라 상각액이 줄어들게 된다.

3. 표준 원가 계산

1) 표준 원가 계산

표준 원가 계산은 기업이 과학적 · 통계적 방법에 의해 사전에 표준에 따라 재료비를 결정하여 사전 원가를 설정하고, 이렇게 결정된 표준 원가를 목표로 실제 원가와 비교 분석하여 표준 원가를 산출하기 위해 실시하는 원가 계산의 한 방법을 말한다.

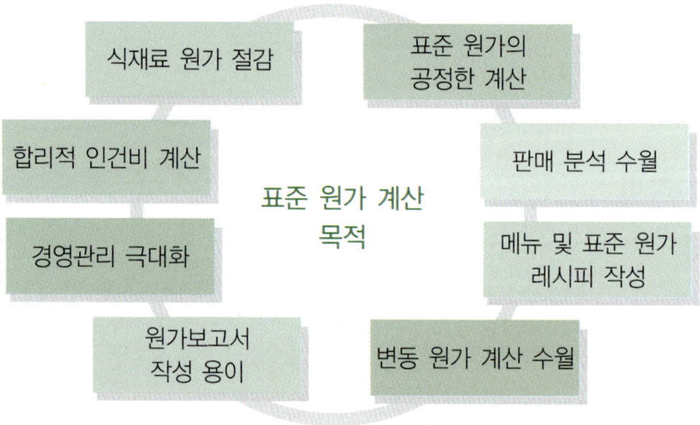

[표준 원가 계산]

2) 표준의 설정

(1) 표준의 설정 기준

1 식재료 소비량 표준

- 소비 임금 : 특정 제품 제조에 소요된 작업시간 수 × 소비 임률
- 소비 임률 : 원가 계산 기간의 임금 총액 ÷ 그 기간의 총 작업시간 수

2 식재료 가격 표준

- 소비 임금 : 특정 제품 제조에 소요된 작업시간 수 × 소비 임률
- 소비 임률 : 원가 계산 기간의 임금 총액 ÷ 그 기간의 총 작업시간 수

(2) 표준화 설정 업무 대상

1 표준 분량 원가(Standard Potion Cost)

표준량 목표와 표준 분량 규격을 완성한 뒤에 그것을 기본으로 하여 표준 분량의 원가를 산출하는 것을 말한다. 표준 분량의 원가가 작성되면 그 품목의 원가가 산출된 것이다. 이렇게 산출된 원가는 음식의 가격 결정이나 메뉴 분석, 메뉴 엔시니어링의 기초 자료서 활용되며, 원가관리를 하는 데 있어 기초의 자료로 쓰이고 있다.

2 표준 산출률(Standard Yield)

주방에서 조리나 전처리 과정에서 생산 및 판매에 낭비를 최소화를 가져다주며, 산출이란 용어는 구매되었거나 출고해 온 일정 수량·중량의 식재료로 조리 가공하여 고객에게 판매할 수 있는 완제품으로 만들었을 때 수량·중량을 말한다.

3 표준량 목표(Standard Recipe Card)

호텔 및 외식 업체에서 경영을 위해서 사내 표준에 적합하게 품질과 분량에 맞는 음식을 생산하기 위해 설정된 음식의 표준에 관한 기술서다. 조리 공정 과정에서 재료의 낭비를 없도록 기술한 내용이며 품질, 수량, 절차, 시간, 온도, 장비 그리고 산출량이 시험된 양 목표를 표준량 목표라고 할 수 있다.

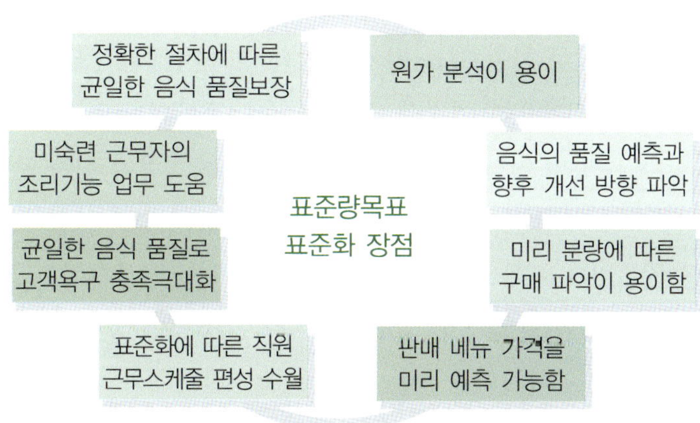

[표준량 목표의 장점]

4 표준 분량 규격(Standard Potion Size)

고객이 가격 결정된 음식을 구입했을 때 고시된 가격으로 판매되는 요리에 대한 정확한 수량, 분량, 중량, 모양, 품질의 일치를 나타낸 것이다. 고객이 지불한 가격에 정당한 메뉴를 제공함으로써 고객의 권익을 보호함과 동시에 공정한 서비스를 도모할 수 있다. 또한, 경영관리 측면에서 표준 규격이 정확히 준수되는지를 확인할 수 있는 관리적인 측면도 있다.

5 표준 구매명세서(Standard Purchase Specification)

구입하려는 식재료 품목에 대한 규격, 무게, 수량 및 품질 등의 특성을 구체적이면서 체계적으로 작성해 놓은 기술 명세표다. 이것은 구매의 비용을 줄이려는 목적을 가지고 있으며, 구매의 일관성 및 표준 설정, 재고관리의 최적화, 메뉴의 품질관리, 검수 절차 간소화, 구매 원가 절감의 효과가 장점이 된다.

4. 원가관리

1) 주방 원가관리

원가 절감을 목적으로 하는 메뉴 원가 계획과 이러한 계획의 달성을 목적으로 하는 메뉴 원가 통제로 크게 나누어진다. 원가 계획은 주방의 구조적 변화까지를 전제로 하여 검토한다. 주방의 이익 계획 일환으로 시행되는 경우가 적지 않다. 그 방법으로는 우선 일에 대한 책임 분담을 명확히 한 후 그것에 대한 표준 원가를 설정 · 지시한다. 원가 통제는 원가 계획에 의하여 결정된 구체적 안을 실천하는 과정에서 발생하는 관리 기능으로, 일반적 계획에 의하여 원가의 표준치와 실제치를 비교하고 양자의 차이를 분석함으로써 시행된다.

주방 내 원가 통제의 방식을 보면

① 원가관리 구분을 정하고 그것을 담당하는 원가관리 책임자를 둔다.

② 분야별 원가관리 책임자의 관점에서 관리가 가능한 비용과 관리가 불가능한

비용을 엄밀히 구별하며, 관리가 가능한 비용에 대하여 달성이 가능하도록 표준치를 표시한다.

③ 표준 원가와 실제 원가를 비교하여 문제점의 원가 분야의 개선책 등을 검토한다. 원가 책임 구분마다의 업적 평가와 그것에 근거한 개선 대책을 수립하고, 이후의 목표 원가를 세워나간다. 이렇게 표준 원기와 실제 원가와의 차이를 점차 줄여나가는 일련의 과정을 원가관리라고 한다.

(1) 표준 원가와 실제 원가 비교관리

주방에서 지켜야 할 기준 원가는 표준적 식재료의 사용 원가에 의한 표준 레시피에 의해 작성된 원가이다. 표준적인 조리 매뉴얼 작업에 의해 작성된 기준 원가인 표준 원가와 실제 소비량에 의하여 계산된 소비 원가를 비교하여 차이가 최소가 되도록 관리한다.

(2) 주방의 부문별 원가관리

음식의 원가관리는 단위 생산 원가를 계산할 수 있어 어떤 메뉴 상품 매출이라도 원재료비 부재료비에 해당하는 재료의 양을 알 수 있다. 소비된 음식의 실제 식재료를 항목별로 구분하여 배분 기준을 정하여 원가를 산출한다.

원가의 배분 시 배분 기준은 합리적 배분 기준을 정하여 할 수도 있으며 원칙적으로 인과관계에 따라 하여도 된다. 원가의 발생과 배분 기준은 합리적인 방법의 인과관계가 있어야 하고 사용하기가 단순해야 한다.

(3) 원가 요소별 원가관리

1 재료 단가

기능을 충족시키기 위한 사용 재료는 적정해야 하고 시가와 비교하며 비싸게 구입되고 있지 않는가를 충분히 검토하고 공동 구입과 일괄 발주로 싸게 살 수 있어야 하며 싼 구입처를 개척한다. 시장조사를 하고 신소재의 정보를 입수하여 메뉴 개발한다.

2 재료 사용량

재료 사용 기준은 작성되어야 하며 재료 사용 기준은 적정해야 하고 재료 여유율은 적정하고도 재고량은 개별로 입출 유지해야 한다. 손실률, 불량률 관리는 효율적으로 관리되어야 한다.

3 설비

싸고 경제적인 설비를 고려하면서 건물, 설비 공간은 유효하게 활용되어야 하며, 설비 가동률은 높아지면서 설비 보전은 잘되고 기기 기물은 이상 없이 관리되어야 한다. 구체적 사용 메뉴얼 책임 관리로 경영 효율 측면을 강화하면서 전력비 낭비전력 효율은 관리해야 한다. 용수량은 물이 새는 곳이 없는지 물을 회수하여 사용할 수 없는지를 적용하며 가스, 연료비는 최적의 상태에서 소비되어야 한다.

4 조리 작업 시간

조리법과 기기 설비 사용 방법 등이 경제적이어야 하므로 준비대기 시간을 줄이고 동시에 여러 가공을 할 수 있는지 여부를 확인한다. 더불어 자동화로 신속하게 할 수 있는 개선점을 적용하고 기기 기물 개선과 조리 작업 순서는 적합한지를 확인한다.

편성은 표준화될 수 있도록 개선하며, 준비 시간은 단축하고 (SET UP)순서는 표준화되고 준비 작업의 일부는 다른 분야에서도 할 수 없는지 개선점을 파악한다.

작업 종료 후 사전 작업 준비가 되어 있는지를 검토한다. 부대 작업 시간도 표준화되어야 하고 작업 시간 단축과 작업 여유율을 줄일 수 있도록 분석한다.

(4) 손익관리

원가를 반영시켜 당기순 이익 또는 당기순 손실이 얼마나 발생했는가를 알려주는 일정 기간 동안의 기업 경영 성과를 관리한다.

국제 회계 기준에서 2011년부터 대차대조표와 손익계산서의 틀을 바꾸기로 함에 따라 현재의 매출과 비용의 손익 구조는 기업 활동에 따라 영업 활동, 투자 활동, 재무 활동으로 구분하고 있다.

5.국제 원가 회계 기준(IFRS)

우리나라가 2011년 국제 회계 기준을 본격 도입하는 것을 계기로 국제 회계 기준에 대한 사회적 관심이 높아지고 있다. 국제 회계 기준(IFRS : InInternational Financial Reporting Standards)은 국제회계기준위원회(ISAB)가 국제적 협업 과정을 통해 제정하는 회계 기준이며 전 세계 120여 개국이 채택하고 있다.

우리나라는 회계 투명성 제고 전 세계적인 회계 기준 단일화 추세에의 대응, 글로벌 기업의 재무제포 이중 작성 부담 완화 등을 위해 IFRS를 전면 도입하게 되어 재분석 등 앞으로 큰 변화가 예상된다.[표-1]

[표-1]

	~2008년	2009 ~ 2010년	2011년 ~
IFRS 적용 선택 기업		한국 채택 국제회계기준(K-IFRS)	
IFRS 의무 적용 기업	현행 기업회계기준		
기타 비상장 기업	(K-GAAP)		일반 기업 회계기준

IFRS를 2011년부터 모든 상장 기업에 대해 의무적으로 적용 회계 기준의 내용이 바뀐다는 것은 단지 회계 기준 자체의 변화만을 의미하는 것은 아니다. 새로운 회계 기준인 IFRS의 도입에 따라 재무제표의 작성 공시와 관련된 법령 및 제도들이 이에 맞게 변화하고 있다.

기업의 비용에 대해서 성격별 또는 기능별 분류 방법 중 한 가지 방법을 선택하도록 하여 포괄 손익계산서에 표시할 수 있다.[표-2]

성격별 분류란 당기 손익에 포함된 비용을 그 성격(예, 감가상각비, 원재료 구입, 종업원 급여 등)별로 분류하는 것으로 기능별로 재분배하지 않는다. 반면에 기능별 분류란 비용을 매출 원가, 물류 원가, 관리비 등과 같이 분류하는 방법이다. 비용을 기능별로 분류한 경우 비용의 성격에 대한 정보를 주석으로 공시해야 한다.

＊ 비용의 분류 방법

[표-2]

기능별 분류		성격별 분류	
	2011년		2011년
수익	390,000	수익	390,000
매출 원가	(245,000)	기타 수익	20,667
매출 총이익	145,000	제품과 제공품의 변동	145,000
기타 수익	20,667	기업이 수행한 용역으로서 자본화되어 있는 부분	16,000
물류 원가	(9,000)	원재료와 소모품의 사용액	(96,000)
관리비	(20,000)	종업원 급여 비용	(45,000)
기타 비용	(2,100)	감가상각비와 기타상각비	(19,000)
금융 원가	(8,000)	유형자산 손상차손	(4,000)
관계 기업의 이익에 대한 지분	35,100	기타 비용	(6,000)
		금융 원가	(15,000)
		관계 기업의 이익에 대한 지분	35,100
법인세 비용 차감 전 순이익	161,667	법인세 비용 차감 전 순이익	161,667

영업 이익에 관한 계산방식도 기타손익을 포함 적용시키기도 한다.[표-3]

＊ 영업 이익 계산 방식에 의한 구분(2009년 IFRS 조기 적용 기업)

[표-3]

영업 이익 계산 방식	매출총이익-판매관리비	매출총이익-판매관리비±기타손익
회사수(%)	6사(43%)	8사(57%)

IFRS 조기 적용 기업 현황(총 61사)

⊙ 2009년 조기 적용 기업 : 총 14사(유가증권 상장 7사, 코스닥 7사)

구분	회사명
유가증권상장 (7사)	KT&G, STX팬오션, 풀무원홀딩스, 이건산업, 페이퍼코리아, 코스모화학, 영진약품공업
코스닥 (7사)	인선이엔티, 에코에너지홀딩스, 국제엘렉트릭코리아, 다스텍, 디스플레이테크, 한국큐빅, 지코앤루티즈

⊙ 2010년 조기 적용 기업 : 총 47사(유가증권 상장 26사, 코스닥 21사)

구분	회사명
유가증권 상장 (26사)	삼성전자, 삼성전기, 삼성테크윈, 삼성SDI, LG, LG전자, LG텔레콤, LG화학, LG생활건강, LG생명과학, LG디스플레이, LG하우시스, LG이노텍, 지투알, STX엔진, STX조선해양, 대한해운, 백광산업, 세하, 신일산업, 에이엔피, 한국신용정보, 한국프랜지공업, 한솔홈데코, 화승알앤에이, 휠라코리아
코스닥 (21사)	나우콤, 나이스정보통신, 넥스톤테크놀러지, 동일철강, 듀오백코리아, 비티앤아이, 빛과전자, 씨유전자, 에스코넥, 에쎈테크, 엔터기술, 우원인프라, 우주일렉트로닉스, 유진기업, 이라이콤, 중앙백신연구소, 케이씨아이, 프롬써어티, 한국신용평가정보, 한국전자금융, 중앙오션

〈자료-금융감독원〉

김충호, 《호텔경영학》, 형설출판사, 1994년.
나정기, 《호텔 식음료 원가관리 실무》, 백산출판사, 2002년.
이보숙 · 채인숙 · 차진아, 《단체급식》, 교문사, 2008년.
이종미 외 6인, 《단체급식》, 2007년.
조용범 · 강병남, 《메뉴관리론》, 대왕사, 2008년.
진양호 · 강종헌, 《호텔&외식산업 원가 관리론》, 지구문화사, 2008년.
황춘기 외 9인, 《New주방관리론》, 지구문화사, 2010년.
홍기운 · 진양호 · 김장익, 《식품구매론》, 대왕사, 2006년.

03 주방의 메뉴 경영관리

1. 메뉴의 이해

1) 메뉴 개요

메뉴는 식음료 경영에서 기본이 되는 도구로 경영 활동 분야의 구매, 저장, 조리, 시설, 서비스, 원가관리 등 모든 분야에 영향이 미치며 식음료 판매의 수익을 발생케 하면서 고객과의 상품 연결을 실현케 해주는 중간 과정의 역할을 해준다.

그러므로 메뉴는 식사를 제공하는 식음료 업체에서 상품의 설명과 상품 가치 증진을 위해 필요하다. 식당의 영업 이윤과 직결되어 있고 고객에게는 전반적인 만족을 증대시켜 주기 위해 품목의 형태와 내용들을 구체적으로 구성하는 것을 의미한다.

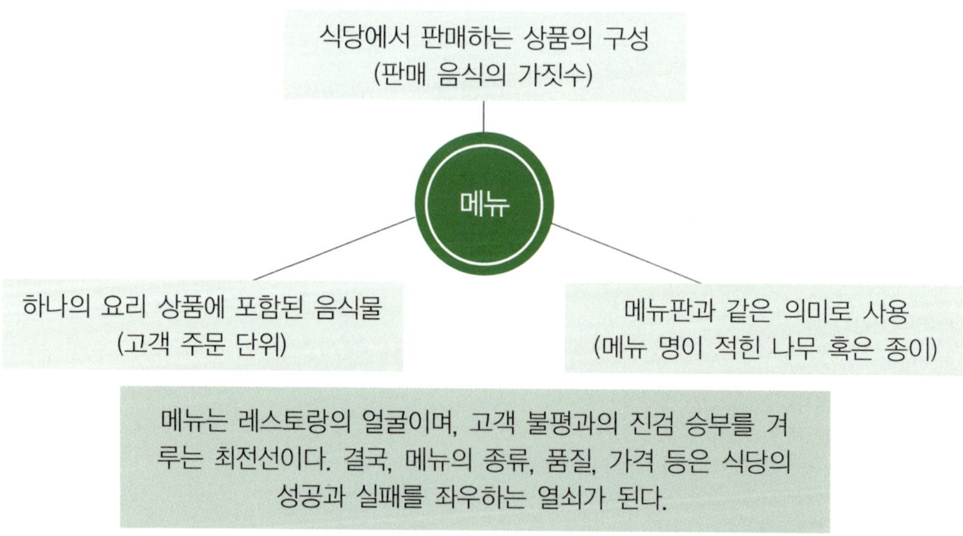

[메뉴의 개념]

메뉴는 성공적으로 계획 및 제작이 되어야 한다. 메뉴의 성공적인 계획과 제작이란, 제공될 여러 종류의 음식을 판매하기 전에 어떤 고객에게 어떤 재료를 가지고 어떻게 조리하여 어떤 가격으로 어떻게 판매할 것인가를 사전에 종합 검토하여 작성하는 작업을 일컫는다.

메뉴는 고객의 필요의 욕구, 원가와 수익성, 이용 가능한 식품, 조리 설비의 한계, 메뉴의 다양성, 그리고 영양적 요소를 고려한 계획이 되어야 한다. 그리고 메뉴 계획과 관련하여 고객의 음식 식습관과 선호에 미치는 경제적, 사회적, 지역적, 윤리적, 종교적, 그리고 형태적 영향을 감안하여 메뉴가 계획되어야 한다. 또한, 주방이 보유한 조리 기구의 특성과 고객의 미각 변화에 대처할 수 있는 영양적 요소와 메뉴 계획 시의 다양성과 매력성이 가미되어야 하고, 고객의 선택이 용이하도록 하기 위해서 표현 방법과 설명 등이 제시되어야 한다.

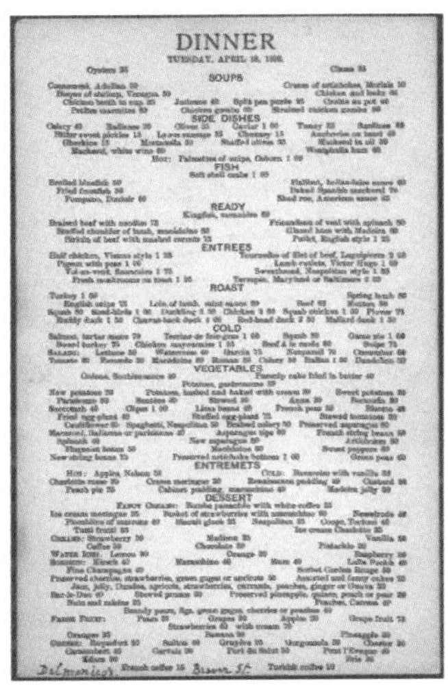

[1899년 뉴욕 델모니코스 레스토랑의 메뉴 사진]

레스토랑에서 메뉴 계획은 고객에게 매력적이고, 특별한 메뉴를 계획하기 위해서 적합한 장비를 갖추고 있는 주방이 필요하다. 메뉴는 주방의 크기와 장비의 종류 및 생산 능력을 감안하여야 하고, 장비의 이용과 장비의 수에 따라 커다란 작업 부담이 없는 한도 내에서 개발되어야 한다. 그러나 훌륭한 메뉴라도 재료를 적기에 구입하지 못한다면, 아무런 쓸모없는 메뉴에 지나지 않게 된다.

식재료의 계절적인 출하 상황과 재배 작황 또는 산지의 가격 형성 등 모든 재료에 대한 정보를 입수하고, 재료의 물량 공급 및 기간에 유념하여 사시사철 알맞은 재료에 대한 메뉴를 작성할 수 있어야 한다. 계절별로 미각을 살릴 수 있고, 식재료의 출하 가능 여부를 고려하고 재고도 감안한 메뉴 작성이 이루어져야 한다. 재고가 충분치 않은 품목은 구입 소요 기간이 고려되어야 하며, 종종 악성 재고의 처분을 위한 특별 메뉴의 운용도 고려해야 한다.

또한, 새로운 메뉴 계획 시 새로운 메뉴를 제공하는 이유가 분명해야 한다. 메뉴의 생산과 가격 결정을 하기 이전에 평균 고객 수를 증가시키기 위해서인지 새로운 고객을 유인하기 위해서인지, 또는 현 고객 시장을 개척하기 위한 것인지 그 이유가 분명하여야 한다.

메뉴를 계획하는 사람에게서 나올 수 있는 안으로, 고객과 그들이 좋아하는 음식에 대한 풍부한 지식을 갖고, 그들을 관리, 운용할 줄 알아야 한다. 음식의 형태는 조리 방법에 의해서 달라질 수 있고, 매일 달리 준비할 수 있으므로, 다양성을 보여줄 수 있는 메뉴가 되어야 한다.

이러한 것은 메뉴 계획에 있어서 어려운 문제일 수 있으나, 독창력과 연구력을 발휘할 수 있는 기회가 된다. 메뉴를 계획할 때 특정한 세분 시장의 고객 요구가 무엇인지를 고려하는 것이 필요한데, 경영자가 이러한 독특한 요구에 관해 해박한 지식을 가지고 있으면 그 경영은 성공하게 될 것이다. 아래의 그림은 메뉴 계획 시 색깔 이미지와 요리의 색채별 느낌을 시각화한 것이다.

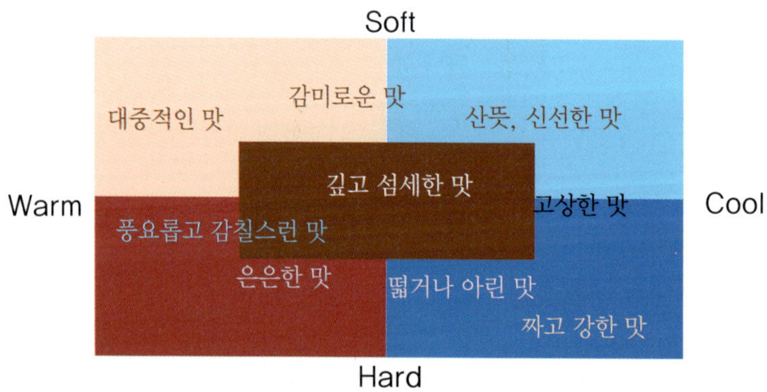

[메뉴 계획 시 색깔 이미지와 요리의 색채별 느낌]

2) 메뉴의 중요성과 기능

메뉴의 중요성에 대해서는 식당의 중요한 경영 도구가 메뉴라고 강조하고 있으며, 식당에서 이용할 수 있는 가장 중요한 상품화 도구이자 판매 도구이기도 한다. 고객이 무엇을 어떻게 원하는가를 찾아서 구매 욕구를 충족시켜 주는 업체 영업의 강력한 판매 촉진 도구라고 할 수 있다. 관리하고 통제하는 기능과 고객과 업소와의 약속 기능, 그리고 상품 도구 기능이 있다.

메뉴는 고객과의 의사소통을 위한 가장 중요한 수단으로써 마케팅 도구의 역할도 하며 기업주로 하여금 제공되는 상품의 생산 과정, 원가관리, 투자 범위 등을 가늠할 수 있도록 하는 경영 투자 척도의 역할도 겸하고 있다.

또한, 메뉴는 식당의 상징적인 기능을 갖고 있다. 즉 "메뉴는 그 식당의 얼굴이요 결정체가 되는 것이다."라고 할 수 있다. 이러한 메뉴는 2가지의 기본 기능을 가지고 있다. 첫째, 메뉴를 통해 무엇을 어떻게 경영할 것인가를 알 수 있으며 둘째, 첫 번째 기능을 실행하여야 할 경영 기능은 메뉴를 통해 조화를 이루게 된다. 즉 이러한 기능을 자세히 살펴보면 다음과 같다.

① 메뉴는 구매하여야 할 식재료를 지시한다.
② 메뉴는 서브되는 식음료의 영양분 내용을 지시한다.
③ 메뉴는 주방장 및 업장 직원의 기술 수준을 의미한다.
④ 메뉴에 따라 구입해야 할 주방기기가 결정된다.
⑤ 메뉴는 주방 및 업장의 디자인과 설계에 영향을 준다.
⑥ 메뉴는 업장에서 필요한 직원을 결정한다.
⑦ 메뉴에 따라 업장의 실내디자인 및 인테리어가 결정된다.
⑧ 메뉴는 원가 통제 절차를 결정한다.
⑨ 메뉴는 생산에 필요한 상황을 지시한다.
⑩ 메뉴는 서빙 방법을 지시한다.

위와 같이 메뉴의 기능을 살펴보았듯이 식당에서 메뉴는 매우 중요한 위치에 있다는 것을 알 수 있다. 위의 기능 외에도 메뉴는 업장의 마케팅 계획을 실행하는 도구로 사용되는 기능을 갖고 있다.

실제로 호텔 및 외식 업체 부문의 관리는 메뉴로 시작해서 메뉴로 끝난다고 해도 과언이 아니다. 메뉴에 의해서 어떤 식자재를 구매하여야 하고, 어떤 아이템을 누가 생산하여야 하며, 생산된 음식은 누가 서브해야 할지, 서빙에는 무엇이 필요할지, 원가 · 수입 · 예산 등의 식당 운영을 하는 과정에 모두 관련될 뿐만 아니라 동시에 요구되는 공간의 규모, 시설, 디자인, 도구의 선택 등과 같은 시설에 관한 사항들도 메뉴에 담고 있다. 이처럼 식당의 경영에 있어 메뉴는 매우 중요한 부분임에는 틀림없다.

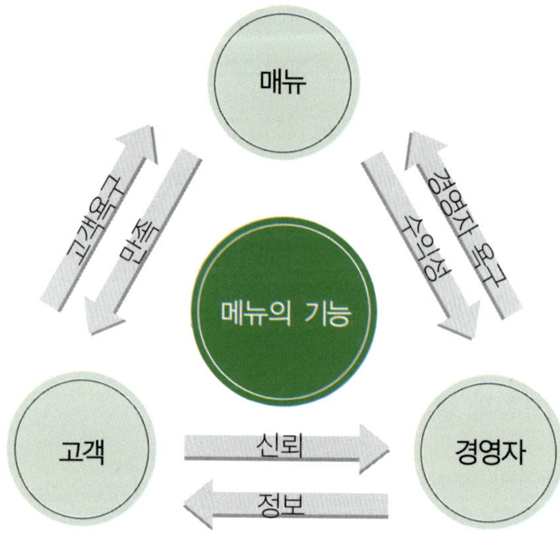

[메뉴의 기능]

3) 메뉴의 유형

(1) 메뉴 구성 변화에 따른 분류

1 고정 메뉴

순환적 개념을 가진 고정 메뉴는 주로 이용하는 고객이 어린이, 노인, 또는 환자의 경우처럼 자신이 의사결정을 할 수 없는 상황에서 적합하다. 고정 메뉴는 관리 시간을 줄일 수 있고 생산과 소비를 예측할 수 있으므로 불필요한 낭비를 줄임으로써 효율적 식자재 관리를 가능하게 하여 준다.

[표 2-13] 고정 메뉴의 장단점

단 점	장 점
• 교체 주기가 긴 경우에는 메뉴에 대한 저항감과 권태 발생 • 많은 수의 메뉴 항목이 재고에 포함 • 고도의 숙련된 인력 필요 • 환경과 고객 변화에 민첩한 내처 미흡	• 노동력 감소 • 재고 감소 • 효율적인 통제가 용이 • 훈련의 감소 • 각 메뉴 품목의 양질 섭취 • 잔여 음식 감소 • 원가 감소

2 순환 메뉴(Cycle Menu)

메뉴 내용이 매일 변화하는 메뉴로서 레스토랑과 단체급식 업체의 경우 고정 메뉴와 사이클 메뉴를 동시에 사용하고 있다. 이러한 사이클 메뉴를 이용하면 고객의 식상감과 불만을 효율적으로 해소할 수 있으며, 제철마다 많이 나는 식자재를 활용한 계절적 사이클 메뉴를 이용하면 식재료 원가를 능동적으로 절감할 수 있다.

이처럼 사이클 메뉴의 순환 개념은 메뉴의 종류를 기간을 정하여 순환시키는 개념을 말하는 것으로써 며칠부터 몇 주 또는 몇 개월 단위로 순환시킬 수 있다. 통산 오드 넘버(odd-number)의 개념을 적용한다.

[표 2-14] 순환 메뉴의 장단점

단 점	장 점
• 메뉴 순환 빈도가 높을수록 고객의 싸증과 싫증을 유발 • 식자재의 재고 로스율이 높은 편이다. • 숙련된 조리사가 필요하다.	• 순환 고정 메뉴 계획 후 메뉴 개발에 많은 시간을 투자할 필요가 없음 • 고정적으로 사이클 메뉴를 이용하면 식음료 준비 • 과정이 표준화되기 쉬움 • 메뉴에 따라 종업원 및 주방기기의 계획표를 작성할 수 있음 • 구매가 쉬움 • 식음료 재고 자산을 통제 용이

3 변동 메뉴

메뉴 내용을 계속 변화시키는 메뉴이다. 이러한 방식은 고정 메뉴와 순환 메뉴처럼 일정한 공급과 생산의 프로그램과 커리큘럼을 가지고 운영하는 방식이 아니라, 경영자가 시장 식재료 공급 상황, 주변 날씨와 기후 변동, 고객과 사회의 분위기에 따라서 비고정적으로 운영하는 탄력적인 메뉴 운영 방식이다.

4 선택 메뉴

보통의 경우에 개개의 식사에 두 개 이상의 음식을 선택할 수 있도록 한 것이다. 또한, 선택된 음식은 개개의 식사 코스에 활용될 수 있다. 선택 메뉴들은 보통 레스토랑, 패스트푸드, 카페테리아 등에서 활용된다.

그러나 여기에서 유의해야 할 것은 선택 메뉴가 고정 메뉴보다는 고객 만족의 선호도가 높지만 이것을 성공적으로 하기 위해서는 관련된 음식 선택을 잘하고 균형이 잘 잡히도록 선택 메뉴를 잘 선정하여야 한다.

(2) 메뉴 품목 변화에 따른 분류

1 일품요리 메뉴(A La Carte Menu)

일품요리 메뉴의 구성은 정식 메뉴의 순으로 되어 있지만 정식 메뉴와 이 차이점은 각 코스(Course)별로 여러 가지 종류를 나열해 놓고 고객으로 하여금 기호에 맞는 음식을 선택하여 먹을 수 있도록 만들어진 메뉴이다.

일품요리의 차림표는 표준 차림표(Standard menu)로 모든 요리의 가격과 품목을 명시하여 놓지만 다른 한편으로는 기호요리 차림표로써 자기가 좋아하지 않는 부분이 음식이 있으면 제외하거나, 특별히 자기가 좋아하는 음식이 있으면 특정 음식만을 선택하여 가격을 지불하여도 되는 장점이 있다.

일품요리 메뉴는 한 번 작성되면 장기간 사용하게 되므로 요리 준비나 재료 구입 업무에 있어서는 단순화되어 능률적이라 할 수 있다. 그러나 메뉴가 고정되어 있으므로 계절에 따른 재룟값의 변화에 따른 일정한 이익 보장이 없으며, 원가 상승에 의해 이익이 줄어들 수도 있다는 단점을 가지고 있다.

단골손님에게는 신선한 매력이나 맛을 느낄 수 없게 만들어 판매량이 줄어들 수 있으므로 고객의 호응도를 감안하여 새로운 메뉴 계획을 꾸준히 시도해야만 한다.

약식으로 알 라 카르트(a'la carte) 메뉴는 알라카토라는 의미로 많이 사용된다. 즉 손님이 자기가 좋아하는 것만 선정하여 주문하는 방식이다. 이를 위하여 음식점에서는 신문 메뉴(The Daily News paper Menu)를 만들어서 오늘의 특별 메뉴가 무엇인지를 고객에게 알려주고 손님들이 꼭 읽어보도록 하여야 한다.

알 라 카르트 메뉴의 품목은 최소한으로 정하고 수시로 내부 메뉴 품목을 프린트하여 정보를 제공하여 주고, 가격 변동이 있을 때에는 언제든지 다시 프린트하여 제공한다.

2 정식 메뉴(Table d' hote Menu)

타블 도트 메뉴라고 불리는 정식 메뉴는 아침, 점심, 연회 등을 막론하고 어느 때든지 사용할 수 있으며, 미각, 영양, 분량의 균형을 참작한 한 끼 분량의 식사로 만들어져 있으며 요금도 한 끼의 식사로 표시되어 있어 고객의 선택이 용이하다.

정식 메뉴의 시작은 숙박을 제공하던 시설과 함께 탄생한 것으로써 여인숙(Inn)에서 행상인과 여행객들이 초기에는 자기가 식량을 가지고 다니다가 점차적으로 숙박시설의 편리성이 발전하게 되자 여인숙에서 숙박과 식사를 함께 제공하면서 발생하게 되었다.

또한, 이 정식 메뉴는 매일 변화 있게 작성하여야 하나, 재료의 한계로 반복되는 경우도 많으므로 주기적으로 새로운 메뉴를 작성하여(사이클 메뉴) 고객의 기대와 호기심을 충족시켜 주어야만 한다.

정식 메뉴는 런천은 3~4코스, 디너는 4~5코스, 슈퍼는 2~3코스, 밴퀸은 5~6코스로 이루어져 있으며 통상적인 코스요리를 시키게 되면 일반적으로 제공되는 요리의 순서는 다음과 같다.

① 5 course menu

전채요리(Appetizer) → 수프(Soup) → 주요리(Main Dish) → 후식(Dessert) → 음료(Beverage)

② 7 course menu

전채요리(Appetizer) → 수프(Soup) → 생선(Fish) → 주요리(Main Dish) → 샐러드(Salad) → 후식(Dessert) → 음료(Beverage)

③ 8 course menu

전채요리(Appetizer) → 수프(Soup) → 생선(Fish) → 샐러드(Salad) → 주요리(Main Dish) → 치즈(Cheese) → 후식(Dessert) → 음료(Beverage)

④ 9 course menu

전채요리(Appetizer) → 수프(Soup) → 생선(Fish) → 샤벳(Sherbet) → 주요리(Main Dish) → 샐러드(Salad) → 후식(Dessert) → 음료(Beverage) → 식후 생과자(Preallies)

2. 메뉴의 계획

1) 메뉴 계획 시 고려사항

메뉴는 고객의 필요와 욕구, 원가와 수익성, 이용이 가능한 식품, 조리 설비의 한계, 메뉴의 다양성, 그리고 영양적 요소를 고려하여 계획되어야 한다. 간혹 정확한 고객층을 고려하지도 않고서 메뉴를 개발하여 실패하는 경우도 있다.

메뉴를 계획할 때 메뉴는 고객으로 하여금 제공될 음식을 효과적으로 정확하게 선택할 수 있도록 하는 구매 수단인 동시에 식당의 주제(Theme : Concept)를 반영한다는 것이다.

정확한 목표(Target)를 겨냥한 메뉴 개발을 하지 않고 개발자의 주관적인 의도만 중요시되는 경향이 있기 때문인데, 메뉴를 개발할 때의 메뉴 개발자는 고객이 지향하는 정확한 목표(Target)에 맞추어 그 고객층에 맞는 메뉴를 개발해야 한다.

고객은 메뉴를 통하여 레스토랑이 전달하고자 하는 의미를 파악하여 메뉴를 선택하고 식당은 경영자가 전달하고자 하는 메시지를 메뉴를 통하여 고객에게 전달한다.

따라서 메뉴는 고객 만족이라는 측면과 기업이 추구하는 이윤 극대화라는 측면을 동시에 수행하여야 하는데 이를 메뉴의 양면성이라 한다. 그러나 메뉴가 어느 한 쪽에 치우친 일방적인 개념에서 계획된다면 고객의 만족 추구와 기업의 이윤 창출이라는 본래의 두 가지 목적 달성은 불가능할 것이다.

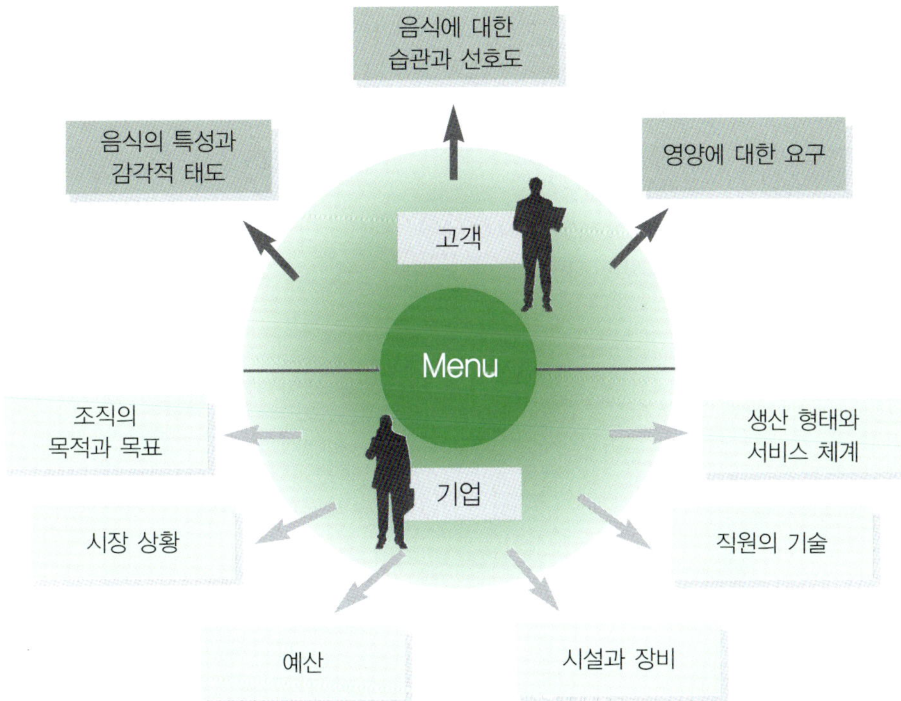

[Mahmood의 메뉴계획의 모형]

[표 2-15] 메뉴 계획 시 3가지 고려사항

고객적 측면	관리적 측면	음식적 측면
• 고객의 욕구 파악 • 다양성과 매력성 • 영양적 균형 • 식습관 기호의 선택 • 문화와 종교적 제한 • 인적인 특성 • 사회 경제적 소득	• 조직의 목표성 • 원가 비율과 수익률 • 식재료의 구입폭 • 조리장비와 시설의 사용 한계 • 예산 • 음식 생산의 유형	• 음식의 색깔 • 질감과 형태 • 음식 농도 • 음식의 맛 • 조리 방법 • 음식 서빙 온도 • 예산

2) 메뉴 계획의 과정

식당 경영의 성공 여부는 메뉴 계획을 하는 사람에게 성공의 열쇠가 달려 있다. 메뉴 계획에 참여하는 주방 책임자, 식음료 책임자, 구매 책임자, 그리고 각 단위 주방의 책임자와 경영자가 참여하여 메뉴 계획을 해야 한다.

메뉴 계획의 성공 여부

메뉴 계획은 다양한 음식의 종류, 조리 방법, 서비스 방법, 음식의 영양가, 판매 촉진, 디자인 등 예술성과 전문 지식을 바탕으로 음식에 대한 경영관리를 필요로 하며 요구된다.

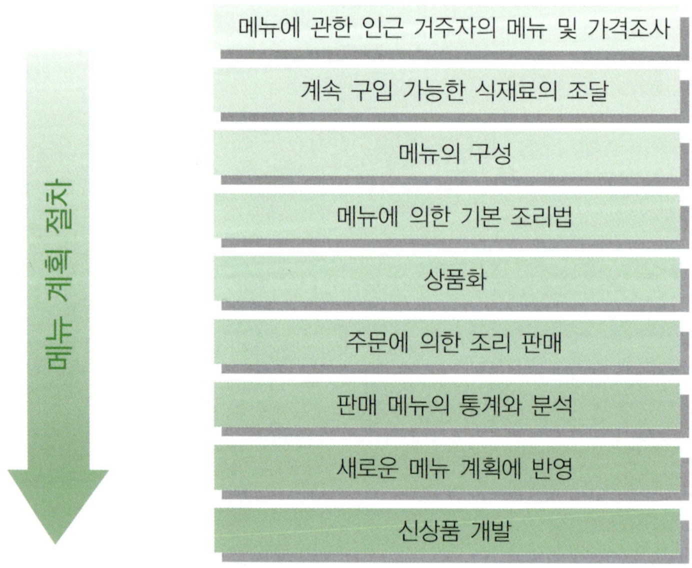

[메뉴계획의 과정]

3. 메뉴의 가격

1) 메뉴 가격 결정의 목적

메뉴의 가격 결정은 해당 외식 업체의 매출, 수익, 시장점유율에 중요한 영향을 미치는 요소 중의 하나이다. 그래서 외식업 경영자는 메뉴의 가격을 결정할 때 신중하고도 차후의 장기적인 고객의 반응을 고려하여 가격을 결정하여야 한다.

이러한 경우 경영자의 입장에서는 현금 흐름을 좋게 하기 위하여 단기적 매출 증대를 노리고자 할 경우는 메뉴 단가를 높여야 하며, 장기적인 박리다매 형태의 장기적인 수요를 구상한다면 가격을 낮추어야 할 필요가 있다. 이러한 조절 능력을 효율적으로 운영할 수 있는 것이 가격 결정의 메커니즘이다.

외식산업에서 가격 결성은 업세에 있어서 하나의 편리하고 유익적인 관점에서 바라보아야 한다. 이는 가격 결정의 핵심이 식당에서 마케팅 차원에서 효율적으로 가감을 해야 한다는 뜻으로 반드시 제조 원가가 절대적 판매 가격의 기준은 아니라는 뜻이다.

이러한 상황에서 가격을 결정하는데 있어서는 전통적인 원가 회계 접근을 사용하는데, 이 방식은 시장 개척과 시장 침투인 두 가지 방식으로 나눈다.

2) 가격 결정의 고려 변수

메뉴 계획에서 가격 결정은 식당 경영의 전반에 영향을 미치기 때문에 업소의 입지분석과 시장 동향을 철저히 분석한 후 고객의 욕구 충족과 경영 전략 차원에서 이루어져야 한다. 가격의 결정 시 고려해야 할 사항으로 다음과 같다.

(1) 수입과 원가관리

메뉴를 고객에게 제시하였을 때 음식 판매로부터 기대되는 식음료업장의 판매액(income)을 고려하여야 한다. 그리고 원가관리(cost control)는 고가의 음식과 서비스 형태에 따라 직접비와 간접비를 구분하여 관리한다.

(2) 예산

예산은 수입 금액과 예상 수입에 따라 식재료 구입에 사용한다. 잠정 수입의 수급원인 음식 판매가는 인건비와 운영비가 모두 포함되어야 하기 때문이다.

메뉴는 설정된 식사 원가 비율에 따라서 계획되어야 하고, 이 비율을 유지하기 위해서는 매일의 음식 원가를 계산하고, 표준화된 조리법에 의해 조리해야 하며, 원재료와 1인분의 원가를 파악하여 원가 변동에 따라 메뉴 선택과 가격을 조정할 필요가 있기 때문에 이 점을 필히 주의해야 한다.

(3) 고객 측면

1 목표 시장

판매를 위해 고객에게 제공되는 메뉴 품목은 업장에서 제공하는 제품과 업장의 분위기, 서비스, 목표 시장의 인지 가치를 평가하여 고객의 욕구를 근거로 하여 정해져야 한다. 식사의 관습과 기호 방향은 때때로 가족의 전통적 식습관에 의해 영향을 받기 때문이다.

2 품질

메뉴 계획에 있어 주방장은 마케팅 측면에서 고객의 인지에 부응하는 음식의 품질을 신중히 고려하여야 한다.

3 경쟁 업체

메뉴 품목의 가격, 고객이 경쟁 업체의 음식을 구매하는 경우, 고객을 유인하는 경쟁 업체의 서비스를 신중히 고려하여 메뉴 계획에 반영하여야 한다.

(4) 디자인 측면

메뉴판의 디자인은 첫인상을 주는 외관적인 요소로서 식음료 상품의 구성과 전체적인 분위기를 나타내는 데 중요한 역할을 한다. 제공하는 사람과 제공받는 사람의 작은 언어 표현에 비해서는 그 중요성은 아무리 강조해도 지나치지 않을 것이다.

디자인 설계를 할 때 기본이 되는 원칙으로는 다음과 같다.

첫 번째, 메뉴판은 얼룩이 지지 않는 견고한 재질의 종이를 사용해야 하며, 크기는 테이블에서 쉽게 다룰 수 있어야 한다.

두 번째, 메뉴를 쉽게 읽을 수 있도록 종류와 크기, 읽기는 쉽도록 적당한 공간과 여백을 두어 행태를 단순화시킨다.

세 번째, 메뉴판은 얼룩이 없이 깨끗하여 다른 이물질이나 스티커나 볼펜으로 정정한 표시가 없어야 한다.

네 번째, 영업장의 이름, 주소, 전화번호, 그리고 기타 모든 안내는 정확해야 한다.

다섯 번째, 날마다 바뀌는 특별요리의 메뉴는 그 붙이는 난에 핀을 달아 놓거나 스티커를 붙이는 형식으로 취한다.

메뉴 목적은 제공되는 메뉴의 정확한 요리법과 이름, 그리고 가격에 기본을 두고 있으므로 항상 이 점을 유의해야 할 것이다.

3) 메뉴 가격 합리적 결정 방법

(1) 직접 원가에 의한 가격 정책

가장 보편적인 방법으로써 판매 가격을 식자재 원가에 기초하여 책정하는 방식이다.

- 판매 가격 = 식자재 원가 ÷ 목표로 하는 원가 비율
- 식자재 원가가 1,000원이고 목표 원가 비율이 30%이면 메뉴 가격은 3,333원으로 책정하면 된다.

(2) 시장에서 받아들이는 가격 정책

일단 상품을 개발한 외식업소 측에서 마음대로 가격을 책정하여 시판하면서, 가격 저항 등에 대한 고객의 반응을 살펴가면서 최종 가격을 결정하는 방식이다.

(3) 경쟁 가격 정책

경쟁자들이 정하여 판매하는 가격을 따라서 본점의 메뉴 가격을 결정하는 방식이다.

(4) 평균 비용에 이익을 합한 가격 정책

다양한 종류의 메뉴 품목이 있을 때, 이들 메뉴가 같은 범주일 때는 (김밥류 : 고추김밥, 치즈김밥, 참치김밥 등) 각각의 원가를 계산하지 않고 그중 평균치를 정하여 가격을 책정하는 방식이다.

(5) 총 비용에 이익을 합한 가격 정책

메뉴 음식을 제작할 때 드는 모든 경비와 획득하고자 하는 목표 이익을 합산하고 난 후에 메뉴 가격을 책정하는 방법으로써 비교적 정확한 가격 책정 방식이라고 볼 수 있다.

(6) 최소 판매 가격 정책

외식업소를 경영함에 있어서 소요되는 모든 경비를 조달하기 위한 최소한의 경비 조달을 근거로 하여 메뉴 가격을 책정하는 방식이다. 예로 라스베이거스의 호텔카지노에서 호텔방 값은 최저로 제공하거나, 유명한 관광지 레스토랑에서 단가 10,000원 이하의 메뉴는 팔지 않는 것이 최소 판매 가격 정책 방법이다.

(7) 전통적 가격 정책

어떤 상품과 메뉴에 대하여는 소비자들이 고정적이고 전통적인 인식이 결정되어 있으면 가격을 마음대로 책정할 수 없는 방식이다. 지방의 일반적 콜라는 전국적으로 유명한 전통적 ㅇㅇ콜라보다 가격이 높아서는 판매가 곤란하다.

(8) 시장 점유율 리더 가격 정책

시장 점유율이 60% 이상이 되는 업체는 가격 주도권을 가지게 된다. 이 업체가 정하는 가격이 시장 가격이 되는 것이다. 패스트푸드점에서 햄버거 시장이 대표적인 사례이다.

4. 메뉴의 개발 방법

1) 메뉴 개발 중요성과 고려사항

메뉴를 개발하면서 고려해야 할 중요한 요인을 살펴보면 첫째, 고객의 소비 심리를 파악하고, 둘째, 지역의 특성을 고려하여야 하며 셋째, 외식업체의 타깃 고객(Target)이 정확히 설정되어 있어야 한다.

기타 요인으로는 판매 전략상 메뉴 개발 또는 메뉴의 단가를 결정하면서 객단가를 고려하는 전략 등 많은 요인들을 고려하여 새로운 메뉴 개발에 임하여야 한다. 그러나 이러한 요인들을 배제하고 메뉴를 결정함으로써 메뉴의 판매 기간의 단축 또는 매출액의 감소 등 직접적으로 경영을 악화시키는 경우가 많다.

① 고객의 욕구 파악
② 원가와 수익성과의 함수 관계
③ 구입 가능한 식품(식품 구매의 용이성)
④ 조리기구와 조리 방법의 한계성
⑤ 다양성
⑥ 영양적 요소

또한, 메뉴를 개발하면서 매우 중요하게 생각해야 할 것이 맛을 어떻게 나타내는지 일 것이다. 이는 매우 쉬운 문제일 수도 있지만 그 외식 업체의 분위기, 고객의 수준, 주변의 상황등을 고려하여 조화를 이루는 것이 그 외식 업체의 맛을 결정하는 요인이 될 수 있다.

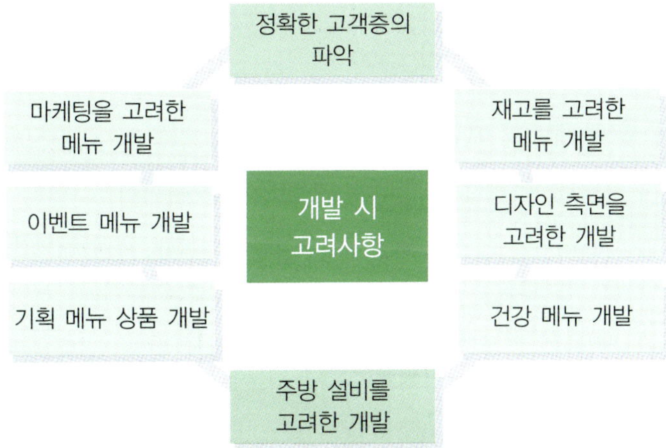

[메뉴 개발 시 고려할 사항]

2) 메뉴 개발의 절차

(1) 메뉴 개발

메뉴 개발의 절차는 아래의 그림과 같이 나타낼 수 있다.

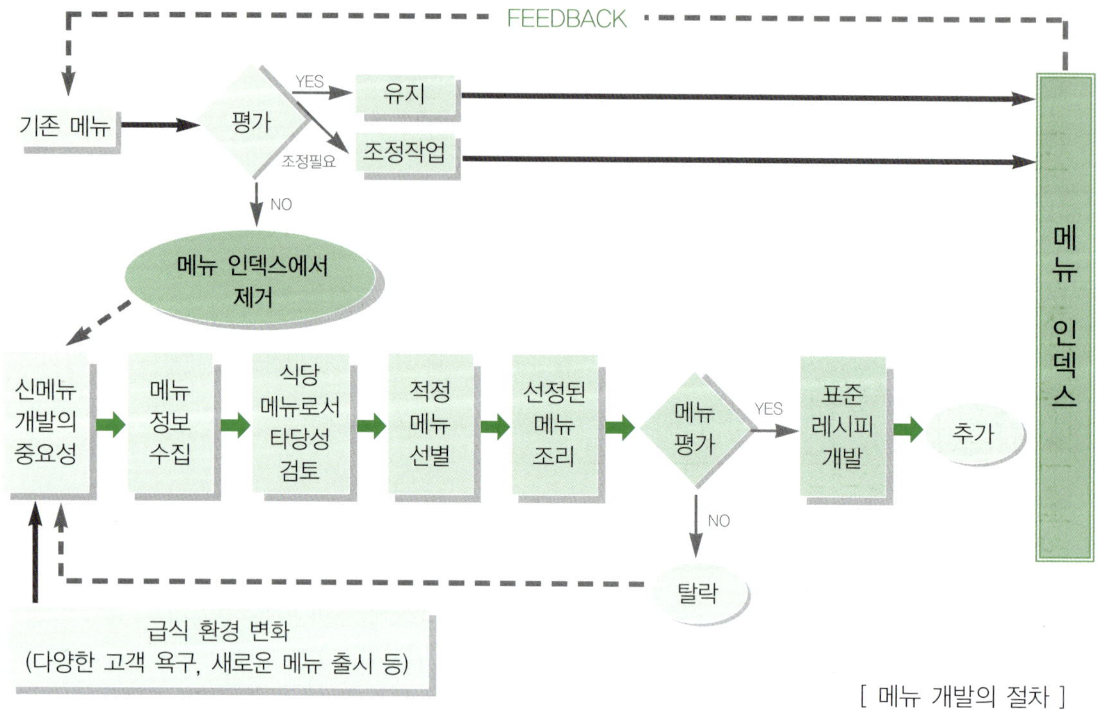

[메뉴 개발의 절차]

(2) 메뉴 인덱스(Menu index)

식당 여건에 맞게 개발된 메뉴와 음식 목록인 메뉴 인덱스가 있어야 된다. 업체에서 연회 유치 시 가격대 및 계절별 연회용 메뉴 인덱스 구비하면 좋다. 식당의 특성에 맞는 기준에 따라 분류하고 상차림에 따라 주식류, 부식류, 후식류로 나눈다. 부식은 다시 국, 찌개, 전골, 반찬으로 나누고 반찬은 조리법에 따라 볶음, 튀김, 부침, 조림, 구이, 찜, 나물, 생채, 김치 등으로 나누면 된다. 이것은 다시 식재료에 따라 하위 그룹으로 분류 가능하다.

5. 메뉴의 평가

1) 메뉴 평가

성공적인 외식산업의 전제가 되려면 먼저 메뉴를 확인하는 방법으로 수익 창출과 고객의 욕구 충족 도구로써 평가되어야 한다.

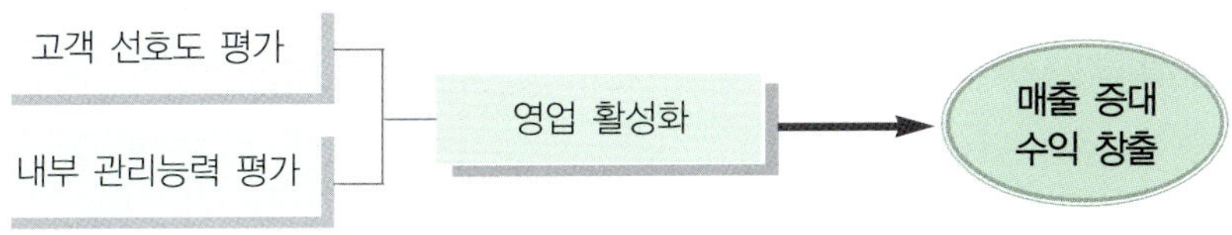

[메뉴의 평가]

(1) 평가 내용

메뉴설계 평가	다양성 평가	수익성 평가
• 내용 • 시각적 효과 (메시지 전달) • 품격 • 제작비	• 상품의 다양성 • 서비스의 다양성 • 분위기의 다양성	• 구성 • 수익성 • 미래에 대한 신축성

2) 일반적인 메뉴 분석 기법

일정 기간 동안의 영업 성과를 바탕으로 메뉴상에 있는 아이템의 수익성과 선호도, 그리고 식재료 원가를 중심으로 한 분석이 많이 행하여 졌다.

그러나 특정한 분석 기법이 모든 레스토랑에 공통적으로 적용될 수 있는 것은 아니며, 또한 분석 방법 자체도 현업에 적용하기는 약간 무리가 따르는 것들도 많다. 지금까지 발표된 많은 메뉴 분석 방법에서 보편적으로 메뉴의 평가와 분석에 쓰이는 8가지 방법을 살펴보면 다음과 같다.

변수 형태 / 선행 연구	평가 변수	구분 형태
Miller	선호도(volume),식료 원가 비율(food-cost)	Winners, Marginals Ⅰ, Marginals Ⅱ, Losers
Kasavana & Smith	선호도(volume), 수익성 (contribution margins)	Stars, Plowhorses, Puzzles, Dogs

Pavesic	가중된 공헌이익(weighted contribution margins), 식료 원가 비율(food-cost)	Prime,Standards, Sleepers, Problems
David K. Hayes & Huffman	앞의 변수들 이외에 고정비용 비율과 식료 원가 비율을 제외한 변동비율 추가	손익계산서 이용 : 순이익(net contribution)과 골 벨 류(goal-value) 산출
Mohamed E. Bayou and Lee B. Bennett	상기의 단점을 보완하여 상품에 대한 계층별 수익성으로 분석함	계층별 수익성 분석
Hurst	인기도, 이익공헌도	메뉴 변화(예: 가격, 원가율, 메뉴 교체)
keiser	Strengths, Weakness, Opportunities, Threats	매트릭스(matrix)

(1) Jack E. Miller 방식(원가와 매출량)

1980년 Jack Miller가 메뉴 가격 결정과 전략(Menu pricing and Strategy)이라는 책에서 발표한 방식으로 일정 기간 판매된 메뉴상에 있는 모든 품목의 원가와 판매량을 전체 품목에서 차지하는 비율로 산정하는 방식이다.

판매량 (고 ↑ ↓ 저)	저 ← 원가비율 → 고	
고	Winners 높은 인기 낮은 원가	I. Marginal's 높은 인기 높은 원가
저	II. Marginal's 낮은 인기 낮은 원가	Losers 낮은 인기 높은 원가

[Miller의 메뉴 분석 메트릭스 (menu-analysis matrices)]

이 방식에서 가장 좋은 메뉴는 식음료 비용의 비율(food-cost percentage)이 가장 낮고 인기가 가장 높은 것을 말한다. 인기도는 메뉴 품목의 판매량을 평균 판매 수준(average sales level)에 비교하여 평가된다.

즉 판매량은 높고 원가는 낮은 품목이 최상의 품목(Winners)이다. 그러나 경영자가 최저 식료 원가 비율(low-percentage-cost)로 메뉴 품목을 선택하는 데 도움이 되지만, 이 방식은 David Pavesic에 의하여 원가율이 낮은 품목은 역시 판매 가격도 낮고 이윤이 낮아 수익성이 없는 품목이 되며 수익성이 있는 품목으로 만들기 위해서 판매 가격을 높이면 고객의 감소를 초래할 수 있다.

또한, 판매량이 지기 품목으로 이동하여 판매된다면 현금 흐름은 증가하게 될 것이라고 지적되었다.

(2) M. L. Kasavana와 Smith 방식(매출량/수익 중심)

메뉴 공학(Menu Engineering)이 호텔 및 외식산업의 메뉴 평가 도구로 개발된 것은 1982년 Michael Kasavana and Donald Smith에 의하여 체계화된 메뉴 분석 프로그램으로서 이 분석 기법에 요구되는 정보는 아이템의 판매가와 원가, 그리고 판매 수량뿐인 아주 간단한 분석 기법이다. 메뉴 공학에서는 세 가지 요소에 주안점을 두고 분석하였다.

① 일정 시기 동안 방문 고객 수

② 판매된 각 품목들의 비율로 메뉴 믹스 또는 세일즈 믹스

③ 각 품목의 수익성을 반영하는 공헌 마진(수익성)

※ 메뉴 공학을 이용하기 위해서는 메뉴 믹스 · 판매 가격 · 식자재 원가를 알아야 한다.

이 기법은 가격 결정, 고객의 수요, 메뉴 믹스(menu-mix) 분석, 그리고 아이템의 공헌 이익에 중요도에 따라 메뉴의 모든 품목을 선호도와 원가를 기준으로 4그룹으로 나누었다. 여기에서 원가가 낮으면서 선호도 또는 공헌 이익이 높은 아이템이 최고의 수익성 있는 아이템이라고 주장했다.

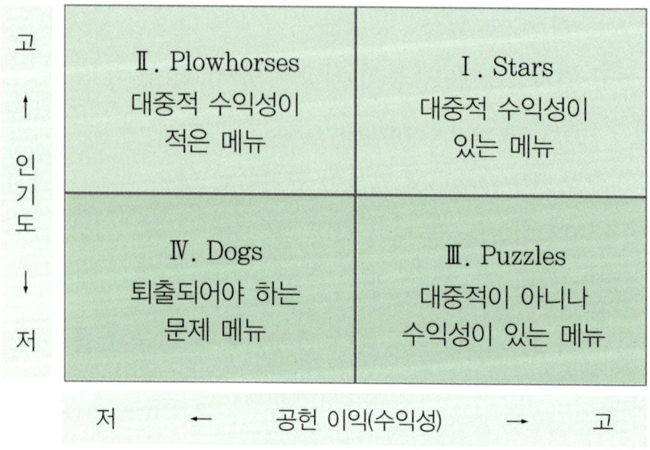

[M. L. Kasavana와 Smith 방식]

1 Menu Engineering 분석 내용

Ⅰ. Stars

① 현재의 수준을 엄격히 지킨다.(포션 크기, 질, 담는 방법 등)

② 가격의 변화에 고객이 민감한 반응을 보이지 않기 때문에 가격 인상을 시도해 볼 수도 있다.

③ 메뉴의 최상의 위치에 배열한다.

Ⅱ. Plowhorses

① 매가 인상을 시도한다.

② 선호도가 높기 때문에 메뉴상 아이템의 배열을 재고한다.

③ 공헌 마진을 높일 수 있는 방안을 강구한다.(식자재 원가 고려)

④ 포션을 약간 줄인다.

Ⅲ. Puzzles

① 메뉴상 최상의 위치에 배열한다.

② 매가의 인하를 통하여 선호도를 높인다.

③ 판매 촉진을 통하여 선호도를 높인다.

④ 아이템의 이름을 바꾼다.

Ⅳ. Dogs

① 메뉴에서 삭제한다.

② 매가를 인상하여 'Puzzles'의 아이템으로 만든다.

2 계산 공식

① 메뉴 믹스 = (품목별 판매량 ÷ 총 판매량) × 100

② 품목 마진 = 판매가(5) - 품목 원가(4)

③ 공헌 마진 = 품목 마신(6) × 판매량 (2)

④ 평균 공헌 마진 = 총 공헌 마진 ÷ 총 판매량

⑤ 70% 규칙, 메뉴 믹스 비율

메뉴 공학에서 메뉴의 인기도를 판정할 때 사용하는 일종의 규칙으로 한 품목의 메뉴 믹스 비율이 70%를 넘어선 경우에 인기도가 높다고 판정한다.

70% 규칙 - 메뉴 믹스 비율 = (100% ÷ 메뉴 품목의 수) × 70%

⑥ 공헌 마진 분류(Contribution Margin) → 수익성

고(High) : 품목 공헌 마진(6) 〉 평균 공헌 마진(1,635원)

저(Low) : 품목 공헌 마진(6) 〈 평균 공헌 마진(1,635원)

⑦ 메뉴 믹스 분류(Menu Mix) → 인기성

고(High) : 메뉴 믹스 비율(3) 〉 70% 규칙 ~ 메뉴 믹스 비율(17.5%)

저(Low) : 메뉴 믹스 비율(3) 〈 70% 규칙 ~ 메뉴 믹스 비율(17.5%)

(3) David V. Pavesic의 기법(원가/수익 중심)

Pavesic은 Kasavana & Smith와 Miller 방식의 단점을 제시한 연구이다. 원가율이 낮은 아이템은 역시 판매 가격도 낮아 마진이 낮은 수익성이 없는 아이템이 되며, 수익성이 있는 아이템으로 만들기 위하여 판매 가격을 높이면 고객의 감소를 초래할 수 있다는 점을 지적하면서 그 문제를 해결할 수 있는 방안으로 식료 원가율과 선호도로 측정된 공헌 이익을 혼합한 분석 방법을 제시하였다.

즉 메뉴상의 전체 아이템에 대한 평균을 이용하여 각 아이템에 대한 선호도와 원가의 높고 낮음을 산출한 방식이다. 마진의 경우는 가중된 전체 마진을 아이템의 수로 나누어 공헌 마진의 높고 낮음을 판단한 방식이다.

이 방법에 의하면 식료 원가율이 낮으면서 판매량으로 평가된 가중된 공헌 마진이 높은 아이템이 최고의 아이템(primes)들이라고 주장하고 이 분석 기법을 원가 · 공헌 이익 분석법(Cost Margin Analysis : CMA)이다.

이 분석의 시행을 위해서는 메뉴상의 모든 품목의 원가, 판매가, 판매량을 알아야 하며 메뉴를 그룹으로 구분하여야 한다.

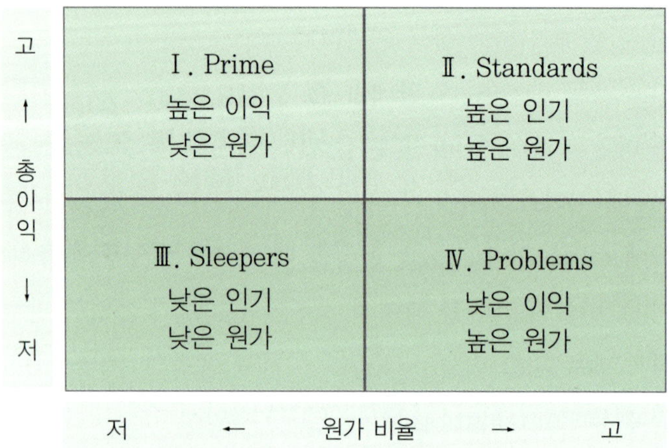

[David V. Pavesic의 기법]

(4) David K. Hayes and Lynn Huffman 방식(순이익 중심)

1 메뉴별 손익계산 이용

카사바나와 스미스의 선호도와 수익성 분석에 대한 모순점을 지적하고 이러한 모순점을 해결하기 위한 방법의 하나로 Hayes와 Huffman은 원가율, 공헌 이익, 그리고 선호도를 이용하여 아이템에 대한 수익성과 선호도를 분석하는 기법을 발표했다.

이 분석 기법은 품목별 원가와 판매량에 대한 높고 낮음의 평가 기준 설정을 평균에 의한 방법을 취할 경우 메뉴상의 아이템 중에서 항상 바람직하지 못한 품목의 범주에 속하는 품목이 존재한다는 것이다. 이러한 모순점을 해결하기 위한 대안의 하나로 Hayes와 Huffman은 모든 품목에 대하여 손익계산서(profit and loss Statement)를 만들었다.

그리고 각 아이템마다에 고정 비용과 변동 비용을 할당했으며(고정 비용은 각 아이템에 균등하게 배분하고 변동 비용은 원가율에 따라 균등하게 배분) 각 아이템에 대하여 골벨류(goal-value) 분석을 실행한 후 순수 이윤이 높은 순위대로 서열을 정했다. 그리고 각 품목에 대하여 순수 이익이 높은 순서대로 서열을 정한 후 목표 이익과 비교하였다.

① 총 식료 원가 = 판매 수량 × 단위 원가

② 매출액 – 판매량 × 판매 가격

③ 원가율 = 총 식료 원가 / 매출액

④ 총 CM = 판매 수량 × 품목별CM

⑤ 품목별 CM = 판매 가격 – 단위 식료 원가

앞서 언급한 방법이 아이템에 대한 수익성을 개선하는 데 있어서 절대적인 변수, 즉 각 아이템에서 발생하는 고정 비용(원가)과 변동 비용(원가)을 고려하지 않는다면 이 방식에서는 매출액, 그리고 다른 변수로 고정 비용과 변동 비용을 메뉴상의 아이템마다 할당하여 손익계산서를 작성하였다.

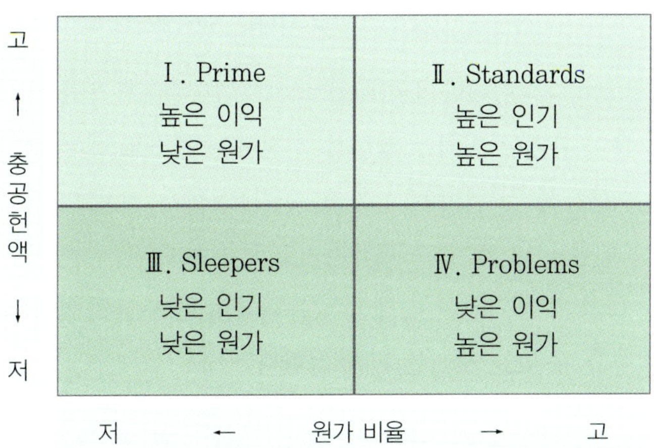

[David K. Hayes and Lynn Huffman 방식]

2 목표 가치 분석(Goal Value Analysis)

이 방법은 원가율, 선호도, 공헌 이익에 의존하지 않고 각 아이템의 공헌도에 바탕을 둔 분석 기법이다. 이 수치를 근거로 메뉴 각 아이템에 대한 분석이 이루어지는데 각 아이템이 공헌하는 순수 이익이 총 매출액에 비율(%)을 유지하는가를 판단하는 지표가 되는 것이다. 이것을 목표 가치 분석(goal-value analysis)이라고 하며 원가율, 공헌 이익, 판매량, 그리고 고정 비용과 변동 비용을 이용하여 산출하는데 공식은 다음과 같다.

Goal Value Index = A × B × (C×D)

- A = 1 – 식료 원가 백분율
- B = 아이템 판매 수량
- C = 판매가
- D = 1 – (변동비 백분율 +식료 원가 백분율)

이 분석 방법에서는 새로운 변수, 즉 각 품목에서 발생하는 고정 비용과 변동 비용을 비율로 나타낸 것이다. 그런데 문제는 고정 비용과 변동 비용을 어떠한 방법으로 계산하여 메뉴상의 각 품목에 공평하게 분배하느냐 하는 문제이다.

아이템을 만드는 데 소요되는 식자재의 원가 계산은 쉽다. 그러나 식자재 원가를 제외한 변동비와 고정비의 배분은 계산과 배분에서도 많은 문제를 포함하고 있다.

(5) 허스트 메뉴 분석법(Hurst Method Of Menu Scoring)

1960년 미국 플로리다주립대학의 마이클 허스트 교수는 가격의 변화, 원가, 인기도, 이익 공헌도 등이 판매에 미치는 영향을 측정하는 허스트 메뉴 평가법을 개발하였다. 이 평가법은 메뉴에 준 변화(예 : 가격, 원가율, 메뉴 교체)의 결과를 분석하기 위한 것으로 계산 방법을 몇 가지 자료만 가지고도 손쉽게 할 수 있다. 이 방법을 사용하기 위해서는 우선 평가 기간을 정해야 하는데 최소한 1, 2주 이상의 평상적인 기간으로 변수가 작용할 수 있는 시기는 피해 정한다.

평가 방법
• 평가 기간을 정하고 총 매출액에 공헌도가 높은 품목들을 평가 대상으로 선정한다.
• 선정된 품목의 총 판매 수량에 남아 있는 품목들의 판매량을 모두 합하여 점포의 총 판매량을 구한다.
• 선정 품목들의 매출액과 식자재 원가를 계산한다.
• 선정 품목들의 평균 객단가를 계산한다.(선정 품목 총 매출액 ÷ 선정 품목 총 판매량)
• 선정 품목들의 총 수익을 계산하고, 선정메뉴 품목의 총 매출액에 대비한 총 수익률을 계산한다.
• 선정 품목의 총 수익률 = 총 수익 – 선정 품목의 총 식자재 원가

- 선정 품목의 총 수익률 = 총 수익 ÷ 선정 품목의 총 매출액
- 선정 품목들의 평균 수익을 계산한다(평균 수익 = 평균 객단가 × 총 수익률, 라 × 마)
- 점포 전체 품목 판매수에 대비한 선정 메뉴 품목의 판매율을 계산한다(선정 품목 총 판매 수 ÷ 점포 자체 품목 판매 수).
- 메뉴 스코어를 산출한다(품목 평균 수익 × 선정 품목 판매율 : 바 × 사). 예를 들면 크리스마스 같은 축제일이나 아주 기후가 나빴던 기간들은 판매량의 증감 폭이 평상시와는 다른 특별한 경우에 해당되므로 평가 대상에서 제외한다.

요 약

- 메뉴 스코어는 그 자체만으로 큰 의미를 갖지 못한다(판매량과 가격 변화, 원가, 메뉴 교체 등과의 상호작용 파악).
- 보다 나은 활동을 위해서는 평가 기간이 다른 여러 개의 메뉴 스코어를 상호 비교한다.
- 메뉴 스코어가 높을수록 좋은 변화를 의미한다.
- 스코어가 하향 또는 등락이 심하면 정밀 조사가 필요하다.
- 지속적으로 스코어가 낮아지면(특별한 이유 없이) 품목 교체나 이익이 높은 다른 품목에 주력한다(낮은 객단가에서이지만 서비스 차원에서 판매한다면 예외일 수도 있다).
- 객단가가 낮음에도 불구하고 메뉴 스코어가 낮다면 높은 원가율에 기인하므로 원가율 개선 또는 타 메뉴 교체 등을 검토한다.

1 허스트 메뉴 평가 방법 예

품목	판매 수량	판매가($)	총 매출($)	총 식자재 원가($)
Chicken	100	7.50	600	2.00
Beef	500	10.00	4,000	3.28
Pork	400	6.00	2,400	2.40
	1,000		8,150	2,825

① 객단가 : $8,150 ÷ 1,000 = $8.15

② 총 수익률 : $8,150 − $2,825 = $5,325 ÷ $8,150 = 65%

③ 품목 평균 수익 : $8.15 × 65% = $5.30

④ 선별 메뉴 판매율 : 1,000 ÷ 1,500 = 66.7%

⑤ 메뉴 스코어 : 66.7% × $5.30 = $3.53

(6) SWOT 분석법(SWOT analysis)

SWOT 분석법이란 사업 계획 수립 시 내부적인 능력 분석으로 장점(strength)과 단점(weakness)을, 그리고 환경 분석으로 기회(opportunity)와 위협(threat) 요소를 매트릭스(matrix) 형태로 비교 검토하는 일종의 상황판단 기법이다. 이 기법은 환경 변화에 따른 기회와 위협이 교차할 때 바람직한 전략 대안을 어떻게 선택할 것인가 하는 문제를 해결하기 위해 조직 능력의 관점에서 일정 시점의 주요 환경 요인을 기회와 위협으로 분류하고, 이들을 전략적 관점에서 회사의 강·약점과 결합시켜 효과적으로 전략 수립을 하는 과정을 나타낸 분석법이다.

[표 2-16] SWOT 분석 메트릭스 모형

내부 요인 / 외부 요인	강점(Strength) S1, S2, S3 ···	약점(Weakness) W1, W2, W3 ···
기회(Opportunity)	SO 전략(적극 공략)	WO 전략(약점 보안)
O1, O2, O3 ···	• 강점을 활용하여 기회를 살린다. • 기회를 살리기 위한 감점을 발굴한다.	• 강점을 활용하여 위험을 회피한다. • 위협을 회피하기 위한 강점을 발굴한다.
위험(Threat)	SO 전략(적극 공략)	WO 전략(약점 보안)
T1, T2, T3 ···	• 약점을 보완하여 기회를 살린다. • 약점을 강점으로 전환하여 기회를 살린다. • 기회를 살릴 수 없는 약점은 무시한다.	• 약점을 보완하여 위협을 회피한다. • 약점을 보완할 수 없고, 위협을 회피할 수 없다면 정면 대결 또는 철수한다.

외부적 요인

기회	위협
• 새로운 시장과 세분 시장에 진입	• 새로운 경쟁자의 진입 가능성
• 제품 계열의 추가	• 대체 제품의 판매량 증가
• 관련 제품으로 다각화	• 느린 시장 성장
• 보완 제품의 추가	• 역행하는 정부의 방침
• 보다 좋은 전략적 집단으로 이행력	• 경기 후퇴와 경기 변동에서 가변성
• 경쟁사 간의 화목	• 증대되는 고객이나 공급자의 교섭력
• 빠른 시장 성장	• 역으로 바뀌고 있는 인구통계
• 수직적 통합	• 기타

자료 : Derek F. Abell. Defining the Business : The Starting point of Strategic Planning Englewood cliffs

내부적 요인

강점

- 탁월한 능력
- 적절한 재무적 지원
- 좋은 경쟁적 기술 수준
- 구매자들의 자사에 대한 호의적 생각
- 인정받고 있는 시장 선도자
- 잘 수행되고 있는 기능별 전략
- 규모의 경제 활동
- 비밀 기술
- 원가상의 유리점
- 경쟁상의 유리점
- 제품 혁신 능력
- 입증된 경영 능력
- 기타

약점

- 불분명한 전략적 방향
- 쇠퇴해 가고 있는 경쟁적 지위
- 낙후된 시설
- 평균 이하의 수익성
- 관리적 깊이와 재질의 결여
- 주요 기술이나 능력의 결여
- 빈약한 전략 수행
- 미해결 중인 내부 운영상의 문제
- R&D 투자에서 열등
- 경쟁상 불리한 점
- 평균 이하의 마케팅 기술
- 전략 변경에 필요한 자금 동원력의 부족
- 기타

[SWOT 분석 시 고려해야 할 사항]

[표 2-17] SWOT 항목 도출 시 고려사항

NO	SWOT 항목 도출 할 때 고려사항
1	외부 환경 분석 결과와 내부 역량 분석 결과 자료를 수집 정리
2	Matrix상에서 SWOT 항목을 도출하며, 항목 도출 시에는 외부적 · 내부적 요인과 같은 사항을 고려해야 함
3	내적(강점, 약점)과 외적(기회, 위협)인 요소 항목마다 표준 점수와 가중치를 부여
4	내적(강점, 약점)과 외적(기회, 위협)인 요소 항목 간의 관련 정도 점수를 부여
5	내적(강점, 약점)과 외적(기회, 위협)인 요소 항목 간의 상관관계가 통계적으로 유의하고, 상관계수가 0.5 이상인 것만 대책 안 수립에 활용, 나머지는 관련 기술자가 기술적으로 검토한 후 전략 대책안 수립 시 적용 유무를 결정
6	내적과 외적인 요소 항목 간에 다음과 같은 관점에서 전략안을 수립 • 새로운 기회의 주요 성공 요인(Critical Success Factor)을 도출하고 회사의 강점과 약점이 있는지를 검토 보완하여 도출 • 핵심 역량을 바탕으로 기회를 검토하고 새로운 사업 방향을 도출 • 위협 요인을 극복할 수 있는 핵심 역량 강화로 전략 방향을 도출 • 위협 요인을 극복하기 어려운 경우, 구조 조정이나 기존 사업의 선별 육성이 보다 효과적일 경우를 고려하여 전략 방향을 도출

(7) ABC 분석(20/80의 법칙)

ABC 방법은 복잡한 현상을 단순화해서 보다 중점적으로 관리하기 위한 분석 방법으로 상품관리에 자주 이용된다. 품목이 많은 상품의 경우 A, B, C 3그룹으로 나누어 각 그룹에 맞는 관리 방법에 따라 효율적인 관리를 하는 것을 말한다. 사회 현상에서 소수의 사상(事象)이 결과의 대부분을 좌우하며, 대부분의 사상은 소수에만 영향을 준다는 법칙을 이용하는 것이다.

예를 들면 어떤 상품군의 10~20%의 품목이 전체 매출액의 70~80%를 차지하는 일이 많다. 보통 그래프의 가로축에는 원인을, 세로축에는 결과를 큰 수치 순서대로 나열하여 누계 %를 계산한다.

그렇게 하여 보통 75%까지는 A, 95%까지는 B, 나머지는 C로 구별하여 매출액이 높은 그룹을 중점 관리하는 것이다.

1 ABC 분석 순서

① 상품의 매출액이 가장 큰 순서로 나열

② 각 상품별 매출액 구성비(%)를 계산

③ 각각의 상품 매출액 구성비의 누계를 계산하여 최후 상품에서 누계 매출 구성비가 100%가 되게 구한다.

④ 그래프용지에 가로에 상품을 세로에 비율을 기입

⑤ 누계 구성비가 70~75%, 90%, 100%가 되도록 그래프를 3분할 한다.

2 ABC 분석의 활용

① 취급 상품의 포지션을 명확히 한다.

② 팔리지 않는 상품을 발견할 수 있다.

③ 매출액뿐만 아니라 매출 이익, 재고액 등의 ABC 분석과 비교, 검토함에 따라 취급 상품의 상품 효율을 파악할 수 있다.

④ 상품을 중점 관리하기 때문에 인적 효율도 올릴 수 있다.

3 ABC 분석도표 활용법

① ABC 분석도표 분산형 패턴

분산형은 45%의 대각선으로 누계 비율의 꺾임선이 신장하고 있는 케이스다. 이러한 상품의 특성은 각 상품 간의 매출액에 거의 차이가 없으며 중점 상품이 없다.

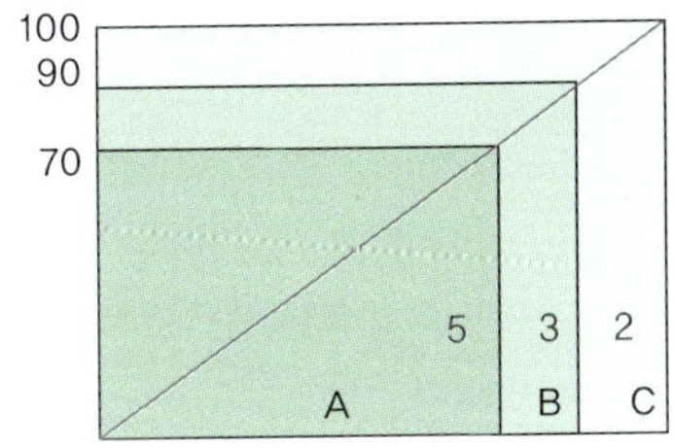

[ABC 분석도표 분산형 패턴]

② ABC 분석도표 초집중형 패턴

초집중형은 분산형과는 완전히 반대되는 형으로, 돌출한 상품이 있고 하나나 둘로 누계 70%를 넘고 있는 케이스다. 중점 관리하기에는 좋지만, 한쪽으로 치우쳐 있기 때문에 그 상품의 매출액이 침체할 때의 반동이 염려된다.

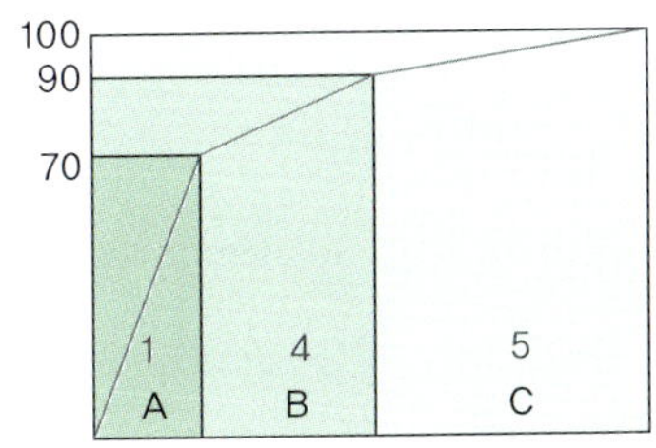

[ABC 분석도표 초집중형 패턴]

③ ABC 분석도표 이상형 패턴(표준형 패턴)

이상형은 가장 이상적인 패턴이라 할 수 있다. 즉 A랭크의 상품이 전체 상품 중 약 2할을 차지하고 있고, 20:80의 원칙(전체의 2할 상품이 매출액의 80%를 차지)에 부합하기 때문이다.

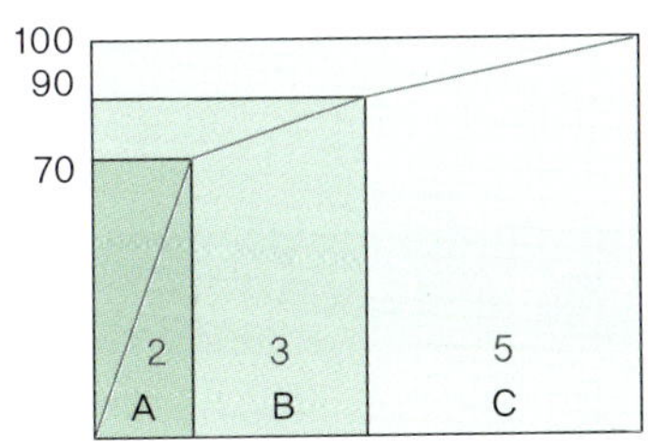

[ABC 분석도표 이상형 패턴]

주요 체크사항

- 매출 순위 11위, 12위, 13위…25위 등은 하루에 1~3개 정도 팔리고 있다. 날짜별로는 팔리지 않는 날도 있을 수 있다.

- 특수한 몇 사람의 고객을 위하여 준비되는 메뉴는 없는지, 또 그러한 메뉴 조리를 위하여 주방의 요리 담당자에게 너무 많은 노력을 요구하는 일은 없는지 확인한다.
- 메뉴를 고객에게 제시한 지 6개월이 지날 때까지 맛 개선을 했음에도 판매량이 증가하지 않거나 감소하는 품목은 무엇인지 살펴본다.
- 신메뉴로 출시한 품목은 11위 이하라도 매출 순위와 관계없이 판매량 현황을 세밀히 분석한다.
- 성장 가능성이 없는 품목 중에서 1,000인당 15식 이하의 메뉴는 과감히 정리하고 다른 메뉴를 도입한다.
- A 그룹의 품목은 이익 공헌도를 분석하고, 그 순위에 따라 맛있는 순위, 제공 시간, 원료 공급의 안정성, 작업의 용이성, 점포와 어울리는 점 등을 고려하여 간판 메뉴 후보 군을 선정한다.

(8) 인기지수 평가법(Popularity index)

메뉴에서 각 품목 간의 고객 인기도를 알면 메뉴를 평가하고 개발하기가 매우 쉽다. 인기지수 분석 방법은 이러한 고객의 인기도를 메뉴 판매량을 이용하여 분석한 뒤에 품목별 상품력을 측정하는 것을 말한다.

분석 기간이 길고 짧음에 따라 분석의 객관성이 상이할 수 있으므로 분석 기간은 가능한 1개월 이상을 하는 것이 현명하다.

대부분의 외식 업체들은 메뉴의 인기 측정을 위해 특정한 품목인 메뉴를 선정하여, 5개 정도 선택한 품목(메뉴)의 개별 판매 수, 선택된 품목의 총 판매량, 총 판매 수에 대한 개별 품목들의 판매 퍼센트를 측정한다. 각 품목의 측정된 %는 곧 인기도(호응도)의 지표로 판매비 또는 인기지수라고 한다.

품목(메뉴)	판매 수량	인기지수(%)
갈비탕	44	24%
냉면	55	30%
설렁탕	38	21%
도가니탕	32	17%
순댓국	14	8%
	182	100%

권봉헌 · 박재희, 《호텔 식음료 관리론》, 백산출판사, 2009년.
김영국, 《외식기업의 메뉴 성과 분석모형의 평가》, 지역발전연구 제4호, 1998년.
김진수, 《식음료 관리론》, 대왕사, 2009년.
김혜영, 《최신 단체 급식》, 효일문화사, 1999년.
박영배, 《호텔 외식산업 식음료 관리론》, 백산출판사, 1999년.
서근하, 《업종별 점포운영 매뉴얼(음식업)》, 중소기업청 소상공인진흥원, 2009년.
이보숙 · 채인숙 · 차진아, 《단체급식》, 교문사, 2008년.
이애주, 《식음료 관리론》, 일신사, 1996년.
이종미 외 6인, 《단체급식》, 2007년.

D. F. Abell, Defining the Business : The Starting Point of Strategic Planning, Englewood Cliffs, Prentice Hall, 1980.
Hayes, David K. and Huffman, Lynn., 《Menu Analysis : A Better Way》. The Cornell H.R.A.Quarterly, Feb. 1985.
Kasavaana, Michael L. Smith Donald I. 《Menu Engineering : A Practical Guide. MI.》, Hospitality Publishers, 1982.
Milkovich, George T. and Newman, Jerry M. and Milkovich, Carolyn., Compensation, 2005.
Miller, Jack, 《Menu Pricing and Strategy》, Boston, CBI. 1980.
Pavesic, David V, 《Cost-Margin Analysis : A Third Approach to Menu Pricing and Design》. International Journal of Hospitality Management. 2(3), 1983.
Pigors, P. and Myers, C.M., 《Personner Administration : A Point of View and Method》, New York : McGraw Hill. 1981.

04 식품위생관리

1. 식품위생의 관리 개요

1) 식품위생관리의 중요성

식품은 경제발전과 과학기술의 발달로 교역량이 증가하고 새로운 위해 물질이 출현함에 따라 식품 안전에 대한 불확실성이 높아져 식품 안전 문제는 국가의 주요 정책 대상으로 부상하게 되었다.

선진국에서는 식품의 양적 공급이 충족되면서 적정 영양 공급이라는 질적인 측면에서의 영양 문제가 국민 건강과 관련하여 주요 이슈로 등장하고 있으며, 적정 영양소의 섭취 문제를 비롯한 각 정책은 식품의 공급과 소비와 연관되어 외식산업 정책과도 밀접한 연관성을 지니고 추진하고 있다.

식품은 건강장애의 요인이 될 때 식품으로서의 가치가 상실된다. 그러므로 식품이 변질 또는 부패하거나 유해한 세균이 화학물질 등에 오염되지 않도록 예방하도록 해야 한다. 따라서 식품을 안전하게 섭취하고자 하는 수단과 기술을 식품위생이라고 할 수 있으며, 식품으로 인하여 일어날 수 있는 모든 건강장애 요인을 제거하고 사람의 건강을 유지, 증진시키고 장수할 수 있는 수단과 기술이며 나아가 예술과 과학이라 할 수 있다.

의(衣) · 식(食) · 주(住)는 사람이 생활하는 데 필요한 기본적인 3대 요소이며, 특히 식생활은 생명과 건강 유지 증진하는 데 가장 중요한 요소이다.

또한, 식품의 제조, 가공, 조리 과정에서 비위생적인 방법으로 불량식품화 하는 경우와 첨가물의 과 · 오용으로 인한 유해 착색료, 유해 감미료, 유해 보존료, 유해 표백제, 증량제 등의 사용에 따른 유해 물질과 기구, 용기, 포장에서 유해 물질이 이행되고 저장 유통 과정에서의 오염과 변질로 식중독이 발생되고 있다.

이와 같이 건강에도 경구전염병이나 식중독과 같은 급성의 질병만이 아니라 장기간 음식의 섭취에 의한 만성의 건강장해가 문제가 되므로 사후 수습 대책은 물론이고 사전에 철저한 관리를 통한 예방을 게을리 해서는 안 될 것이다.

2) 위생의 개요

(1) 식품위생의 공공성과 목적

우리나라는 식품위생에 관한 식품위생법(1962. 1. 20 법률 제1007호)이 제정 공포되었으며, 목적으로 제1조에서 "식품으로 인한 위생상의 위해 방지와 식품 영양의 질적 향상을 도모함으로써 국민보건의 증진에 이바지함을 목적으로 한다."라고 규정하고 있다. 제2조에 '식품'이라 함은 모든 음식물을 말한다.

다만, 의약으로 섭취하는 것은 예외로 한다고 규정하였고 '식품위생'이란 식품, 첨가물 기구 및 용기와 포장을 대상으로 하는 음식물에 관한 위생을 말한다고 규정하고 있으며 또한 '식품첨가물'이란 식품을 제조, 가공 또는 보존함에 있어 식품에 첨가, 혼합, 침윤 기타의 방법으로 사용되는 물질을 말한다.

식품위생의 정의에 대하여 확실한 단정을 내리기는 어려우나 1955년 스위스의 제네바에서 열린 세계보건기구(WHO)의 환경위생 전문위원회에서 다음과 같이 정의하였다.

"식품위생(Food Sanitation)이란 식품 그 자체뿐만 아니라 식품의 생육, 생산, 제고, 유통, 소비까지 일관된 전과정을 위생적으로 확보하여 최종적으로 소비자에게 섭취될 때까지 모든 단계에서 식품의 안전성(安全性 : safety), 건전성(健全性 : soundness) 및 완전 무결성(完全無缺性 : wholesomeness)을 확보하기 위한 모든 수단을 뜻한다."라고 정의되어 있다.

즉 식품위생이란 "식품의 생육, 생산, 제조에서 최종적으로 사람에게 섭취될 때까지 모든 단계에서 안전성, 건전성 및 악화 방지를 확보하기 위한 모든 수단을 말하고 있다. 이는 식품에 관하여 유독물과 이물의 혼입 및 변질과 오염에 의해 식품이 인체에 유해를 끼칠 수 있는 원인을 배제하고 직 · 간접적으로 식품의 첨가물과 식품 취급에 필요한 기구, 용기 및 포장에 대하여 품질을 보장하여 인체의 건강을 해(害)할 우려가 없는 안전한 식생활을 할 수 있도록 하는 것이다.

위생이 청결과 반드시 동일한 것은 아니며 깨끗하게 보인다고 모든 음식이 위생적인 것은 아니기 때문이다. 청결이란 오염된 것이 눈에 안 보이는 것이고, 위생이란 병균을 지닌 미생물이 거의 모두 제거되었을 때를 말한다.

예로 유리잔이 반짝반짝하게 깨끗한 것처럼 보이나 해로운 박테리아나 화학물질이 묻어 있을 수 있다. 반대로 끓는 물에서 세척된 후에 같은 유리잔이 뿌옇게 보이거나 물 자국이 보일 수 있으나 병균은 제거된 상태이다. 이러한 상태를 위생이라 한다. 식품위생법의 목적은 공중의 위생과 안전에 목적을 두고 있으며, 안전하고 위생적인 음식 공급을 권장한다.

(2) 식품의 안전성

1 음식물

외식 업소에 제공되는 음식 재료들을 모두 안전하게 사용할 수 있는 것은 아니다. 따라서 외식업자는 음식 재료의 구입 경로와 음식물 공급까지의 준비 과정들을 분석하여 어디서 재료가 오염되며 세균이 퍼질 수 있는가를 찾고 조절할 수 있도록 관리해야 한다. 음식물의 품질과 안전성은 매우 중요한 기본이다.

위생의 또 하나 중요한 요소는 좋은 품질의 음식물을 말한다. 올바른 음식물의 저장과 조리 및 공급은 좋은 품질의 음식물을 보장할 수 있다. 기본으로 안전, 모양, 화학 성분, 조리의 적합도, 일정한 농도, 영양가, 맛에 관심을 두어야 한다.

음식의 재료와 양을 조절함으로써 버리는 양을 줄이고, 재룟값을 절약하며, 위생규칙이 표준화되고, 올바르게 행하여질 때 음식의 질이 향상된다. 또한, 근무자를 언제나 올바르게 훈련시키고 그들이 임무를 책임질 수 있을 때 음식의 안전도도 높아지며, 작업 능률도 높아지게 된다.

2 고객 – 식당 근무자

안전한 음식물에 대한 가장 위험한 장애 요소는 사람이다. 음식 업종에 있어서 성공이란 관리자가 근무자에게 위생교육을 잘 시키고 항상 감시하여 근무자에게 위생적인 모범을 행동으로 보여야 한다. 이렇게 함으로써 식중독의 발생을 최소한으로 막을 수 있다. 또한, 관리자는 비위생적인 고객에게도 관심을 두어야 한다.

철저히 훈련된 근무자와 시설이 잘 갖추어진 업소는 만약 비위생적인 고객이 쓰던 접시에 또 다시 음식물을 옮겨 담기 위해 가져가 사용하려고 할 때, 또는 입을 막지 않고 기침을 할 때 등에 미리 대비할 수 있는 준비가 되어 있어야 한다. 따라서 위생 훈련이 잘 되도록 직원의 위생교육은 중요하다.

3 시설과 장소

청소하기 애매한 곳, 고장난 장비나 식품이 과량 저장된 냉동 · 냉장고, 비위생적인 환경, 해충들이 생길 수 있는 상황은 비위생적이므로 철저히 위생에 신경을 써야 한다. 외식 업소에서는 장비, 식탁 용기, 그리고 시설 청소에 필요한 도구와 적절한 브러시류, 청소 세제 및 화학 소독제를 선택한 다음에는 적절한 청소의 방법과 소독 상황을 매일 점검하여 실행할 수 있도록 하여야 한다.

4 외식업소의 위생관리

외식 업소에서 음식물 위생 사고의 원인은 대다수 바이러스나 세균 감염에 의한다. 대체로 식중독 사고의 가장 큰 원인은 대장균이다. 따라서 식당의 위생관리시 식자재의 제조 유통 보관 조리 과정에서 바이러스와 세균 감염 차단에 초점이 맞춰진다.

외식 업소의 위생 시스템은 감염에 무척 취약한 구조뿐 아니라, 외식 업소들은 대부분 식자재 납품 업체로부터 음식재료를 받는다. 이때 검수시 중금속과 잔류 농약, 식품첨가물 등 전반적인 품질검사를 진행해 변질된 것으로 보이는 식자재는 모두 퇴출해야 한다. 이 과정에서 가장 신경 쓰는 식자재가 부패가 되기 쉬운 육류와 생선 등이다. 예로 식중독 사고가 발생한 곳의 공통점이 "특정 육류 고기를 먹었다"고 통계적으로 나타났다.

생산, 유통 등 모든 단계에서 바이러스나 세균 등 '보이지 않는 위험'에 대한 대비는 매우 취약하나. 우선 냉동육의 경우 도축 과정에서부터 바이러스 등에 감염될 가능성이 있겠지만 이를 확인하기 힘들다.

우리나라의 대부분 식자재 납품 업체가 영세하여 이런 사실을 확인할 수가 없고, 대형 외식 업체에서도 기계적으로 자사의 매뉴얼에 따라 점검을 하는 데 그치므로 식자재가 업소로 배송되는 과정이나 조리사가 음식을 만드는 과정에서도 감염은 얼마든지 일어날 수 있다. 다만, 여러 외식 업체에서 동시 다발적으로 사고가 발생한 예로 비춰 조리 과정에서 감염 가능성은 낮다.

(3) 우리나라 연도별 식중독 발생 동향 분석

1 연도별 식중독 발생 현황

최근 10년간 식중독 발생 건수는 지속적으로 증가하고 있는 경향을 보이고 있으며, 환자 수는 일정한 경향을 보이지 않고 1~2년 주기로 증감을 반복하고 있다.

[식중독 연도별 발생 건수 및 환자 수]

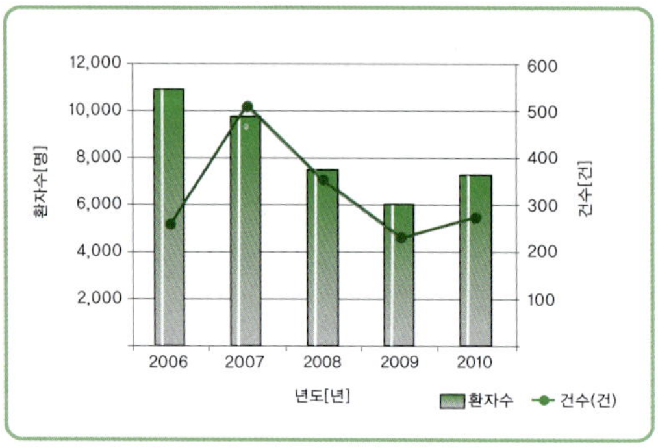

자료: 집단식중독발생현황. 2010. 식품의약품안전청

2 월별 식중독 발생 현황

우리나라의 식중독 발생 건의 약 50% 정도가 여름철(5월~8월)에 집중 발생하고 있으며, 노로바이러스 식중독이 증가하면서 겨울철에도 식중독이 지속적으로 발생하고 있다.

발생 환자의 수(합계)는 6월 > 5월 > 9월 > 4월 > 7월 > 3월 등 순으로 6월에 많으며 발생 건수(합계)는 8월 > 5월 > 6월 > 7월 > 9월 등에 주로 발생한다.

[월별 발생 건수 및 환자수(최근 10년간 합계 기준)]

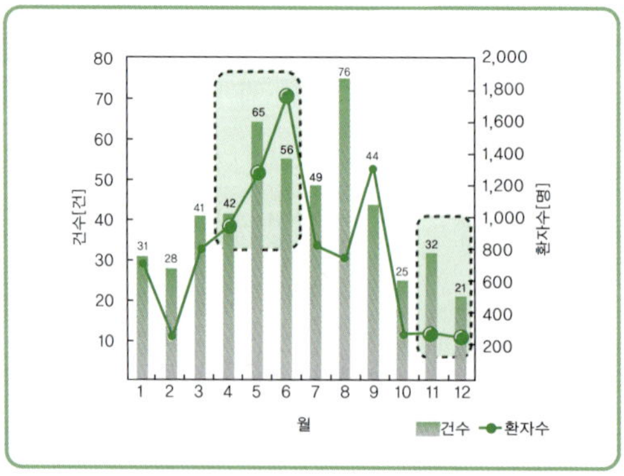

자료: 집단식중독발생현황. 2009. 식품의약품안전청

3 원인균별 식중독 발생 현황(2003~2007년)

2005년 이후 노로바이러스가 급격히 증가하고 있으며 병원성대장균, 살모넬라, 황색포도상구균 식중독 등 대부분의 균은 완만한 증가 양상을 보이고 있다.

연도		2003년		2004년		2005년		2006년		2007년		2008. 11. 30	
		건수	환자수	건수	환자수	건수	환자수	건수	환자수	건수	환자수	건수	환자수
총계		135	7,909	165	10,388	109	5,711	259	10,833	510	9,686	303	16,077
세균	계	70	4,112	92	6,040	73	4,406	126	6,156	187	5,499	113	3,009
	병원성 대장균	6	1,502	21	2,043	15	1,883	38	2,832	62	1,945	33	1,043
	살모넬라	17	416	23	839	22	753	22	576	42	1,497	19	335
	황색포도상구균	13	808	11	763	16	863	32	1,924	38	843	14	535
	장염비브리오균	22	732	15	300	17	663	25	547	33	634	23	312
	캠필로박터 제주니	1	215	3	175	1	175	1	53	7	449	6	73
	바실러스 세레우스	3	198	2	84	1	24	5	59	1	50	13	364
	클로스트리디움 퍼프린젠스	1	12	4	680			2	160	4	81	5	347
	클로스트리디움 보툴리눔	1	3										
	기타	6	226	13	1,156	1	45	1	5				
바이러스	계	16	1,606	18	1,407	8	744	54	3,371	99	2,377	51	1,445
	노로바이러스	14	1,442	13	922	6	719	51	3,338	97	2,345	50	1,419
	기타	2	164	5	485	2	25	3	33	2	32	1	26
화학물질						1	8	1	14			1	3
자연독		2	732	3	15	1	3	1	4	3	22	2	50
불명		47	732	52	2,926	26	550	77	1,288	221	1,788	136	1,570

자료: 집단식중독발생현황. 2009. 식품의약품안전청

4 원인 시설별 식중독 발생 현황

연도	구분	총계	음식점	집단급식소				가정집	기타	불명
				소계	학교		기업체등			
					직영	위탁				
2003	건수	135	46	67	16	33	18	7	15	-
	환자수	7,909	1,441	6,130	1,230	3,391	1,509	81	257	-
2004	건수	165	35	72	42	14	16	7	39	12
	환자수	10,388	1,052	7,738	5,050	1,623	1,065	44	1,206	348
2005	건수	109	53	30	12	7	11	9	13	4
	환자수	5,711	1,021	3,751	1,412	892	1,447	111	729	99
2006	건수	259	108	93	24	46	23	15	33	10
	환자수	10,833	1,971	8,073	1,994	4,998	1,081	119	515	155
2007	건수	510	289	98	36	21	41	30	82	11
	환자수	9,686	3,476	4,533	2,308	793	1,432	151	1,320	206
2008. 11.30	건수	314	192	55	31	6	18	18	41	8
	환자수	6,217	2,042	2,881	1,847	446	588	113	1,109	72

자료: 집단식중독발생현황. 2009. 식품의약품안전청

2. 식중독

1) 식중독의 정의

식중독이란 우리나라에서 식품의 섭취로 인하여 인체에 유해한 미생물 또는 유독물질에 의하여 발생하였거나 발생한 것으로 판단되는 감염성 또는 독소형 질환을 말하며 세계보건기구(WHO)에서는 식품 또는 물의 섭취에 의해 발생하였거나 발생된 것으로 생각되는 감염성 또는 독소형 질환이라고 규정하고 있다.

식중독은 주로 발열 · 구역질 · 구토 · 설사 · 복통 등의 증세가 나타난다. 식중독을 원인 물질에 따라 분류하면 세균성 식중독, 화학성 식중독, 자연독 식중독, 미생물 독성 대사물질에 의한 식중독으로 구분할 수 있다.

각 부류에 속하는 독성 물질은 그 종류가 매우 많으며, 독성 물질은 당장 건강을 해칠 만한 양이 아니라 하더라도 많은 식품 중에 널리 분포되어 있어서 만성중독 · 발암성 · 돌연변이 유발성 · 기형유발성 · 알레르기성 반응을 일으키는 원인이 될 수도 있다.

식중독의 대부분은 세균에 의하여 생기는 세균성 식중독으로서, 여기에는 살모넬라 · 장비브리오 · 웰치균 · 병원대장균에 의한 감염형 식중독과 포도상구균, 보툴리누스균이 생성한 독소에 의한 독소형 식중독이 있다.

감염형 식중독은 살아 있는 유해 세균을 다량으로 먹음으로써 일어나는 것이므로 식품을 가열해서 먹으면 세균은 사멸해 버리기 때문에 중독되는 일이 없다. 그러나 독소형 식중독은 세균은 죽어도 독소는 그대로 남아 있으므로 음식물을 가열해도 남은 독소가 중독을 일으키는 경우이다.

2) 식중독의 종류

식중독과 전염병의 차이는 원인균이 각각 다르며, 식중독은 상당량 이상의 균을 섭취해야 발병하며, 사람에서 사람으로 2차감염이 일어나지 않고 발병 원인은 균 자체나 균의 대사산물이 된다. 반면 전염병은 소량의 균 섭취로 발병하며, 주로 미생물이 발병 원인이 되고 2차감염에 의한 환자 확산이 문제가 된다. 식중독은 원인 물질에 따라 위해생물성 식중독, 화학적 식중독, 자연독 식중독으로 분류하기도 하고 대분류로 미생물과 화학물질을 기준으로 세균성, 바이러스성, 자연독, 화학적으로도 분류 할 수 있다.

[표 2-18] 식중독의 분류

대분류	중분류	소분류	원인균 및 물질
미생물	세균성	감염형	살모넬라, 장염비브리오균, 병원성대장균, 캠필로박터, 여시니아, 리스테리아 모노사이토제네스, 클로스트리디움 퍼프린제스, 바실러스 세레우스
			독소형

<table>
<tr><td>미생물</td><td>바이러스성</td><td>공기, 접촉, 물 등의 경로로 전염</td><td>노로바이러스, 로타바이러스, 아스트로바이러스, 장관아데노바이러스, 간염 A 바이러스, 간염 E 바이러스 등</td></tr>
<tr><td rowspan="7">화학물질</td><td rowspan="3">자연독</td><td>동물성 자연독에 의한 중독</td><td>복어독, 시가테라독</td></tr>
<tr><td>식물성 자연독에 의한 중독</td><td>감자독, 버섯독</td></tr>
<tr><td>곰팡이 독소에 의한 중독</td><td>황변미독, 맥가독, 아플라톡신 등</td></tr>
<tr><td rowspan="4">화학적</td><td>고의 또는 오용으로 첨가되는 유해물질</td><td>식품첨가물</td></tr>
<tr><td>제조 · 가공 · 저장 중에 생성되는 유해물질</td><td>지질의 산화생성물, 니트로소아민</td></tr>
<tr><td>기타 물질에 의한 중독</td><td>메탄올 등</td></tr>
<tr><td>조리기구 · 포장에 의한 중독</td><td>녹청(구리), 납, 비소 등</td></tr>
</table>

(1) 세균성(생물학적) 식중독

세균성 식중독이란 병원성 미생물에 오염된 식품을 섭취함으로써 급성위장염 등을 주요 증상으로 하는 건강장애를 일으키는 것을 말하며, 세균성 식중독을 발병 원인별로 분류하면 다음과 같다.

1 감염형

미생물이 다량 오염된 식품을 섭취한 경우 장관 내에서 증식하여 발생하는 식중독으로 잠복기가 비교적 긴 편이다.(Salmonella균, 장염 Vibro균, 병원성 대장균, Campylobacter균, Virus 등)

2 독소형

미생물이 증식할 때 생성된 독소를 함유한 음식물 섭취시 발생하는 식중독으로 잠복 기간이 짧은 편이다.(포도상구균, Botulinus균 등)

3 감염 · 독소형

병원성 식중독균이 다량 오염된 식품을 섭취한 후 장관 내에서 증식할 때 독소를 생성하여 발생하는 식중독이며 원인균에는 Clostridium perfrigens, Bacillus cereus 등이 있다. 세균성 식중독의 범위에 포함되지 않는 것은 영양학의 범위로 영양실조, 영양 과잉, 소화흡수 문제와 화학적 유독물질이 자살 · 타살의 목적으로 유입된 음식물의 섭취로 인한 장애, 경구전염병, 장티푸스, 이질, 콜레라 등의 전염병 등이 있다.

(2) 바이러성 식중독

바이러스성 식중독은 공기, 접촉, 물 등의 경로로 전염되며 워인균은 노로바이러스, 로타바이러스, 아스트로바이러스, 장관아데노바이러스, 간염 A 바이러스, 간염 E 바이러스 등이 있다.

[표 2-19] 바이러스성 식중독의 원인 및 증상

병원체	잠복기	증상		원인균 및 물질	2차감염
		구토	열		
아스트로 바이러스	1~4일	가끔	가끔	식품, 물, 대변-구강전파	O
장관 아데노 바이러스	7~8일	통상적	통상적	물, 대변-구강전파	O
노로바이러스	24~48 시간	통상적	드물거나 미약	식품, 물, 접촉감염, 대변 - 구강 전파	O

(3) 화학성 식중독

1 화학성 식중독의 분류 및 발생 요인

화학성 식중독은 식품 중에 함유된 유독 · 유해 물질에 의하여 일어나는 식중독으로 원인 물질의 발생 형태에 따라 화학물질에 의한 것과 알레르기 형태의 식중독으로 분류되며 화학물질에 의한 식중독은 다시 비소, 납, 주석, 아연, 카드뮴 등 중금속의 무기 물질에 의한 것과 메틸알코올, 살충제 및 살서제 등 유기 물질에 의한 것으로 분류되며 이들 화학성 식중독의 발생 요인은 다음과 같다.

① 유독 · 유해한 화학 물질의 사용 및 오용, 제조 가공 시설의 결함에 따른 화학 물질의 혼입

② 살충제, 살서제, 농약 등 유독 · 유해 물질의 부착 및 잔류

③ 불순한 식품 첨가물의 사용

④ 기구 · 용기 · 포장으로부터의 유독 · 유해 물질의 용출 및 이행 등

2 화학적 식중독의 발생 사례

화학성 식중독은 세균성 식중독 등에 비해 발생 건수는 적지만 계절과 관계없이 발생하며 때로는 집단적으로 발생하기도 한다. 우리나라의 경우 화학적 식중독에 의한 발생 사례 보고는 비교적 적지만 1970년대 후반 파리치온이 묻은 포장 용기에 든 번데기의 섭취로 인한 4명의 사망 사례가 대표적이며, 일본의 경우 1950년대의 불량 첨가물을 사용한 분유에 의한 비소 중독 사건, 1960년대에 발생한 통조림에 의한 주석 중독사건 및 쌀 기름 제조 과정 열매체의 혼입(PCBs)에 따른 식중독 발생 사례가 있다.

한편, 알레르기 형태의 식중독은 단백질 분해 물질인 히스타민(Histamine) 등 유해 아민에 의해 유발되며 식중독 진행 속도가 매우 빨리 일어나 빠르게는 5분 정도, 보통 30~60분 사이에 발생하며 그 원인 식품으로서는 꽁치, 고등어 등 붉은살생선으로 증상은 발적, 안면 홍조, 입 또는 눈의 점막 충혈 등이다.

3 화학성 식중독의 예방

화학물질이 한 번 식품에 혼입되면 제거하기가 곤란하기 때문에 혼입되지 않도록 하여야 하며 다음 사항은 반드시 준수하여야 한다.

① 식품 첨가물은 허가된 제품을 사용하여야 하며 사용 기준에 적합하도록 사용해야 한다.

② 식품 첨가물은 다른 용도의 화학 물질과 구분하여 보관 · 사용해야 한다.

③ 제조 과정에서 사용하는 윤활제 등 화학 물질은 식품 제조 과정 중에 식품에 혼입 여부를 항상 확인한다.

④ 화학 물질에 오염되었거나 오염 우려가 있는 용기는 식품의 저장 · 운반에 절대 사용 금지해야 한다.

⑤ 화학 물질에 의한 오염을 방지하기 위하여 포장된 제품은 청결하고 별도로 구획된 장소에 보관해야 한다.

⑥ 기준 · 규격에 적합하지 아니한 용기 · 포장은 사용 제한해야 한다.

⑦ 부패 · 변질을 방지하기 위하여 보존 기준과 유통 기준을 준수해야 된다.

(4) 자연독 식중독

체내에 자연적으로 생성된 독소를 가지고 있는 동식물을 섭취하였을 때 발생되며 증상으로 구토, 설사, 경련, 마비 증세가 나타나며 치사율이 가장 높고, 독성 물질이 들어 있는 식품으로 복어 알과 내장, 모시조개, 섭조개 등에 들어 있는 동물성 자연독과 독버섯, 곰팡이, 감자싹, 등에 들어 있는 식물성 자연독 등이 있다.

3) 주요 식중독 및 원인 식품

주요 식중독을 일으키는 원인 식품에는 아래의 표와 같이 나타나고 있다.

구분	유형	감 염 원	주요 원인 식품
세균성 식중독	감염형 식중독	가축, 쥐 어패류 닭, 가축	계란, 식육 등 생선회, 초밥 등 닭고기 등
	독소형 식중독	사람의 피부, 화농창	곡류가공식품, 도시락 등 통조림식품 등
	독소형 식중독	사람, 동물의 장관 토양, 변 사람 빛 동물의 장관	가열조리식품, 식육 및 가공품 식육제품, 농산물가공품 등 식육, 채소, 물 등
화학성 식중독	급성·만성	각종 가공식품, 어류	각종 첨가물, 유해첨가물 등 잔류농약, 유해금속화합물, 지질의 산화생성물, 니트로자민, 메탄올, 간수, 녹청(구리), 납, 비소 등
자연독 식중독	식물성	식물성 식품	감자독, 버섯독, 독미나리, 맥각독 ,아플라톡신(곰팡이류)등
	동물성	동물성 식품	복어독, 조개독 등

4) 식중독 예방 3대 원칙

식중독은 식중독균이 영양과 수분이 많은 음식물에 오염되어 시간 경과에 따라 식중독을 일으킬 정도로 많은 수로 증식되거나, 식중독균이 생성한 독소에 의해 일어난다. 그러나 이러한 식중독도 균이 오염되지 않도록 청결 · 소독하고, 오염되었어도 증식할 시간적 여유를 주지 않거나, 증식하지 못할 냉장 환경을 만들거나 사멸하여 방지할 수 있다.

(1) 청결과 소독의 원칙

식품 위생에 제일 중요한 것은 '청결과 소독'으로 단순히 깨끗함만을 뜻하는 것이 아니고 청결한 재료 청결한 조리 장소, 청결한 기구, 식품 취급자의 청결 등 광범위한 청결과 소독을 의미한다.

(2) 신속의 원칙

식품을 취급함에 있어 세심한 주의나 청결을 유지해도 어떤 세균도 존재하지 않는 무균 상태로 만들기는 불가능하므로 식품에 부착된 세균이 증식하지 못하도록 신속하게 처리하는 것이 중요하다.

(3) 냉각 또는 가열의 원칙

세균은 종류에 따라 증식의 최적온도가 서로 다르지만 식중독균, 부패균은 일반적으로 사람의 체온(36~37℃) 범위에서 잘 자라며, 5℃에서 60℃까지 광범위한 온도 범위에서 증식이 가능하므로 식품 보관 시 이 범위를 벗어난 온도에서 보관하도록 하여야 한다.

거의 발육하지 않음 →	→ 발육하는 세균도 있음 ←	→ 모든 세균 활발히 증식 ←	→ 어떤종류의 세균은 사멸치 않음 ←	← 대부분 세균사멸
----- -10℃	0℃ 5℃	10℃ 37℃	60℃ ----- 65℃	-----

식중독 주요 증상은 복통, 두통 오심, 구토, 발열, 설사, 오한, 탈수 등을 동반한다.

5) 식중독 사고 유형별 대응 요령

식중독 사고 유형별에 따른 대응 요령으로는 아래의 표를 참고한다.

요령 유형	추정 원인	현장 조치	후속 조치	예방·사후관리
용수 오염 시	• 제반시설 · 설비기준미달 • 조리 · 가열온도 미흡 • 전처리 과정 교차 오염 • 냉장 · 냉동관리 온도 미준수 • 근무자 건강 진달 미실시 • 질환자 급식 조리 근무	• 급식중단조치 • 시설개수명령 • 오염 식재료 폐기 • 시정지시 • 조리근무금지	• 조리기구 표면 오염도조사(환경검체 검사의뢰) • 검체 채취 후 즉시 시설개선 및 소독 • 질환자 치료 및 휴무조치 • 추가환자 발생 확인 • 도시락 등 대체 급식	• 정기사진지도 점검 • 시설, 기구 등 위생관리 철저 • 작업전 근무자 건강상태 학인 • 손씻기, 위생복 착용 등 개인위생 철저 • 행정처분 / 과태료
식재료 오염 시	• 부패 · 변질 원료 및 식품 사용 • 유통기한 경과제품 사용 • 무허가 업소 원료 납품 • 저질 식재료 사용	• 급식중단 조치 • 의식식품 압류 및 사용금지 조치 • 식재료공급업소 파악	• 수거 · 검사의뢰 • 검수관리 철저 • 동일 식재료 사용 업소 환장 발생 여부 확인 • 추가환자 발생 확인 • 도시락 등 대체급식	• 식재료업소 사전 협장 실사 및 정기 관리 • 위밥업소 정보공개 • 식재료 전처리 위생관리 철저 • 가열조리 위주 식단 편성 • 유통기한 확인 등 검수관리 철저 • 행정처분 의뢰
근무자 시설 오염 시	• 제반시설 · 설비기준미달 • 조리 · 가열온노 미흡 • 전처리 과정 교차 오염 • 냉장 · 냉동관리 온도 미준수 • 근무자 건강 진단 미실시 • 질환자 급식 조리 근무	• 급식중단조치 • 시설개수명령 • 오염 식재료 폐기 • 시정지시 • 조리근무금지	• 조리기구 표면 오염도조사(환경검체 검사의뢰) • 검체 채취 후 즉시 시설 개선 및 소독 • 추가환자 발생 확인 • 도시락 등 대체 급식	• 정기 사전 지도 점검 • 시설 · 기구 등 위생관리 철저 • 조리위생수칙 준수 • 직업전 종사자 건강상태 확인 • 손씻기, 위생복 착용 등 개인위생 철저 • 행정처분/과태료 • 유통기한 확인 등 검수관리 철저 • 행정처분 의뢰

3. 식재료 위생관리

1) 식재료 위생관리

경제의 급속한 성장 및 국민소득의 향상은 우리의 생활양식과 의식구조를 크게 변화시켰다. 특히 식생활의 형태는 굶주림에서 벗어나 식품의 질적 향상과 건강 증진에 관심을 기울이게 되었다. 따라서 식품의 안정성과 식재료의 위생관리는 대단히 중요하다.

식품의 안전성을 위협하는 요인은 생물적인 것과 유독 성분에 기인되는 두 가지로 나눌 수 있다. 재래적으로 식품위생에서는 기생충, 경구전염병, 세균 및 자연독에 의한 식중독을 주로 다루어 왔으나 최근에는 식품첨가물, 농약과 같은 화학적 물질에 의한 식중독을 더 큰 문제로 보는 경향이 있다.

또한, 구제역, 조류독감 등으로 식품에 대한 불신이 높아지고 있고, 학교급식 등 대량급식 증가로 인한 위생 및 안전 관련 문제의 발생으로 소비자의 식품 위험성에 대한 경각심과 웰빙(Wellbeing) 바람을 타고 건강하고 안전한 식품에 대한 소비자의 요구가 크게 늘어가고 있어 식품에 대한 품질 및 안전성 관리가 그 어느 때보다도 중요시되고 있다.

잠재적 위험성이 있는 식재료의 규격 기준을 정하여 이를 준수하고, 식재료를 공급하는 업체의 선정 및 관리 기준을 마련하여 위생관리 능력과 운영 능력이 있는 업체를 선정하여 보다 신선하고 질 좋으며, 위생적으로 안전한 식재료를 구입할 수 있다.

따라서 식재료의 신선도와 질은 급식의 질과 안전에 영향을 미치므로, 주방에서 식재료를 구입할 때 규격 기준을 분명히 제시하고, 검수를 확실히 하여야 한다. 아래의 내용은 식품에 대한 온도의 위험 구역을 그림으로 나타낸 것이다.

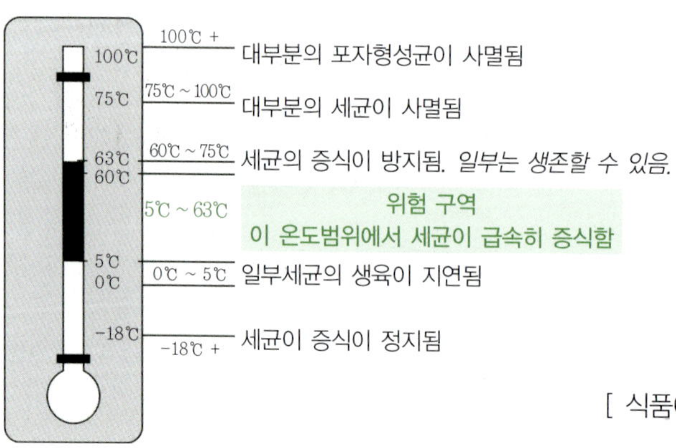

[식품에 대한 온도의 위힘구역]

2) 식재료 위생 관련 규격 설정

아래의 표는 식품을 구입할 때 위생 관련 규격의 설정을 나타낸 것이다.

구분	식재료 규격	비고
곡류 및 과채류	1차 농산물은 원산지를 표시한 제품	거래명세서에 표기
어·육류	육류의 공급 업체는 인가된 업체 혹은 축협	
	육류는 도축검사 증명서, 등급판정 확인서가 있는 것	도축검사증명서, 등급판정확인서 첨부
	냉장 · 냉동 상태 유통되는 제품	
어육류 가공품	검사필한 제품	
	유통기한이 표시된 제품 및 유통기한 이내의 제품	거래명세서에 표기
	냉장 · 냉동상태로 유통되는 제품	
난류	위생란	
김치류	인가된 생산업체의 제품	
	포장상태가 완전한 제품	
양념류	살균처리 하여 포장한 제품	
기타 가공품	모든 가공품은 유통기한 표시된 것, 포장이 훼손되지 않은 것, 유통기한 이내의 제품	거래명세서에 표기

3) 공급 업체 선정 및 관리 기준

식재료의 위생의 공급 업체 선정에 따른 관리 기준을 적용하였을 때 업체 위생 관리능력, 업체 운영 능력, 운송의 항목으로 구분하여 아래의 표와 같이 적용해야 한다.

구분	공급 업체 선정 및 관리 기준
업체 위생관리능력	• 공급 업체는 체계적인 위생기준 및 품질 기준을 구비하고 이를 준수하고 있다. • 공급 업체의 위치한 장소 및 보유 시설, 설비의 위생 상태가 양호하다.

업체 운영 능력	• 외식 업체에서 요구하는 식재료 규격에 맞는 제품을 공급한다. • 반품 처리 및 각종 서비스를 신속하게 제공한다. • 납품 절차가 표준화되어 있고 관련 문서가 구비되어 있다. • 신선하고 양질의 식재료를 공급한다. • 주방에서 정한 시각에 식재료를 배달한다. • 식재료의 포장 상태가 완벽한 제품을 제공한다.
운송	• 운송 및 배달 담당자의 식품 취급 방법이 위생적이다. • 냉장 배송 차량을 이용하여 식재료를 운반하고 냉장·냉동식품의 온도는 기준 범위 이내에 있다.

4) 검수

검수는 각 부서의 구매 의뢰에 따라 식재료 납품 업체가 공급하는 식재료에 대하여 품질, 신선도, 수량, 위생 상태 등이 주방의 요구에 맞는가를 확인하는 과정이다. 선납품 뒤에 후검수는 식재료의 위생 및 안전에 중대한 영향을 미칠 수 있으므로 검수는 납품 당시에 반드시 조리사가 입회하여 실시한다.

(1) 검수시 유의사항

① 검수자는 청결한 손 또는 일회용 장갑을 끼고 식재료를 검수한다.

② 식재료를 검수대 위에 올려놓고 검수하며, 바닥에 놓지 않도록 하고 검수대의 조도는 540 lux 이상으로 한다.

③ 식재료 운송 차량의 청결 상태 및 온도 유지 여부를 확인·기록한다.

④ 식재료명, 품질, 온도, 이물질 혼입, 포장 상태, 유통기한, 수량, 원산지 표시 등을 확인·기록한다.

⑤ 검수가 끝난 식재료는 바로 전처리실로 보내 전처리를 하겠지만, 온도관리를 요구하는 것은 전처리 전까지 냉장·냉동 보관한다.

⑥ 외포장 등의 오염 우려가 있는 것은 제거한 후 조리실에 반입한다.

⑦ 검수 기준에 부적합한 식재료는 규정에 따라 반송 등의 조치를 취하고 그 처리 내용은 검수일지에 기록한다.

⑧ 곡류, 식용유, 통조림 등 상온 보관이 가능한 것을 제외한 육류, 어패류, 채소류 등의 신선한 식품은 당일 구입하여 당일 사용한다.

온도기준	• 냉장식품 : 10℃ 이하 • 냉동식품 : 얼은 상태 유지(-15℃ 이하), 녹은 흔적이 없을 것 • 전처리 된 채소 : 5℃ 이하(일반 채소는 신선도 확인)

(2) 검수 과정의 중점관리기준

식재료의 검수 과정에 따른 중점관리기준은 운반원의 위생 상태와 차량의 운반 상태 등 항목으로 구분하여 아래의 표와 같이 적용해야 한다.

구분	위해요소	중점관리기준
납품 차량 위생 상태	• 납품 차량의 부적절한 온도 • 수송 시간의 장기화 • 차량 내부의 청결 상태 • 차량 내 교차오염 및 불순물 • 혼입 식품 이외 보관 물품으로 인한 오염	• 냉장식품 5℃ 이하 • 차량 내 온도 기록장치 부착 및 냉장 · 냉동 설비의 정기적 점검, 보수 • 납품 시 수송 시간의 최소화 • 내부 청소 상태 매일 점검 및 시정 명령 • 포장 상태의 완전성 • 물품의 과다 적재 금지로 포장 상태 파손 및 물성변화 예방 • 품목별 분리 수송 또는 적재 장소 분리 • 세제류, 박스류 등 식품 이외의 물품을 식품과 동시 수송 금지 • 납품 시간 종료 후 납품 차량에 식품 이외의 물품 보관 금지
운반원의 위생 상태	• 복장의 불량 • 장갑에 의한 오염 • 운반원의 개인위생	• 식품 수송 전용 위생복, 위생화 착용 및 청결 유지 (운전용, 식품 취급용 분리 사용) • 식품 취급용 장갑은 일회용 장갑 또는 세척, 소독된 것으로 매일 교체 착용 • 건강진단증 소지 여부 정기적 확인 • 운반원의 개인위생 상태 점검 및 시정 명령

공통사항	• 검수 후 부적절한 전처리 • 비위생적인 검수 도구 • 검수 시 식품의 바닥 방치	• 납품 즉시 검수 시작 • 검수 후 저장 또는 전처리, 조리 단계로 지체 없이 운반 • 검수 도구, 공간, 식품 보관대, 검수 후 운반 기구의 청결 유지 • 검수 시 식품의 바닥 방치 금지 • 냄새, 외관상의 이상 유무 등 관능 평가, 제조 일자 및 포장 상태 확인 후 검수일지 기록 • 식품의 안전도 및 품질, 규격 미달 시 반품 또는 교환

(3) 반품

검수 결과 신선도, 품질 등에 이상이 있거나 규격 기준에 맞지 않는 식재료는 반품하고, 검수 기준에 맞는 식재료로 재납품할 것을 지시한다. 반품할 때는 반품 확인서를 발행하며, 반품이 재발하는 업체에 대해서는 납품 참여 제한 등의 조치 방안을 마련한다.

5) 식재료 보관

철저한 검수를 거쳐 양질의 식품을 구매하였더라도 적절히 보관하지 않으면 또 하나의 위해요소로 작용하게 된다. 품질을 최적으로 유지하며 위생적으로 보관하기 위해서는 신속하고 올바른 식재료 보관이 필요하다.

음식은 사람의 손을 통하여 만들어지므로 조리 종사자는 건강에 신경 써야 되며, 기본적인 위생관리 방법을 숙지하여 위생 관념을 익히고 실천하는 것을 생활화해야 한다. 청결 단정한 용모, 개인의 위생관리는 안전 식품의 제조 · 조리에 가장 기본적이면서도 매우 중요한 사항이다.

4. 시설과 기기위생

1) 조리실

(1) 내부 시설 · 설비 환경

조리실은 조리기구 배치와 동선을 고려한 적정 면적을 확보하고, 작업이 한 방향으로 흘러가 위생적 작업이 가능하도록 공간 계획, 벽면의 방수재료 사용, 바닥면은 미끄럼 방지 타일, 하수의 흐름 유지를 위한 바닥면의 경사도, 수량에 따른 배수구, 수도전 위치, 전기 콘센트 위치, 열기구 배치에 따른 환풍구(후드) 위치 선정을 합리적으로 구성하여 시공하고 천정의 높이를 최대한 높여 조리 중 발생한 열과 증기의 영향을 줄인다.

1 작업장의 구획 · 구분

① 작업 과정의 미생물 오염 방지를 위하여 작업장을 '전처리실, 조리실, 식기구 세척실' 등으로 구획하여 오염 작업과 비오염 작업을 분리한다.

② 이러한 구획이 여의치 않을 경우는 낮은 벽 설치 또는 바닥을 색깔로 구분하거나 경계선을 표시하는 방법으로 구분한다.

작업 구역	작업 구분
오염 작업 구역	검수 구역 전처리 구역 식품 저장 구역
비오염 작업 구역	조리 구역(비가열처리 작업) 정량 및 배선 구역 식기 보관 구역 식품 절단 구역 가열처리 작업 세정 구역

2 내벽

① 내벽은 틈이 없고 평활하며, 청소가 쉬운 구조이어야 하고, 오염 여부를 쉽게 구별할 수 있도록 밝은 색조로 한다.

② 바닥에서 천장까지 전면 타일로 시공하되 부득이한 경우 바닥에서 1.5m까지는 타일 재질로 마감한다.

③ 내벽과 바닥의 경계면인 모서리 부문에는 청소가 용이하도록 둥글게 처리한다.

④ 벽면과 기둥의 모서리 부문은 타일이 파손되지 않도록 완충재로 마감 처리한다.

3 바닥

① 바닥은 세척이 가능한 내구성이 있어야 하며, 미끄러지지 않고 쉽게 균열이 가지 않는 재질로 하되, 청소가 쉬워야 한다.

② 바닥은 배수가 용이하도록 적당한 경사(2~4%)가 있어야 한다.

③ 배수로(트렌치)는 폭과 깊이가 20~30㎝ 정도 되도록 하고 스테인리스 스틸 재질로 마감 처리한다.

④ 배수구의 뚜껑은 청소할 때 쉽게 열 수 있는 구조로써, 견고한 재질(주물, 아연, 도금)로 설치한다.

4 그리스 트랩(Grease trap)

① 조리실 밖으로 설치하는 것이 위생적이며 부득이 내부에 설치할 때에는 밀폐식으로 한다.

② 그리스 트랩은 유수 분리 기능을 갖추고 청소가 쉬워야 한다.

5 천장

① 천장의 높이는 바닥에서부터 3m 이상이 바람직하다.

② 천장의 재질은 내수성, 내화성을 가진 알루미늄 재질 등으로 한다.

③ 천장으로 통과하는 배기닥트, 전기설비 등은 위생적인 조리실 환경을 위해 천장 내부에 설치하는 것이 바람직하다.

6 출입구

① 근무자, 식재료 등의 출입구는 별도로 구분 설치한다.

② 작업장의 문은 평활하고 방습성이 있는 재질이어야 하며, 개폐가 용이하고 꼭 맞게 닫혀야 한다.

③ 출입문은 가급적 자동출입문을 설치하고 청소가 용이한 재질과 위생해충의 진입을 방지하기 위한 방충 · 방서 시설 또는 에어커튼 등이 설치되어야 한다.

④ 출입구에 전용 신발로 교체를 위한 신발상 및 발핀 소독조와 수세 시설을 갖춘다.

⑤ 출입문의 방충 시설 아랫부분은 파손되지 않도록 안전장치 시설을 한다.

7 창문

① 창문은 공조가 되는 시설에서는 고정식으로 한다. 단, 창문을 열고 사용할 경우 위생해충의 침입을 막는 방충망을 설치하여야 한다.

② 작업장의 창문은 먼지가 쌓이는 것을 피하기 위하여 창문틀과 내벽은 일직선으로 내려오도록 하거나 〈그림 1〉, 창문틀은 45° 이하의 각도로 시설하는 〈그림 2〉 것이 바람직하다

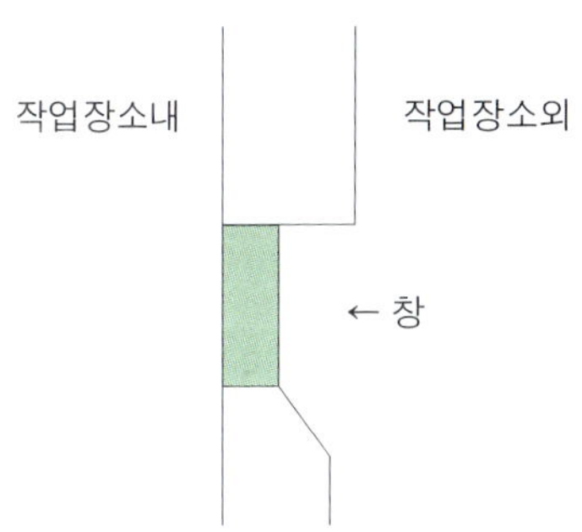

〈그림 1〉

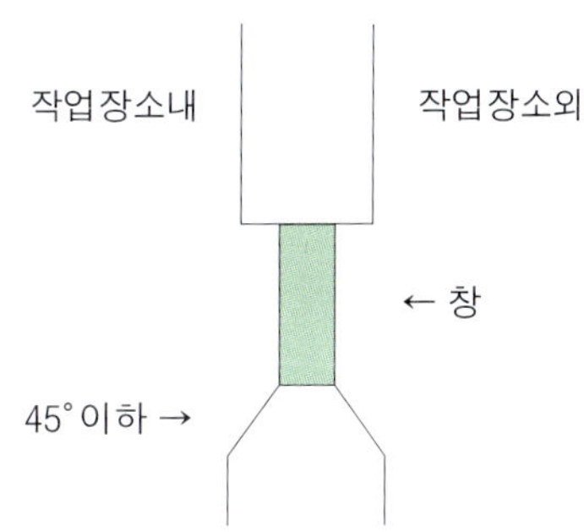

〈그림 2〉

8 채광 · 조명

① 자연채광을 위하여 창문의 면적을 바닥면석의 1/4 이상 되도록 한다.

② 자연 채광이 곤란할 때에는 인공조명 시설을 갖추어야 하며, 효과적으로 실내를 점검 · 청소할 수 있고 작업에 적합한 정도의 밝기를 충분히 확보할 수 있어야 한다. 검수 · 전처리 구역 540 Lux, 조리실 300 Lux, 기타 200 Lux 이상 되어야 한다.

③ 천장의 전등 설치는 함몰형으로 하되, 반드시 물이나 가스로부터 안전한 기구

(방수 · 방폭 등)이어야 하며, 식품 오염을 방지할 수 있는 보호 장치를 한다.

9 환기 시설

① 조리실 내에서 발생하는 가스, 매연, 증기, 습기 또는 먼지 등을 배출할 수 있는 충분한 환기 시설을 갖춘다.

② 조리실은 면적 1㎥당 20~30㎥/hr, 식품 보관실은 면적 1㎥당 5㎥/hr의 충분한 흡 · 배기 시설을 발생원 근처에 설치한다.

③ 공기의 흐름은 비오염 구역에서 오염 구역 쪽으로 하여야 한다.

④ 튀김기, 부침기 등 기름을 많이 취급하는 조리기구 위에 설치하는 후드는 청소가 용이한 구조로, 기름 받이 및 기름 입자 제거용 필터를 설치하며 스테인리스 스틸 재질을 사용한다.

⑤ 외부에 개방된 흡 · 배기구 등에는 위생해충 및 쥐의 침입을 방지하기 위해 방충 · 방서 시설을 한다.

(2) 식품 보관 창고

외부인이 조리실을 통하지 않고 출입 가능하여야 하며 출입문은 항상 내부에서 개 · 폐되도록 한다. 환기 시설과 보관 선반 등이 비치되어야 하며, 보관 선반은 청소 및 통풍이 용이하도록 바닥으로부터 15㎝ 이상 띄워야 한다. 식품 보관 창고의 바닥은 조리실로부터 물의 유입을 방지하기 위해 조리실 바닥보다 높게 한다.

(3) 탈의실 및 휴게실

① 외부로부터 조리실을 통하지 않고 출입 가능하여야 한다.

② 조리사들의 위한 옷장을 갖춘다.

③ 외부로 통하는 환기 시설이 설치되어야 한다.

④ 조리 직원 수를 고려한 적정 면적을 확보하고 바닥에는 난방 시설을 한다.

(4) 화장실 및 샤워장

화장실은 조리실과 직접 통하지 않도록 하며, 탈의실 안에 설치하고, 가급적 화장실과 샤워실을 분리 시설하는 것이 바람직하다. 청소가 쉬운 구조로 전용 소독약 · 청소용구 등을 청결하게 비치한다.

화장실에는 수세설비 및 손 건조기(또는 종이 타월 걸이)를 설치하며, 액체비누, 휴지통 등을 비치한다. 화장실은 통풍이 잘되도록 외부로 유출되는 배기 시설을 해야 하며 창에는 방충 · 방서망을 설치하여 유해 곤충의 신입을 막는다. 화장실의 바닥은 타일 또는 기타 내수성 자재로 설비한다.

2) 조리 및 설비 · 기구

조리에 필요한 설비와 기구는 그 처리 능력, 유지관리의 용이성 및 내구성, 경제성, 안전성 등을 고려하여 선택하며, 작업의 흐름에 따라 위생, 동선, 효율성을 고려하여 배치한다.

(1) 작업 구역별 설비 · 기구

구분	품목	기구 선정 시 착안 사항	비고
전처리시설	작업대	고정식으로 최소한 9~11m² 이상을 유지한다.	
	식품검수대	이동식으로 바닥면으로부터 60cm 이상의 높이를 유지한다.	
	세정대 (2조·3조)	냉 · 온수도 시설(원터치식)을 설치한다. 배수가 잘되도록 배수구와 직선이 되어야 한다.	
	생선세정대	냉 · 온 수도시설(원터치식)을 설치한다. 배수가 잘되도록 배수구와 직선이 되어야 한다.	
	자동세미기	적정한 수압이 유지되어야 한다.	
	구근탈피기	내부와 완전 분리되어 세척과 소독이 쉬워야 한다.	
	바구니 운반대	바구니 크기별로 사용 가능하여야 한다. 이동 가능하여야 하며 안전성을 고려하여 원형으로 제작한다.	받침대 3개 정도
	손소독기	자동식으로 소독액이 분무되어야 한다.	
	수세대	자동식, 페달식으로 손을 사용하지 않고 조작 가능하여야 한다. 작업장 입구에 설치하여야 한다.	
	저울	전자저울로 설치하되 100kg · 10kg 및 1kg용 각 1대를 갖춘다.	

구분	설비	내용	비고
조리실	취반기	고정 설비는 바닥과 주변을 세척할 수 있어야 한다.	
	조리실	앙배수로와 연결되는 트렌치 시설을 한다. 회전식이어야 하며 뚜껑이 부착되어야 한다.	
	부침기	부침판은 기름이 흐르도록 약간 경사가 있어야 하며 뚜껑이 있어야 한다. 안전을 고려하여 고정식이어야 한다.	
	볶음솥	바닥이 무쇠 등으로 두꺼워야 한다. 회전식이어야 하며 뚜껑이 부착되어야 한다.	
	가스테이블 렌지	환구가 2~3개가 적당하다. 작업대 높이와 같아야 한다.	
	가스그리들	가스 사용기기와 동일 지역에 위치하여야 한다.	
	밥·반찬 배식대	보온 기능이 있어야 한다.	
	채소절단기	세척과 소독이 용이하여야 한다. 분리 가능하며 전용 받침대를 설치하여야 한다.	
	오븐	조리 기능이 다양하여야 한다. 단시간에 많은 양을 조리 가능하여야 한다. 작업 공간을 적게 차지하여야 한다.	
	만능조리기	튀김, 부침, 조리 기능이 있어야 한다.	
	냉장/냉동고	자동 온도 장치가 부착되어야 한다. 저장 가능한 충분한 용량이어야 한다.	
식기세척실	담금세정대	세척과 소독이 용이하고 충분한 크기로 설치한다.	
	세척기	세척, 헹굼, 린스 기능이 자동이어야 한다. 승강기나 후처리 싱크대 옆에 설치한다.	
	식기소독 보관고	내부 선반은 물 빠짐을 위해 타종된 것이어야 한다. 적정 온도관리를 위해 소독고 문에 설치한 고무바킹 부분은 기밀성이 있어야 한다.	직경1cm 정도
	식기 다단식선반	청소 시 물이 튀지 않도록 맨 아래 선반은 60cm 이상이어야 한다. 세척기 끝 부분에 설치한다.	
	수세대	자동식, 페달식으로 손을 사용하지 않고 조작 가능하여야 한다. 작업장 입구에 설치하여야 한다.	

(2) 설비 · 기구 선정 시 유의사항

구분	선 정 기 준	비고
처리 능력	• 인원수를 고려하여 적정량을 처리할 수 있을 것 • 주어진 시간 내에 목적하는 작업을 완료할 수 있을 것	
내구성 및 관리 용이성	• 기구의 수명을 고려할 것 • 세위에 알맞게 사용이 편리하며 관리 방법이 용이할 것 • 위생적으로 세척 · 소독 또는 청소할 수 있는 구조일 것 • 재질은 녹이 안 슬고 스테인리스 스틸 27종으로 할 것	
경제성	• 작업 목적에 부합되며, 기본적으로 필요한 것 • 효용 가치와 사용 빈도가 높을 것 • 인력 절감 또는 시간 단축 효과가 있을 것	
안전성	• 재질의 안전성(녹, 환경호르몬 검출 등)을 고려할 것 • 압력 용기, 가스 용기 등은 안전성을 보증하는 허가를 득한 제품일 것	

1 설비 · 기구 설비 시 유의사항

① 작업 흐름에 따라 동선을 단축시키며 능률적인 작업이 가능하도록 배치한다.

② 급 · 배수 배관은 노출되어 작업 중 안전사고의 요인이 되지 않도록 한다.

③ 고정식 설비 · 기구는 바닥에서 띄워 설치한다.

④ 배식대는 온도관리가 가능하도록 한다.

⑤ 열, 가스 배출 기구와 배기후드의 위치가 일치하도록 한다.

⑥ 냉장 · 냉동고는 가스레인지, 오븐 등 열원과 및 직사광선과 멀리 떨어진 위치에 배치한다.

⑦ 작업대 등은 스테인리스 제품은 절단된 면이 날카롭고 손을 베는 안전사고가 일어나지 않도록 한다.

⑧ 식기세척기는 세척 · 소독이 가능한 온도가 되는지를 확인하고 온수 온도가 적정한 것을 사용한다.

3) 환기 시설

조리실 내부에서 사용하는 열기구의 상부에 설치하여 작업할 때 발생되는 이산화탄소와 증기, 냄새, 연기 등을 조리실 내부에 퍼지지 않도록 외부로 잘 배출될 수 있도록 유해물질의 종류에 따라 철재, 플라스틱 등의 재질로 설치하여 내벽에 부착된 수분이나 유분이 잘 배출될 수 있도록 한다.

(1) 배기후드(hood)

① 후드의 형태는 열기기보다 사방 15㎝ 이상 크게 하며, 스테인리스 스틸 재질로 제작하되 적정 각도(30℃ 정도)를 유지한다.

② 몸체 및 테두리에 홈통을 만들어 물이 바닥 또는 기구 위로 떨어지지 않도록 한다.

③ 조리할 때 후드 표면에 부착된 기름기 등의 유입을 방지하기 위해 주 1회 전용 세척제를 이용하여 세척해야 한다.

④ 볶음이나 튀김 등에 사용되는 가스레인지의 후드 시설은 반드시 필터를 부착하여 효율성을 제고한다.

⑤ 배출구는 닥트와 연결이 용이하도록 연결구를 따로 놓고 볼트로 고정한다.

(2) 닥트(duct)

① 닥트의 크기는 충분히 배송시킬 수 있는 시설을 유지하여야 한다.

② 닥트와 배기후드의 연결 시 사용하지 않을 경우에는 외부의 오염물질이 유입되지 않도록 자동 개폐 시설을 설치한다.

③ 닥트의 모양은 각형이나 신축형보다는 원통형이 배기 효율성에서는 더 효과적이다.

④ 후드와 연결되는 닥트 시설은 천정 설치 전에 설치하여 천장으로 노출되는 일이 없도록 한다.

⑤ 닥트 시설은 아연도금 강판이나 스테인리스 스틸 재질로 하되, 청소와 배기 배출수 관리를 철저히 한다.

5. 개인위생

1) 건강 확인

(1) 채용 시 건강 확인

채용 시 건강진단을 통하여 건강을 확인한다. 또한, 건강 문진서와 건강 이상 있을 때 보고할 것에 대한 동의서를 받는다.

1 조리 종사 금지자(식품위생법 제26조 제4항)

① 소화기계 전염병환자 및 보균자

② 결핵 및 성병환자

③ 피부병 및 화농성 질환자

(2) 정기 건강진단

조리 종사자는 식품위생법 시행규칙 제34조 규정에 의거 1년에 한 번씩 건강진단을 받아 그 내용을 건강진단 결과서에 기록하여 관리한다. 건강진단 결과서에는 성명, 다음 검진일, 이상 여부가 기록되어야 한다.

(3) 매일 건강 확인 및 조치

매일 조리 작업 전에 경영자는 조리 종사자의 건강을 확인한다. 설사 · 발열 · 복통 · 구토하는 자는 전염병이 우려되므로 작업을 중지하고 의사의 진단을 받도록 한다. 본인 및 가족 중에서 법정전염병(콜레라, 이질, 장티푸스 등) 보균자가 있거나, 발병한 경우에는 완쾌할 때까지 작업을 중지한다. 손, 얼굴에 상처나 종기가 있는 자는 가능한 한 조리 업무에서 제외하도록 업무를 조정한다.

2) 개인위생관리

식품을 취급하는 조리 종사자는 자신의 개인위생이 식품의 안전성에 큰 위험을 초래하는 오염원이 될 수 있으므로 조리실에 들어서는 순간부터 나갈 때까지의 일련의 전 과정과 조리실에서의 철저한 개인위생 수칙 준수를 생활화할 수 있도록 해야 한다.

(1) 개인위생

1 목욕과 두발, 손톱 정리

매일 샤워한다. 청결히 하며 머리카락이 모자 밖으로 나오지 않게 한다. 손톱은 주 1회 이상 짧게 자르고 매니큐어 칠을 하지 않는다. 손톱 밑은 이물이 끼기 쉬우며 세균이 잠복하기 쉽고 긴 손톱을 부러지기거나 하여 음식에 들어갈 수 있다.

2 장신구 · 화장 · 신발

장신구는 시계, 반지, 목걸이, 귀걸이, 팔지 등의 장신구 착용을 금한다. 화장은 지나친 화장과 향수는 하지 않는다. 신발은 발을 완전히 가리는 것으로 굽이 높지 않고, 밑창이 방수성이 있으며 미끄러지지 않는 것으로 한다.

(2) 손 씻기

우리 손에는 육안으로는 확인되지 않는 많은 미생물들이 존재하여, 작업 과정에 식재료, 식기구, 음식 등에 오염되어 식중독을 일으킬 수 있다. 이러한 미생물들은 제거하기 위해서는 올바른 손 씻기가 중요하다.

이를 위해서는 합리적인 손세척 방법의 설정, 적절한 세제나 살균 · 소독제의 선택, 사용 및 설정된 방법에 따른 충실한 손 세척이 필수적이다.

1 올바른 손 씻는 방법

① 온수 (37℃~43℃)를 사용한다. 살균제의 활성도가 높아진다.

② 손을 적시고 비누는 거품을 충분히 내어 팔 윗부분과 손목을 거쳐 손가락까지 깨끗이 씻고 반소매를 입은 경우에는 팔꿈치까지 씻는다. 고형 비누보다는 액상비누가 더욱 효과적이다(소량, 교차오염 방지).

③ 손톱솔로 손톱 밑, 손바닥, 손가락 사이 등을 꼼꼼히 문질러 눈에 보이지 않는 세균과 오물을 제거한다.

④ 손은 20초 동안 서로 문지르면서 회전하는 동작으로 씻는다. 비누 또는 세정

제, 항균제 등과 충분한 접촉 시간이 필요하다.

⑤ 흐르는 물로 비누거품을 충분히 헹구어 낸다.

⑥ 온풍건조기나 깨끗한 종이타월 등을 이용하여 충분히 건조시킨다.

⑦ 손에 로션을 바르지 않는다. 로션은 세균에 필요한 수분을 공급하여 세균의 번식을 돕는다.

⑧ 소독할 때는 에틸알코올을 손에 충분히 분무한 후 자연 건조시킨다.

⑨ 작입으로 돌아가기 전에 손을 오염시키는 것은 만지지 않는다. 화장실 문을 열 때는 깨끗한 종이타월을 이용하여 열도록 한다.

손의 소독이 손 씻기 과정에 대신하여 이루어져서는 안 되며, 손 소독은 손을 씻고 건조시킨 후 행한다. 만약, 고무장갑을 착용하고 조리를 하는 경우는 장갑관리를 손에 준하여 시행해야 한다.

(3) 올바르지 못한 개인 행동

- 땀을 옷으로 제거하는 행위(소독된 개인 손수건을 이용)
- 한 번에 많은 양을 운반하기 위해 식품 용기를 적재하는 행위(여러 번 나누어 운반)
- 싱크대에서 손을 씻는 행위(손을 씻는 전용 세면기 이용)
- 맨손으로 식품을 만지는 행위(1회용이나 조리용 고무장갑을 사용)
- 식기 또는 배식용 기구 등의 식품 접촉면을 손으로 만지는 행위
- 조리실에서 기침이나 재채기를 함부로 하는 행위(마스크 사용)
- 그릇을 씻거나 원재료 등을 만진 후 식품을 취급하는 행위(업무를 구분하거나, 한 사람이 2가지 이상의 작업을 해야 할 경우는 소독을 한 후 다음 작업 수행)
- 손가락으로 맛을 보거나 맛을 보기 위해 같은 수저를 사용하는 행위(검식용 식기를 음식별로 마련)
- 조리실 내에서 취식, 흡연을 하는 행위(별도의 장소 마련)
- 애완동물을 반입하는 행위
- 사용한 장갑을 다른 음식물의 조리에 사용하는 행위(분리 사용)

6. 위해요소 중점관리기준(HACCP)

1) HACCP의 의의

(1) HACCP 개념

HACCP란 'Hazard Analysis Critical Control Point'의 머리글자로서, 일명 '해썹'이라 부르며 식품의약품안전청에서는 이를 '위해요소 중점관리기준'으로 번역하고 있다. HACCP은 위해분석(HA)과 중요관리점(CCP)으로 구성되어 있는데, HA는 위해 가능성이 있는 요소를 찾아 분석 · 평가하는 것이며, CCP는 해당 위해 요소를 예방하고 제거하고 허용 수준으로 감소하여 안전성을 확보하기 위하여 중점적으로 다루어야 할 관리점을 말한다.

위해요소 중점관리제도(Hazard Analysis Critical Control Point)는 원료 생산에서부터 최종 제품의 생산과 저장 및 유통의 각 단계에 최종 제품의 위생 안전 확보에 반드시 필요한 관리점을 설정하고, 적절히 관리함으로써 식품의 위생 안전성을 확보하는 예방적 차원의 식품위생관리 방식이다.

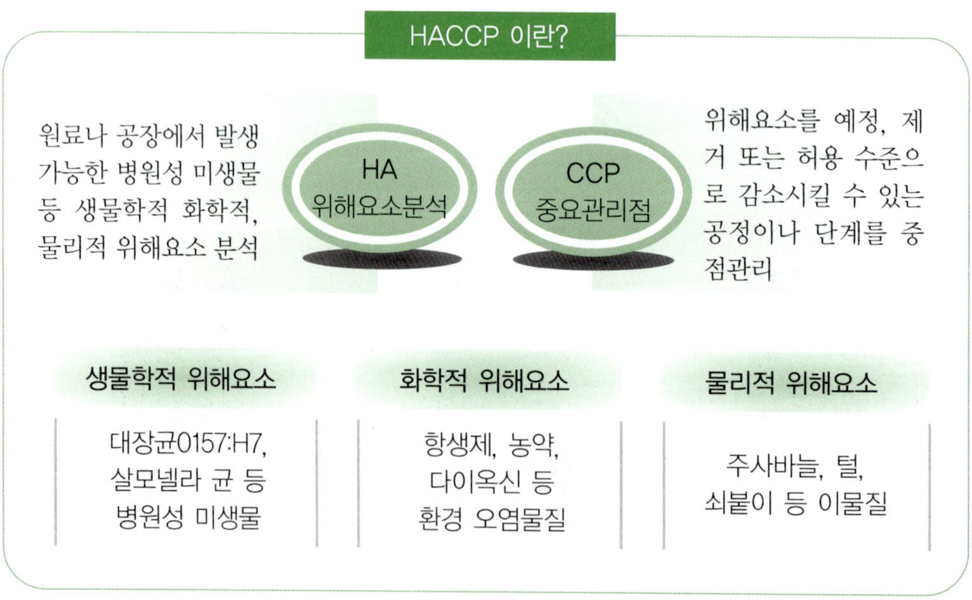

[HACCP의 개념]

미국, EU, 일본 등에서는 식품 중에서도 위해의 발생 가능성이 높고, 사소한 관리의 일탈에 의해서도 위생안전 확보에 중대한 문제가 발생할 수 있는 식품에 대하여 이러한 위생관리제도의 적용을 법에서 권고하고 있다.

우리나라에서의 식품위생관리는 식품위생법 등에 의한 법률적인 강제적 관리와 적정 제조 기준(Good Manufacturing Practice, GMP), 한국공업규격(Korean Industrial Standard, KS), ISO 9000(International Organization for Standardization), 기타 품질관리(QC) 활동 등에 의한 비강제적인 방법에 준하여 이루어지고 있다.

식품위생법은 식품공전에 기준을 둔 일종의 강제 규범으로 일반적인 최소 요구 수준이며, GMP는 시설 중심의 위생 관리에 편중되어 있고, KS 및 ISO 9000은 품질 인증제도로서 제품의 위생 안전을 확보하기 위한 모니터링 체계와는 근본적으로 목표가 다른 것이다.

또한, 제조업체에서의 실험실적인 검사와 품질관리 활동의 경우도 제품에 대한 강제적인 규격 기준으로부터 편차를 감소시키는 것과 문제가 발생한 후 교정 작업이 이루어지는 반작용적 관리를 주목적으로 하고 있는 경우가 많아 현실적인 식품위생 안전성 확보와는 다소 거리감이 있다.

이러한 기존의 식품 위생관리 방식의 단점을 보완하기 위하여 최근 세계 각국에서는 원료의 생산에서부터 가공 및 유통 과정 전반에 걸친 위생안전 보장을 목적으로 하는 HACCP 제도 시행을 법으로 정하고 있다. 우리나라의 경우 식품위생법 등에 의하여 HACCP 제도를 시행할 수 있도록 법적인 근거를 마련해 놓고 있으나, 시행 여부는 법적인 강제성을 가지고 있지는 않다.

국내 식품안전성 보증 능력의 혁신적 개선을 위하여 보건복지부에서는 "식품위해요소 중점관리기준"을 고시하여 식품의약품안전청으로 하여금 국내 식품 업체를 대상으로 "HACCP 적용 작업장" 지정 제도를 운영하고 있으며, 특히 2001년부터는 "HACCP 적용 작업장" 지정 대상 품목을 모든 식품으로 확대하여 시행하고 있다.

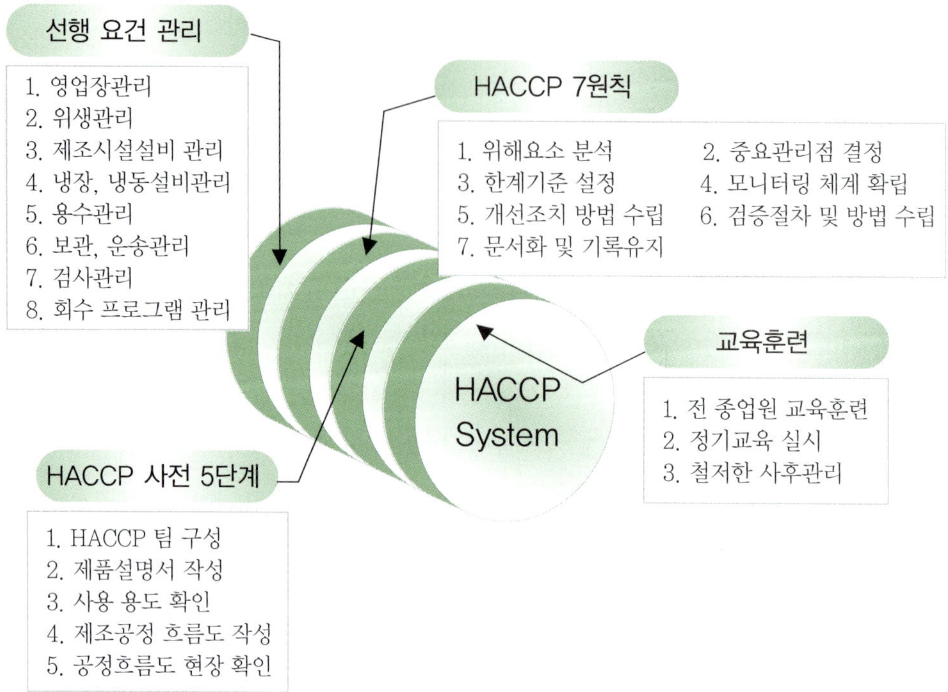

[HACCP 시스템]

HACCP 추진 시 필수 요건

법적관리

- 식품위생관계법령, 먹는 물 관리법, 축산물관계법 등

선행요건관리

- 식품위생관계법령, 먹는 물 관리법, 축산물관계법 등
- 영업장, 제조시설·설비, 위생, 용수, 냉장·냉동 시설·설비, 보관운송, 검사, 회수프로그램

HACCP 고시

- 식품위생법 기준과 선행요건관리(제조:54항목, 급식:100항목 등)
- HACCP 관리(28항목), 식품별 평가사항
- 규정, 실행, 기록, 재평가 등

[HACCP 시스템 추진 시 필수 요건]

(2) HACCP의 기원과 발전

HACCP 개념은 1959년 우주식품 개발에 참여한 미국 Pillsbury사에서 보다 안전한 우주식품 개발을 목표로 최초로 적용한 이후 1970년대 초에 관련 학회 등에 보고되어 식품위생관리 관계자들의 관심을 집중시켰으며, 그 후 많은 연구와 노력으로 1980년대에 일반화되었다.

1985년 미국과학아카데미(National Academy of Science, NAS)에서는 HACCP 제도가 가상 합리적인 식품위헤 관리방법으로 평가하여 전 식품산업에 이를 활용할 것을 권장한 바 있다. 그리고 1993년 FAO/WHO의 국제식품규격위원회(Codex Alimenterius Commission, CAC)에서도 HACCP 개념을 식품 위생관리 지침으로 채택한 바 있다.

한편, 미국의 식품의약품안전청(Food and Drug Administration, FDA)에서는 1997년부터 HACCP 제도를 모든 자국 내에서 유통되는 모든 수산식품에의 강제적 적용을 결정한 바 있으며, 1996년 7월에는 미국 농림성(USDA)의 식품안전검사국(Food Safety and Inspection Service, FSIS)에서 식육과 가금육에서 발생할 수 있는 위해요소 예방을 위한 HACCP 제도 적용과 병원균 감소 규제에 관한 강제 조항을 발표한 바 있다.

우리나라에서는 1995년 12월 개정된 식품위생법에 HACCP의 근거가 마련되고 보건복지부에서는 1996년 12월 5일 식품위해요소 중점관리기준을 확정 고시하였으며(보건복지부 고시 제 1996-75호, 1996. 12. 5), 1996년에는 식육제품류에 적용을 시작으로 1997년에는 어육연제품류, 1998년 2월 냉동수산식품류, 1998년 5월 유가공품류, 1998년 6월 냉동식품류, 냉동면류, 1999년 빙과류, 2000년 단체급식류, 2001년부터 식품 전반에 확대 적용되고 있으며, 강제 적용을 배제하고 자율적으로 적용하는 방향으로 시도하고 있다.

[표 2-20] HACCP제도와 기존 일반 위생규정 or GMP(적정제조기준) 규정 비교

항목	종래 방법	HACCP제도
조치 단계	문제 발생 후의 반작용적 관리	문제 발생 전 선조치
숙련 요구성	시험 결과의 해석에 숙련 요구	이화학적 항목에 의한 관리로 전문적 숙련 불필요
신속성	시험분석에 장시간 소요	필요 시 즉각적 조치 가능
소요 비용	제품 분석에 많은 비용 소요	저렴
공정관리	현장 및 실험실 관리	현장관리
평가 범위	제한된 시료만 평가	각 Batch별 많은 측정 가능
위해요소 관리범위	제한된 위해요소만 관리	많은 위해요소 관리
제품 안전성 관리자	숙련공만 가능	비숙련공도 관리 가능

[표 2-21] 식품의 안전성과 품질 확보를 위한 비교

기존 위생관리방식	HACCP 방식
최종 제품 관리 또는 검사	공정관리(CCP관리) 또는 검사
최종 제품 ↓ 일정 수량 무작위 채취 세균시험 화학분석 관능검사 ↓ 출 하	재료 : 입고검사 ↓ 혼 합 : 혼합비율 ↓ 충전 · 포장 : 온도/충전량/밀봉성 ↓ 열처리 : 온도/시간 ↓ 냉 각 : 온도/시간 ↓ 포 장 : 충격/온도 ↓ 출 하 : 100% 안전성 보증

(3) 해외 HACCP 적용 현황 해외 HACCP 적용 현황

<table>
<tr><th colspan="2">해외 HACCP 적용 현황</th></tr>
<tr><td>미국
(KFDA)</td><td>▶ 농무부 식품안전검사국
(USDA Food Safety Inspection Service: USDA/FSIS)
• 1996. 7. 25. 식육 및 가금육의 병원균 감소대책의 일환으로 도축장, 식육처리장, 도계처리장 및 식육제품 제조시설에 HACCP규정을 강제적으로 도입하는 규정 제정 [Pathogene Reduction; Hazard Analysis and Critical Control Point(HACCP) Systems]
• 1998. 1. 26. 종업원 500인 이상 대규모 업소에 대해 HACCP적용 의무적용 및 Salmonella Performance Standard 시행
• 1999. 1. 25. 종업원 10~500인 미만 업체 적용
• 2000. 1. 25 종업원 10인 미만 또는 연매출액 $250 이하 업체 적용
• 2001년부터 모든 식육 · 가금육 공장에 의무 적용
▶ 식품의약품청 (U. S. FDA)
1995. 12.18.「어류 및 어패류 제품의 안전하고 위생적인 가공 및 수입절차(Procedures for the Safe and Sanitary Processing and Importing of Fish and Fishery Products」(21 CFR Part 123) 공포
• 1997. 12.18. 국내 · 외 수산식품에 의무 적용
• 2001. 01.「HACCP : 주스의 안전하고 위생적인 가공 및 수입절차」(21 CFR Part 123) 공포 ⇒ 2002. 1월부터 적용되나 소규모 업체의 경우 규모에 따라 2003. 1월(종업원 500명 이하, 100명 이상) 또는 2004. 1월(종업원 100명 이하)부터 적용</td></tr>
<tr><td>유럽연합
(EU)</td><td>• HACCP에 기초한「식품위생에 관한 지침(93/43/EEC)」을 제정하여 1995. 12월까지 EU회원국에서 법제화할 것을 규정(대상: 모든 식품)
• 수산식품, 식육 및 식육제품, 유 · 유제품 등에 대하여는 개별적으로 위생제에 관한 EU Council Directive가 제시됨으로써 HACCP제도의 실시를 요구
• 1991.「수산물의 생산 및 판매에 관한 위생조건(Council Directive 91/493/ECC)」제정으로 수산물에 대한 HACCP 이행 입법화
• 1994. HACCP 시행을 위한 세부규칙(Commission Decision 94/356/ECC)을 각 회원국에 공포
• 1996. 10. EU 지역 내로 수입되는 모든 수산식품에 HACCP 의무화</td></tr>
</table>

일본	• 1995. 05. 식품위생법에 HACCP 개념 도입 ("총합위생관리제조관리" 승인제도 마련) • 1996. 05. 유 · 유제품 및 식육제품 적용 기준 설정 • 1997. 03. 레토르트파우치식품 적용 기준 설정 • 1997. 11. 어육연제품 적용 기준 설정 • 1998. 07. 「식품제조과정 관리 고도화에 관한 임시조치법 (HACCP 지원법)」 제정 · 시행 / HACCP을 적용하기 위하여 시설의 정비시 금융, 세제상의 지원 • 1999. 07. 청량음료수 적용을 위한 기준 설정
캐나다	▶ 수산해양성(DFO: Fisheries and Oceans Canada) 1992.2.수산식품에 대해 HACCP에 기초한 품질관리프로그램(Quality Management Program : QMP)을 시행 ▶ 농무성(AC : Agriculture Canada) 1991년부터 식품안전강화계획 (Food Safety Enhancement Program : FSEP)에 의해 HACCP 적용을 권장하고 있으며, 식품군별로 매뉴얼을 개발하여 산업체에 제공 1996. 09.30 농 · 축산식품 제조시설 및 껍질이 포함된 곡류선별소에 HACCP 도입 ▶ 식품검사청(CFIA : Canadian Food Inspection Agency) 1997. 4월부터 농무성 산하 CFIA에서 QMP와 FSEP를 통합관리

2) HACCP 7원칙 12절차(적용 원칙)

전 세계 공통적으로 HACCP은 7원칙 12절차에 의한 체계적인 접근 방식을 적용하고 있다. HACCP 7원칙이란 HACCP 관리계획을 수립하는 데 있어 단계별로 적용되는 주요 원칙을 말하고, HACCP 12절차란 준비 단계 5절차와 HACCP 7원칙을 포함한 총 12단계의 절차로 구성되며, HACCP 관리 체계 구축 절차를 의미한다.

HACCP 시스템 개요

* 12절차는 HACCP 구축 순서, 7원칙은 기본 원칙, 순서에 따라 구축, Codex 일반 원칙과 동일

사전단계	1. HACCP 팀 구성
	2. 제품설명서 작성
	3. 사용용도 확인
	4. 제조공정흐름도 작성
	5. 공정흐름도 현장 확인
본단계	6. 위해요소 분석(원칙1)
	7. 중요관리점 결정(원칙2)
	8. 한계기준 설정(원칙3)
	9. 모니터링 체계 확립(원칙4)
	10. 개선조치 방법 수립(원칙5)
후단계	11. 검증절차 및 방법 수립(원칙6)
	12. 문서화 및 기록유지(원칙7)

[HACCP 시스템 개요]

(1) HACCP 준비 5단계(사전 단계)

1 HACCP팀 구성

HACCP 계획을 개발하기 위한 지식과 전문 기술을 가진 팀을 구성하는 것이다. 이 팀에는 각 전문 분야가 집결해야 하며 생산, 위생, 품질보증, 식품미생물, 주방 근무자가 포함되어야 한다.

또한, HACCP 인적 자원에는 외부전문가를 포함시킬 수 있다. 이것은 모든 생물학적, 물리적 및 화학적 위해들을 적절히 분석하는데, 이들의 전문 지식을 이용하는 것이 도움이 될 수 있기 때문이다.

그러나 전적으로 외부 전문가에 의해 HACCP 계획이 개발된다면, 가공 현장의 세부사항에 대한 확인 부재로 현장에서 운용하는데 부적절한 HACCP 계획이 되기 쉽다.

HACCP 계획의 개발 및 운용에 필요한 HACCP팀의 규모는 작업장의 생산 규모 및 자체 여건에 따라 다르기 때문에 특별히 정한 기준은 없으며, 가공장의 생산 및 환경 여건에 맞게 정하여야 한다.

2 제품에 대한 기술 및 제품의 유통 방법 기술

생산하는 각 제품의 종류, 특성, 성분, 제조 및 유통 방법을 구체적으로 기술하는 것으로 HACCP 팀원 중 제조 공정을 잘 아는 종업원이 포함되어 있으면 쉽게 제품설명서를 작성할 수 있다.

제품설명서는 HACCP 계획을 개발하려는 제품의 특성을 정확히 파악함으로써 효과적인 위해분석 및 중요관리점 결정이 가능하도록 하기 위한 기초 정보를 파악함에 그 목적이 있으므로 제품명, 제품의 유형 및 성상, 처리 · 가공 · 보고 연월일, 작성자 및 작성 연월일, 성분 배합 비율, 처리 · 가공(포장) 단위, 완제품의 규격, 보관 · 유통상의 주의사항, 용도 및 유통기간, 포장 방법 및 재질, 기타 특별한 표시 사항 등의 필요한 사항이 기재되어 있어야 하며, 이를 통하여 제품의 Life-cycle 전 단계와 관련된 위해요소의 특정화 및 기본적인 제어 가능성을 파악할 수 있게 된다.

또한, 작업 공정 및 생산 방법에 대한 간략한 기술을 포함할 수 있으며, 이것은 성분이나 또는 포장 재질에 존재할 수 있는 위해들을 파악하는 데 도움이 된다. 제품 설명서를 작성하기 위하여 다음의 질문 등을 수행할 수 있다.

① 제품의 일반 명은?
② 용도는?
③ 포장 형태는?
④ 제품의 유통기간 및 보관 온도는?
⑤ 판매 장소는? 소비 대상은 어느 계층이며, 소비자는 축산물을 어떻게 이용하는가?
⑥ 표시 사항은?
⑦ 어떻게 보관 · 유통되는가?

3 의도된 제품 용도의 확인

제품의 의도하는 사용 방법 및 대상 소비자를 파악하는 것이다. 생산된 제품이 어떻게 누구에게 사용되는가를 예측하는 것이 필요하다. 즉 제품을 그대로 섭취할 것인가?, 조리 후 섭취할 것인가? 등 조리 가공 방법 및 다른 제품의 원료로 사용되는가? 등의 예측 가능한 사용 방법과 범위를 명확히 하여야 한다. 또한, 위해물질에 감수성이 있는 대상 소비자(예: 어린이, 노인, 면역 관련 환자 등)를 파악하는 것이 중요하다. 이를 통하여 공급되는 제품의 위험률 평가와 위해요소의 허용 한계치 결정에 참고할 수 있다.

④ 공정 흐름도 작성(제조 공정도, 설비 배치도 등)

가공 공장에서 직접 관리하는 원료의 입고에서부터 최종 제품의 출하까지 모든 단계들을 파악하여 블록 다이어그램으로 표시한 제조 공정도와 이들 공정/단계에 소요되는 설비 배치도 및 기타 필요한 도면(급수 및 배수 체계도, 작업원 이동경로 등)을 작성하는 것이다.

제조 공정도는 단순하고 이해하기 쉽게 작성되어야 하며, 해당 작업장에서 작업이 이루어지기 이전 또는 이후의 단계도 포함될 수 있다. 제조 공정도를 작성하고 나면, 이들 공정/단계별로 그 명칭과 주요 처리 조건 및 현재 작업 방법과 관련 작업 표준 유무를 나타내는 공정 설명서를 추가로 작성하는 것이 좋다.

축산물 가공장의 경우를 예로 들면, 설비 배치도는 축산물 위해요소 중점관리기준 제6조 제1항 제3호에 규정된 작업장 평면도(작업 특성별 구획, 기계 · 기구 등의 배치, 제품의 흐름 또는 축산물의 생산 과정, 소독 · 세척조의 위치, 직원의 이동 경로, 출입문 및 창문 등의 표시), 공조 시설(공기 여과 시설 및 배출 시설) 계통도, 용수 및 배수처리 계통도 등도 병행 작성하여야 한다.

이러한 제조 공정도와 설비 배치도는 원재료의 입고에서부터 최종 제품의 출하에 이르는 해당 제품의 공급에 필요한 모든 공정 및 단계별로 위해 요소의 교차 오염 또는 2차 오염 가능성을 파악하는 데 도움을 준다.

⑤ 공정 흐름도 검증

공정 흐름도가 실제 작업 공정과 같은지 여부를 확인하기 위하여 HACCP팀이 현장에서 가공 공정별 각 단계를 직접 확인하면서 검증하여야 한다. 현장 확인 시 작업장 평면도, 공조시설 계통도, 용수 및 배수처리 계통도 등을 활용하면 도움이 된다.

검증 결과 변경이 필요한 경우에는 작성된 도면을 수정해야 한다. 본 공정 흐름도의 목적은 위해가 발생할 수 있는 작업장 내의 모든 지점을 찾아내기 위한 것임을 유의해야 한다. 일반적으로 HACCP팀 또는 감사자(auditor)가 공정 흐름도가 정확한지를 검증한다. 정확한 공정 흐름도를 작성하여 HACCP팀이 검증을 완료하면 이제 본격적인 HACCP 계획의 개발에 들어갈 수 있다.

(2) HACCP 수행 7원칙

HACCP SYSTEM 7원칙	
1원칙 :	위해요소 분석
2원칙 :	중요 관리점 (CCP) 결정
3원칙 :	한계기준(Critical Limit) 설정
4원칙 :	모니터링 체계 확립
5원칙 :	개선조치 방법 수립
6원칙 :	검증 절차 및 방법 수립
7원칙 :	문서화 및 기록유지

[HACCP 시스템 7원칙]

1 원칙 1 : 위해분석 (위해요소의 분석과 위험 평가)

Identification of the potential hazards with food production at all stages

위해요소의 분석과 위험 평가는 계획 작성의 기본 작업이며, 제품에 따라 발생할 우려가 있는 모든 식품위생상의 위해에 대해서 당해 위해의 원인이 되는 물질을 명확히 한 다음, 그것의 발생 요인 및 방지 조치를 명확히 하는 것이다.

위해요소 분석의 실시에는 식품위생에 관한 과학적 지식, 식품사고 발생 예의 자료 등을 토대로 위해가 발생할 우려가 있는 공정마다 위해의 원인이 되는 물질을 열거하고, 다음으로 위해의 중요성 및 발생 빈도를 고려하여 그 위험을 평가(risk assessment)하는 것이 필요하다.

이와 같은 위해분석을 행함과 함께, 위해의 원인이 되는 물질 및 위해가 발생할 우려가 있는 공정마다, 위해 발생 요인 및 방지 조치를 특정(特定)하는 것이 필요하다. 이 조치에는 식품을 제조 또는 가공의 시점에서 행하는 공정 그 자체의 위생관리와 시설설비, 기계기구의 세정, 보수 점검 등의 일반적 위생관리에 의한 조치가 있다.

인체의 건강을 위해할 우려가 있는 생물학적, 화학적, 물리적 인자를 분석 및 평가하는 것으로 어패류의 경우 생산, 어획, 채취 단계에서부터 원재료의 보존, 처리, 제조, 가공, 조리를 거쳐 제품의 보존, 유통단계를 지나 최종적으로 소비할 때까지 각 단계에서 발생할 가능성이 있는 잠재적, 실제적 위해의 확인과 각 위해에 대한 위해도 평가를 한다.

즉 위해요소 분석을 실시하고 중대한 위해요소가 발생하는 가공 단계의 목록을 작성하고 예방 조치를 기술한다.

[위해요소 분석표]

일련번호	원부자재명/공정명	구분	위해요소		위해 평가			예방조치 및 관리방법
			명칭	발생원인	심각성	발생 가능성	종합평가	
1		B						
		C						
		P						

① 위해요소 종류

• B(Biological hazards) : 생물학적 위해요소

제품에 내재하면서 인체의 건강을 해할 우려가 있는 병원성 미생물, 부패미생물, 일반세균수, 대장균, 대장균군, 효모, 곰팡이, 기생충, 바이러스 등을 말한다.

• C(Chemical hazards) : 화학적 위해요소

제품에 내재하면서 인체의 건강을 해할 우려가 있는 중금속, 농약, 항생물질, 항균물질, 사용 기준 초과 또는 사용 금지된 식품 첨가물 등 화학적 원인 물질을 말한다.

• P(Physical hazards) : 물리적 위해요소

원료와 제품에 내재하면서 인체의 건강을 해할 우려가 있는 인자 중에서 돌조각, 유리조각, 플라스틱 조각, 쇳조각 등을 말한다.

2 중요관리점(Critical Control Point, CCP)의 특정(중요관리점 확인)

위해분석 결과 명확해진 위해의 발생을 방지하기 위하여 특히, 중점적으로 관리해야 할 공정을 중요관리점으로 정하여야 한다. 즉 HACCP 시스템에 의한 위생관리라 함은 중요관리점을 늘 관리하는 것이 특징이므로 중요관리점은 공정에서 반드시 관리가 필요한 개소에 한정하고, 관리를 집중시키는 것이 필요하다.

중요관리점은 확인된 위해요소를 효과적으로 관리하기 위하여 관리 방법을 적용할 부분이며, 또한, 관리 방법이 효과적으로 관리되고, 모니터 되며 기록화되는 부분이기도 하다.

따라서 위해요소 분석에서 확인된 모든 중대한 위해요소에 대해서는 위해요소를 관리할 중요관리점이 최소한 한 개 이상 있어야 한다. 중요관리점의 파악을 돕기 위하여 NACMCF와 Codex는 '중요관리점 결정 절차도'의 이용을 권장하였다.

중요관리점 결정 절차도에서는 연속된 질문에 따라, 제조 과정 중 어떤 부분이 관리점(Control Point)인지 혹은 중요관리점(CCP)인지를 결정하게 도와준다.

제조 과정 중 관리 방법을 적용하는 부분이 여러 곳이 있을 수 있지만, 대부분의 HACCP 플랜에서는 관리 소홀로 인하여 안전하지 못한 식품을 생산할 수 있다고 간주하는 부분은 상대적으로 적다. 따라서 대부분의 HACCP 계획에서는 상대적으로 적은 중요관리점을 가진다.

[중요관리점 결정표]

공정 단계	위해 요소	질문 1 예→CP 아니오→질문2	질문 2 예→질문3 아니오→질문2	질문 2-1 예→질문2 아니오→CP	질문 3 예→CCP 아니오→질문4	질문 4 예→진문5 아니오→CP	질문 5 예→CP 아니오→CCP	중요 관리점 결정

※ 위해요소 분석 결과, 위해가 높은 항목(Hazard)만 중요관리점(CCP) 결정도에 적용하고 그 결과를 중요관리점(CCP) 결정표에 작성로 작성한다.

3 관리기준(Critical Limits, 허용 한계치) 의 설정

관리기준이라 함은, 중요관리점에서 준수해야 할 기준이다. HACCP에 의한 식품 위생관리의 특징은 중요관리점에서 위해가 적절히 배제되어 있는지 여부를 즉시 판단할 수 있는 것이다. 따라서 관리기준은 기본적으로 온도, 시간, pH, 색조 등, 계측기계를 사용하여 상시 또는 상당한 빈도로 측정할 수 있는 지표를 사용한 기준으로 하는 것이 필요하다.

예를 들면, 최종 제품에서 대장균이 음성임을 달성하기 위하여, 제조 공정에서 가열살균을 행하도록 한 경우, 식품을 제조하고 있는 시점에서, 당해 공정에서 대장균이 음성임을 직접 확인하는 것은 곤란하다.

따라서 미리, 당해 가열살균에 의한 미생물 사멸 효과를 올바르게 파악함으로써 식품의 제조 시에는 가열 온도 및 가열 시간이 적절히 준수되고 있는지를 확인하면 대장균군이 음성으로 되어 있음이 명백해진다. 이 가열 온도 및 가열 시간이 당해 공정에서 관리기준이 된다. 또한, 가열살균에 의한 미생물의 사멸 효과를 증명하는 방법으로는 학술 문헌에 의한 확인 및 미생물 접종시험을 실시하는 등의 방법이 있다.

4 모니터링(감시관리, Monitoring) 방법의 설정

모니터링의 목적은 중요관리점에서 위해 발생을 방지하기 위한 조치가 확실히 실시되고 있는지를 확인하는 데 있다. 예를 들면 '온도계를 사용하여 온도를 측정하는 것' 이 모니터링 방법이 된다. 모니터링 방법은 기본적으로 중요관리점에서 모니터링의 측정치가 관리기준을 이탈한 경우, 그것을 눈 등으로 즉시 확인할 수 있는 방법이어야 한다.

제조 과정이 허용 한계치 이내에서 운영되고 있음을 보증하기 위해서는 실질적인 가공 공정의 감시가 이루어져야 하며 제품이 허용 한계치 이내에서 계속적으로 생산되고 있음을 신뢰하기 위해서는 감시가 자주 이루어지고 결과도 빨리 나와야 한다. 감시는 측정이나 관찰에 의해 이루어진다.

예를 들어 햄버거 조리 시, 조리 표면의 온도와 조리시간을 측정할 수도 있고, 붉은색이 없어질 때까지 충분히 조리되었음을 관찰할 수도 있다. 중요관리점을 감시하는 방법은 여러 가지가 있으며, HACCP 팀은 허용 한계치와 함께 효과적이고, 기록하기 용이하며 작업 운영에 적당한 감시 방법을 선택해야 한다.

5 개선 조치(Corrective Action)의 설정

HACCP 시스템에는 중요관리점에서 모니터링의 측정치가 관리기준을 이탈한 것이 판명된 경우, 관리기준의 이탈에 의하여 영향을 받은 제품을 배제하고, 중요관리점에서 관리 상태를 신속, 정확히 정상으로 원위치 시켜야 한다. 개선 조치에는 다음의 것들이 있다.

① 제조 과정을 다시 관리 가능한 상태로 되돌림
② 제조 과정이 통제를 벗어났을 때 생산된 제품의 안전성에 대한 평가
③ 재위반을 방지하기 위한 방법 결정

6 검증(Verification) 방법의 설정

HACCP 시스템에서는 검증에 의하여 HACCP에 의한 위생관리의 실시 계획이 적절히 기능하고 있는지를 계획의 작성 시 및 실시 후에 계속적으로 확인 · 평가하여야 한다.

① 제품 등의 시험검사
② 기록의 점검
③ 중요관리점에서의 모니터링에 사용되는 계측기기의 교정
④ 불평 또는 회수의 원인 분석
⑤ 실시 계획의 정기적인 확인 등이 있으며 이들의 실시 상황은 정확하게 기록되어야 한다.

또한, 제품 등의 시험검사를 실시하는 경우, 원칙적으로 모든 위해의 원인이 되는 물질이 허용치에 적합한지를 확인할 필요가 있다. 예를 들면 가열살균을 하는 식품에서는 내열성이 제일 높은 균을 지표균으로 하여 당해 지표균이 확실히 제거되어 있는지를 확인함으로써 기타의 미생물에 대해서도 제거되어 있는지가 명확하게 된다.

따라서 식품의 제조 방법 등에 따라 적절한 지표균을 이용하면 효율적인 검증이 가능하게 된다.

7 기록 유지 및 문서 작성 규정의 설정

제조 과정이 관리 상태하에 있었다는 것을 입증할 수 있는 유일한 길은 모니터링

의 결과를 기록하는 것이다. 마찬가지로 개선 조치가 적절하게 취해졌음을 입증할 유일한 방안은 개선 조치에 관한 기록을 유지하는 것이다. 실수가 재발하는 것을 방지할 수 있는 방법은 무엇이 왜 발생했는지를 기록하는 것이다.

이는 후에 잠재적인 문제와 관련해서 유용한 정보를 제공해줄 수 있고, HACCP 계획을 작성하는 이유에 대한 해답을 제시해 준다. 검증(verification)이라는 목적을 위한 HACCP 기록은 다음의 3가지 중 하나에 귀결된다.

① 특정 제품 롯트에 관한 기록
② HACCP 계획을 문서화하는 기록
③ HACCP의 의도나 이론적 근거를 문서화하는 기록

전제 프로그램의 준수는 식품안전에 있어서 필요한 부분은 아니지만, 전제 프로그램의 일관된 적용은 HACCP 계획의 중요한 토대가 된다. 그러므로 전제 프로그램의 일관된 적용을 보증할 관련 기록들이 작성되어야 하고 검토되어야 한다. 기록을 정확하게 작성하여 보존함으로써 HACCP 계획을 적절히 실시한 증거로 하는 것이 가능하다. 이 기록은 영업자가 계획이 적절한지의 검증 등에 유효하게 활용할 수 있을 뿐만 아니라 정부 당국에 의한 평가나 감시할 때 유효한 정보가 된다.

또 만약의 경우 식품의 안전에 관계되는 문제가 생겼을 경우 계획의 실시 상황을 과거로 소급하여 조사함으로써 그 원인을 용이하게 규명할 수도 있다. 기록에 포함되어야할 사항으로서는 중요관리점에서 모니터링, 개선 조치, 일반적인 위생관리 및 검증에 관한 사항이 있다. 또 당해 기록의 보존 방법 및 기간을 정하는 것도 필요하다.

3) HACCP의 적용 절차와 도입 효과

HACCP의 적용 절차와 도입 효과는 아래의 그림과 같이 나타낼 수 있다.

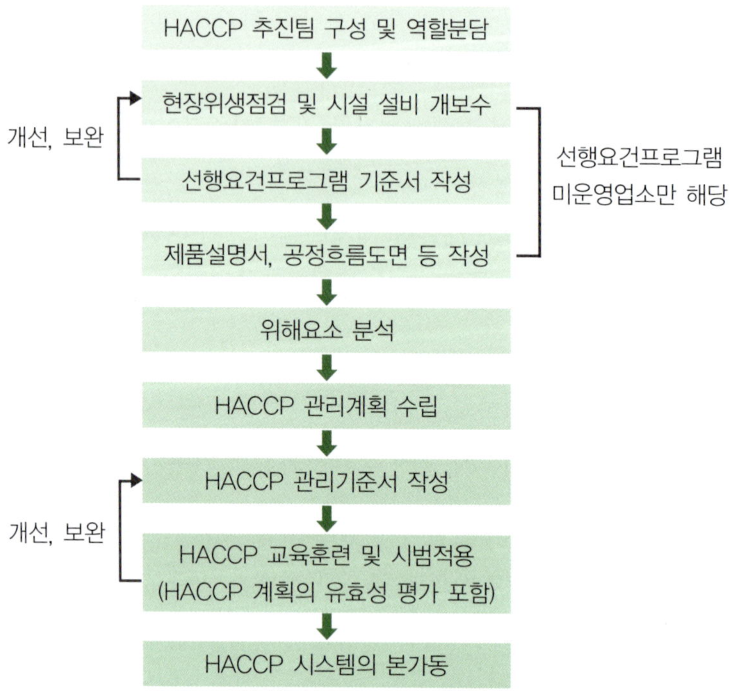

소비자 측면

- 안전한 식품을 섭취하게 되어 식중독 위험 감소
- 안전한 식생활로 삶의 질 향상
- 신뢰할 수 있는 식품 선택의 기회를 제공받음

정부 측면

- 효율적인 식품감시 활동
- 공중보건 향상으로 의료비 절감 효과
- 국제 식품 교역이 원활해질 수 있음

식품업계 측면

- 위생적이고 안전한 식품 제조
- 자주적 위생관리체계의 구축
- 자연적으로 법규를 준수하게 됨
- 소비자 평가 향상, 소비자 불만 감소
- 회사의 식품안전 경영을 입증
- 위생관리 집중화 및 효율성 도모
- 지정품목의 표시와 광고허용(효과적인 마케팅 수단)
- 폐기·회수율 감소
- 종업원 안전의식의 향상
- PL법(제조물책임법)대응

[HACCP의 도입 효과]

[표 2-22] 단체급식 HACCP 모델

작업단계	구분	위해요소	CP 및 CCP	관리항목별 관리기준	모니터링 방법				관리기준 이탈시 조치사항	검증방법
					대상	방법	빈도	관리자		
검수	납품업체	승인되지 않은 거래처 및 납품업자		사내 구매관리 기준서 중 납품업체 리스트	납품업체	리스트 확인	구매시	구매 담당자	반품	승인된 납품업체의 시험 성적서 확인
	운송차량	부적절한 배송온도	CP	냉장탑차 이용	온도	자동 온도 기록지 또는 온도 측정	자동기록 또는 적재·적하시	운전사	온도조정	자동온도 기록지 확인 및 온도보정
		위생상태 불량		1일1회 또는 적재 전 청소 · 소독	차량위생	육안	1일1회 적재전	운전자	재청소·소독	차량일지 기록확인
	검수장	식자재 중 냉장·냉동식품의 부적절한 보관		냉장, 냉동식품 : 냉장 냉동실 입고 확인	냉장, 냉동식품	육안	검수시	검수 담당자	반품	검수일지
		검수대, 검수기구(저울 등)의 위생불량		검수대, 검수기구 위생 : 양호	검수대, 검수기구	육안	검수시	검수 담당자	검수대 검수기구 세척	검수일지
	식재료 상태	냉장 및 냉동식품의 적정온도유지	CCP	냉장식품:10℃ 이하 냉동식품 : -18℃ 이하	냉장, 냉동식품	품온 측정	검수시	검수 담당자	재냉각 또는 반품	검수일지
		식재료의 유통기간 경과	CCP	유통기간 경과여부 확인	식재료	육안	검수시	검수 담당자	반품, 폐기	검수일지
		식재료의 제품포장 불량		포장상태 : 양호	포장상태	육안	검수시	검수 담당자	반품	검수일지
		식재료의 미생물·화학·물리학적 위해	CCP	사내 검수관리기준서	식재료	관능 검사	검수시	검수 담당자	반품	검수일지

작업단계	구분	위해요소	CP 및 CCP	관리항목별 관리기준	모니터링 방법				관리기준 이탈시 조치사항	검증방법
					대상	방법	빈도	관리자		
저장	냉장저장	식재별의 분리저장불량에 따른 교차오염		식자재 : 분리저장	오염되기 쉬운 식자재	육안	1일1회	조리사	분리저장 또는 폐기	냉장/냉동고 관리일지
		포장불량에 의한 이차오염		포장상태 : 양호	식자재의 포장상태	육안	1일1회	조리사	재포장 또는 폐기	냉장/냉동고 관리일지
		냉장식품의 부적절한 저장온도에 의한 미생물 증식	CCP	냉장고 : 10℃ 이하	냉장고	온도 측정 ·기록	1일2회	조리사	온도보정	냉장/냉동고 관리일지
		냉장식품의 장기저장에 의한 변질, 부패		선입선출 준수 및 저장기간 관리	냉장식품	Tag 사용	1일1회	조리사	즉시 사용 또는 폐기	주기적인 Tsg 확인
		조리식품과 식재료의 접촉에 의한 교차오염	CCP	분리저장	구획 및 분리상태	육안	1일2회	조리사	재구획 및 폐기	냉장/냉동고 관리일지
		불결한 저장용기에 또는 불결한 냉장고에 의한 오염		식자재 : 분리저장	저장용기 및 냉장고	육안	1일1회	조리사	세척 및 소독	냉장/냉동고 관리일지
	냉동저장	식재별의 분리저장불량에 따른 교차오염		저장용기 및 냉장고 청결유지	오염되기 쉬운 식자재	품온 측정	1일1회	조리사	분리저장 또는 폐기	냉장/냉동고 관리일지
		포장불량에 의한 이차오염		식자재 : 분리저장	식자재의 포장상태	육안	1일1회	조리사	재포장 폐기	냉장/냉동고 관리일지
		부적절한 저장온도에 의한 품질저하	CCP	포장상태 : 양호	냉동고	온도 측정 ·기록	1일2회	조리사	온도보정	냉장/냉동고 관리일지
		냉동식품의 장기저장에 의한 변질, 부패		냉동고 : −18℃ 이하	식재료	관능 검사	1일1회	조리사	즉시 사용 또는 폐기	냉장/냉동고 관리일지

작업단계	구분	위해요소	CP 및 CCP	관리항목별 관리기준	모니터링 방법				관리기준 이탈시 조치사항	검증방법
					대상	방법	빈도	관리자		
저장	상온저장	식재별의 분리저장불량에 따른 교차오염		식자재 : 분리저장	오염되기 쉬운 식자재	육안	주1~2회/ 사내기준	조리사	분리저장 또는 폐기	저장·보관 일지
		포장불량에 의한 이차오염		포장상태 : 양호	식자재의 포장상태	육안	주1~2회/ 사내기준	조리사	재포장 또는 폐기	저장·보관 일지
		유통기간 경과에 의한 미생물 증식		유통기간 경과제품 : 폐기	모든 식자재	유통 기간 확인	주1~2회/ 사내기준	조리사	폐기	저장·보관 일지
		보관창고의 불결한 위생에 의한 이차오염		보관창고 청결유지	보관창고 위생상태	육안	주1~2회/ 사내기준	조리사	청소 및 정리정돈	저장·보관 일지
		식재 및 비식재 사용혼동에 의한 위생사고		혼동하기 쉬운 식자재 : 분리저장	혼동하기 쉬운 식자재	분리 저장	주1~2회/ 사내기준	조리사	분리저장	저장·보관 일지
		해충 및 쥐에 의한 제품오염		방충 및 방서	조리장	육안	주1~2회/ 사내기준	조리사	방충, 방서 시설 설치 및 보수	저장·보관 일지

작업 단계	구분	위해요소	CP 및 CCP	관리항목별 관리기준	모니터링 방법				관리기준 이탈시 조치사항	검증방법
					대상	방법	빈도	관리자		
전처리	조리공정 #1 및 #2 씻기 썰기	채소류의 부적절한 세척에 의한 기생충 및 잔류농약의 잔존	CCP	흐르는 물로 2회이상 세척후 청결상태 확인	채소류	육안	1일2회	조리사	재세척	전처리 공정일지
		청결하지 못한 물의 사용 (수돗물 제외)		기준·규격에 맞는 음용수 사용	음용수	서류 검사	1일2회	조리사	사용 금지	음용수 수질검사 서류확인
		세척후 바닥방치에 의한 이차오염		50cm 이상 높이 선반 보관	세척된 식재료 보관상태	육안	1일2회	조리사	재세척	위생관리일지
		불결한 작업대 및 싱크대로부터의 교차오염		작업대, 싱크대 : 청결유지	작업대 및 싱크대	육안	1일2회	조리사	청소 및 소독	위생관리일지
		칼, 도마로부터의 교차오염	CCP	용도별 칼, 도마 구분사용	칼, 도마	육안	1일2회	조리사	구분사용 및 조리자 교육	전처리 공정일지
		조리종사자로부터의 오염	CCP	위생장갑 사용 및 손의 세척·소독	조리종사자	관찰	1일2회	조리사	조리종사자 교육	전처리 공정일지
	조리공정 #3 씻기 썰기 해동	채소류의 부적절한 세척에 의한 기생충 및 잔류농약의 잔존		흐르는 물로 2회이상 세척후 청결상태 확인	채소류	육안	1일2회	조리사	재세척	전처리 공정일지
		청결하지 못한 물의 사용 (수돗물 제외)		기준·규격에 맞는 음용수 사용	음용수	서류 검사	1일2회	조리사	사용 금지	음용수 수질검사 서류확인
		세척후 바닥방치에 의한 이차오염		50cm 이상 높이 선반 보관	세척된 식재료 보관상태	육안	1일2회	조리사	재세척	위생관리일지
		불결한 작업대 및 싱크대로부터의 교차오염		작업대, 싱크대 : 청결유지	작업대 및 싱크대	육안	1일2회	조리사	청소 및 소독	위생관리일지
		칼, 도마로부터의 교차오염		용도별 칼, 도마 구분사용	칼, 도마	육안	1일2회	조리사	구분사용 및 조리자 교육	전처리 공정일지
		조리종사자로부터의 오염	CP	위생장갑 사용 및 손의 세척·소독	조리종사자	관찰	1일2회	조리사	교육종사자 교육	전처리 공정일지
		부적절한 해동방법 및 시간에 의한 미생물 증식 및 이차오염	CP	해동기준서	냉동제품	육안	1일2회	조리사	제품폐기	해동일지
		청결하지 못한 해동수 사용으로 인한 이차오염		음용수 기준·규격에 맞는 해동수 사용	해동수	육안	1일2회	조리사	사용 금지	음용수 수질검사 서류확인
		해동후 장시간 실온방치에 의한 미생물 증식		해동후 즉시 사용	해동된 식재료	육안	1일2회	조리사	제품폐기	해동일지

작업 단계	구분	위해요소	CP 및 CCP	관리항목별 관리기준	모니터링 방법				관리기준 이탈시 조치사항	검증방법
					대상	방법	빈도	관리자		
조리	조리공정 #1 무치기 버무리기 혼합	조리종사자의 손에 의한 이차오염	CCP	위생장갑 사용 및 손의 세척·소독	조리종사자	육안	조리시	조리사	위생장갑 착용 및 교육	조리공정 및 검식일지
		비위생적인 조리습관에 의한 미생물 오염	CP	맛보기 전용기구 사용 등 위생적 조리습관	조리종사자	관찰	1일1회	조리사	교육 및 훈련	조리장의 위생관리일지
		불결한 조리용기의 사용에 의한 이차오염		용기 : 청결한 위생상태	조리용기	육안	1일1회	조리사	재세척 및 소독	조리장의 위생관리일지
		위생적으로 청결하지 않은 양념의 사용		양념보관 : 청결유지	양념	육안	1일1회	조리사	위생적인 관리	조리장의 위생관리일지
	조리공정 #2 데치기 무치기 성형하기	부적절한 가열온도 및 시간에 의한 미생물 잔존	CCP	중심온도 측정	식재료	온도 측정	조리시	조리사	재가열	조리공정 및 검식일지
		조리종사자의 손에 의한 이차오염	CCP	위생장갑 사용	조리종사자	육안	조리시	조리사	위생장갑 착용 및 교육	조리공정 및 검식일지
		비위생적인 조리습관에 의한 미생물 오염	CP	맛보기 전용기구 사용 등 위생적 조리습관	조리종사자	관찰	1일1회	조리사	교육 및 훈련	조리장의 위생관리일지
		불결한 조리용기의 사용에 의한 이차오염		용기 : 청결한 위생상태	조리용기	육안	1일1회	조리사	재세척 및 소독	조리장의 위생관리일지
		위생적으로 청결하지 않은 양념의 사용		양념보관 : 청결유지	양념	육안	1일1회	조리사	위생적인 관리	조리장의 위생관리일지
	조리공정 #3 볶기, 삶기, 끓이기, 찌기, 조리기, 굽기, 부치기, 튀기기, 데치기	부적절한 가열온도 및 시간에 의한 미생물 잔존	CCP	중심온도 측정	식재료	온도 측정	조리시	조리사	재가열	조리공정 및 검식일지
		조리종사자의 손에 의한 이차오염	CP	위생장갑 사용	조리종사자	육안	조리시	조리사	위생장갑 착용 및 교육	조리공정 및 검식일지
		비위생적인 조리습관에 의한 미생물 오염	CP	맛보기 전용기구 사용 등 위생적 조리습관	조리종사자	관찰	1일1회	조리사	교육 및 훈련	조리장의 위생관리일지
		불결한 조리용기의 사용에 의한 이차오염		용기 : 청결한 위생상태	조리용기	육안	1일1회	조리사	재세척 및 소독	조리장의 위생관리일지
		위생적으로 청결하지 않은 양념의 사용		양념보관 : 청결유지	양념	육안	1일1회	조리사	위생적인 관리	조리장의 위생관리일지

작업 단계	구분	위해요소	CP 및 CCP	관리항목별 관리기준	모니터링 방법				관리기준 이탈시 조치사항	검증방법
					대상	방법	빈도	관리자		
조리	보관용기	불결한 보관용기에 의한 이차오염		용기 : 청결한 위생상태	보관용기	육안	1일1회	조리사	재세척 및 소독	위생관리일지
		보관용 용기덮개 미사용으로 인한 낙하균 등에 의한 오염		용기 덮개 사용	용기덮개	육안	1일1회	조리사	덮개의 재사용 및 종사자 교육	위생관리일지
	냉장보관	부적절한 냉장온도에 의한 미생물 증식	CCP	냉장온도 : 10℃ 이하	냉장고	온도 측정 ·기록	1일2회	조리사	온도 보정	냉장/냉동고 관리일지
	상온보관	조리후 장시간 실온방치로 인한 미생물 증식	CP	조리 후 2시간 이내 급식	보관시간	육안	배식시	조리사	조리된 음식 폐기	조리공정 및 검식일지
		조리된 음식의 조리장 바닥 방치에 의한 오염		50cm 이상 높이 작업대에 보관	조리음식	육안	1일1회	조리사	작업대 재보관 및 조리종사자 교육	위생관리일지
	배식기구 및 용기	불결한 운반기구(운반차, 식품운반 승강기 등)의 사용으로 인한 오염		운반기구 : 청결유지	운반기구	육안	1일1회	조리사	세척·소독후 사용	위생관리일지
		불결한 판매대 및 판매기구(용기 및 수저 등)에 의한 오염		배식대, 배식기구 : 청결유지	배식대, 배식기구	육안	1일1회	조리사	세척·소독후 사용	위생관리일지
	식기,수저	식기, 수저의 세척·소독 불량에 의한 미생물 잔존		식기, 수저 : 청결유지	식기, 수저	육안	1일1회	조리사	세척·소독후 사용	위생관리일지
	배식자	질환자에 의한 배식		질병보유자 작업 배제	배식자	관찰	1일1회	조리사	배식자 교육 및 작업 배제	조리종사자 위생관리일지
		근무자의 개인위생 불량에 의한 오염		위생적 복장작업	배식자	관찰	1일1회	조리사	배식자 교육 ·훈련	조리종사자 위생관리일지

교육과학기술부, 《학교급식위생관리지윤기준》, 2000년.
김윤성, 《관광호텔 식음상품의 식품위해요소 중점관리제도(HACCP)에 관한 연구》, 경기대학교 석사학위논문, 2000년.
박병학, 《식품위생과 HACCP》, 광문각, 2003년.
서광현, 《HACCP제도와 기업의 대응방안》, 홍익대학교 석사학위논문, 2001년.
식품의약품안전청, 《식품위해요소중점관리기준 일부개정고시안》, 2009년.
식품의약품안전청, 《연도별 발병 현황》, 2009년.
식품의약품안전청, 《집단급식소 위생관리메뉴얼》, 식품의약품안전청, 2009년.
이권복, 《호텔외식사업 위생관리론》, 백산출판사, 2008년.
이보숙 · 채인숙 · 차진아, 《단체급식》, 교문사, 2008년.
한국식품연구소, 《식품위해요소중점관리기준 및 위생관리 매뉴얼 작성에 관한 연구》, 한국식품공업협회, 1994년.
《Hotel & Restaurant》, 제6권, 1994년

05 주방의 인적 자원관리

1. 주방의 인적 자원관리 의의

1) 인적 자원관리 의의

일반적으로 인적 자원라고 함은 경제적 자원으로서 조직 및 기업에 고용된 직원의 용역 잠재력(Service potential)을 의미한다고 할 수 있는데, 이는 생산성의 기본적 결정 요소 중의 하나이다. 지금까지 호텔 및 외식산업의 인적 자원관리는 주로 생산 지향적인 관점에서 고려되어 왔으나 최근에는 인간으로서 근무자라는 관점에서의 접근이 중요시되고 있고, 이에 따라 성숙된 고차원 관리 기법을 호텔 및 외식산업에서 인적 자원관리에 대한 인식을 전환시켜야 한다.

인적 자원관리가 경영의 한 부문으로서 인사 부문에서만 한정된 문제가 아닌 경영 전체 속의 핵심 과제로 다루어져야 한다. 왜냐하면 경영이란 결국 돈, 기계, 설비, 정보 등 모든 자원 중에서 사람이 주체가 되어 경영(Management)하는 것이다.

인적 자원 요소는 사람을 대상으로 한 관리이며, 인간을 관리한다는 것은 개성 존중과 능력 개발, 그리고 근무자의 인간적인 만족이라는 점에서 타부문의 관리와 다른 특징이 있다. 즉 인적 자원관리란 인력의 자연스런 흐름에 맞추어 인적 자원을 확보하고, 개발하고, 활용하고 보상하며 유지하는 것으로 파악할 수 있다. 따라서 인적 자원관리는 조직의 목표 달성을 위한 인적 자원의 확보 · 개발 · 활용 · 보상을 계획 조직 통제하는 관리 체계라 할 수 있다.

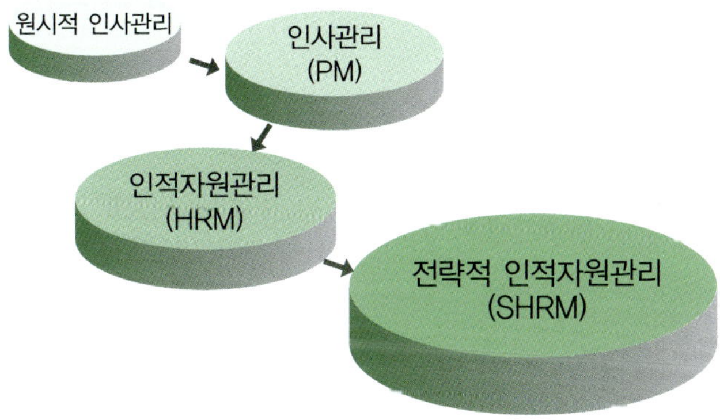

[인적 자원관리의 전개 과정]

2) 인적 자원관리 목적

인적 자원관리의 목적은 크게 인적 자원관리 가치 및 방침으로 구분할 수 있다. 여기서 가치란 방침을 설정하는 근거가 되는 철학 또는 이념이라고 한다면, 방침이란 이러한 가치가 더욱 구체적으로 표현된 것으로 기본 목표 또는 방향을 뜻하는 것이라 할 수 있다.

학문을 존중하는 상아탑에서는 여러 가지 이론이 성과보다 중요할지 모르나 이익 중심의 기업의 현실에서는 여러 가지 이론보다 하나의 성과가 더 소중하다. 공동체 없는 성과도 생각할 수 없지만 무엇보다도 성과가 뒷받침되지 않는 공동체는 기업의 존재로서 가치를 상실하게 된다. 나아가 이러한 성과를 바탕으로 협력을 기초로 한 공동체가 형성될 때 비로소 기업이 건전하게 성장하는 것이다.

따라서 인적 자원관리의 목적은 '성과를 달성하는 협력 공동체'를 동시에 지향하는 것이 가장 바람직하다. 또한, 이러한 목적은 경제적 효율을 추구하는 합리성과 더불어 근로생활의 질(QWL : Quality of Working Life)을 추구하는 인간성을 존중하는 가치가 확립될 필요가 있다. 나아가 이러한 합리적인 것을 기초로 하는 가치는 조직성과 차원의 생산성 목표를, 인간성을 기초로 하는 가치는 직원 차원의 만족성이 목표라는 구체적 방침으로 나타난다.

즉 생산성 목표는 직원의 만족과 같은 인간적인 측면보다 과업(task) 그 자체를 달성하기 위한 조직의 목표를 말한다면, 만족성 목표는 조직의 과업과는 별도로 조직 자체의 유지 또는 인간적 측면에 관계된 목표라고 할 수 있다. 호텔 및 외식업체는 생존과 발전을 위해서 효율적인 생산활동을 전제로 하고 있다.

따라서 생산성 목표는 기업의 제1차적 기본 목표가 되고, 인적 자원관리에 있어서도 조직 성과의 제 1차적 판단 기준이 된다. 그리고 이러한 생산성 목표는 현실적으로는 수익 목표로 나타날 것이다. 성과의 제1차적인 기준인 이러한 생산성과 수익, 즉 모두에게 돌아갈 수 있는 몫을 먼저 키워야 몫을 분배할 수 있고 일에 만족과 보람을 찾을 수도 있는 것이다.

[인사관리의 목적]

3) 인적 자원관리 시스템의 체계와 기능

(1) 인적 자원관리 시스템

전통적인 관리 이론이나 인간관계론은 내부 직원에 초점을 두고 기업을 폐쇄 시스템으로 이해하였다. 그러나 최근에는 환경 변화가 심하고 불확실할 때에는 기업은 외부 환경과의 관계를 고려하지 않을 수 없다.

즉 호텔 및 외식업체의 기업을 외부 환경과의 관계 속에서 존재하는 개방 시스템으로 보고, 외부의 자원이 투입되면 변환 과정을 거쳐 재화와 서비스 형태로 외부에 산출하여 그 결과를 피드백 시켜 다시 외부 환경과의 균형을 유지하게 된다. 앞으로는 이러한 시스템의 관점에서 호텔 및 외식업체의 기업을 이해하지 않으면 효과적인 경영을 수행할 수 없는 것이다.

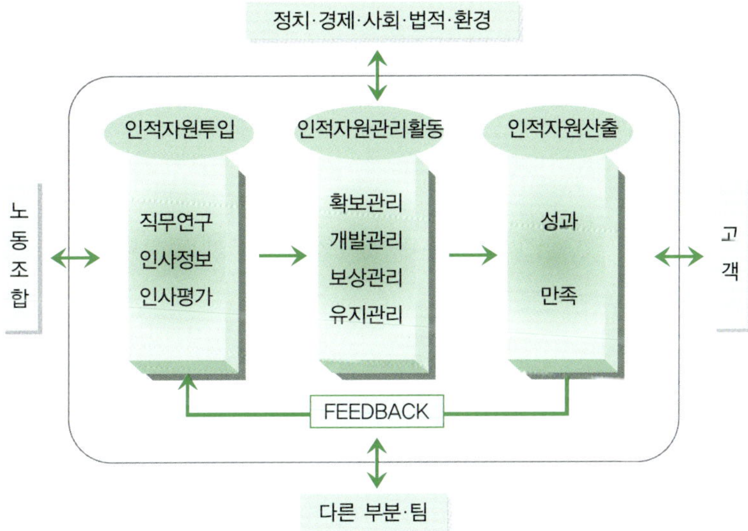

[인적 자원관리 시스템]

원래 시스템(System)이라는 명칭은 '어떤 분명한 목적을 가지고 여러 개의 부문(parts)이 상호작용하여 하나의 전체(whole)를 이루는 것'을 내포한다. 즉 호텔 및 외식업체의 기업은 부문 간의 유기적인 상호작용(회사 ↔ 사업부 ↔ 팀 ↔ 담당)과 외부 환경(고객, 공급 업체, 노동조합 등)과의 끊임없는 관계 속에서 생존하고 유지 · 발전하고 있는 것이다.

(2) 인적 자원관리의 기능

인적 자원관리가 기업의 성과와 직원인 인간의 만족에 조화와 통합을 시도하는 일련의 기능이라고 하면, 그 기능은 호텔기업의 입장과 근로자의 입장에서 파악할 수 있다. 전자가 호텔기업 지향적, 즉 근로자가 기업을 지향하는 기능이라고 하면, 후자는 근로자 지향적, 즉 호텔기업이 근로자를 지향하는 기능이라 할 수 있다.

1 호텔기업 지향적 인적 자원관리의 기능

호텔 및 외식업체의 기업의 지향적 기능은 경영의 목표를 경제적 효율성, 구체적으로는 수익성 증대에 두기 때문에 성과주의 방향으로 전개된다. 이러한 관점에서 호텔기업 지향적 인적 자원관리의 기능을 분류하면 다음과 같다.

① 확보관리

인적 자원 확보 계획에 따라 인력을 충원하고 또한 충원된 인력을 최대한으로 활용하는 과정을 말하며, 구체적으로는 모집 · 채용 · 배치 · 승진 등이 이에 속한다.

② 개발관리

확보된 인적 자원은 호텔 및 외식업체의 기업에서 잠재된 능력을 충분히 발휘하고 좋은 성과를 나타낼 수 있도록 교육하고 훈련시키는 과정을 말한다.

2 근로자 지향적 인적 자원관리의 기능

직원 지향적 기능은 그 목표를 구성원 만족성에 증대에 두고 인간성 중시 방향으로 전개된다. 이러한 관점에서 근로자 지향적 인적 자원관리의 기능을 분류하면 다음과 같다.

① 보상관리

임금은 근로자가 제공한 노동에 대한 대가로 받는 것으로서, 근로자에게 있어서는 최대의 관심사라고 할 수 있다. 이에는 돈과 같이 직접적으로 받는 것과 복리후생과 같이 간접적으로 제공되는 것이 있다.

② 유지관리

확보된 인력을 개발하고 노동에 대한 대가로 보상하는 것도 중요하지만 주방 근무생활에 안정감을 누리지 못하고 하루하루 힘들게 보낸다면 그것보다 어려운 일이 없을 것이다.

따라서 보상과 교육만으로 해결되지 않는 기본적인 직원의 욕구와 고민을 파악하여 이직하지 않고 직장에 지속적으로 해주는 과정이 필요한데, 안전 · 보건관리, 인간관계, 노사관계 관리, 이직관리 등이 이에 속한다.

[표 2-23] 인적 자원관리의 본질적 내용

인적자원제 관계	관계 측면	임무·성격	목적	원리	인적 자원관리 내용
직원관계	노동력 (직원)	직장의 직능상 협동관계, 인사관리를 통한 인사평가	인적자원의 효율적 이용	능률화의 원리	① 인적자원확보 · 선발 ② 고용배치 · 승진 ③ 교육훈련 ④ 인사평가 ⑤ 경력개발 ⑥ 임금급여 ⑦ 퇴직관리

인간관계	조직 및 사회 속의 인간	사회적 감정 · 의욕을 가진 인간의 상호관계	노동의욕의 만족 · 향상 갈등 해소	인간화의 원리	⑧ 복지후생 ⑨ 의사소통 ⑩ 리더십 ⑪ 갈등 · 동기부여
노사관계	임금 노동자 (노조원)	노동조건의 결정을 둘러싼 경제적 대립관계	노사이해의 조정 (노사공동체의식)	민주화의 원리	⑫ 노동조합 · 쟁의 ⑬ 단체교섭 ⑭ 부당노동행위 ⑮ 경영참가

자료: 中山三郎 · 本多壯一, 例解人事勞務の管理と診斷, 同友館, 1982, p. 4.

2. 인재 확보, 직무, 평가관리

1) 인재 학보

기업 경쟁은 인재에 의해 승리가 좌우되는 것이며, 경영자의 최대 과제는 핵심 인재를 어떻게 채용하고, 그 인재의 능력을 어떻게 최대한 활용할 수 있는지가 관건이다.

그렇기 때문에 객관성이 보장되는 기준에 의한 선발시험을 치루고 합리적인 인적자원과 인재 육성의 시스템이 있어야 된다. 인력 확보 선발에 있어서 중요한 것은 필요한 사람이 지원하는 것이므로 지망하는 회사가 매력이 있어야 한다.

외식산업은 그런 의미에서 취업하려는 사람의 자아실현에 대한 매력의 장소가 되어야 한다. 외식산업의 홍보는 이런 점을 감안하여 실시해야 할 것이다.

(1) 인재 확보 전략

1 가치의 변화

기업이 이윤만 추구하면서 살 수 없으며, 빠른 사회 변화에 대응하기 위한 시스템으로서 사회와 공생해야 하며 적극적으로 사회의 발전에 이바지해야 한다.

이제 기업은 일 잘하는 사람만 채용하면 그만이 아니라 건전한 가치관과 도덕성을 지닌 인재를 채용하지 않으면 안 된다. 직원들의 도덕성은 고객 만족을 한 차원 뛰어넘는 것이며 구성원 한 사람이 기업에서 일함으로써 사회에 기여하겠다는 건전한 사고를 갖는 것이 필요하다.

신세대의 등장과 더불어 과거의 직업관이 변하고 있고 생계 수단이 아닌 능력 발휘 및 실현의 장으로 직업에 대한 개념이 형성되고 있다. 또한, 새로운 세대의 등장은 소비 패턴과 생활상을 더욱 변화시키고 있고 이미 이러한 신세대를 통해 한때 패러다임의 전환이라고 할 정도로 사회 전반의 변화를 경험하였다.

따라서 인력 확보에 있어서도 학벌과 전공을 따지기보다는 이러한 젊은 신세대의 적극적인 사고와 능력을 제대로 수용할 수 있는 진취적인 인적 자원 시스템의 도입이 필요하다.

2 기업 환경의 변화

과거에는 기업에서 정해 놓은 틀 안에 맞는 사람들을 선발했지만 기업이 글로벌 경영에 따라 인재를 선발함에 있어 창조적이고 도전적인 성향과 독특한 개성을 살려야 한다는 기업의 인식 전환에서부터 이제는 최근의 기업들은 창조적인 사고를 하는 사람을 선호한다.

최근의 기업 경영 환경이 빠르게 변화하고 있어 과거의 밀어붙이기 식의 회사 운영은 더는 발전이 힘든 상황이다. 이런 상황에서 과거 경영 패턴 전략보다는 시장 변화에 대처하는 빠른 전략을 취해야 할 시점이다. 인재 역시 진취성도 좋지만 빠른 시장에 대처할 수 있는 좌우 상황을 고려할 수 있는 성격의 소유자가 필요한 시기다.

현재 생산 구조가 소비자의 다양화에 따라 대량 생산 시대에서 다품종 소량 생산 시대로 패러다임이 변하고 있다. 대량 생산 시대가 산업형 인재를 지향했다면 다품종 소량 생산 시대에는 유연하고 열린 창조적인 인재를 요구하고 있다. 또한, 2000년대 들어와서 기업은 효율적인 업무수행을 위한 방법으로 점점 단순 업무를 아웃소싱(outsourcing) 하고 있다.

즉 기업의 핵심 업무 외에는 모두 외부에 위탁하여 관리의 최적화와 효율을 극대화하고 있다. 이는 조직의 유연화에 따른 관리 규모의 축소로 더욱 인재에 대한 의존을 심화시킬 것이다.

3 인재상의 변화

최근에 기업은 성과와 육성을 지향하는 연봉제, 경력개발제도(CDP) 등 인적 자원 시스템의 변화는 자연적으로 하위 시스템 구조인 인력 확보 시스템의 변화를 가져왔다. 직원들에게 연봉제에 있어서 능력 및 업적 평가의 도입은 장래의 가능성을 중요한 평가 요소로 고려하고 있다.

따라서 이러한 평가에 기초한 인적자원 시스템은 필연적으로 인력 확보에서 성장가능성 부분을 판단할 수 있는 채용 기법의 변화를 요구하고 있다. 또한, CDP(Career Development Program)의 경우에도 역시 장기적 능력 육성형의 측면에서 직원을 재용하는 데 기초 자질을 파악해야 하는 채용 기법의 변화를 요구하고 있다.

인력 확보제도 변화 흐름

시험 위주 공채제도	➡	무시험 공채제도	➡	수시채용제도
• 일괄 모집 • 전공·상식·영어 등 필기 시험 실시		• 다양한 면접제도 등장 • 직무·적성검사 확대 • 토익 등 외국어 성적 중요시 • 학점·사회봉사활동 중요시		• 직종별 모집 • 인터넷 활용 채용 • 채용내정제, 산학장학제 등 • 인재풀제(경력자 포함) • 채용박람회

(2) 인재 계획

인력 계획은 빠른 사회 및 기업 환경 속에서 주방에서 필요로 하는 인력을 적시에 확보하기 위한 인적 자원의 수급에 관한 계획이라고 할 수 있다. 경영자가 아무리 훌륭한 사업계획이나 목표가 있더라도 함께 실행할 인력을 확보하지 못하면 어려움에 처할 것이다.

또한, 주방 인력의 양적인 수급이 이루어지더라도 질적인 측면에서 조직이 필요한 주방 인력을 확보하지 못하면 여러 경쟁 업체에 밀려나게 마련이다. 따라서 주방에서 적정 인원을 계획하고 확보하는 것은 음식 사업을 지속하고 성공을 결정짓는 중요한 요인이 된다.

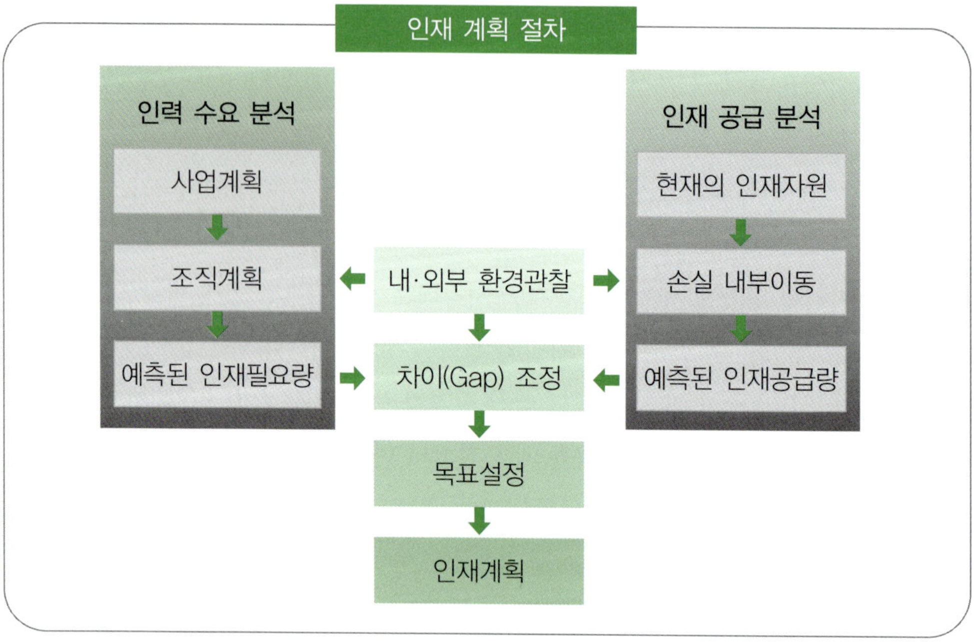

(3) 채용관리

호텔 및 외식업장에서 조리사를 채용하는 목적은 식당 경영(사업) 활동에 효율적 수행에 필요한 적정한 수의 인재를 적합한 시기에 효과적인 방법으로 조리사를 채용하는 것이다.

고객은 식당에서 단순히 최고급 메뉴만을 제공받는 것이 아닌 고객이 식당에 들어서는 순간부터 식당을 떠날 때까지 전 과정에서 자발적인 서비스를 느낌으로 받았을 때, 즉 단순한 기능적인 서비스가 아니라 마음에서 우러나는 인간적인 서비스로 정신적인 만족감을 얻는다. 그러므로 일선 근무자가 수행하는 서비스에 대한 책임은 무한하다고 볼 수 있다.

일선 홀 직원이 수행하는 무형의 서비스는 최상의 서비스로 이어질 수 있다. 식당에서 일하는 근무자의 질이 나쁘면 아무것도 되지 않는다. 음식점을 성공시키기 위해서는 상품력, 서비스력, 그리고 점포력, 즉 맛있는 요리를 만들고 미소로 서비스에 노력하고 점포를 항상 청결하게 유지하는 이 3가지 조건을 충족시켜야만 비로소 고객에게 지지받는 것이다.

이 3가지 조건은 점포에서 일하는 근무자가 담당해야 하며, 따라서 레스토랑에서는 어떤 인재를 확보해 어떻게 점포에 어울리는 근무자로 육성해 가느냐가 성공 요인의 Key point가 된다.

따라서 채용관리는 사업장의 인력 수급 계획에 따라 적합한 인력을 산정하고 필요한 시기에 모집 · 선발하여 사업장 내의 근무자로 채용하는 계획적인 관리 활동이라고 할 수 있다. 채용관리의 주요 내용은 채용 계획의 수립, 모집관리, 신발관리, 선발 결정 등의 단계로 구분된다.

1 채용 계획의 유형

① 기간별 채용 계획

기간별 채용 계획에는 채용 기간을 중심으로, 사업장 내 결원 발생 시 채용하는 단기채용 계획과 장래의 중장기 인력 수급 계획에 의거 필요한 인원 및 현재 보유 인원에 대한 변동 인력 등을 감안하여 채용하는 중장기 채용 계획으로 나뉜다.

② 시기별 채용 계획

시기별 채용 계획으로는 일정한 시기를 정하여 고졸, 전문대, 대졸 신규 졸업자를 채용하기 위해 수립하는 정기 채용 계획과 주방 내의 고용 변동에 따른 결원 보충을 위하여 수시로 채용하는 수시 채용 계획 또는 부정기 채용 계획이 있다.

③ 주체별 채용 계획

이는 채용의 주체를 중심으로 본사, 지점 등 여러 개의 사업장을 가진 본사에서 일괄 채용 계획을 수립, 시행하는 본사 채용 계획과 각 사업장별로 종업원을 채용하는 사업장 채용 계획이 있다. 본사 채용은 화이트칼라(영업직, 기술직 등), 사업장 채용은 현장의 조리사 중심 채용으로 이루어진다.

채용시 기본적 확인 서류
– 이력서(사진첨부) – 주민등록등본 – 재학증명서 – 근로계약서 – 채용신체검사서

2 선발관리

① 선발 기준의 설정

직무를 효율적으로 수행할 수 있는 인재를 선발하는 요건은 호텔 및 외식산업의 경영 특성과 직무 수행 요건을 파악하여 적합한 기준을 설정할 필요가 있다.

② 선발 원칙

기술직무 중심의 원칙, 기업 풍토 적격주의 원칙, 잠재능력주의 원칙 능력을 중시하여 조리사를 선발하는 원칙이다.

③ 선발 요건

개인의 특성으로 창의성, 성실성, 도전성, 조리 전문성 등으로 구분하고, 집단적 특성으로 원만한 인간관계, 직업의식 및 사명감, 책임감, 협동심 등 구분하여 선발한다.

기타로써 열의와 의욕, 일반상식, 조리에 대한 전문 지식과 기능, 협조성, 이해력과 판단력, 기획력, 창의성, 건강, 체력, 학업 성적, 연령 등을 평가하여 선발을 한다.

④ 선발 방법(선발 도구)

선발 방법은 서류심사, 필기 · 실기 · 면접시험, 적성 및 신체검사 등 다양하게 이루어지고 있다. 또한, 선발 방법을 평가 내용별로 분류하면 된다.

⑤ 선발 절차

외식업체에서 선발절차는 일반적으로 응모지원서 접수, 서류심사, 시험 통지 및 안내, 시험(필기 · 실기시험), 면접시험, 신체검사 및 적성검사, 신원조회 및 경력조사, 최종 합격 여부 결정 및 통보, 구비 서류 제출, 채용 결정, 입사교육 및 주방 배치 등의 과정을 거친다.

결원이 생길 때 신속하고 수시 채용이 필요한 주방의 경우는 이 중에서 주방에 필요한 과정을 선택할 수 있다. 아무리 바쁜 주방일지라도 직원의 선발은 중요하기 때문에 단순히 인원 채우기 식으로 나아가서는 바람직하지 않다.

⑥ 면접 방법

일반적으로 면접 때에는 피면접자에게 일의 동기 및 가치관, 용모 및 태도, 성격, 발표 및 표현력, 성장 배경 등을 중심으로 평가가 이루어진다. 구조적 면접, 비구조적 면접, 집단 면접, 개별 면접, 스트레스 면접, 패널 면접 평가하는 방법이 있다.

3 교육관리

항 목		
전제교육	1	외식산업 개론(업계 현황)
	2	외식산업인론(근무하는 사람의 마음가짐)
	3	음식점 번성의 이론(번성의 5대 요소)
	4	음식점 실천론(5대 요소의 실천 방법)
	5	조리인으로서의 일반 지식
이념교육	1	우리 회사의 경영 이념
	2	우리 회사의 사명
	3	우리 회사의 미래
	4	우리 회사의 조직
	5	조직 안에서의 자신의 역할
기준교육	1	이념에서 기준으로
	2	기준은 지켜야 하는 것
	3	우리 회사의 기준
	4	점포의 기준
	5	우리들의 기준
기술교육	1	음식점의 상식(고객)
	2	주방 작업
	3	홀 작업
	4	주방과 홀의 팀워크
	5	우리 회사는 고객만족을 이렇게 생각한다.

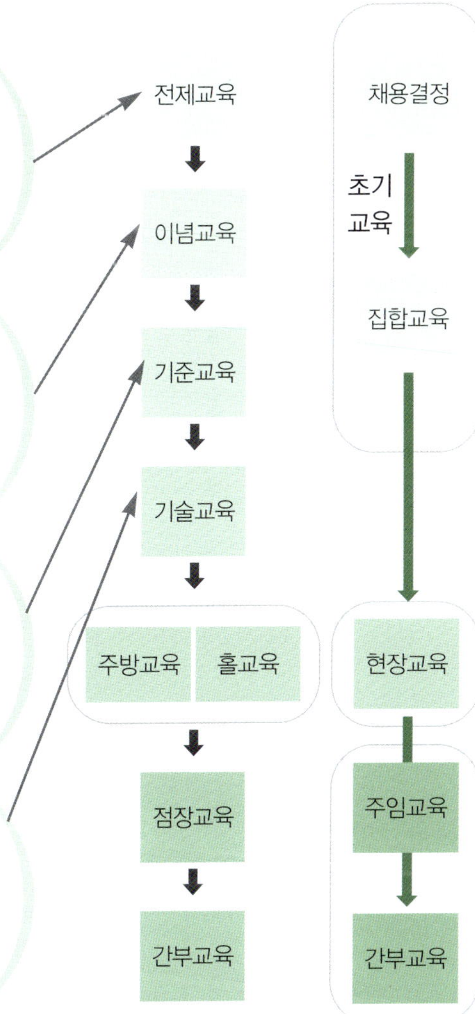

2) 직무관리

(1) 직무 분석의 의의와 목적

1 직무 분석 의의

미노동성(U.S.Employment Service)에서 발간된 《직무분석 지침서》에 의하면, "직무를 구성하고 있는 일의 전체, 그 직무를 수행하기 위해서 담당자에게 요구되는 경험 · 기능 · 지식 · 능력 · 책임과 그 직무가 다른 직무와 구별되는 요인을 각각 명확하게 밝혀서 기술하는 기술적인 수단 방법이다."라고 하였다.

또한, 직무 분석을 각 직무에 관한 제 사실을 발견하여 기술하는 절차라고 했으며, 어떤 직무가 지니고 있는 기본 요건을 조사하는 방법이라고 간략하게 정의하고 있다.

따라서 직무 분석은 직무, 즉 수행하는 일에 요구되는 지식 · 기술 · 경험 · 능력 · 책임 등을 명확히 조사하여 이를 체계적으로 정리하고 기술하는 과정이라고 할 수 있다.

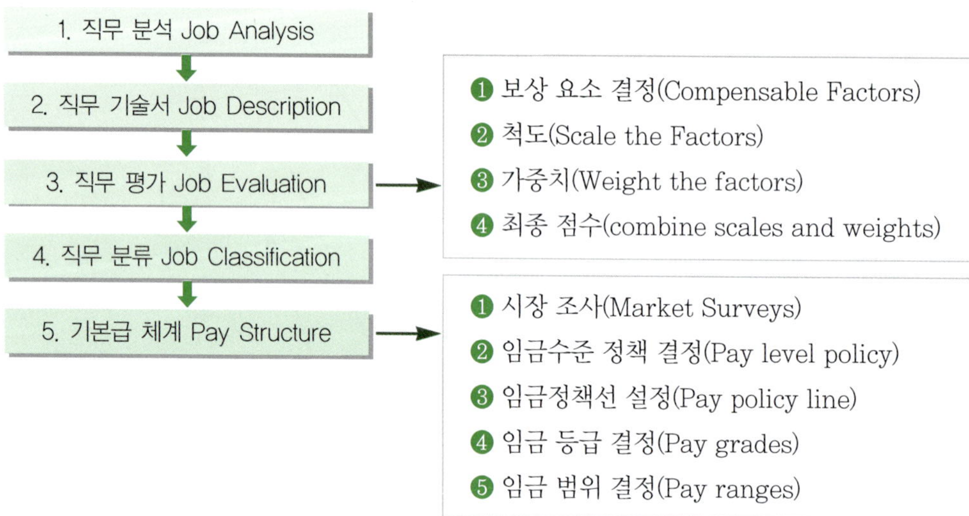

자료 : Milkovich & Newman, Compensation. 2005

[직무 분석]

2 직무 분석 목적

인적 자원관리는 직무의 담당자로서 사람에 관한 이해와 동시에 사람에게 부여된 직무에 관한 이해가 있어야 한다. 즉 조직 내의 사람은 직무를 떠나 그 존재 의미를 찾을 수 없고 직무와의 조화된 관계를 통해서 구체적인 보람을 찾게 된다.

인적 자원관리란 조직이 필요로 하는 인력을 확보, 보상, 평가, 개발, 유지하는 과정이다. 이는 어떤 특정 조직에서 개인과 조직 또는 사람과 일의 관계가 서로 과부족이 없도록 관리하는 것을 의미할 것이다. 따라서 합리적인 인적 자원관리를 위해서는 사람과 직무와의 관계를 구체적이고 명확하게 밝히지 않으면 안 된다.

즉 직무 분석은 인적 자원관리의 기초가 되는 방법(How)을 해결해 주는 것으로써 합리적인 인적자원관리의 출발점이 된다. 이와 같이 인적 자원관리의 합리적이고 과학적인 기초로써 직무 분석은 구체적으로는 다음과 같은 목적을 가지고 있다.

① 직무 권한의 명확화와 합리적인 조직의 확립
② 채용, 배치, 이동, 승진 등의 기준
③ 직무 평가와 평가 시스템의 기초
④ 교육 훈련 및 능력개발의 기준
⑤ 기타 목적

3 직무 분석의 방법

분석의 목적 · 분석 · 대상 직무의 범위에 따라 다르지만, 일반적으로 면접법, 관찰법, 질문지법의 3가지 방법이 가장 많이 사용되고 있으며, 그 외의 보완적인 방법으로 중요 사건법, 워크샘플링법 등이 있다.

구분	방법	특징
1. 면접법 (Interviewing Method)	분석원이 직무 담당자와 직접 면담	① 정보의 왜곡 가능성 존재 ② 정확한 정보를 유도하기 위하여 능숙한 질문 필요
2. 관찰법 (Observation on Method)	담당자가 하고 있는 일을 직무 분석원이 직접 관찰하여 확인	① 관찰 대상자임을 인식하면 왜곡 정보 유도 가능성 존재 ② 장시간 소요 ③ 사무직이나 관리직 등 지적, 정신적 노동을 추구하는 직무에는 부적합
3. 질문지법 (Questionnaire Method)	모집하고자 하는 직무 정보에 관해서 질문 항목을 상세히 만들어 직무 담당자가 직접 기입	① 비용이 적게 들고 빠름 ② 응답자가 여가시간을 이용하여 작성하므로 시간을 허비하지 않음 ③ 질문서의 작성이 어려움 ④ 질문 사항을 정확히 이해하지 못하면 완전한 해답을 못 구함

(2) 직무 분석의 절차와 평가

직무 분석(Job Analysis)의 절차는 일반적으로 준비 단계, 실시 단계, 정리 단계의 과정으로 이루어진다. 준비 단계에서는 예비 조사 및 직무 단위의 결정, 실시 단계에서는 직무정보 수집, 정리 단계에서는 직무 기술서와 직무 명세서가 작성되는 것으로 볼 수 있다.

직무 분석의 결과 직무 기술서와 직무 명세서가 작성되고, 이것을 기초로 하여 직무평가가 이루어진다. 즉 먼저 직무 분석을 통하여 직무의 내용과 요건을 명확히 하는 직무 기술서와 직무 명세서가 작성되면, 또한 이것을 기초로 직무의 상대적인 가치를 결정하는 과정인 직무 평가를 통해 기업 내부의 임금 격차를 합리적으로 책정하는 직무급을 도입하게 된다.

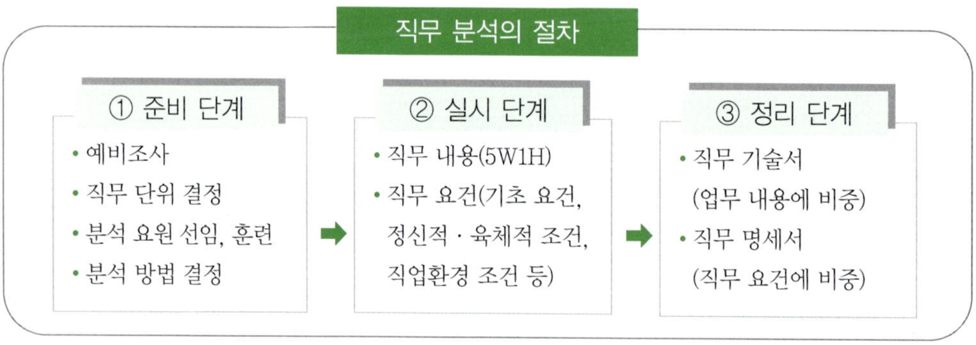

따라서 주방에 있어서 성공적인 직무급제도의 도입과 확립을 위해서는 반드시 거쳐야 할 과정이 직무 평가라고 할 수 있다. 이렇게 볼 때 직무 분석과 직무 평가와 직무급은 매우 밀접한 관계가 있음을 알 수 있다. 직무 평가의 방법은 크게 종합적 방법과 분석적 방법으로 나뉜다. 전자는 다시 서열법과 분류법으로 나뉘고, 후자는 점수법과 요소 비교법으로 나뉜다.

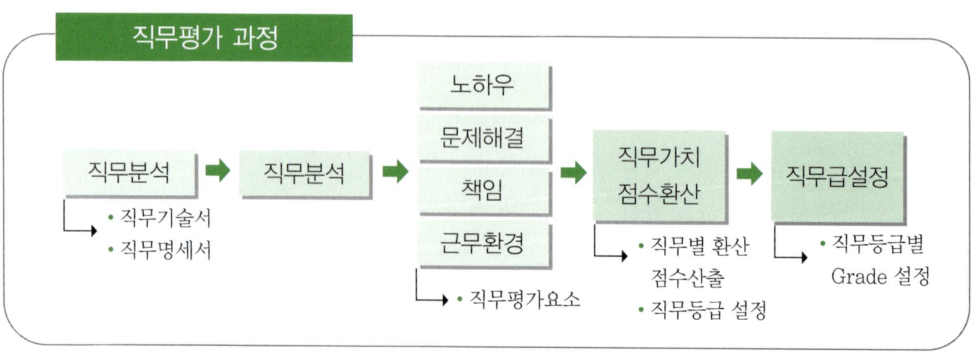

3) 인적 자원의 평가관리

(1) 인적 자원 평가의 의의

인적 자원 평가는 단지 직원의 능력 및 업적을 평가하여 서열을 매기고 차별 보상을 하는 차원에서 머무는 것이 아니다. 평가의 궁극적인 의도는 직원에게 능력이 매우 중요하며 각자가 능력 개발을 위해 열심히 노력하고 신바람 나게 일할 수 있는 주방 조직 풍토를 구축하는 데 두어야 한다. 관리자는 평가를 통해 주방에서 직원의 장 · 단점을 확인하여 장점은 더욱 발전시키고 부족한 점을 보완할 수 있도록 노력하여야 한다.

인적 자원 평가란 조직에서 직원 개개인의 능력, 태도, 의욕, 업적 등을 평가하려는 제도이다. 즉 주방 조직에서 사람을 평가하는 방법을 제도화한 것이라고 말할 수 있다. 인적 자원 평가라는 말 대신에 유사한 개념으로서 근무 평정(merit rating)이라는 용어가 사용되기도 하고, 특히 업적을 중심으로 할 경우 업적 평가(performance rating)라고도 한다.

즉 주방에서는 보다 발전적인 방향으로의 인재상을 실현하기 위하여 수많은 평가 활동이 이루어지는데, 그중에서도 특히 직원의 업무 수행 과정이나 성과에 대하여 어떠한 방법으로 평가할 것인지를 제도화한 것이 인적 자원 평가이다.

1 인사평가의 구성 체계

일반적으로 원인 변수로는 능력, 매개 변수로는 근무 태도, 결과 변수로는 업적을 들 수 있다. 능력에는 이해력 · 판단력 · 결단력 · 창조력 · 개발력과 같은 사고 능력과 표현력 · 절충력 · 섭외력 · 지도력 · 관리력 · 통솔력 등과 같은 대인 능력이 포함된다.

근무 태도는 얼마만큼 의욕을 갖고 업무에 임했는가를 묻는 것이며, 이 경우 결과는 어떻든 간에 적극성, 협조성, 책임감 등이 어떠했느냐가 문제가 된다. 업적은 직무 요건이나 목표에 비추어 평가 대상 기간 내의 결과로서 사실을 과거형으로 파악하는 것이다.

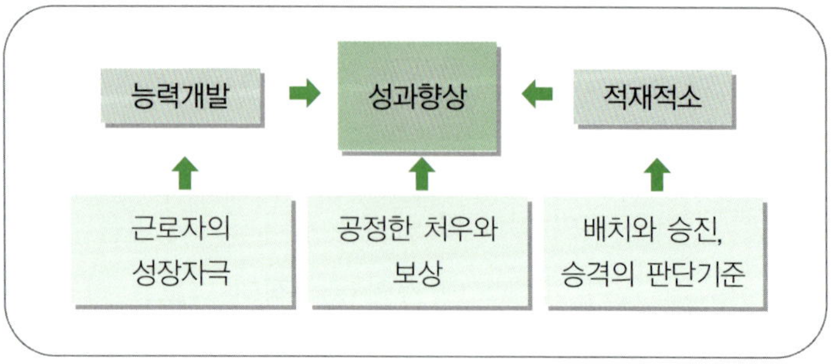

[인사평가의 구성 체계]

(2) 인적 자원평가 문제점과 개선 방향

1 연공위주의 평가

과거 주방 현장에서 능력이나 성과보다 연공위주의 평가가 주로 이루어져 왔다. 즉 능력이나 실적은 별개로 하고 승진 대상자나 고호봉자, 장기근속자 등을 우대하는 나눠 먹기식, 밀어내기식 평가로 땀 흘려 열심히 일한 자와 적당히 일한 자, 성과가 높은 자와 그렇지 못한 자와 차별이 이루어지지 못했다.

또한, 직무와 상관없이 사적 충성도나 개인적 우호관계를 따져 평가함으로써 평가에 대한 불신과 신뢰성이 저하되었다.

2 능력개발을 위한 피드백 부족

부하 직원의 업무 수행 과정이나 평가의 결과에 대해 무엇이 문제이고 어떻게 해야 하는지를 정확히 진단하고 처방하여 능력이 최대한 신장되고 촉진되도록 육성하기보다는 평가 자체를 비밀시 하거나 부하 사원을 사정하고 통제하는 수단으로 활용되었다.

3 평가에 대한 지식과 이해 부족

평가에 대한 지식과 이해 부족으로 평가자의 주관이 개입될 여지가 많았으며, 평가자나 피평가자 모두 평가를 평가 시즌에만 실시하는 일과성 또는 부차적인 업무로 생각하였다. 또한, 평가 결과에 따라 승진, 승급 등에 누락되거나 부진자로 조치되면 자신 및 자신이 한 평가 결과에 대해 책임지지 않고 모두 회사의 잘못으로 떠넘기려는 경향이 있었다.

연공주의(신분능력)		
연공주의(신분능력)	자격주의(자격능력)	직무주의(직무능력)
포괄적(자율성) ←		→ 구체적(합리성)

(3) 승진관리

승진관리 제도는 근로자의 직무 중심의 능력주의에 입각한 직계 승진 제도, 사람 중심의 연공주의에 입각한 연공 승진 제도, 이 양자를 절충한 자격주의에 입각한 자격승진 제도로 구분할 수 있다.

3. 인적 자원의 보상관리

1) 임금관리

(1) 임금관리의 목표와 내용

임금은 직원 개인에게 있어서 생계를 유지하는 수입의 원천이다. 많은 사람들은 회사에서 일하는 이유를 자아실현과 일에 대한 만족감 등이라고 생각한다. 사실 이러한 의미와 목적이 없으면 오랜 기간 회사생활을 지속할 수 없을 것이다.

그러나 이 모든 생각도 기본적으로 임금을 통한 최소한의 생계와 안정된 생활이 보장될 때에 가능한 일이다. 근로자가 주방 현장에서 일을 하지만 안정된 생활은 커녕 하루하루 생계에 영향을 받는다면 회사의 어떤 노력도 동기부여가 되지 못할 것이다. 따라서 근로자의 최대 관심사가 임금인 만큼 무엇보다 적정한 임금은 근로자에게 직접적으로 동기를 제공하는 요인이 된다.

반면에 임금은 수익을 통한 성과 창출이 제1 목표가 되는 외식기업 입장에서는 원가를 구성하는 비용(cost)으로 생각한다. 따라서 외식기업은 경쟁력을 확보하기 위해서 어디까지나 성과와 연관하여 근로자에게 임금을 지급하려고 할 것이다. 이러한 노력은 결국 생산성을 높이기 위해 인건비를 낮추고 인력을 핵심 인재 중심으로 소수정예화를 추구하게 된다.

2) 임금관리의 구성과 결정 요인

(1) 임금관리의 구성

외식산업의 실제적인 임금 체계는 업장의 실정에 따라 적절한 항목을 선택하는 것이 보통이다. 임금의 성격은 근로자와 사용자의 입장에 따라 다르지만, 이들의 입장은 물론 기업이나 국민 경제 전체의 입장을 고려하여, 임금의 여러 가지 성격을 잘 조화시켜 나가는 것이 중요하다.

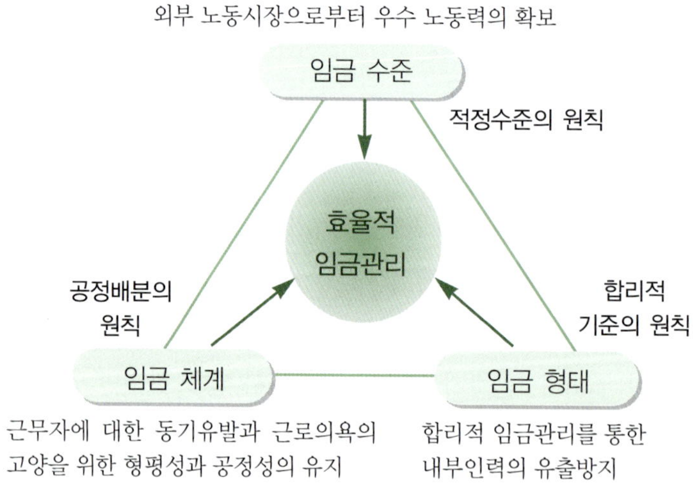

(2) 임금의 형태

임금의 계산 및 지불 방법에 관한 것으로써 고정급제와 성과급제로 분류된다. 고정급제는 일정한 노동 시간에 대한 일정한 임금을 지급하는 형태로서 단순 시간급제와 복률 시간급제로 나눌 수 있으며, 단순 시간급제 임금 형태로서는 시간제, 일당월급제, 주급제, 월급제, 연봉제 등으로 들 수 있다. 성과급제는 개인 성과급과 집단 성과급, 기업 성과급으로 나눌 수 있다. 임금 형태는 근무자의 작업의 향상과 직접적으로 관련되어 있어서 그 적용에 합리성이 요구된다.

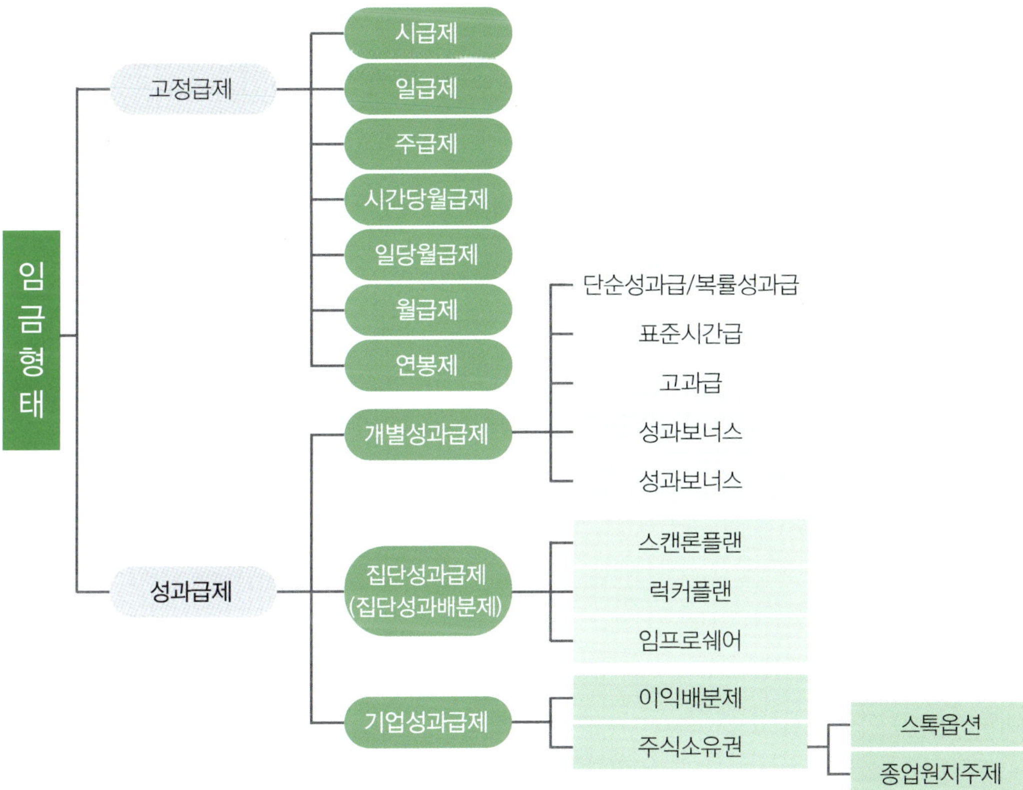

[임금 형태]

(3) 임금 수준의 결정 요인

임금의 양면성을 반영하여 근로자는 임금 수준의 결정 요인으로 생계비와 물가상승 등을 기준으로, 사용자 측은 영업실적과 생산성 등을 기준으로 하여 임금을 지급하고자 한다. 근로자와 경영자는 임금을 보는 시각이 다르므로 현실적으로 임금 수준은 양자의 세력 관계에 의해 영향을 받게 된다.

한편, 임금 수준은 노동의 수요와 공급, 즉 노동시장의 여건에 의해서 영향을 받기도 한다. 이러한 임금 결정의 제 요인을 사회환경적 요인, 노동적 요인, 경영적 요인으로 분류되기도 한다.

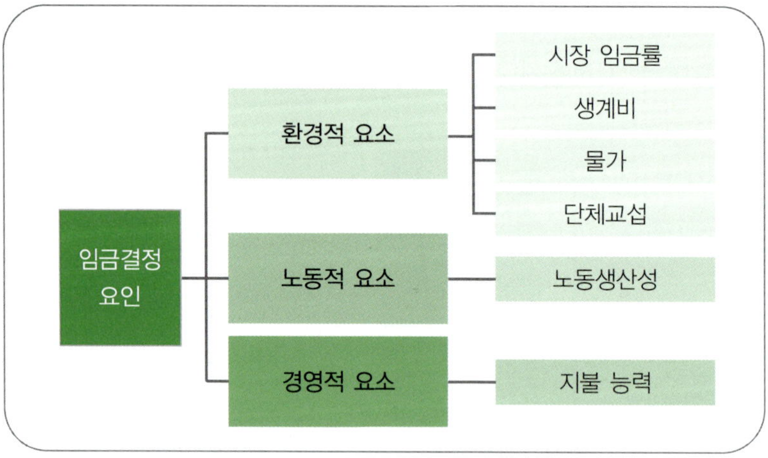

(4) 우리나라 기업의 임금 체계

우리나라의 임금 체계는 연공급제와 직능급제, 직무급제, 무급체계로 나뉠 수 있으며, 그 비율은 아래와 같다.

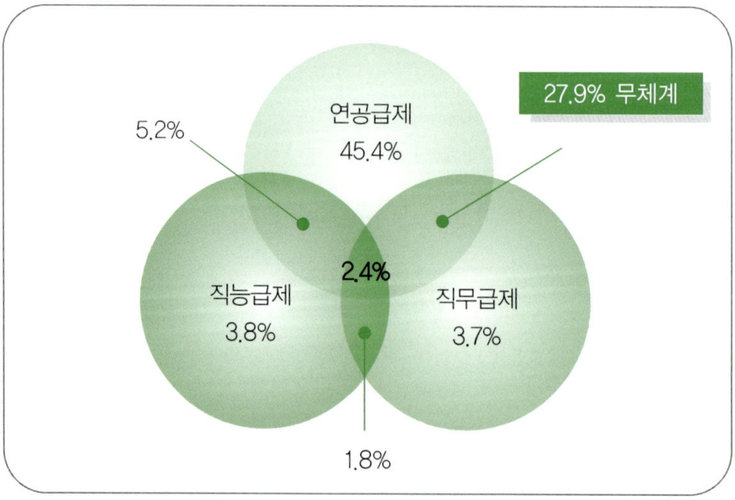

[우리나라 임금 체계]

3) 복리후생과 운영 메뉴

(1) 복리후생의 의의

기업의 복리후생 시스템(Benefit system)이란 '근로자가 조직생활을 함에 있어 안정, 조화, 생활의 질적 충실, 인격의 발선 등과 같은 행복의 이상적 상태를 추구해 나갈 수 있도록 편의시설 및 급부를 제도화한 것' 을 의미한다.

즉 복리후생이란 인적 자원의 보상관리의 일환으로서 기업이 근로자의 노동력 유지뿐만 아니라, 근로자와 그 가족을 대상으로 임금 등의 주된 근로 조건의 보완책으로 물적 · 정신적 서비스를 제공하는 것이라 할 수 있다.

일반적으로 복리후생 시스템은 법정 복리후생과 법정 외 복리후생으로 구분할 수 있다. 법정 복리후생은 관계법 규정에 의하여 의무적으로 기업이 실시하는 것으로 고용보험, 국민건강보험(구 의료보험), 국민연금, 산재보험 등 사회 4대 보험이 이에 속한다.

반면에 법정 외 복리후생은 기업의 의사(意思)와 사정(事情)에 의해 임의적으로 실시하는 것으로 주택, 생활 및 보건 시설, 문화 · 체육 · 오락 시설, 생활 원조 및 공제 등이 이에 속한다.

(2) 사회 4대 보험

1 사회보험제도 의의

현대 사회 경제 구조의 빠른 변화로 인해 개인이 일상생활 중에 당면할 수 있는 사회적 위험이 확대되었고 다양한 사회문제가 증가하였다.

동시에 각종 복지 수요가 급증함에 따라 사회 · 경제적 변화는 생활보장 문제를 전적으로 개인에게만 의존할 수 없는 상황을 초래하여 국가가 개인의 생활을 보장하는 사회보장제도가 등장하기에 이르렀다.

사회보장제도는 전체 국민의 연대 책임과 사회적 권리에 기초하여 전체 국민의 소득을 재분배에 의하여 일정 한도 이상으로 보장하고, 최저한도의 생활과 기본적 생활을 할 수 있도록 하기 위한 제도상의 모든 체제를 말한다.

2 사회보험제도 종류

우리나라에는 사회보험공단의 형태로 국민건강보험공단, 국민연금공단, 근로복지공단이 있으며, 여기에는 건강보험, 국민연금 및 고용 · 산재보험, 노인장기요양보험이 있다. 보험료의 징수 업무는 2011년 1월 1일 자로 업무 중 유사 · 중복성이 높은 보험료 징수 업무를 국민건강보험공단이 통합하여 운영하고 있다.

① 산업재해보상보험(산재보험)

근로자가 업무 시 재해를 입었을 때 조속히 사회로 환원하고 그 가족들의 생계를 보호할 목적으로 법률에 의해 가입이 강제되는 산업재해보상보험제도가 마련되어 있다. 보험료는 모두 사업주가 부담하며, 보험료율은 재해 발생 등을 감안하여 매년 노동부장관이 산업별 · 직종별로 결정 · 고시한다.

산재보험의 적용 특례제도를 통해 근로자가 아닌 사람도 혜택을 받을 수 있는데 현장실습생, 산업연수생, 외국에서 파견 근무하는 근로자, 특별히 정한 사람은 혜택을 받을 수 있다. 산재보험의 급여 내용은 요양급여, 휴업급여, 장해급여, 유족급여, 상병보상연금, 장의비, 특별급여와 간병급여 등이 중심을 이루고 있다.

우리나라는 산업재해의 사전 방지를 위해 1987년부터 한국산업안전공단을 신설하여 산업안전보건, 기술지도 및 교육, 안전진단 및 검사 등 산업재해 예방 사업을 강화하고 있으며, 1985년부터는 보험료를 계산해 개별 기업의 재해율을 감안하는 개별실적요율 제도를 도입하여 시행하고 있다.

② 국민연금보험

국민연금제도는 1988년 1월 1일부터 시행하여 국민의 노령, 질병, 폐질 또는 사망에 대하여 연금 급여를 실시함으로써 국민의 생활 안정과 복지 증진에 기여하는 것을 목적으로 하는 제도로서, 양적 성장을 이루어오고 있다.

국민연금 가입자는 사업장 가입자, 지역 가입자, 임의 가입자, 임의 계속 가입자로 구분한다. 단 여기에는 일용근로자 또는 1월 미만의 기한부로 사용되는 근로자, 소재지가 일정하지 아니한 사업장에 종사하는 근로자, 비상임 이사, 1월간의 근로시간이 80시간 미만인 시간제 근로자 등 사업장에서 상시 근로에 종사할 목적으로 사용되는 자가 아닌자, 공무원연금법, 군인연금법 및 사립학교교직원연금법의 적용을 받는 공무원 · 군인 및 사립학교 교직원은 가입자에서 제외된다.

③ 고용보험

고용보험은 근로자에게 실업급여와 능력개발 비용을, 사업주에게는 고용 유지와 교육훈련 비용을 제공하여 실직 근로자의 생활 안정 및 재취업을 지원하는 제도이다.

고용보험제도는 1995년 7월 1일(1993년 제정)에 시행되어 근로자(임금의 0.45%)와 사업주(임금 총액의 0.7~1.3%)가 공동 부담하는 기금으로 만들었다.

그러나 개정되어 실업급여는 근로자 0.45%, 사업주 0.45% 부담을 하고 있다. 고용안정 · 직업능력 개발사업의 보험율은 상시 근로자 150인 이상 범위에 해당되는 기업은 0.45%, 상시 근로자 수가 105 이상 1000인 미만인 사업주 0.65%, 상시 근로자 수가 1000인 이상인 사업주의 사업 및 국가 · 지방자치단체가 직접 행하는 사업은 0.85%를 사업주가 지급한다.

고용보험은 모든 근로자에게 적용되나 다음의 근로자에 대하여는 적용을 제외하고 있다. 1월간 소정 근로시간이 60시간 미만인 근로자(1주간 15시간 미만인 자 포함), 공무원, 사립학교 교직원연금법 적용자, 별정우체국 직원 등이다.

1998년 10월 1일부터 1인 이상의 근로자가 있는 모든 사업주는 의무적으로 고용보험에 가입하여야 하며, 사업주 또는 근로자의 의사와 관계없이 자동적으로 고용보험 관계가 성립되고, 고용보험에 가입한 사업장에 재직하고 있는 모든 근로자가 고용보험의 혜택을 받게 된다.

④ 국민건강보험

국민건강보험 제도는 직장 · 직종 · 지역, 공무원 및 사립학교 교직원 등으로 적용 대상이 분리되어 운영되어 왔으며, 1963년 12월 16일 의료보험법이 제정되어 직장의료보험을 시작으로 1988년 농어촌 의료보험이 실시되고, 1989년부터는 도시 지역 자영업자들에게도 적용 대상이 확대되면서 전 국민 의료보험을 실시하게 되었다.

1998년 10월 1일 지역의료보험과 공무원 · 교직원 의료보험이 통합되었고, 2000년 7월 1일부터는 직장의료보험까지 통합되어 국민건강보험으로 새롭게 출발하여 전 국민이 의료보험 혜택을 받게 되었으며, 2003년 7월 1일부터 지역과 직장의 재정이 통합 운영되고 있다.

⑤ 노인장기요양보험

노인장기요양보험은 고령이나 노인성질병 등으로 인하여 6개월 이상 동안 혼자서 일상생활을 수행하기 어려운 노인 등에게 신체 활동 또는 가사 지원 등의 장기요양급여를 사회적 연대 원리에 의해 제공하는 사회보험 제도이다.

2008년 7월 1일부터 시행되었으며 이제제도 그만 가족의 영역에 맡겨져 왔던 치매 · 중풍 등 노인에 대한 장기간 걸친 간병, 장기 요양 문제를 사회 연대 원리에 따라 국가와 사회가 분담한다.

장기요양급여는 재가급여, 사일급여, 특별현금급여가 있다. 재가급여비용의 15%, 시설급여비용 20%를 이용자가 부담하여야 한다.

의료급여 수급권자나 소득 및 재산이 일정 금액 이하인 자 등은 부담금을 감경받는다.

구분	도입	법률	기능	관리부처/집행기관	재정관리
국민연금	1998	국민연금법	소득상시급여(노령, 장애, 유족연금) 제공	보건복지부 / 국민연금공단	국민연금기금
건강보험	1977	국민건강보험법	질병발병시 급여제공	보건복지부 / 국민건강보험공단	공단독립회계
산재보험	1964	산업재해보상보험법	산재보상급여 제공	고용노동부 / 근로복지공단	산업재해보상보험 및 예방기금
고용보험	1995	고용보험법	실업급여, 고용안정사업, 직업능력개발사업	고용노동부 / 근로복지공단 / 노동부 지방사무소	고용보험기금
노인장기요양보험	2008	노인장기요양보험법	재가급여, 시설급여, 특별현금급여	보건부 / 국민건강보험공단	공단독립회계

4. 인적 자원의 배치와 교육(O.J.T)

1) 주방 인원의 배치관리

주방의 인적자원에 대한 관리 활동 기능은 채용 활동, 능력개발 활동, 사후관리 활동 등의 내용들이 서로 총체적인 흐름으로 전개되면서 하나의 인적 자원을 관리하고 있다.

인적 자원을 직무에 배정하는 것을 배치(Placement)라 하고, 일단 배치된 직원을 필요에 따라서 다른 직무로 재배치하는 것을 이동(Transfer)이라고 한다.

주방의 조직 구성원들은 모두가 전문적인 조리 이론과 기술성(Skill)을 요하는 특성과 또한 조리기능사로서 자격 조건을 갖추고 있어야만 주방 인원의 구성원이 될 수 있다. 그리기 때문에 주방의 인원은 배치하는 방법과 기법에 따라 관리 활동이 달라지기 마련이다.

주방 관리자는 주방이라는 한정된 공간에서 제한된 노동력을 동원해 고객이 요구하는 최상의 음식 상품을 창출하는 기술성과 경영성을 갖추어야 하며, 조직 구성원의 장단점을 파악하고 장점 분야는 신장시키고 단점 분야는 극복하기 위한 대책을 강구하여 구성원의 능력을 최대한 발휘시키도록 하는 기초 데이터를 입안하여야 한다. 그리하여 개개인의 업무 실적(Performance)을 정기적으로 평가하여 조직의 효율성을 높이는 것이 진정한 관리 활동이라 할 수 있다.

(1) 적재적소 배치관리

주방의 인원 배치에 있어서 적재적소란 "직무의 구체적 내용에 따른 요건에 맞도록 적당한 장소에 필요한 조리사로서 요건을 갖춘 사람이 배치된다."라는 의미가 함축되어 있는 개념이다. 즉 필요한 인재를 적합한 시기에 적합한 장소에 배치할 수 있도록 인재의 질을 정확하게 파악하는 것이 필요하다.

인재를 적재적소에 배치하려면 첫째, 경력과 경험 · 학력, 둘째, 인재의 특징 분석(기술이나 지식, 자격증, 면허, 교육, 수상 경력 등), 셋째, 현재 업무 수행도 평가, 넷째, 능력에 따른 발전의 가능성, 다섯째, 전문 분야, 여섯째, 업무 내용이나 직원의 선호도, 일곱째, 경력 목표(Career goal)나 장래의 기대 등의 데이터를 만들어 활용해야 한다.

이처럼 적재적소의 배치 시스템(Lay out system)적용 기법에 의하여 직무에 따른 인원을 배치했을 경우와 그렇지 못한 경우를 봤을 때 나타날 수 있는 결과로 아드킨스(D.C.Adkins)는 약 3~5배 정도의 작업량에서 차이를 보인다고 하였다.

주방 직원들의 작업량과 성과 정도에 미치는 결과를 보더라도 배치 활동의 중요성을 인식할 수 있을 것이다. 지금까지는 주방의 인원을 배치하는데 있어서 적재적소의 배치 시스템을 통해서 배치하기보다는 인맥, 학연, 지연 등 비공식적인 조직의 작용에 의하거나 경영자의 무원칙한 배려에 의해서 배치하는 경향이 많았었다.

그러나 현실적으로 지향해야 하는 주방 경영의 합리화와 효율적인 조직 문화를 형성하고 유지하기 위해서는 직능별, 특성화에 따라 조리 인원을 배치하는 것이 매우 적합한 방법이다.

(2) 순환배치관리

주방에서의 직무 순환(Job rotation)은 작업자에게 서로 성격이 다른 직무를 할당함으로서 한 가지 업무만을 할 때 생기는 직무의 단조로움을 피하여 작업자가 보다 생산적이 될 수 있도록 하는 것이다.

모든 외식 주방 시스템의 조직 구성원을 적절한 요건과 자리에 맞춰 배치한다는 것은 그리 쉬운 일은 아니며, 배치된 이후라도 사후관리를 소홀히 한다면 결과적으로 원위치 현상을 나타낼 수밖에 없다. 그러므로 제한된 공간과 노동력을 동원해 주방의 효율성을 높이고 노동 생산성 강화를 추구하기 위해서는 구성원들 간의 순환배치를 통해 잠재능력을 개발해야 한다.

또한, 직무 확대(Job enlargement)는 작업자에게 서로 다른 업무를 여러 개 모아서 업무의 내용을 다양화하여 작업자의 흥미를 진작시키는 것을 말한다. 이는 주방원으로 하여금 과업의 보다 많은 부분에 공헌하게 함으로써 직무에 대한 만족감을 증가시키고자 하는 데 있다.

조리의 직무가 너무 단순하고 반복적인 경우에 조리사는 쉽게 실증을 느끼고 불만족을 느끼게 되고 이직을 할 수도 있기 때문에 이러한 문제들을 해결하기 위해서 제안된 방법이 직무 확대이다.

직무가 확대됨으로써 조리사들은 과업의 많은 부분을 수행하게 되어 더 많은 책임감, 자신감, 성취감 등을 느끼게 되어 직무 만족감을 증대시키는 잠재력을 가지고 있다.

순환 배치나 직무 확대는 일정 기간 동안 같은 업장과 업무 내용이 동일한 장소에서 다른 장소로 이동 과정을 거쳐 업무 흐름을 도와주는 배치 기법이다. 그러나 궁극적으로는 장기간 계속될 때에는 지속적으로 동기 부여를 시키기엔 한계가 있기 때문에 근본적인 해결책은 되지 못한다.

2) 인재 교육(O.J.T)

O.J.T란 직장 내 교육훈련을 말하며 On-the-Job Training의 약자이다. '관리, 감독자가 평소의 업무를 통하여 소진된 직원을 육성, 개발하는 연수' 라고 일반적으로 한국공업표준협회에서 정의되고 있으나 이를 보다 알기 쉽게 정의하면 '업무에 종사하면서 하는 교육훈련', '업무를 시키면서 또는 업무를 진행시키면서 가르치는 것' 이라고 정의할 수 있다. O.J.T의 대상은 부하나 후배 또는 직원 한 사람을 대상으로 할 수도 있으며 육성 필요점이 공통적인 사항에 대해서는 집단으로도 할 수 있다.

O.J.T는 on the job training의 머리글자로 직장 또는 사업장에서 업무를 수행하는 과정에서 윗사람, 즉 관리자 · 선배 · 사업자가 아랫사람, 즉 부하 · 후배 · 직원에 대한 교육 필요 사항, 즉 니즈(needs)에 맞추어 실시하는 일체의 지도 · 조언 활동이다. 여기서 'on' 의 의미는 업무를 통해서뿐만 아니라 '내가' 라는 뜻까지 내포한 것이며, 'job' 은 일(업무) 자체를 뜻하고 'training' 은 단련시킨다는 뜻이다.

교육훈련 체계는 크게 ① 자기계발(SD), ② 사업장 내 교육(O.J.T), ③ 사업장 밖 교육(Off-JT), ④ 경력개발(CDP) 로 나누어 볼 수 있다. 이 4개의 축은 상호 유기적 관계를 갖고 추진되어야 한다. 자기계발 지향의 교육이란 사원 개개인이 업무의 질적인 향상을 위해 자발적으로 노력하는 능력계발 교육을 의미한다고 할 수 있다.

이를 효과적으로 추진하기 위해서는 O.J.T, Off.J.T, CDP(Career Development Program, 경력계발 계획이라고도 한다)가 뒷받침이 되어야 한다. 앞으로의 연수 기획은 과거의 단순한 교육 기획 · 실시와는 달리 사업 경영전략과 관련된 O.J.T제도나 OFF-JT, SD 및 CDP와 연결되는 연수 계획의 입안 · 실시가 이루어져야 된다.

특히, 그중에서도 가장 중요한 교육은 O.J.T이다. O.J.T는 윗사람이 개별적으로 아랫사람에게 실시하는 업무 수행 능력 향상을 위한 지도 활동이기 때문에, O.J.T의 기본이 없이는 외식산업의 교육은 실효를 얻기가 어렵다.

더욱이 요즈음 많은 기업에서 커다란 관심을 갖고 있는 조직 풍토의 개선과 조직의 활성화를 위한 조직 개발이나 경영 혁신도 O.J.T를 기본으로 실시되는 것이다.

O.J.T의 5W1H
① Where (어디서) : 직장 또는 사업장 내에서
② When (언제) : 업무수행 중에
③ Who (누가) : 상사나 선배가 부하 혹은 후배에게, 사업자가 종업원에게
④ Why (왜) : 업무(사업) 목표 달성과 인재 육성을 위해
⑤ What (무엇을) : 개인(혹은 집단)의 육성 필요 점을 발견해서
⑥ How (어떻게) : 발견된 육성 필요 점을 지도 · 지원한다.

(1) O.J.T 교육훈련의 장 · 단점

1 O.J.T 교육훈련의 장점

① 훈련이 추상적이 아니고 구체적이다.

② 실시가 Off-JT 보다 용이하다.

③ 훈련으로 진보를 알 수 있어 종업원의 동기를 유발할 수 있다.

④ 상사나 동료 간의 이해와 협조정신을 강화, 촉진시킨다.

⑤ 저비용으로 할 수 있다.

⑥ 훈련을 하면서 일을 할 수 있다.

⑦ 직원의 습득도와 능력에 따라 훈련할 수 있다.

2 O.J.T 교육훈련의 단점

① 우수한 상사가 반드시 우수한 교사는 아니다.

② 일과 훈련의 양자를 철저히 기하지 못할 가능성이 있다.

③ 다수의 직원을 한꺼번에 훈련할 수 없다.

④ 통일된 내용, 정도의 훈련을 할 수 없다.

⑤ 전문적인 고도의 지식과 기술을 가르칠 수 없다.

⑥ 훈련비용의 일부가 지도자에게 부담된다.

김수원, 《기업의 현장훈련 실태와 정책적 추진과제》, The HRD Review, 2005년.

기획재정부, 《한국의 사회보험 제도 현황》, 2005년.

김기영, 《호텔 외식산업 주방관리실무론》, 백산출판사, 2007년.

박경규 · 임효창, 《O.J.T의 도입효과-Off-JT와의 비교를 중심으로》, 산업관계연구, 10권 제2호, 2000년.

유정만, 《기업 신입직원 O.J.T 특성요인이 O.J.T 성과인식에 미치는 영향》, 숙명여자대학교 석사학위논문, 2008년.

이덕로, 《인적자원관리론》, 고려아카데미컨설팅, 2004년.

이한룡, 《21세기를 위한 인적자원관리》, 대명, 2007년.

손재근, 《호텔 인적자원관리와 조직성과의 연구》, 경기대학교 박사학위논문, 2005년.

차대운, 《종업원의 능력개발을 위한 O.J.T에 관한 연구》, 부산여대 논문집, 1987년.

한국프랜차이즈협회, 《프랜차이즈 경영가이드 총서 3》, (사)한국프랜차이즈협회, 2004년.

中山三郎 · 本多壯一, 《例解人事勞務の管理と診斷》, 同友館, 1982년.

06 주방의 작업관리

1. 주방의 작업관리

1) 작업관리의 정의 및 개념

주방의 조리 생산관리는 예산 범위 내에서 양적 · 질적으로 뛰어난 음식을 생산하여 적재적소에서 고객에게 판매하는 데 의미가 있다. 주방에서 음식 상품 계획은 단순히 조리 과정에만 국한되는 것이 아니라 메뉴의 판매량을 기초로 생산, 생산 방법, 생산시기와 장소, 인원 등을 결정하고, 생산을 실시하기 전에 각 과정마다 계획을 세워서 작업의 결과를 예측하고 계획하는 것이다.

[식음료 생산 시스템]

외식업체의 주방에서 작업관리는 효율성 및 생산성을 높이는 데 목적이 있다. 즉 작업관리란 작업을 능률적이고 효과적으로 수행하기 위한 제반 관리 업무로서 작업자들의 작업 공정(work system)을 주요 관심 대상으로 연구하고 분석하는 관리 분야라고 할 수 있다.

따라서 주방에서는 효율적인 작업관리를 위해 작업 생산성 측정 및 소요 인력 산출, 작업 일정 계획 및 작업 공정 연구, 작업 동선 및 레이아웃 개선 등의 연구를 하게 된다. 작업 분석이나 측정을 행하는 목적은 작업 수행과 관련된 모든 요소를 합리적으로 개선하는 데 있으며, 경영 목적의 달성을 위해 최소한 시간, 노력, 경비를 줄여 좋은 조리 상품과 서비스를 생산하고자 하는 데 작업관리의 의의가 있다.

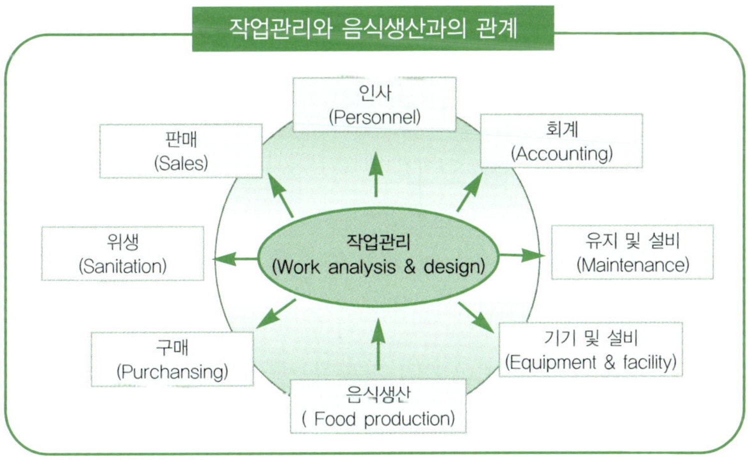

[직업관리와 음식 생관과의 관계]

2. 주방 작업의 생산성

1) 생산성 지표의 개념

기업 활동의 성과 및 효율을 측정하고 개별 생산 요소의 기여도 및 성과 배분의 합리성 여부를 규명하기 위한 지표이다. 그러므로 생산성에 관한 지표는 경영 합리화의 척도라고 할 수 있으며, 생산성 향상으로 얻은 성과에 대한 분배 기준이 된다. 근래에는 기업 경영의 성과를 부가가치 생산성이란 개념으로 측정하는 것이 일반적이다.

생산성 지표는 시스템 안에 인적 · 물적 자원을 얼마나 최대한 활용하고 있는지 지표로, 식당 관리자에게 작업과 인력관리를 위해 매우 필수적이고 유용한 정보로 활용되고 있다.

이에 따라 생산성(productivity)은 생산을 위해 필요한 자원의 투입량(input)에 대해 생산 활동 결과가 나타난 산출량(output)으로 나타낼 수 있다. 즉 생산성이란 생산을 위해서 다양한 재원(resources)을 투입(input)하여 생산 활동의 결과로 나타난 산출(output)의 비율을 말한다.

$$\text{생산성} = \frac{\text{산출(output)}}{\text{투입(input)}}$$

• 투입 요소: 주방에 소요된 인력 및 비용
• 산출 요소: 음식 또는 고객수

2) 주방의 생산성에 영향 요인

주방에서 생산성에 도움을 줄 수 있는 것은 근무자의 두려움을 감소시키고, 승진의 기회를 제공하며, 예산편성 등의 자율권을 주어 직무 충실화에 기여하도록 하고, 직무 기술을 증진 시킬 교육 프로그램의 기회를 제공, 의사소통이 잘되도록 하는 것이다. 영향 요인에는 아래와 같다.

구분	영향요인
1	기기 설비의 용량의 적절성
2	시설의 배치와 디자인
3	판매되고 있는 메뉴의 항목(종류) 수
4	메뉴 준비의 시간 정도
5	근무자의 능력
6	근무자의 학력 사항
7	관리자의 수행도
8	근무자의 근태 사항
9	조리할 수 있는 조리사의 수
10	주방의 고유 제한
11	관리자의 교육훈련
12	재활용 제품과 일회용 제품의 사용

3) 주방의 생산성 지표 산출

(1) 노동생산성 지표

노동 시간에 대한 자료는 주방의 인력 현황과 근무 기록카드를 통해서 구할 수 있다. 이때 주방 책임자는 모든 조리 인력 등 조리 업무와 관련된 인력의 수를 집계하여 생산성 지표를 좀 더 정확하게 산출할 수 있다.

1 근무 시간당 식수(Meals per worked labor)

일정 기간 동안 총 식수 / 일정 기간 동안의 총 근무시간

2 근무 규정 시간당 식수(Meal per paid hour)

일정 기간 동안 제공한 총 식수 / 일정 기간 동안의 총 규정 근로시간

3 1식당 노동 시간(Minutes per hour)

일정 기간 동안의 총 노동 시간(분) / 일정 기간 동안 제공한 총 식수

4 노동 시간당 식당량(Meal equivalents per worked hour)

일정 시간 동안 제공한 총 식당량 / 일정 기간 동안의 총 노동 시간

5 근무 시간당 서빙 수(Servings per labor hour)

일정 기간 동안 제공한 총 서빙 수 / 일정 기간 동안의 총 근무 시간

(2) 비용 생산성 지표

비용을 투입 요소로 사용할 경우 인건비만 계산하기도 하고, 식재료비나 경비를 포함한 전체 비용으로 계산하기도 하며, 비용에 대한 자료는 해당 기간의 결산 자료나 영업보고서로부터 구할 수 있다.

1 1개 음식당 인건비(Labor cost per meal)

일정 기간 동안 인건비 / 일정 기간 동안의 제공한 총 식수

2 1개 음식당 비용(Total cost per meal)

일정 기간 동안의 총 비용 / 일정 기간 동안 제공한 총 식수

3. 세척관리

1) 세척관리

주방에서 세척관리는 조리기구 및 용기의 표면에서 때와 음식찌꺼기를 제거하는 상태를 말한다. 즉 식품이나 식기, 조리기기 등으로부터 유해한 미생물이나 오염물질, 불필요 물질 등을 제거하기 위해서 물로 씻는 조작이며 조리 과정에서는 제1단계에서 이루어지는 경우가 많다. 세정의 효과를 높이기 위해서 계면활성제를 이용하는 경우도 있으며, 일반적으로 호텔이나 외식업체 주방에서는 전문 세척기를 이용하여 세척이 많이 사용하고 있다.

(1) 세제 사용 시 유의사항

① 세제의 용도, 효율성 및 안전성을 고려하여 구입한다.

② 사용 방법을 숙지하여 사용한다.

③ 세제를 임의로 섞어 사용하는 일이 없도록 한다.(염소계와 산성계 약제를 같이 사용하거나 혼합해서 사용하면 유해가스 발생)

④ 반드시 식품과 구분하여 안전한 장소에 보관한다.

(2) 세제의 종류

① 일반 세제에는 비누, 합성세제를 사용하며 거의 모든 세척 용도에 적당하다.

② 솔벤트(Solvent)는 가스레인지 등 음식이 직접 닿지 않는 곳의 묵은 때 제거에 사용된다.

③ 산성세제는 세척기의 광물질, 세제 찌꺼기 때를 제거에 사용하며, 기구나 설비에 손상을 줄 수 있으므로 산성의 강도를 점검한 후 사용한다.

④ 연마세제는 바닥, 천장 등을 청소하고 플라스틱 제품에는 부적절하다.

2) 소독관리

조리기구, 용기 및 음식이 접촉되는 모든 표면으로부터 안전한 수준으로 미생물을 감소시키는 것을 말한다.

(1) 소독 시 유의사항

① 미생물을 안전한 수치로 감소시키기 위한 소독제의 선택, 농도, 침지 시간을 결정한다.
② 사용 방법을 반드시 숙지하여 사용한다.
③ 소독액은 미리 만들어 놓으면 효과가 떨어지므로 1일 1회 이상 제조한다.
④ 사용 전 Test paper를 사용하여 색의 변화를 관찰한다.(농도 확인)
⑤ 반드시 식품과 구분하여 안전한 장소에 보관한다.
⑥ 기구류에 대해 염소소독을 할 때에는 세척한 후 사용한다. 세정 전 사용 시 유기물질과 지방, 때 등과 반응하여 유효 농도가 떨어진다.
⑦ 차아염소산나트륨을 식품 소독용으로 사용하는 경우 식품첨가물이라고 표시되어 있는 제품을 사용해야 한다.

(2) 소독의 종류 및 방법

조리기구, 용기 및 음식이 접촉되는 모든 표면으로부터 안전한 수준으로 미생물을 감소시키는 것을 말한다.

종류	대상	소독방법	비고
자비소독 (열탕소독)	식기, 행주	• 열탕에서는 100℃ 5분 이상 • 증기소독기 : 100~120℃에서 10분 이상 • 재질에 따라 • 금속재 : 100℃ 5분, 80℃ 30분 • 사기 · 토기 : 80℃ 1분 • 천류 : 70℃ 25분, 95℃ 10분 160~180℃ 15~16초	그릇을 포개어 소독할 때에는 끓이는 시간을 연장

일광소독	칼·도마·행주	• 바람이 잘 통하고 햇볕이 잘 드는 곳에서	화학, 열탕소독 병행
건열소독	식기	• 160~180℃에서 30~45분간	
자외선 소독	소도구 용기류	• 살균력이 가장 강한 2,537Å의 자외선에서 30~60분 조사	
화학 소독	작업대 기기 도마 생채소 과일	• 염소 용액 소독 • 생채소, 과일의 소독 : 100ppm 이상의 유효 염소가 함유된 24℃ 이상의 염소 용액에 최소 5분간 침지 - 발판 소독조 : 100ppm - 식품 접촉면의 소독 : 50ppm 1분 이상 • 요오드 용액(기구, 용기 소독) - pH5 이하, 24℃ 이상, 요오드 25ppm이 함유된 용액에 최소 1분 침지 • 70% 에틸알코올 소독(손, 용기 등) -분무하여 건조	반드시 세척 후 사용
기타	생채소 과일	• 5% 식초로 물과 1:4분량으로 희석 • pH4.1 미만으로 사용	

(3) 소독액 제조법

① 차아염소산나트륨

- 식품 접촉 기구 표면 소독 : 50ppm/채소, 과일의 소독: 100ppm
- 소독제 농도 환산법

$$\frac{100}{1{,}000{,}000}(\text{ppm}) = \frac{\text{염소량}(m\ell)}{2{,}000(m\ell)} \times \text{염소 농도}(\%)$$

예) 락스(유효염소 4%)를 사용할 때 물 2L당 1~1.5티스푼(5㎖)을 넣으면 ⇒ 유효잔류 염소농도 100ppm(채소 · 과일 소독, 신발 소독조 등)

② 요오드

- 도마, 칼 등 식품 접촉기구 표면 소독 : 25ppm

예) 물 1L당 1테이블스푼(15㎖)을 넣으면 ⇒ 요오드 25ppm

③ 알코올

- 장갑, 손, 기구 소독

예) 99% 에틸알코올 7컵 + 물 3컵 ⇒ 70% 알코올

3) 기구 세척 · 소독 방법

(1) 세척 및 소독의 일반 원칙

① 조리기구 및 용기는 세척하기 전에 물에 담가 불리거나 음식 찌꺼기, 오물을 씻어낸다.

② 세척하기 전에 용기 받침대와 소독이 끝난 용기 받침 선반을 미리 비치한다.

③ 조리기구 및 용기는 이물질을 완전히 제거한 후 식품 접촉면을 소독한다.

④ 수동으로 세척 및 소독을 할 경우

- 1단계 : 40℃ 정도의 식수로 기구 및 용기에 붙은 음식물 찌꺼기를 씻어내고 1차 세척한다.
- 2단계 : 수세미에 세제를 묻혀 이물질을 완전히 닦아낸다.
- 3단계 : 40℃ 정도의 흐르는 물에 세제 및 기름기를 충분히 씻어낸다.
- 4단계 : 열탕 · 약품 · 자외선 소독 등 적절한 방법으로 소독한다.

⑤ 소독 후에는 식품 접촉면을 공기로 건조하거나 청결히 보관할 수 있는 찬장이나 보관고에 넣어둔다.(가급적 행주를 사용하지 않는다.)

(2) 식품과 직접 접촉하는 기구의 세척 및 소독 방법

1 조리기계(취사기, 국솥, 조림솥, 튀김솥 등)

구 분	방법 및 주기	비 고
세척	- 주기 : 1회/일 - 세제 : 중성 · 약알칼리성 세제	
세척	- 방법 • 전기를 사용하는 기구는 전원을 차단한다. • 취사기의 밧트 및 국솥 등은 내부를 물에 불려낸 후 찌꺼기를 흐르는 40℃ 정도의 먹는 물로 씻어낸다. • 세척제를 스펀지 또는 수세미에 묻혀 잘 씻는다. 특히 손잡이, 핸들, 가스개폐 손잡이에 음식찌꺼기가 앉지 않도록 항상 깨끗이 관리한다. • 40℃ 정도의 식수로 세제를 깨끗이 씻어낸다. • 튀김기, 부침기는 세정 후 물기를 없앤다. • 국솥, 조림솥 등은 소독후 엎어서 건조시킨다. • 스팀취사기속 배관 부분은 솔로 문질러 세척한다. • 가스취반기는 사용 후 버너와 내부를 반드시 청소한다.	- 스팀 취사기의 스케일 제거 • 물을 받고 취사기안에 전용 약품을 끼얹은 후 10~20분 스팀을 올려준다. • 무쇠솥인 경우 가열 건조후 식용유를 발라 놓는다.
소독	- 약품소독 • 요오드액(25ppm) 또는 염소액(50ppm)을 분무하여 1분 이상 방치 후 식수로 씻어내어 건조한다. • 작업 전에는 알코올(70%)을 분무하거나 이와 동등한 효과가 있는 방법으로 소독한다.	

2 **조리대(검수대, 작업대, 싱크대) 및 세미기, 무침기**

구 분	방법 및 주기	비 고
세척	- 주기 : 1회/일 이상, 사용 후 - 세제 : 중성 · 약알칼리성 세제	

세척	– 방법 • 주변을 정리한 후 40℃ 정도의 식수로 씻는다. • 수세미에 세제를 묻혀 상단, 옆 부분, 받침대를 포함한 아랫부분을 골고루 문지른다. • 작업 찬장의 경우 구석, 모서리 부분까지 깨끗이 씻어낸다. • 40℃ 정도의 식수로 잔류 세제를 닦아낸다. • 물 빠짐이 안 되는 경우(찬장 등)는 청결한 행주를 사용하여 물기를 닦아낸다.	
소독	– 약품 소독 • 요오드액(25ppm) 또는 염소액(50ppm)을 구석까지 빈틈없이 분무하고 1분 이상 방치 후 식수로 씻어낸 후 건조 • 알코올(70%) 분무 후 건조	

3 채소 슬라이서 · 박피기

구 분	방법 및 주기	비 고
세척	– 주기 : 1회/일 이상, 사용 후 – 세제 : 중성 · 약알칼리성 세제 – 방법 • 전원을 차단한다. • 분리 가능한 부속품은 모두 분리하여 남은 음식물 찌꺼기를 제거한다(분리한 부속품은 바닥에 놓지 않는다). • 본체(기계 부분) 세제가 묻은 행주(기구 세척용)로 오염된 것을 닦아낸다. 깨끗한 행주를 40℃ 정도의 식수에 적셔 오물과 세제를 제거한다. • 칼날 등 부속품 남은 음식물 찌꺼기를 제거한 후 먹는 물로 씻는다. 전용 솔 또는 수세미에 세제를 적셔 문지르고 40℃ 정도의 식수로 세제를 씻는다.	

소독	- 본체(기계 부분) • 알코올(70%)을 구석까지 분무한 후 건조 • 염소액(50ppm)을 깨끗한 행주에 묻혀 닦고 5분간 방치 후 행주에 식수를 적셔 소독액을 제거한다. - 칼날 등 부속품 • 100℃에서 30초 이상 살균, 자연 건조 후 조립 • 요오드액(25ppm) 또는 염소액(50ppm)을 빈틈없이 분무, 1분 이상 방치 후 먹는 물로 씻어내고 건조 후 조립한다. - 작업 개시 전 • 알코올(70%)을 분무한 후 사용한다.	- 부속품을 분리하여 세척, 소독, 건조한 후 조립한다.

4 식판

구 분	방법 및 주기	비 고
세척	- 주기 : 1회/일 이상 - 세제 : 식기 세척기 전용 세제 - 방법 • 60℃ 정도의 온수에 식판을 불린다. • 수세미로 애벌 세척 후 세척기에 넣는다. • 세척이 끝나면 위생장갑을 낀 손으로 받아서 전기식기소독고나 청결한 보관고에 보관한다.	-6개월 1회 정도 기름때 제거용 약품에 삶아내어 찌든 때를 제거
소독	- 건열소독 • 전기소독고에서 74℃ 이상, 2시간 이상 충분히 건조한다.	

5 도마, 칼

구 분	방법 및 주기	비 고
세척	- 주기 : 사용 후 - 세제 : 중성 · 약알칼리성 세제	

세척	– 방법 • 40℃ 정도의 식수로 깨끗이 씻은 후(도마는 전용솔 이용), 수세미에 세제를 묻혀 잘 씻는다. • 40℃ 정도의 식수로 세제를 씻어낸다. • 소독 후 청결한 보관고에 보관한다.	
소독	– 약품소독 • 도마 : 요오드 액(25ppm) 또는 염소 액(50ppm)에 1분 이상 담가놓은 후 식수로 씻어내어 선조 • 칼 : 요오드 액(25ppm) 5분 또는 염소 액(50ppm)에 10분 이상 담가 놓은 후 식수로 씻어내어 건조한다. – 열탕소독 : 100℃에서 5분 이상 – 자외선소독 : 자외선 소독고 30~60분간 또는 일광 소독	– 소독조에 담가두는 것도 가능 –열탕, 일광소독은 가급적 다른 소독 방법과 병행

6 반찬통, 밥판, 국통 및 소규모 기구류(집게, 수저, 국자, 가위 등)

구 분	방법 및 주기	비 고
세척	– 주기 : 1회/일 이상 – 세제 : 중성 · 약알칼리성 세제 – 방법 • 용기를 종류별로 나누어 남아있는 음식 찌꺼기를 제거 • 40℃ 정도의 식수로 씻는다. • 세제로 세척한 후 40℃ 정도의 식수(흐르는 물)로 잔류 세제 없이 헹군다. • 소독한 후 지정된 청결한 장소에 보관한다. • 찬통, 밥판, 국통 등을 신반에 보관할 경우 바닥의 물이 튀지 않는 높이(50㎝ 이상)에 겹치지 않게 엎어서 보관한다.	
소독	– 수저 : 열탕소독한 후 전기소독고 사용 또는 100℃ 이상에서 2시간 이상 증기소독을 한다. – 밥판, 국통 : 열탕소독 100℃에서 5분 이상 – 플라스틱, 고무 요오드(25ppm) 또는 염소(50ppm)소독을 한 후 식수로 씻어내어 건조한다.	

소독	– 금속제 • 열탕소독(100℃ 이상에서 5분 이상) 후 건조한다. • 요오드(25ppm)소독 후 식수로 씻어내어 건조한다.	

(3) 식품과 간접 접촉하는 기구의 세척 및 소독 방법

1 배식용 바구니, 배식차, L형 운반차, 다단식 선반 등

구 분	방법 및 주기	비 고
세척 및 소독	– 주기 : 1회/주, 사용 후 – 세제 : 중성세제 – 방법 • 가스밸브를 모두 닫는다. • 상판이나 외장은 사용할 때마다 세척한다.(물이 들어가지 않도록 주의) • 버너 밑에 있는 물 받침대, 용기 받침대 등 분리가 가능한 것은 전부 분리하여 세제를 사용하여 세척한다. • 세척 액을 헹군 후 건조시킨다(기름을 발라 녹이 슬지 않도록 함). • 가스 호스, 콕, 가스 개폐 손잡이 등에는 기름때 제거용 세제를 분무하여 지시된 시간만큼 방치해 둔 다음 뜨거운 물을 천에 적셔 닦아낸다. • 버너는 불구멍이 막히지 않도록 솔을 사용하여 가볍게 닦는다.(먼지, 물이 들어가지 않도록)	

2 가스 기기류(가스그리들 등)

구 분	방법 및 주기	비 고
세척	– 주기 : 1회/일, 사용 후 – 세제 : 중성 · 약알칼리성 세제	

세척	- 방법 • 음식물 찌꺼기를 호스를 이용하여 씻어낸다. • 수세미에 세제를 묻혀 문질러 씻는다. • 40℃ 정도의 식수로 깨끗이 헹군다.	
소독	- 약품소독 • 염소소독(100ppm) 또는 요오드소독(25ppm) 후 식수로 씻은 후 건조한다.	

3 냉장 · 냉동고 및 전기소독고

구 분	방법 및 주기	비 고
세척 및 소독	- 주기 : 1회/주 - 세제 : 중성 · 약알칼리성 세제 - 방법 • 전원을 차단한다. • 냉장고의 내용물은 다른 냉장고로 옮긴 후 성에를 제거한다(식기 소독보관고는 식기를 넣기 전 비어 있을 때 세척한다). • 선반을 분리한 후 스펀지에 세제를 묻혀 냉장고 내벽, 문, 선반을 닦고 40℃ 정도의 식수로 씻어낸다. • 염소소독(100ppm)으로 소독한 후 식수로 씻어내고 소독된 행주로 물기를 닦아낸다. * 기계 부분의 먼지나 더러움은 매일 제거해 항상 청결한 상태를 유지한다.	- 냉장고 수시로 냉장 · 냉동온도 점검 - 전기소독고 온도조절기, 표시등, 고무바킹, 히터 상태, 작동 이상

(4) 기타

1 고무장갑

구 분	방법 및 주기	비 고
세척 및 소독	- 주기 : 작업 전환 시마다, 개인위생 준수 사항에 따라 - 세제 : 중성세제	

세척 및 소독	- 방법 • 흐르는 물에 손을 비비며 씻어 이물질을 떨어뜨리어 낸다. • 세제를 묻혀 팔목 부분까지 안과 밖을 닦는다. • 손바닥 면의 요철이 있는 부분은 전용 솔을 사용하여 깨끗이 씻는다. • 40℃ 정도의 미온수로 깨끗이 헹군다. • 염소소독(100ppm) 또는 알코올(70%) 분무 후 자연 건조시킨 후 청결한 보관고에 겹치지 않도록 보관한다.	- 전처리용, 조리용, 세척용으로 구분하여 사용

2 저울

구 분	방법 및 주기	비 고
세척 및 소독	- 주기 : 1회/일 이상 필요시마다 - 세척제 : 중성 · 약알칼리성 세제 - 방법 • 받침대와 바퀴에 주의하여 표면의 찌꺼기를 40℃ 정도의 먹는 물로 헹구어 낸다. • 세제를 스펀지로 문지르고 식수로 세제를 씻어낸다. • 요오드(25ppm) 소독을 한 후 건조시킨다. • (전자저울) 표면의 찌꺼기를 식수로 씻어내고 행주에 세제를 묻혀 오물을 닦아낸 후 깨끗한 행주에 먹는 물을 적셔 세제를 제거한다.(70% 알코올 분무 소독)	- 전자저울 세척 시 내부로 물이 들어가지 않도록 주의

3 수세미

구 분	방법 및 주기	비 고
세척 및 소독	- 주기 : 1회/일 이상, 필요시마다 - 세척제 : 중성 · 약알칼리성 세제 - 방법 • 수세미 사용 용도별로 세정액을 분비하여 둔다.	

세척 및 소독	• 사용한 수세미는 식수로 씻은 후 세정 용액에 담근다(충분한 수량을 확보하여 한 번 사용한 수세미는 당일 사용하지 않는다). • 40℃ 정도의 식수로 세제를 헹구어 낸다. • 전용 용기에 열탕소독(100℃에서 5분 이상)한다. • 충분히 탈수한 후 청결한 장소에서 건조(일광이 적당하지 않을 경우 통풍이 잘되는 곳)한다.	– 식기세척용, 조리기구용, 청소용으로 구분 사용, 관리한다. – 충분한 양을 확보하여 당일 사용한 것은 재사용하지 않으며 소독, 건조된 수세미를 꺼내어 사용하는 것이 좋다.

4 행주

구 분	방법 및 주기	비 고
세척 및 소독	– 주기 : 1회/일 이상 – 세제 : 중성 · 약알칼리성 세제 – 방법 • 사용한 행주를 흐르는 물에 3회 정도 씻는다. • 세척제로 세탁하여 흐르는 물 또는 40℃ 정도의 식수로 세척제를 씻어낸다. • 행주 전용 냄비로 100℃에서 10분 이상 삶는다. • 청결한 장소(일광, 바람이 잘 통하는 곳)에서 건조 – 가급적 사용을 제한하며, 용도를 구분하여 사용	– 전용 보관고에 용도별로 수납

5 식기세척기

구 분	방법 및 주기	비 고
세척 및 소독	– 주기 : 1회/일 이상 – 세척제 : 중성 · 약알칼리성 세제 – 방법 • 오물 여과 받침, 커튼 등을 분리해 세제로 청소한다. • 찌꺼기가 남기 쉬운 세척기 내 · 외부를 호스를 이용하여 청소한다.	– 스케일 제거 물을 받고 취사기 안에 스케일 제거제를 끼얹은 후 10~20분 정도 스팀을 올려준다.

세척 및 소독	• 세척기 내 노즐은 정기적으로 청소하여 물 분사가 용이하도록 한다. • 커튼은 염소소독(100ppm)을 한다. • 건조, 환기를 위하여 측면을 열어둔다.	

4) 식기세척기 및 식기 소독 보관고 관리 방법

(1) 식기세척기

식기세척기의 최종 세척 기준 온도는 74℃ 이상으로 세척뿐 아니라 소독 효과도 있어 온도가 확실하다면 별도의 소독이 필요하지 않다. 식기 소독 보관고의 기본 원리를 이해하고 정확한 사용 방법을 익혀 불완전한 식기세척 · 소독으로 인한 위해를 예방한다.

작업 단계		관 리 기 준	비 고
전처리		- 식기 담금 온도 · 시간 : 50℃에서 20~30분	
세척	1차	- 적정 온도 : 60~65℃ - 보일러 • 본체 압력 4~5kg/㎠, 세척기스팀 압 2~3kg/㎠ - 세척기 노즐 • 적정 분사 압력 : 0.4~0.5kg/㎠	- 커튼 부착 : 열효율을 높임 - 노즐의 막힘 확인
	2차	- 세제 농도 : 0.1~0.2%	
헹굼	1차	- 적정 온도 : 60℃ 이상 - 컨베이어의 속도 : 1.5~4.5m/분	
	2차	- 최종 헹굼 수의 온도 : 82℃ 이상 - 식판 표면 온도 : 74℃ 이상 - 적정 린스 농도 : 0.05%	- 적정 온도관리 • 세균 사멸, 건조 효과 상승
건 조		- 브로이 정상 작동 확인	

(2) 식기 소독 보관고

구 분	관 리 기 준	비 고
식기소독 보관고	- 소독된 장갑을 착용, 식기를 위생적으로 취급한다. - 본체와 문 사이의 고무대는 틈이 없이 꼭 맞아야 열이 빼기지 않음 - 식기를 위에 과도하게 적재하여 열 순환을 막는 일이 있으므로, 선반마다 적정한 수량을 간격을 두고 적재한다.	

4. 안전관리

1) 주방 안전사고

주방은 미끄러운 바닥, 협소한 조리실, 뜨거운 조리기구와 음식 등으로 인하여 조리사가 작업하기 열악한 환경이다. 소규모 음식업이나 학교 급식소 등에서의 조리작업 시에 반복성, 과도한 힘, 부자연스러운 자세 등과 같은 작업 형태는 근골격계에 부담되는 작업 유해 요인이라고 볼 수 있으며, 이러한 반복 동작과 부자연스러운 자세 등으로 인한 요통 발생이 많고 건활막염, 수근관 증후군, 건염, 테니스 엘보, 트리거 핑거, 회전근개염 등과 같은 근골격계 질환이 발생할 수 있다.

조리 근무자는 항상 안전사고의 위협에 노출되어 있으므로 조리 작업 안전에 대한 인식도 직무 만족에 영향을 준다. 조리사의 조리 작업 안전에 대한 인식이 환경 시스템, 안전 지식, 심리적 불안으로 나타났다.

따라서 조리를 하거나 식품 기계를 이용하는 것이 산업 현장과 비교할 때 비교적 안전한 작업으로 여겨지지만 최근에는 각종 조리기구의 대형화와 전기 제품의 증가, 고온 · 고압의 조리 작업 등에 여성이나 고령 작업자가 힘든 업무에 장시간의 작업을 하고 있으며, 전신을 활용한 육체적 노동이 많아 그에 따른 배려와 안전 대책이 요구되고 있다.

아울러 위생적이고 안전한 조리 작업용 식품 기계를 설치 · 사용하여야 하고 스팀, 전기, 조명, 가스, 배수구, 후드, 오물 처리 등의 여러 가지 시설이 복합적으로 관리되어야 하므로 광범위하고 종합적인 안전 작업 방법을 정기적으로 교육해야 한다.

(1) 베임 또는 절단

① 칼, 절단기, 슬라이서, 자르는 기계 및 분쇄기의 사용 시

② 다듬기 작업, 깨진 그릇이나 유리조각 등의 취급 시

(2) 화상 또는 데임

① 화염, 뜨거운 기름, 스팀, 오븐, 전자제품, 솥 등의 기구와 접촉 시

② 뜨거운 물에 데치기, 끓이기, 소독하기 등의 작업 시

(3) 미끄러짐과 넘어짐

① 미끄럽고 어수선한 바닥 및 부적절한 조명 사용 시

② 정리정돈 미흡으로 인해 걸려 넘어지는 위험 등

(4) 전기 감전과 누전

① 조리실 전자제품의 청소 및 정비 시

② 불적절한 전자제품이나 조리기구 사용 시

(5) 유해 화학물질 취급 등으로 인한 피부질환

① 피부 가려움, 부풀어 오름 또는 붉어짐

② 고온 접촉 또는 신체 찰과상

③ 부적절한 합성세제, 세척용제, 식품첨가물에 접촉 시

④ 일부 채소 재료 및 과일과 채소의 살충제에 접촉 시

(6) 화재발생 위험

① 전기용 조리기구 사용 시의 전기 화재

② 가스버너 사용 시 또는 끓는 식용유 취급 시 화재

(7) 요통, 손목 팔의 저림

① 반복되고 불편한 움직임 또는 진동에 노출 시(누적외상성 장애)

② 장시간 한 자리에서 작업 시

③ 불편한 자세와 과도한 적재, 무거운 물건 취급 시

(8) 기침, 천식 및 호흡곤란

① 밀가루 등 분말, 곡물의 먼지 등 취급 시

② 매운 고춧가루, 후추, 마늘, 향료 등 양념, 첨가제에 노출 시

2) 주방의 재해 유형별 안전 대책

주방의 재해 유형별에는 주방의 습한 환경에 따른 미끄러짐과 불을 다루는 특수 요인으로 화상, 칼과 기계의 사용으로 인한 절상과 전기사고 등 다양하게 나타나고 있다. 다음의 표는 재해 유형에 따는 안전 대책이다.

유형	유발 요인	안전 대책
미끄러짐 넘어짐	• 미끄럽고 어질러진 바닥 또는 계단 • 헐겁거나 울퉁불퉁한 카페트나 매트 • 불량한 사다리와 발판 • 시야 불량 등	• 걸려 넘어지거나 미끄러운 장소 안전 조치 – 바닥과 계단은 깨끗하고 건조한 상태 유지 – 바닥과 계단에 부스러기나 장애물 제거 – 바닥 청소에 미끄럼 방지 왁스를 사용 • 사다리와 발 디딤대는 양호한 상태 유지 – 의자, 상자 또는 디딤대를 사다리 대용으로 사용 금지 오븐, 식기 세척기, 찬장의 문은 개방 금지
화상 데임	• 스토브 • 토스터기 • 오븐	• 장비의 조작은 사용자 지침서 준수 • 뜨거운 물체 및 용기 – 모든 금속용 손잡이는 뜨겁다고 생각

화상 데임	• 뜨거운 용기 • 압력솥 • 조리용기 • 토스트 오븐 • 끓는 뜨거운 액체 등	– 뜨거운 물체와 불꽃 사이에는 접촉방지를 위한 기구배치 – 바닥이 깊은 오븐에는 긴 장갑 사용 • 음식을 채워 넘치지 않게 한다. • 끓는 액체주변에 그릇을 기대 놓지 않는다. • 작업자 자신에게서 먼 쪽으로 입구가 향하도록 하여 뚜껑을 개방 • 압력이 있는 경우 개방 금지
절상 (베임)	• 칼, 가구, 장비 • 계산대, 기구 • 유리제품, 접시 • 청소장비 등	• 장비 사용 방법 숙지 • 절단 및 썰기 작업은 도마 이용 • 절단시 칼날을 항상 볼 수 있도록 • 작동 중인 기계에 손을 넣지 않는다. • 떨어지는 물체는 잡지 않는다. • 잘 보이는 장소에 보관 • 부서지거나 금이 간 유리제품은 폐기
화학물질 사용	• 싱크대 세척제 • 표백제 및 오븐세척제 • 바닥세척 및 기름제거제 • 식기세척기 비누 • 스테인리스 스틸세척제 등	• 사용하는 물질에 대한 물질안전보건자료 • 확보 및 숙지 – 적합한 개인용 보호구 착용 – 독성물질 노출 시 응급조치 • 화학물질은 캐비닛이나 지정된 장소에 보관 – 보관장소는 잠그고 경고표지 부착 – 최소 필요량만 작업장에 보관 – 조리, 식품용기로 분배금지
전기 안전	• 결함이 있는 전기공구 및 장비 • 결함이 있는 전기설비 및 전선 • 전기콘센트 • 스위치 패널 • 전기 변압기 등	• 전기장비의 접지선 연결 및 확인 – 전기콘센트는 플라스틱 안전플러그로 덮음 – 콘센트에서 코드를 당기기 금지 – 전기코드와 플러그는 매일 점검(마모 및 손상된 것 즉시 폐기) • 전선이 발에 걸려 넘어지는 일이 없도록 조치 • 열, 물, 기름으로부터 코드 격리

화제 예방	• 뜨거운 기름, 유지의 점화 • 뜨거운 스토브와 오븐에 접촉한 판자나 종이 재료 • 결함이 있는 전기 장비와 코드 • 젖은 전기 장비와 기구 • 결함이 있는 스위치와 전기 콘센트 등	• 화재 발생 시 소화기의 사용 방법 숙지 – 소화기와 경보장치의 위치 숙지 – 경보를 울려 직원 대피 – 즉시 소방서 연락 • 항상 출구와 통로에는 장애물이 없도록 조치

3) 주요 조리시설의 안전한 사용 방법

(1) 가스 자동밥솥

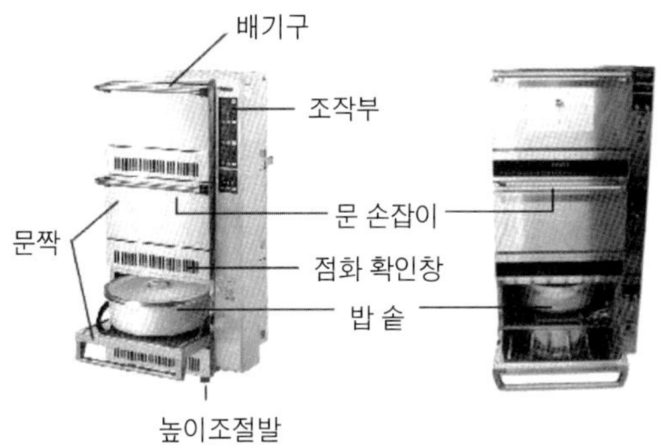

① 제품에 물이 닿지 않도록 하고 청소 시 전기 조작 부위는 물이 직접 들어가지 않도록 한다. (누전 위험)
② 불이 붙기 쉬운 물건을 가까이 놓지 않는다.
③ 사용 중에는 후드르 작동시키거나 창문을 열어 환기시킨다.
④ 점화 시 문을 열고 연소실 가까이 얼굴을 대지 않는다.
⑤ 밥솥을 꺼낼 때는 손에 화상을 입지 않도록 주의한다.
⑥ 사용 후에는 반드시 소화 상태를 확인하고 밸브를 잠근다.
⑦ 감열부는 항상 깨끗하게 한다.
⑧ 취사기 내부 청소 시 전기선 등에 각별히 주의한다.
⑨ 취사 시 문의 개폐 상태를 확인한다. (문이 덜 닫히면 취사가 안 됨)
⑩ 밥솥 바닥의 물기를 없앤다. (물기가 가스 노즐을 막을 수 있음)

자료 : 한국산업안전공단

(2) 다단식 취사기(압력 용기)

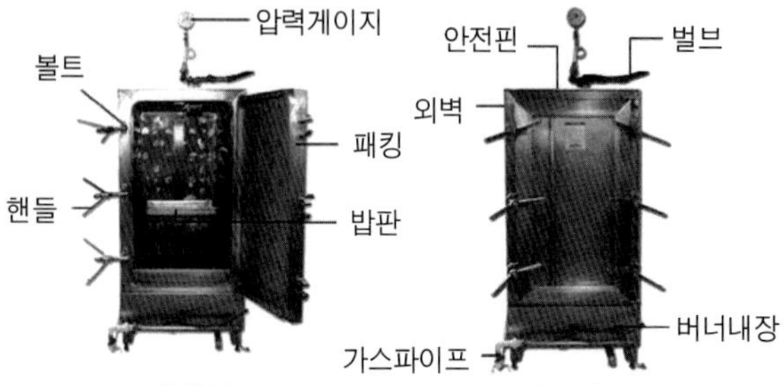

[내부] [외부]

① 안전밸브 작동 불량 시에는 즉시 A/S를 요청하여 예비 압력계와 교체한다.
② 압력계의 지침이 0을 가리키고 있더라도 내부에 증기가 남아 있으므로 반드시 증기가 완전히 배출되었는지 확인한다.
③ 고온에 의한 화상에 주의한다.
④ 취사 중 또는 취사 종료 후라도 압력이 0kg/㎠이 되지 않은 상태에서는 절대로 문을 열어서는 안 된다. (안전사고 예방)
⑤ 취사기의 문이 잘 열리지 않는 경우 라도 무리하게 힘을 가하여 접촉면에 흠이 생기게 해서는 안 된다.
⑥ 안전 밸브는 어떤 경우에도 두드리거나 무리하게 돌리지 않는다.

자료 : 한국산업안전공단

(3) 가스 회전식 주물솥

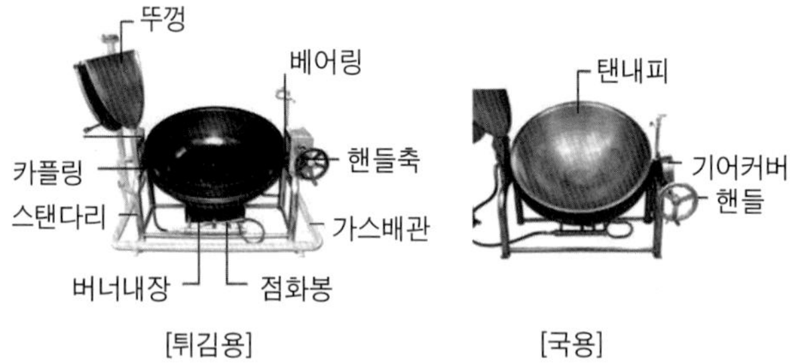

[튀김용] [국용]

① 내부 솥이 스테인리스일 때 내용물 없이 버너를 점화하지 않는다.
② 핸들이 빽빽하지 않도록 정기적으로 관리한다.
③ 작업 시 안전핀으로 솥을 고정하여 내용물이 쏟아지는 일이 없도록 한다.
④ 음식물이 가득 찬 상태에서 함부로 돌리지 않는다.

⑤ 내용물을 쏟아내고자 할 때는 기기 옆에 서서 핸들을 돌린다.

⑥ 기름 사용 시 화상에 주의한다.

– 식품은 소량씩 넣어 조리하고 폐식용유는 안전 온도 이하가 되었을 때 처리한다.

⑦ 주물 솥을 길들이기 위해 사용 전 처음에는 약한 불에 돼지기름으로 묻혀 닦아주고 튀김이나 볶음요리를 먼저 조리하는 것이 좋으며, 사용 후에는 반드시 물기를 제거하고 기름을 발라둔다.

자료 : 한국산업안전공단

(4) 가스 테이블

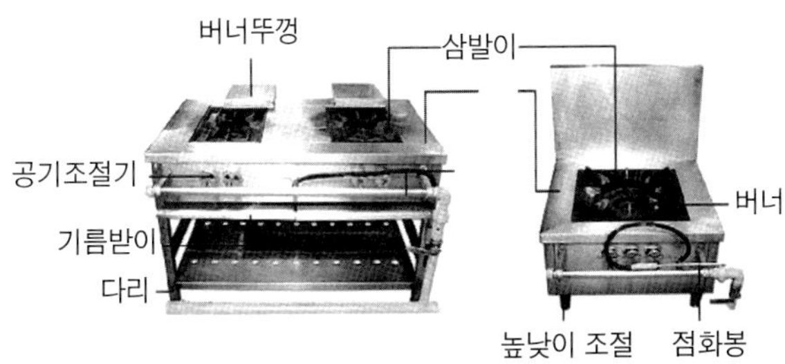

[2구] [1구]

① 외부 상판이 장기간 사용하여 칠이 벗겨지고 모양이 휘어지면 교체한다.

② 버너는 장기간 사용 시 부식되어 불완전 연소의 원인이 되므로 점검 후 교체한다.

③ 철판, 철망, 기름받이 그릇, 삼발이 등 분리가 가능한 것은 전부 분리하여 세제를 사용해서 세척한 후 기름을 얇게 발라둔다.

④ 버너는 분리하여 오물을 제거하고 솔을 사용하여 가볍게 닦는다. 구멍이 막혔을 경우 구멍이 넓어지지 않도록 미세한 송곳이나 가는 철사로 뚫는다.

⑤ 가스밸브, 공기조절기는 수시로 청소하고 안전점검을 한다.

⑥ 버너의 구멍부분은 먼지나 물이 들어가지 않도록 주의한다.

⑦ 가스파이프 및 배관은 녹이 발생하지 않도록 페인트칠을 하여 부식을 방지한다.

⑧ 가스누출 감지기에 습기나 이물질이 고착되는 경우 오작동의 원인이 되므로 자체에 물이 들어가지 않도록 덮개를 씌우고 기구 세척 및 바닥 청소 시 물이 들어가지 않도록 한다.

⑨ 수시로 가스누출 경보기의 가스차단기 작동상태를 확인한다.

⑩ 선풍기 바람이 연소기 주위에 직접적으로 닿지 않도록 한다.

– 불이 바람에 날려 열효율이 떨어지고 화재의 위험이 있다.

자료 : 한국산업안전공단

(5) 가스 부침기

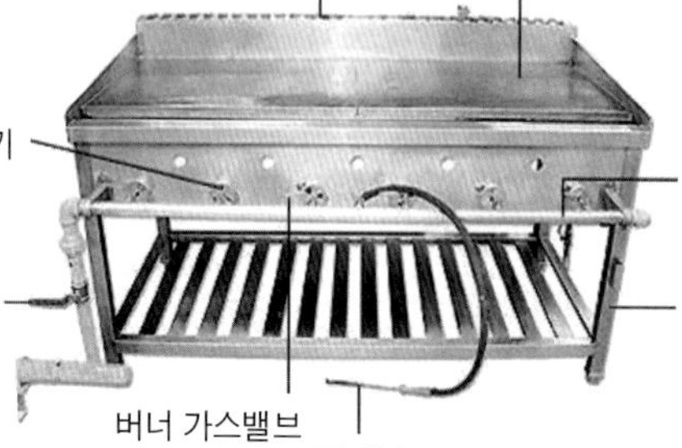

① 점화 봉을 사용하지 않고 바로 버너에 불을 붙이지 않도록 한다.
 -가스 손실 및 폭발의 우려가 있다.
② 버너는 장기간 사용 시 부식되어 불완전 연소의 원인이 되므로 점검 후 교체한다.
③ 철판은 세척 후 기름을 얇게 발라둔다.(녹방지)
④ 가스밸브, 공기 조절기는 수시로 청소하고 안전점검을 한다.
⑤ 가스 파이프 및 배관은 녹이 발생하지 않도록 페인트칠을 하여 부식을 방지한다.
⑥ 가스누출 감지기에 습기나 이물질이 고착되는 경우 오작동의 원인이 되므로 자체에 물이 들어가지 않도록 덮개를 씌우고 기구 세척 및 바닥 청소 시 물이 들어가지 않도록 한다.
⑦ 수시로 가스누출 경보기의 가스차단기 작동상태를 확인한다.

자료 : 한국산업안전공단

(6) 국솥(스팀식)

① 뚜껑을 열거나 응축수를 뺄 때에는 스팀에 의한 화상에 주의한다.
 - 스팀이 방출될 동안 얼굴을 돌리고 스팀이 전부 방출되면 조리 상태 및 기기 상태를 확인한다.
② 뜨거운 내용물을 옮길 경우 핸들을 서서히 조작한다.
 - 내용물이 바닥으로부터 튀므로 화상에 주의한다.

③ 핸들이 빽빽하지 않도록 정기적으로 관리한다.
④ 작업 시 안전핀으로 솥을 고정하여 내용물이 쏟아지는 일이 없도록 한다.
⑤ 음식물이 가득 찬 상태에서 함부로 돌리지 않는다.
⑥ 내용물을 쏟아내고자 할 때는 기기 옆에 서서 핸들을 돌린다.
⑦ 뜨기운 국에 재료를 넣을 경우, 가장자리에서 미끄러지듯이 넣어 뜨거운 물이 튀어 오르지 않도록 한다.
⑧ 솥이 비어있는 상태에서 스팀을 오래 열어 두지 않는다.
 – 솥이 파열될 우려가 있다.

자료 : 한국산업안전공단

(7) 식기 세척기

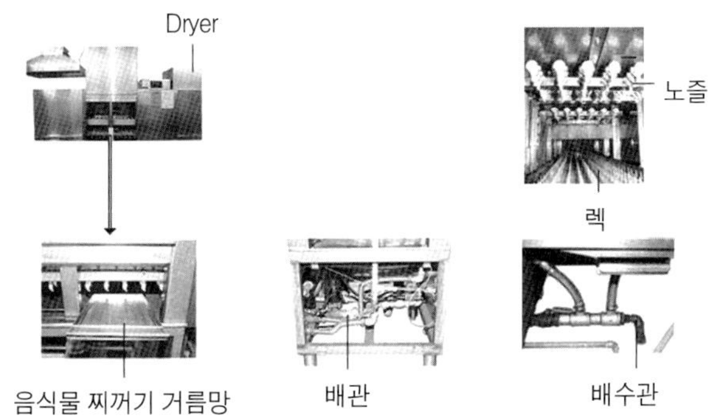

① 세척 시 배전판에 물이 직접 들어가지 않도록 주의한다.
 – 고장의 직접적인 원인이 된다.
② 세척기 가동 중 식판 외의 이물질(고무장갑, 행주 등)이 들어가지 않도록 작업 전에 주위를 깨끗이 한다.

자료 : 한국산업안전공단

(8) 오븐

① 스팀 및 기기의 고온에 의한 화상에 주의한다. 오븐이 작동 중일 때 문을 열면 고온의 스팀이 나오므로 완전히 열기 전에 손잡이를 살짝 열어 몇 초가 김과 열기를 뺀 후 열어야 한다.
② 내부기기를 다룰 때는 반드시 오븐 장갑을 착용한다.
③ 수분이 있는 요리를 할 때는 용기 높이를 눈높이 이상에 두고 작업하지 않아야 한다.(뜨거운 국물에 의한 화상주의)
④ 각 오븐의 용도 외에는 다른 목적(예: 밀봉된 용기를 사용하는 조리방법)을 사용해서는 안 된다.
⑤ 수동으로 청소할 때는 반드시 오븐을 식힌 후 시행한다.

자료 : 한국산업안전공단

(9) 채소 절단기

[8~10kg/분] [6~8kg/분]

① 칼날 및 날카로운 부품에 손이 상하는 일이 없도록 항상 조심한다.
② 플러그는 항상 뽑아두고 작동 시에만 연결하며 콘센트에 물이 들어가지 않도록 주의한다.
③ 본체에 부속품을 차례대로 끼워야 한다.
④ 사용 시 이물질이 들어가지 않도록 한다.
⑤ 식품을 넣을 때는 반드시 봉으로 밀어 넣는다.(칼 뒤쪽이나 손 사용 금지)
⑥ 칼날의 교환 및 세척 시에는 반드시 전원을 차단한다.
⑦ 칼날과 기타 부품을 닦을 때 알칼리성이 높은 세제는 절대 사용하지 않는다.
  - 검게 변색되며, 쇳물이 계속해서 빠지므로 칼날을 사용할 수 없게 됨

자료 : 한국산업안전공단

(10) 양념 분쇄기

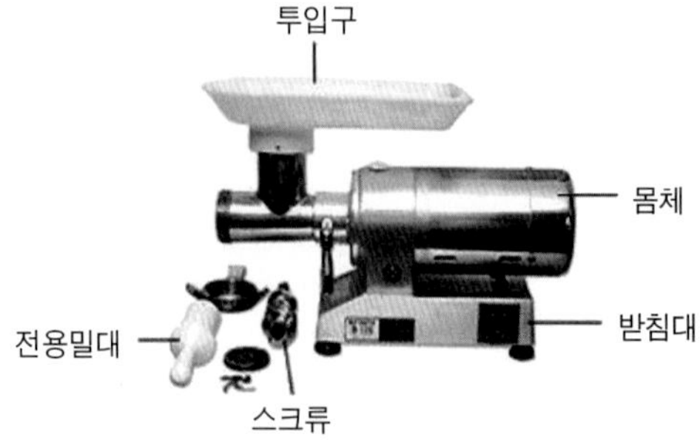

① 플러그는 항상 뽑아두고 콘센트에 물이 들어가지 않도록 한다.
② 사용 전 각 부품이 정확히 조립되어 있는지 점검한다.
③ 사용시 이물질이 들어가지 않도록 한다.
④ 기계 작동 중에는 말을 하거나 산만한 행동을 하지 않도록 한다.
⑤ 기계안으로 식품을 투입할 때는 반드시 봉을 이용한다.(손 사용금지)
⑥ 찌꺼기 제거 및 세척 시에는 반드시 전원을 차단한다.
⑦ 누전, 감전쇼크를 막기 위해 접지한다.
⑧ 작업종료 후 반드시 전기를 차단한다.

자료 : 한국산업안전공단

4) 안전한 운반 작업관리

- 취급 물건을 몸에 가깝게 밀착
- 발은 어깨 넓이로
- 몸은 균형유지
- 무릎을 굽히고
- 양손으로 중량물을 잡을 것
- 다리 힘을 사용하여 들 것

자료 : 한국산업안전공단

교육과학기술부, 《학교급식위생관리자율기준》, 2000년.
김혜영, 《최신 단체 급식》, 효일문화사, 1999년.
박병렬, 《호텔식당경영관리론》, 기전연구사, 1994년.
유애경, 《조리 이론특강》, 비앤씨월드, 2005년.
윤태환 · 이정자, 《최신호텔 외식실무 주방경영론》, 백산출판사, 2005년.
이권복, 《주방 설비 · 관리론》, MJ미디어, 2008년.
이보숙 · 채인숙 · 차진아, 《단체급식》, 교문사, 2008년.
이종미 외 6인, 《단체급식》, 2007년.
조문수, 《외식사업경영론》, 기문사, 1998년.
한국산업안전보건공단, 《음식물 조리작업 안전》, 2008년.
한국산업안전보건공단, 《음식 및 숙박업 재해사례》, 2010년.

07 단체급식관리

1. 단체급식의 개요

1) 단체급식의 개요

(1) 단체급식의 개요

급식산업은 식생활 수요로 생겨난 서비스 산업으로 가정 밖의 장소에서 음식을 조리, 가공된 형태로 상품화하여 음식과 서비스를 공급함으로써 이익과 가치를 제공하는 산업이다.

과거에는 단체급식과 외식업은 운영 목적이 영리를 추구하는지에 따라 상업성을 판단하였다. 그러나 단체급식은 비영리를 목적으로 산업체, 학교, 병원 등에서 운영되어 왔으나 위탁급식의 확산으로 비영리 개념은 없어지고 이익을 창출하며 효율성 증대를 위한 사업으로 발전되었다.

단체급식이란 기숙사, 학교, 병원, 군부대, 기타 후생기관 등의 급식시설로서 영리를 목적으로 하지 않고 특정 다수인에게 계속적으로 음식물을 공급하는 것을 말하며, 특정한 많은 사람들에게 계속적으로 식사를 공급해야 하는 특수성으로 인해 불특정 다수를 대상으로 하는 대중음식점보다 식사의 질에 대한 책임 있는 관리가 필요하게 된다. 이에 따라 우리나라는 단체 급식소의 범위를 상시 1회 50인(제조업은 100인) 이상에게 식사를 제공하는 곳으로 규정하고 있다.

가정 이외의 장소에서 식사를 하는 것을 영문으로는 Foodservice라는 단어를 사용하고 있으나 우리나라의 경우 Foodservice에 대한 합의된 용어의 부재로 인하여 용어 해설에 일관성이 없어 혼란을 초래하고 있다. Foodservice industry는 보는 이의 관점에 따라 급식산업, 외식산업, 식음료산업 등이 혼재되어 사용되고 있는 실정이지만, 대부분 Foodservice industry를 급식산업으로 통칭하였다. 급식산업은 가정 이외의 장소에서 음식을 가공, 조리한 후 상품화하고 이를 부가 서비스와 함께 제공하는 것을 의미하며, 여러 가지의 기준을 가지고 분류할 수 있으나 크게 단체급식과 외식산업으로 나누는 것이 가장 보편적인 분류 체계이다.

단체의 특성에 따라 교육기관, 사업체, 의료기관, 사회복지시설, 군대, 정부기관, 교도소 급식 등으로 분류된다. 식품위생법 제2조 9항에 의하면 "집단급식소란 영리를 목적으로 하지 아니하고 계속적으로 특정 다수인에게 음식물을 공급하는 기숙사, 학교, 병원, 기타 후생 기관 등의 급식시설이다." 라고 정의된다.

반대로 외식산업이란 일반 대중을 대상으로 영리목적으로 운영되고 있는 일반 레스토랑 서비스(Restaurant service), 위탁급식 전문업체(Foodservice contractor), 호텔 식음료, 출장 연회, 스낵과 음료 매장, 바(bar)와 주점, 소매업소(retail store)의 음식 판매 서비스, 자동판매기 등으로 분류되며 가정 외 장소에서 생산, 판매, 서비스 활동을 하는 다양한 형태의 외식업체의 집합체를 지칭한다.

미국의 National Restaurant Association(NRA)에서는 급식산업을 상업성 급식(Commercial restaurant services), 비상업성 급식(Noncommercial restaurant services), 그리고 군대급식(Military restaurant services)으로 분류하고 있으나, 근래에 들어와서는 급식산업을 영리 추구의 여부에 따라 단체급식산업과 외식산업으로 분류하는 것이 의미가 없다는 견해들이 제시되고 있다.

이의 좋은 예로는 미국의 급식산업 분야의 잡지인 《Restaurants and Institutions》에서는 이미 1993년부터 연간 매출액 예측에서 급식산업을 단체급식산업과 외식산업으로 나누어 분류하지 않는다.

1990년대 이후 단체급식소인 사업체, 학교, 병원을 중심으로 위탁화가 확산되어 이윤 창출 방안이 활발하게 모색되기 시작하였다. 또한, 최근에는 위탁급식 전문업제들이 단체급식 외에 외식 사업부를 신설하여 외식산업의 진출을 모색하고 있어서 영리를 목적으로 판매되는 외식의 범위는 점차 확대되어 갈 전망이며, 단체급식과 외식산업 간의 경계가 사라지고 통합되는 추세를 보이고 있다.

대한민국	미국(레스토랑협회, NRA)
단체급식 foodservice industry	비상업성 급식 (noncommercial restaurant services)
• 교육기관급식 : 유치원, 초 · 중 · 고등학교, 대학 · 대학교, 기숙사 • 산업체급식 : 사무실, 공장 및 부설 기숙사, 관공서, 연수원, 금융기관 • 의료기관급식 : 병원 · 종합병원, 요양병원, 조산원, 산후조리원 • 사회복지시설 급식 : 종합사회복지관, 노인복지시설, 아동복지시설, 장애인 사회복지시설, 정신보건시설, 노숙인시설 • 영유아보육시설급식 : 국 · 공립 보육시설, 민간보육시설, 직장보육시설, 가정보육시설, 공동육아협동조합보육시설 • 선수촌 및 운동선수 급식 • 군대 급식 • 교정시설급식: 교도소, 구치소	• 산업체급식 • 공립 및 사립학교급식 • 대학 급식 • 교통기관급식 • 병원급식 • 요양원 • 클럽, 스포츠 및 오락캠프 • 지역사회센터 **군대급식** **(military restaurant services)** • 장교클럽 • 군대식당
음식점 및 주점업 commercial restaurant services	상업성 레스토랑 commercial restaurant services
• 일반음식점업 : 한식점, 중식점, 일식점, 양식점, 기타외국식점 • 기관구내식당 : 기관구내식당업 • 출장 및 이동음식점 : 출장음식서비스업, 이동음식점업 • 기타음식점업 : 제과점, 피자 · 햄버거 · 샌드위치 및 유사 음식점업, 치킨전문점, 분식 및 김밥전문점, 그 외 기타 음식점 • 주점업 : 일반유흥주점, 무도유흥주점, 기타 주점 • 비알코올음료점업 : 비알코올음료점	• 일반음식점 : 풀서비스레스토랑, 퀵서비스레스토랑, 카페테리아, 뷔페, 출장음식, 간식판매점, Bar, 선술집 • 위탁급식 : 제조업체 및 산업체, 상업성 오피스빌딩, 병원, 요양원, 대학, 학교, 기내식, 오락 및 스포츠센터 • 숙박시설 음식점 : 호텔레스토랑, 기타 숙박업소 레스토랑, 소매점 내 음식판매점, 일반오락 및 스포츠 시설, 식당, 자판기, 포장마차

(2) 급식산업의 목적과 특징

1 급식산업의 목적

단체급식 시설마다 각각 고유의 급식 목적이 있지만 공통적인 목적은 급식 시설의 이용하는 사람들에게 효율적인 생산 활동을 할 수 있도록 양질의 급식을 제공하여 피급식자의 영양소 필요량을 만족시키고 건강한 일상생활을 영위하는 데 필요한 식사가 안정된 상태에서 공급하는 것을 의미한다. 각 급식 시설마다 공통되는 목적으로는 다음과 같은 사항을 들 수 있다.

첫째, 피급식자의 건강의 회복 · 유지 · 증진을 도모한다. 이를 위해서는 영양적 요구를 충족하는 식사의 제공과 동시에 급식의 효과적 이용과 피급식자 자신이 적절한 식사를 섭취할 수 있는 식사 지도가 이루어져야 한다.

둘째, 피급식자에게 정신적 충족을 준다. 마음이 따뜻해지는 급식에 의해 타인과의 연대감이나 마음의 여유, 정신적 안정이 얻어지도록 한다.

셋째, 피급식자의 식비를 경감한다. 이윤을 목적으로 하지 않고 더구나 합리적인 관리에 의해 경비의 절감을 도모하는 단체급식에서는 상업적인 음식점은 물론 가정과 비교해도 상당히 저렴한 값에 내용이 좋은 식사를 제공해야 한다.

넷째, 피급식자, 급식 관계자 및 사회 일반의 음식의 인식(食認識)을 고양한다. 식단의 질적 향상과 쾌적한 식사 환경을 통해 바람직한 급식을 실현하고, 나아가서는 일반의 음식의 인식을 높여 좋은 사회적 식(食) 환경 조성에 공헌해야 한다.

2 급식산업의 특징

단체급식은 가정식과 비교할 때 한정된 시간 내에 다량으로 식사를 공급해야 하는 복잡한 일이므로 다음과 같은 여러 가지 특징을 지니고 있다.

① 대량의 식사 제공을 위한 작업을 하므로 규모가 크다.

② 짧은 시간에 다량의 식사를 공급하기 위해 모든 작업이 체계적으로 진행된다.

③ 기호에 맞는 영양적 조리를 해야 한다.

④ 다수인을 대상으로 실시되어 대규모 식중독 발생의 위험이 있으므로 위생상의 안전을 고려한다.

⑤ 전문 조리사와 영양사라는 관리자가 운영한다.

2) 단체급식의 동향

단체급식 시장은 2008년 기준 약 7.8조 원 규모(직영 3조 원, 위탁 4.8조 원)에 이르는 시장 규모를 형성하고 있는 것으로 나타났다. 식품의약품안전청에 통계에 보면 2009년 학교, 기업체, 병원 등에서 50명 이상이 이용하는 단체급식소는 전국에 총 3만 4,677곳이 운영되고 있다.

또한, 전국 단체급식 관련 시설 및 기업은 2008년 기준 총 9만 7,200여 곳으로, 약 7조 2,000억 원의 시장 규모를 형성하고 있는 것으로 나타났다. 국내 단체급식 시장은 성숙기 초입 단계에 접어들었지만 매년 꾸준한 성장세를 보이고 있으며, 국내 단체급식 시장의 위탁급식률은 병원이 15%, 초등학교가 10%로 아직 미미하고, 위탁급식률이 가장 높은 산업체조차 55% 수준으로, 일본(산업체 단체급식률 94%), 미국(산업체 단체급식률 87%)의 시장 상황과 비교할 때, 향후에도 안정적인 성장이 가능할 것으로 예상된다.

전문가들은 급식산업이 시장과 경기에 따른 편차가 거의 없어 매년 1,000억 원 이상의 성장세를 타고 있는 안정된 산업으로 분석하고 있다. 우리나라의 최대 단체 급식시장은 바로 학교다.

2010년에 발표한 식품의약품안전청의 '2010년도 식품의 약품통계 연보 제12호를 보면 전국 초 · 중 · 고교의 98.5%인 7,452개교에서 학생 733만여 명이 학교급식을 이용한다. 교직원을 합하면 780만여 명 규모로 나타났다.

산업의 전문화 추세에 따라 외식업은 패스트푸드점으로 1990년대부터 시작한 외식산업이 패밀리레스토랑, 퓨전(fusion) 음식점, 전문 음식점(Specialty restaurant), 민속 음식점(Ethnic food restaurant), 식사와 함께 음식을 즐기는 테마 레스토랑(Theme restaurant), 동일한 공간 내에서 음식을 선택할 수 있는 푸드코트(Food court), 테이크아웃(Take-out)으로 고객이 매장에 머무르지 않는 형태와 배달 음식(Home delivery) 등의 서비스 형태가 출현하고 있다.

이에 반하여 단체급식은 위탁급식의 형태로 급속히 성장하고 있다. 급식 위탁시장이 성숙기에 도달함에 따라 위탁급식업체들은 식자재 유통, 외식, 식당 설비 및 인테리어 사업 등 식품 제조업까지 확대하며 사업을 다변화시키고 있다.

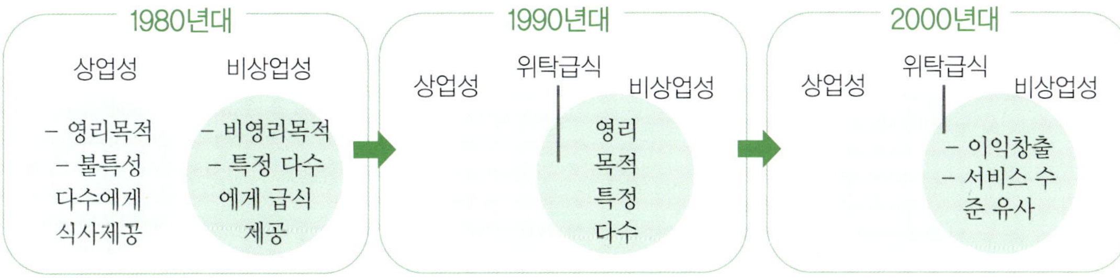

[국내 급식산업의 흐름]

위탁급식 시장 규모는 약 80% 정도를 대기업화된 업체들이 차지하고 있다. 대기업의 경우 자사 및 계열사의 급식을 충당하는 것으로 사업을 시작한 경우가 많고 현재에 와서는 대규모의 인력과 자원을 투자해 식자재 유통사업을 겸하고 있다. 소규모 개인 업체까지 포함시키면 전국에 1000여 개 이상의 위탁급식 업체가 존재하는 것으로 추정되며 약 100 여개 이상의 업체가 법인화되어 운영되고 있다. 이렇게 위탁급식 업체들이 늘어나면서 지난 2000년 한국급식관리협회가 창립되어 활동하고 있으며, 80여 개 이상의 업체가 회원사로 등록되어 있다. 단체급식 시장에서 가장 규모가 큰 부분은 산업체 위탁급식이며 초, 중, 고등학교급식이 뒤를 이었다.

식품의약품안전청에서 집계한 집단급식 2000년 14,945개소, 2009년도에는 34,677개소로 집계되어 9년 사이에 폭발적인 232%의 증가율을 보여 단체급식 시장의 확대 경향을 대변해 주고 있다.

[표 2-24] 식품접객업, 단체급식소 및 위탁급식 영업의 연도별 증가 현황

구 분	98년	00년	02년	04년	06년	07년	08년	09년
식품접객업	573,032	657,392	709,143	731,466	711,006	709,342	712,310	723,292
단체급식소	11,464	14,945	18,431	731,466	28,632	30,610	32,853	34,677
위탁급식영업	-	-	-	-	7,018	7,437	7,851	8,038

자료: 식품의약품안전청 2010년도 통계자료, 식품의약품통계연보

단체급식 시설의 전국 시도별 현황을 살펴보면 경기 및 서울 지역이 가장 많고 경상남도, 부산의 순으로 조사되었다.

[표 2-25] 단체급식소(학교 및 기업체 등)의 시도별 현황

지역	서울	부산	대구	인천	광주	대전	울산	강원	경기
(개소)	4,761	2,238	1,395	1,874	1,074	1,009	892	1,282	7,591
지역	충북	충남	전북	전남	경북	경남	제주	총 계	
(개소)	1,500	2,036	1,697	1,766	2,299	2,734	529	3,855	

자료: 식품의약품안전청 2010년도 통계자료, 식품의약품통계연보

[표 2-26] 대기업 계열 위탁급식회사 매출 현황

회사명	2006년		2007년		2008년	
	매출액 (억 원)	시장 점유율	매출액 (억 원)	시장 점유율	매출액 (억 원)	시장 점유율
(주)아워홈	4,200	27.60%	4,600	29.50%	5,300	31.40%
에버랜드	4,300	28.20%	4,300	27.60%	4,500	26.70%
현대푸드시스템	2,675	17.60%	2,925	18.80%	3,263	19.30%
신세계푸드	1,890	12.40%	2,089	13.40%	2,228	13.20%
CJ프레시웨이	2,171	14.20%	1,673	10.70%	1,588	9.40%
합 계	15,236	100.00%	15,587	100.00%	16,879	100.00%

자료: 매일경제신문, 2009년 12월 10일자 내용

2. 단체급식의 유형

1977년 미국의 Unklesbay라는 학자에 의해 음식이 조리되는 급식 생산 체계로 4가지로 분류하였는데 첫째, 전통적 급식 체계, 둘째, 중앙 공급식 급식 체계, 셋째,

조리저장식 급식 체계, 넷째, 조합식 급식 체계(편이식 급식 체계)로 구분하였다. 또한, 급식대방별과 운영 형태별로 유형을 나타낼 수 있다.

1) 급식 체계별

(1) 전통적 급식 체계 (conventional foodservice production system)

전통적 급식 체계에서는 배식하기 전에 음식이 생산되고 음식의 생산, 분배, 서비스가 같은 장소에서 이루어지며, 식재료는 원재료 또는 전처리 식품을 사용하나 통조림이나 냉동식품 등 가공식품도 사용하는데 가공된 밑반찬을 구매하여 사용하기도 한다.

장 점	단 점
• 음식의 독창성을 관리자가 마음대로 조절할 수 있다. • 고객들의 다양한 요구에 대응하기 쉽다. • 재료의 가격 변화에 따라 메뉴를 변화시킬 수 있다. • 다른 유형에 비해 냉장, 냉동의 저장 공간이 그다지 많이 필요치 않으며, 에너지 비용이 적게 든다.	• 피크 타임에 고객이 집중되어 노동력 활용에 어려움이 많다. • 식수 인원이 갑자기 증가하는 경우에 기기나 인력의 제한으로 음식 제공이 원활하지 못한 경우가 발생한다. • 생산성이 떨어지고 인건비가 많이 소요된다. • 잘 훈련된 종업원이 필요하다.

(2) 중앙 공급식 급식 체계(commissary foodservice system)

중앙 공급식 급식 생산 체계(Commissary food service system : Central production)는 중앙 구매와 대량 조리 기기를 이용해 숙련된 소수의 조리사들에 의해 대량 조리가 이루어지고, 음식이 제공되는 곳은 간단한 재가열과 서빙만이 요구되는 새로운 급식 생산 시스템으로 정의를 내리고 있다.

중앙 공급식 급식 체계는 급식산업에서 인건비 상승, 인력의 감소, 이직률의 증가로 어려움이 있기 때문에 음식의 생산을 대량으로 하여 운송하여 단위 급식소에서 배식하는 방식이다.

중앙 공급식 급식 생산 체계는 종래의 노동 집약적이고 생산성의 저하가 일상화되던 외식업체의 패러다임(paradigm)을 변화시켜 주었다. 즉 음식의 생산이 식품 공장처럼 계획적으로 생산되고 위생적인 시간-온도 관리에 의해 저장된 후 고객이 필요한 장소에서 재가열된 후 제공된다는 것이다. 대량의 음식이 계획 생산되고 소비가 분리되는 획기적인 급식 체계를 갖추고 있다.

장 점	단 점
• 식재료 및 운영비의 절감이다. 대량 구매에 의한 경쟁 입찰을 통해 식재료비가 절감되고 대량 조리 기기 및 공간을 센트럴 커미서리에 집중 설치함으로 인해 각 업장마다 주방을 갖추는 것보다 주방 및 기기 설치비용이 적게 든다. • 외식산업의 생산성을 높여 줄 수 있다는 것이다. 센트럴 커미서리에서는 숙련된 조리사가 출근시간부터 퇴근시간까지 계속적인 조리를 하여, 숙련된 기술을 요구하는 조리를 하고 세터라이트 키친에서는 숙련되지 않은 일용직 종업원이 간단한 재 가열과 서빙을 한다면 음식이 제공되는 시간에 노동 집약적으로 되는 생산성의 저하를 막을 수 있다. • 센트럴 커미서리에서 생산된 음식을 세터라이트 키친에서 균일화된 품질의 음식을 제공받을 수 있다는 것이다. 외식 프랜차이징 시스템을 운영시 동일 브랜드의 동일한 맛과 질을 각 점포에서 동일하게 즐길 수 있다는 것이다.	• 중앙공급식 생산 체계는 조리된 메뉴의 포장, 저장이 중요시된다. 포장의 경우 간단한 진공 포장부터 다양한 포장기법으로 효율적 저장 및 배송 방법이 요구된다. • 센트럴 커미서리에서 조리된 음식이 포장, 저장, 배송, 재가열시까지 미생물적, 영양적, 관능적 품질을 유지하는 것도 중요하다. 보존, 가열시 미생물적, 관능적, 영양적 품질 관리가 철저하기 위해서는 센트럴 키친을 운영시 식품 포장, 저장 및 위생관리의 전문지식을 가진 품질관리 담당자가 선임되어야 한다. • 리시빙 키친에서 필요량을 과거의 주문 식수를 고려하고 과학적 수요예측방법을 이용하여 주문하는 것이 중요하다. 리시빙 키친에서 예상식수가 주문되는 식수와 차이가 생길 때는 재빠른 대처가 어렵다는 단점이 있다.

(3) 조리 저장식 급식 체계 (ready prepared foodservice system)

조리 저장식 급식 체계(ready prepared foodservice system)에서는 음식을 조리된 상태로 미리 준비하여 저장하고 배식하기 전에 재가열하여 제공하는 방식으로 생산과 소비가 분리되는 특징이 있다.

저장 방법에서는 조리-냉장(cook-chill) 방식과 조리-냉동(cook-freeze) 방식, 수비디(sou-vide, 진공포장) 방식이 있다. 계획적으로 생산할 수 있다는 장점과 단점으로 냉동 · 냉장 등 시설 투자 비용이 높다는 것이다.

장 점	단 점
• 계획적인 생산이 가능하다. • 조리나 서비스 인력의 효율적 배치가 가능하기 때문에 노동시간의 20% 정도 절감효과가 있다. • 집중작업으로 인한 조리장에서의 작업 스트레스를 감소시킬 수 있다. • 메뉴를 더 다양하게 제공할 수 있다.	• 냉각 · 냉장 · 냉동 등의 시설과 기기 마련으로 초기 투자비용이 많이 든다. • 음식 품질 유지를 위해 직원들을 특별히 교육 · 훈련시켜야 한다. • 음식을 장기간 냉장 보관하지 않도록 수요예측이 필요하다. • 다양한 실험 조리를 통해 적합한 레시피를 개발해야 한다.

(4) 조합식 급식 체계 (assembly foodservice production system)

조합식 급식 체계(Assembly foodservice system)는 원재료에서 1차 가공된 식재료로 반제품 상태의 가공품을 구입하여 조리를 최소화하고 저상, 소립, 가열, 배식의 기능이 필요하다.

급식 서비스에서 시간이 빠르고 최소한의 기기로 제공하고 음식의 질이 동일하다는 좋은 점이 있고 단점으로 메뉴를 다양하게 제공하는 것이 한계가 있으며 반제품을 구입하므로 판매 원가가 높다.

장 점	단 점
• 최소한의 기기만으로도 급식이 가능하다. • 음식의 질이 동일하고, 빠른 서비스가 가능하다. • 노동력의 필요성이 감소되므로 인건비가 절감되고 생산성이 증가된다.	• 다양한 메뉴를 제공하는 데 한계가 있다. • 반가공, 냉동상태 등으로 구입하게 되어 단가가 비싸다. • 구입한 재료의 저장공간이 필요하다.

2) 급식 대상별

(1) 학교급식

우리나라의 학교급식은 1981년 1월 29일 학교급식법을 제정 · 공포하였고 1996년 12월 30일에 개정(법률 제5236호)되어 현행 규정과 달리 학교에서 위탁급식을 할 수 있게 됨에 따라, 모든 학교에 급식 시설을 갖추는 데는 많은 예산과 시일이 소요될 뿐만 아니라 급식 시설을 설치할 공간이 없는 학교의 경우 급식의 실시가 어려웠다.

그에 따라 시도 교육감 또는 교육장이 공동 조리장을 설치, 운영할 수 있도록 하고 해당 학교에서 원하는 경우 위탁 급식자와 계약을 통하여 외부의 급식이 가능케 하였다. 따라서 학교급식법 개정에 이어 학교급식법 시행령(대통령령 제15361호, 1997년 4월 29일)과 동 시행 규칙(교육부령 제693호, 1997년 5월 13일)이 개정되었다.

(2) 병원급식

우리나라에서는 1956년 이화여대 부속병원, 1961년 부산 침례 병원, 서울 적십자 병원 등에서 가정학 전공자가 급식관리를 하였다. 이후 1958년 운크라(UNKRA)와 스칸디나비아 3국 및 우리나라에 의해 국립 중앙의료원이 건립되었는데 이때 최초로 외국인 영양사와 함께 우리나라 영양사를 채용하고 병원급식을 정상적으로 실시하였다.

그후 1960년대 초부터 영양사 인턴 과정을 실시한 국립중앙의료원에서 1966년에 처음으로 영양사 면허 소지자를 인턴으로 선발하고 수료 후 채용하였으며, 그 후

1972년 영등포시립병원, 1970년 말경에는 경희의료원, 연세의료원 등 대학 부속병원이 급식 부서를 영양과로 조직을 개편하였다.

(3) 산업체급식

우리나라의 산업체급식은 섬유 산업과 더불어 공장 급식이 발전하게 되었다. 1966년부터 태창방직을 비롯한 섬유 공장에서 영양사를 채용하기 시작하여 1967년부터 1회 50인 이상 식사하는 십난 급식소에 영양사 채용 의무화를 실시함으로써 영양사 인력 부족으로 면허증 대여 등 혼란을 빚기도 하였다.

1979년에 의료 기관을 제외한 집단 급식소에 영양사가 공동 관리를 할 수 있도록 영양사 배치 관계 법령이 개정되었다. 1982년에는 영양사가 집단 급식소를 공동 관리할 수 있는 제도가 폐지되고 중소기업에 영양사 채용 의무 완화, 1986년에는 중소기업에 영양사 채용 의무 부활(단, 300인 미만의 중소기업 집단 급식소는 영양사 공동 관리 허용 → 1989년에 200인 미만으로 축소 조정), 1992년에는 영양사 배치 의무화를 1회 100인 이상 급식하는 집단 급식소로 조정하였다.

(4) 사회복지 시설 및 교정 시설

복지 시설은 해방 후 관계법에 의해 시설 관리를 하고 있는 실정이다. 복지 시설은 아동복지 시설과 보육 시설, 사회복지 시설(구호 시설, 양로원, 후생 시설) 등으로 이곳에 영양사를 채용하여 급식 관리를 하도록 되어 있으나, 아직까지 15% 정도밖에 배치가 되지 않은 실정이다.

교정 시설은 법무부 교정국 관리과에서 관장하며 법무부장관 소속하에 '중앙급식관리위원회'를, 각 수용 기관에 '급식관리위원회(지방급식관리위원회)'를 두어 부식의 수량, 급식 기준 영양량 결정, 급식 제도 개선에 관한 심의 및 건의를 하도록 하고 있다. 영양사를 채용하게 된 것은 1979년부터였다.

(5) 군대급식

우리나라의 군대급식은 1960년 이후부터 국력이라는 차원에서 발전하게 되었다. 1965년에 공군 본부에 영양사(문관)를 졸업 예정자로 채용하고 기술 의정 1기생을 선발하여 소위로 임관시켜 항공의료원, 수도육군통합병원 등에서 군대급식 관리를 하게 되었다.

국방부의 운수국 물자과에서 군대급식을 총괄하여 '중앙급식제도위원회'를 조직하여 군인의 급식 및 영양 향상을 위해 연구하고 있다. 군대의 급식 기준은 '군인·군속 급식 규정'에 의해 주·부식 지급량과 급식 기준액 등을 정하고 있다.

3) 운영 형태별

단체급식의 운영 형태에는 여러 가지가 있으나 크게 나누면 직영과 위탁 운영으로 나눈다. 1980년대 중반까지는 산업체, 병원, 학교 등 대부분의 단체 급식소는 직영에 의한 비영리로 운영되어 왔으나 고객의 요구 증가, 경영 전문화 및 경제적인 여러 이유로 1980년대 말에 위탁급식 형태가 처음 등장하여 최근 위탁급식의 비율은 비약적으로 증가하고 있다.

(1) 직영의 특성

직영은 주로 학교나 기업에서 학생이나 직원에게 영양 및 복지 차원에서 급식소를 직접 운영하는 방식으로 수익성이 아닌 비영리로 예산을 효율적으로 활용하여 고객을 만족시키는 것이 주목적이다.

우리나라의 단체급식은 1980년대까지는 회사나 학교 등에서 직영 형태로 주로 운영하여 왔으며, 이는 급식 시설 및 인력, 구매 등 전반적인 사항을 자체에서 총괄하며 직접 운영하는 방식이다.

이 방식은 급식관리, 위생 및 영양관리가 철저해지고 급식 시설의 설치 목적이 그대로 적용될 수 있다는 장점이 있는 반면, 고용이 비교적 안정되어 있어 작업의 의욕이 떨어지고 서비스의 결여, 조리 기술 및 개선의 향상이 부진해질 수 있으며, 인건비의 연공식으로 경비 절감을 기대하기 어려운 단점이 있다.

(2) 위탁 운영의 특성

위탁이란 급식 운영과 관리 업무를 위탁 전문업체에 맡기는 방식으로 전문 업체는 위탁 의뢰 업체와 계약에 의하여 단체급식 업무를 전부 또는 일부를 대행한다. 즉 위탁 경영이란 호텔, 레스토랑, 병원, 사업체, 학교 등의 단체급식 기관이 급식 전문 업체와 일정한 계약을 체결하고 이에 따라 급식 업무의 전부 또는 일부를 대행해 주는 것이다.

위탁 경영의 장점으로는 첫째, 모든 면에서 지출을 절감시킨다. 둘째, 과학적 경영으로 운영비가 절감된다. 셋째, 교육과 훈련에 의한 소수 인원으로 관리하므로 전문 관리층의 임금 지출이 적어진다. 따라서 급식 업무 위탁 시 기대 효과는 급식 예산과 원가 절감, 유능한 관리지 활용, 급식 운영에서 서비스 불편 감소와 위생관리 통제를 강화 할 수 있고, 낙후된 시설과 설비 개선을 가져온다.

반면에 단점으로는 첫째, 개인 급식업체에서 발생하는 사소한 문제를 소홀히 다룰 경우가 있다. 둘째, 영양관리에 문제가 있을 수 있다. 셋째, 영양교육과 급식 서비스에 문제가 생길 수 있다. 넷째, 만기 전 계약 파기의 경우가 발생할 수 있다. 다섯째, 위탁 경영자를 잘못 선택하면 원가 상승의 결과를 가져올 수 있다.

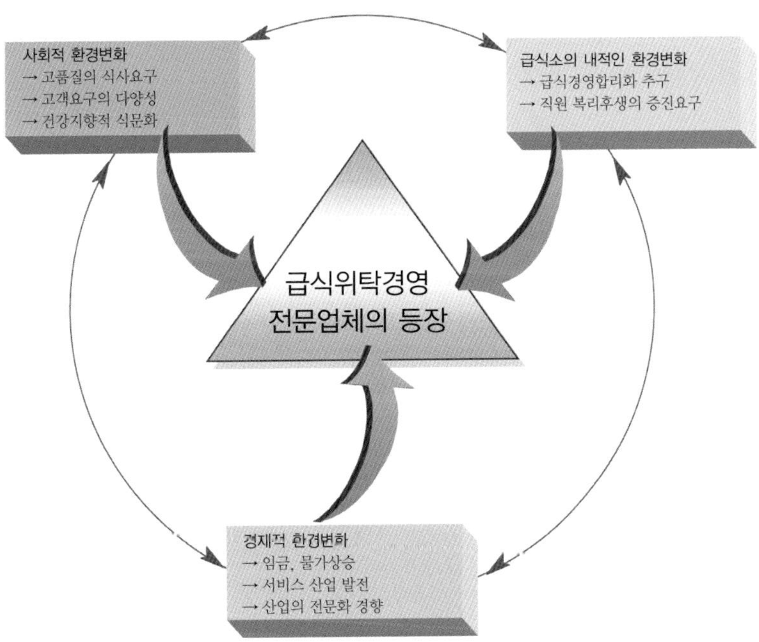

[급식 위탁 경영 전문업체의 등장]

(3) 경영 방식에 의한 차이점

국내 단체급식 시장은 최근 각 기업의 경영 합리화와 업종 전문화의 추세에 따라 근로자 급식의 전문 위탁률이 늘어나고 있는 가운데 그 시장이 날로 확대되어 가고 있다. 직영 방식과 위탁 운영의 차이점을 살펴보면 다음과 같다.

구 분	직 영	위 탁
경제성	• 인건비 상승에 따른 인원 재배치곤란 • 생산성대비 상대적 고임금 • 단일 식당 운영에 따른 제한적 cost 절감 • 전담팀 및 지원시설 설치 불가능	• 인력의 효율적 재배치로 직접 인건비절감 • 인력의 전문화, 단순화로 생산성의지속적 향상도모 • 전문점 및 각종 지원시설의 활용을 통한 cost down
인적 자원 관리	• 장기 근무에 따른 노령화, 매너리즘화 • 제한적 승진 기회로 인한 근무의욕 감퇴	• 전문화된 교육program에 의한 인재 양성 • 전문 인력 체제의 확립으로 자기개발 동기부여 • 전문가로서 중 · 장기 개인 비전 공유 • 인력관리 관련업무 부담해소
운영 관리	• 제한된 menu운영 • 식당운영 전반에 대한 전문성결여로 운영 • 비경쟁적 운영에 의한 서비스정신 결여	• 해외 선진기술의 도입으로 차원 높은 급식 서비스제공 • 메뉴개발 전담팀 운영으로 다양한 메뉴제공 • 급식 운영 전담팀의 최신운영 skill 적용 • 고객 감동의 친절한 서비스 제공
위생 및 건강 관리	• 위생 및 안전관리 체계 미흡 • 체계적인 영양관리 한계 • 건강관리 system 결여	• 전문강사에 의한 완벽한 위생 및 안전관리 체계 확립 • 질병예방, 영양지도 program구축 영양관리 system도입 • 건강관리 system 도입, 건강생활 정보제공

3. 급식 시스템과 발전 방향

1) 급식 시스템

2000년부터 단체급식 시장의 빠른 성장세를 교두로 단체급식소의 시스템도 기업의 전략적인 마케팅 차원에서 제조와 판매 활동을 합리화와 서비스 향상을 목표로 급식 대상자의 생리적 · 심리적 만족을 줄 수 있는 급식 업무 프로그램을 분석, 계획, 수행하며 이에 따라 조절하는 급식 마케팅 관리의 도입이 필요했다.

이를 위한 단체급식관리는 계속적으로 변화하는 물가, 농산물 규제, 원산지 표시제, 외식산업을 고려해야 하므로 상호 의존적인 오픈 시스템이 있어야 한다. 오픈 시스템의 급식관리 모델은 기본 시스템에 통제 · 피드백 · 정보 기록이 추가되어 확장된 제조 생산(음식 · 메뉴)을 효과적으로 적용하도록 해야 한다. 아래의 그림은 급식 시스템의 모형을 도식화하여 나타냈다.

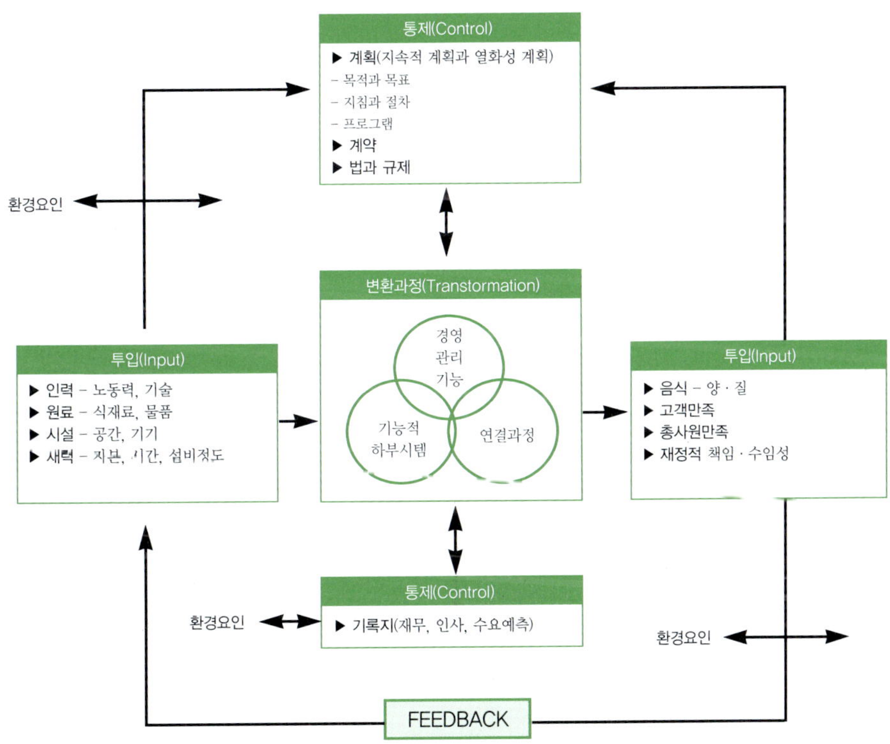

[급식 시스템의 모형]

2) 단체급식의 발전 방향

과학적인 시스템 개발로 대기업 위주로 재편된 이후, 확대 위주의 무리한 과다 경쟁에서 내실 경영 위주로의 전환이 업계 전반의 추진 전략으로 자리 잡은 것이다. 따라서 무리한 투자를 스스로 자제하면서 과학적인 운영 방법을 개발하고 식자재 물류비 절감에 대한 각사의 시스템 개발에 대한 관심이 더욱 높아졌고 이에 대한 개발도 활발히 이루어져야 한다.

차별화된 전략 방식의 영업으로 확대 일변도의 경쟁 체제에서 서서히 탈피하고 수익 위주의 경영으로 전환하면서 업체 간의 수주를 위한 무리한 투자가 자제되어야 하며, 오히려 차별화된 특화 전략으로 위탁사를 설득하는 경향이 강화되는 바람직한 방향으로의 전환의 분위기로 되어야 한다.

최근까지 대기업의 학교급식 시장의 진출 자제로 각 업체들의 신규 개발 현황을 보면 산업체 및 오피스 부문의 시장이 가장 많이 신장된 것으로 나타났다. 이는 앞으로 경기 회복 등에 따른 산업체 시장의 위탁화가 많이 이루어진 점도 있으나 내실 경영을 외쳐온 각 사의 방침에 따라 무리한 투자를 감수해야 하는 학교급식 시장에 대한 투자를 자제했기 때문인 것으로 분석된다.

단체급식의 변화된 트렌드는 한편 문화 사회적인 기대치가 높아지면서 급식 고객의 요구도 다양화, 고급화되어 전문성 있는 메뉴 개발과 다양한 이벤트의 필요성이 더욱 강조된 것도 단체 급식의 변화를 요구하게 된다.

HACCP 시범 사업의 시작과 단체급식업 협회의 출범으로 인한 급식업체들의 재편성되고 있고 식재료비와 인건비의 상승으로 평균 식단가는 감소된 것으로 나타난다. 그리고 식재료비와 인건비는 완만한 상승 추세를 보이고 있다. 이러한 현실은 기존처럼 무차별적인 개발을 우선시하는 경영 전략으로선 더는 단체급식 시장 전반의 발전적인 성장을 기대할 수 없음을 보여주고 있으므로 새로운 경영 전략이 요구된다.

급식산업 관련 산학 연관의 꾸준한 연구와 개발이 유기적으로 수행되어야 하며, 이를 통해 산업 발전을 위한 제도, 기준의 효과적 적용, 개발된 혁신 기술의 업계 적용, 업계를 위한 육성책의 효과적 적용 등을 지속적인 투자해야 한다.

환경 변화에 따른 급식산업의 대응 전략으로 고객 만족과 고객 가치 창출, 내부 고객을 위한 마케팅 전략, 외부 고객을 위한 마케팅 전략, 급식업체의 브랜드 관리, 정보인프라의 구축, Home Meal Replacement 개발, 건강식의 개발 및 홍보, 음식물 쓰레기관리, PL법 대책, 체계적인 위생관리 기법 구축 등의 중요성이 요구된다.

김기영, 《호텔 외식산업 주방관리실무론》, 백산출판사, 2007년.
김동승 · 곽성호 · 김경주 · 김영태, 《혁신급식경영론》, 백산출판사, 2007년.
김혜영, 《최신 단체 급식》, 효일문화사, 1999년.
매일경제신문, 2009년 12월 10일.
박문옥 · 서민자, 《급식산업현황과 사업 다각화에 따른 조리사 직무개발에 관한연구》, 장안대학논문집, 2007년.
식품의약품안전청, 《식품의약품통계연보》 2010년.
신장수, 《위탁급식산업의 마케팅전략에 관한 연구》, 한양대학교 석사학위논문, 2008년.
예종석 · 김명수, 《뉴마케팅》, 박영사, 2005년.
이보숙 · 채인숙 · 차진아, 《단체급식》, 교문사, 2008년.
이종미 외 6인, 《단체급식》, 2007년.
차진아 · 이경자, 《급식위탁경영에 대한 고찰 연구》, 기전여자전문대학교논문집, 1994년.
최상철, 《위탁급식의 계약형태에 따른 수탁사의 수익성에 관한 연구》, 호텔경영학연구, 2001년.

CHAPTER 03 주방 시설관리

01 주방의 시설관리

1. 주방 시설관리
2. 주방 시설관리의 방법

02 주방의 장비관리

1. 주방 장비의 관리
2. 주방 기기의 선택과 구입 고려사항
3. 조리 장비
4. 베이커리 장비
5. F & B 장비

03 주방의 기물관리

1. 조리 기물의 관리
2. 조리용 기물
3. 베이커리 기물
4. F & B 기물

04 주방의 설비 환경관리

1. 주방 시설의 환경
2. 주방의 에너지 관리
3. 채광과 조도(조명)
4. 온도와 습도 조절
5. 소음
6. 색상

01 주방의 시설관리

1. 주방 시설관리

1) 주방 시설관리 의의

주방은 여러 부서의 기능적인 시설로 구성된 하나의 종합 경영 시스템이라 하였으며, 주방 시설관리는 모든 설비를 외식기업의 콘셉트와 생산 목표 달성에 가장 잘 기여할 수 있는 상태로 유지시켜 고품질의 서비스를 고객에게 제공하는 데 있다고 하였다. 호텔 주방의 작업 환경적 요소는 주방 장비, 기물의 설계와 공간 확보, 조리기구 등으로 인하여 결국 조리사에게 직접적 영향을 줄 수 있는 요인이다.

주방은 기능적 공간의 성격을 띠고 있는 곳으로 주방 장비 및 시설 배치에 있어서 상품을 적절히 공급해야 하고, 상호 경쟁 분석을 통한 시장 기회 포착을 위한 독특한 시설을 갖추기 위해 시스템적 관점에 따른 주방 시스템 구축이 절실히 필요하다.

현대 호텔이나 외식기업체의 주방에서 사용하고 있는 장비(Equipment)나 기물(Utensil)은 시대적인 흐름과 음식 문화의 변화와 함께 눈부시게 발전을 거듭하여 오늘날에 이르렀다. 그 결과 조리 작업 과정이 조직화 및 기계화되어 가고 있으며, 이러한 과정을 통하여 조리 제품의 대량생산과 표준화 시대로 접어들게 되었다.

따라서 이러한 장비와 기물들은 조리사들이 공동으로 사용하며, 주방 공간을 차지하는 점유율이 높기 때문에 기능, 색상, 크기, 사용의 간편함을 고려하여 구입 과정에서부터 사용관리에 철저해야 한다. 그러므로 식당의 장비와 시설의 관리는 충분한 계획에서부터 시작되는 데 재질과 디자인, 그리고 구조 방법 그 모든 것들은 얼마나 장비를 쉽게, 그리고 깨끗하게 관리하는지 영향을 준다.

외식 주방은 여러 부서의 기능적 시설로 구성된 하나의 종합적인 경영 시스템이라고 할 수 있다. 이러한 특징을 이루는 과정에서 주방 시설의 계획 과정에 따른 시스템적 시각은 주방의 통합적 관리와 시설의 기능적 집합이라 할 수 있는 공간의 설계 및 배치를 위해 매우 중요한 역할을 한다.

주방 시설 관리 시스템의 개념적 정의와 주방 시설에 대한 장비 배치 관리의 목적은 "주방 직원의 작업 활동 공간에 있어 불필요한 활동을 최소화하여 목적하는 음식 상품을 생산할 수 있도록 주방 시스템을 구축하는 것"이라 할 수 있다.

이러한 관점에서 주방 장비 및 시설의 배치관리는 결과적으로는 인적 자원과 물적 자원의 효율적 운영을 통해 경영 효율을 최대로 높이는 것이라고 할 수 있다.

주방 장비 및 시설 배치 계획에 있어 시설관리를 위한 일반적인 원칙의 기준은 다음의 내용을 포함해야 한다.

첫째, 식음료 상품에 대한 새로운 아이디어 창출과 선별 능력이 있어야 된다.

둘째, 새로운 조리 식품의 개발과 시험 및 적용 결과의 흡수할 줄 알아야 된다.

셋째, 판매의 최종 설계가 되어야 한다.

넷째, 체계적인 상품화 계획 단계와 생산 및 판매 등의 과정에서 전략적 우위를 지닌 계획의 원칙이 수립되어야 한다고 본다.

2) 시설관리의 효과

주방의 우수한 시설은 직원의 근무 능력 향상과 매출에 많은 영향을 미친다. 그러나 호텔 주방의 잘못된 주방 설비나 작업 유해 환경은 질병 유발 및 산업재해 촉진으로 인력 손실을 가져올 수 있으며, 작업 능률의 저하와 낮은 생산성, 근로 피로의 증가와 더불어 음식의 질이 낮아지게 되고, 고정 자산인 주방기기의 손실 등 경제적 손실을 가져올 수 있다.

2. 주방 시설관리의 방법

1) 주방의 시스템 관리

호텔 주방의 시스템 관리는 조리사가 각종 조리시설 및 조리 기구를 이용하여 안전하고 위생적인 환경 속에서 조리 작업을 행할 수 있는 공간을 갖추기 위한 설계에서부터의 고려가 필요하며, 주방의 설계 요소가 바람직하게 이루어 질 수 있도록 설계 전문가와 주방의 기능을 연계시킬 수 있는 구성원의 참여가 절대적으로 필요하다.

효율적인 수방 시설관리를 위해서 기물, 장비, 배치관리로 구분하여 주방 시설의 효율적인 관리가 이루어져야 한다. 기물관리에서는 기물관리 부서의 신속한 기불의 교체 및 즉시 수리가 이루어져야 하고 기물관리 부서와의 긴밀한 협조 체제를 강조하였다. 장비관리 부분에서는 최신 장비의 도입 및 확보를 통해서 조리사의 노동력을 절감할 수 있으며, 장비의 청결 관리, 주기적인 점검 및 보수 등을 통해서 업무의 원활성을 기할 수 있다.

주방 시설물 관리의 일반적인 원칙은 합리적이고 효율적인 주방 시설관리 시스템 기법의 방식으로, 주방 운영의 생산성과 상품의 품질향상 등을 접목한 음식 상품의 전략적 우위를 달성하기 위한 과제라 할 수 있다. 주방에서는 고객의 요구에 대응하는 상품을 생산하는 생산 접점으로서, 음식 상품의 질적 가치를 극대화할 수 있고, 또한 주방 시설의 합리적인 활용으로 인해 불특정 다수의 고객들에게 고객 감동에 의한 수익을 극대화할 수 있다.

외식업장 경영의 특성 중 기능적 공간의 성격을 띠고 있는 곳이 바로 주방이므로 주방장비 및 시설 배치에 있어서는 상품을 적절히 공급해야 하고, 상호 경쟁 분석을 통한 시장 기회 포착을 위한 독특한 시설을 갖추기 위해서 시스템적 관점에 따른 주방 시스템 구축이 절실히 필요하다.

주방 시설 관리의 구성 요소는 호텔 주방이나 일반 레스토랑 및 외식기업체의 주방은 일련의 특성화된 구성 요소들이 기능적으로 연계된, 복합적이고 체계적인 시스템이라 할 수 있다. 그러므로 주방 시스템을 구성하는 요소는 물적 요소뿐만 아니라 인적 구성 요소의 종합적 관리 방식 기능도 포함하게 되어 각각의 분담 성격을 명확하게 설정하여 하나의 생산 시스템 라인을 구축해야 한다.

주방의 모든 업무가 가장 효과적으로 진행되고 원활하기 위한 기본이 되는 것이 바로 주방의 위치와 규모에 대한 설계라 할 수 있는데, 주방의 면적상의 구성은, 조리 업무 역량의 파악을 기초로 하여 필요한 기구와 재료를 사용하여 주방 업무를 효율적으로 수행할 수 있는 것은 조리 기구 및 장비에 대한 배치와 전체 호텔의 성격상 주어지는 주방의 규모인 것이다.

2) 주방 시설관리의 방법

호텔이나 외식업체들의 주방 시설과 장비에 대한 조직적이고 체계적으로 관리하고 사용 방법을 숙지하는 것은 오직 주방 직원들의 책임만이 아니라는 것을 인식해야 한다. 주방 관련 모든 종사자들에게 책임과 의무감을 철저하게 교육시켜 관리 절차에 따라 주방의 업장별 장비와 기물 등을 관리하는 것이 매우 적절한 방법이다.

주방 장비 및 기물들의 관리 목적은 현행 사용 품목의 원활한 작업 수행을 위한 것임과 동시에 미래 지속적인 기능 유지를 위한 것이 궁극적인 목적일 것이다.

주방 장비 선택을 할 경우 주방의 장비나 기물의 가치는 장비나 기물의 사용 용도와 성능을 만족스럽게 수행할 수 있는 가능성에 따라 평가를 해야 된다. 또한, 주방 장비나 기물의 가격이 비교적 소액의 물품이라면 소홀하게 다룰 수 있지만, 모든 장비나 기물의 구입 가격이 고액이기 때문에 신중한 선택과 관리가 이루어져야 한다.

그러므로 기물 구매자는 사전에 충분한 사용 용도와 성능을 검토해야 한다. 주방 시설의 설비는 인간을 대상으로 하는 공학이며, 고객에게 안락한 분위기와 제공되는 요리를 위해 최상의 상태로서 보존을 목적으로 해야 한다. 그리고 식사를 최대한 즐길 수 있도록 해야 된다고 하는 의미는 결과적으로 주방 장비 및 기물과 설비의 효용성을 강조 하는 내용으로 요약된다.

[표 3-1] 주방 설비의 위치에 따른 고려할 사항

주방의 위치에 따른 고려할 사항			
고려사항	Basement Kit	Ground Kit	The top floor Kit
독립된 넓은 공간	• 상층의 폭과 대들보 사이에 의해 지배되기 때문에 불리 • 돌출되어 있으면 문제는 적음	• 별개의 건물이나 돌출되어 있으면 자유 • 돌출되어 나오지 않으면 불리	• 병동 등 하층건물의 형태이거나 폭을 늘리면 불리
천장의 높은 정도	• 대단히 부자유하며 경제적으로도 높은 천장은 불리	• 일반적으로 부자유하며 별개의 건물일 경우는 자유	• 완전히 자유
주방의 평면형	• 돌출되지 않는 한 상층 평면에 지배됨 • 돌출되어 있으면 자유	• 별개의 건물이나 돌출되어 있으면 자유	• 완전히 하층평면에 지배되어 자유가 없다

빛의 줄기	• 넓은 건조된 공간이 필요하여 불리	• 일반적으로 양호하고 별개의 건물일 경우 Top light 천장	• 매우양호하며 Top light도 자유롭게 달 수 있음
자연통풍	• 극히 불리하고 강력한 기계환기가 절대적으로 필요	• 약간 양호하며 단 양쪽이 열리는 문이 필요 불가결함	• 매우 양호
방충·방서	• 불리	• 불리	• 매우 유리
방습	• 매우 불리	• 유리	• 매우 유리
열	• 매우 덥다	• 덥다	• 다소 덥고 지붕의 충분한 단열이 필요
방취	• 상층으로 올라가므로 불리 • 냄새를 없애기 위하여 특별한 환기와 배기관이 필요	• 일반적으로 불리 • 별개의 건물로 하면 약간 좋음	• 냄새는 하층으로는 흐르지 않기 때문에 대단히 유리
식품구매	• 엘리베이터가 필요 • 엘리베이터가 없으면 대단히 불리	• 매우 유리 • 특별한 설비가 필요 없다	• 엘리베이터가 필수 • 경제적으로 불리
음식서빙	• 엘리베이터나 lift에 의함	• 별개의 건물일 경우 엘리베이터, lift 등도 설치 가능	• 엘리베이터 또는 lift에 의해 운반 가능
바닥방수	• 방수 필요	• 간단함	• 극히 완전히 방수가 요구됨
배관설비	• 다소 불리	• 매우 유리	• 다소 불리
환경조성 설비	• 막대한 설비투자가 요구됨	• 다소 투자를 하지 않으면 작업환경이 개선되지 않는다.	• 설비투자가 적어도 자연화기로서 어느 정도 작업 환경조성이 가능함
식당규모 및 변화에 대한 적응성	• 대규모에서는 돌출되지 않으면 상층 건물에 지배되어 변형된다거나 실배치 동선에 불리하고 증축이 어렵다	• 별개의 건물로 하거나 돌출되게 하면 쉽게 증개축이 가능함	• 증개축은 거의 불가능하며, 대규모에서는 하층건물에 의해 지배되어 면적부족이나 모양이 좋지 않은 주방이 되기 쉬워 실비채, 동선 등에 불리함

김기영, 《호텔 외식산업 주방관리실무론》, 백산출판사, 2007년.
김혜영, 《최신 단체 급식》, 효일문화사, 1999년.
이보숙 · 채인숙 · 차진아, 《단체급식》, 교문사, 2008년.
이종미 외 6인, 《단체급식》, 2007년.
황춘기 외 9인, 《New주방관리론》, 지구문화사, 2010년.

02 주방의 장비관리

1. 주방 장비의 관리

1) 주방 장비관리의 목적

호텔이나 외식기업체들의 주방 시설과 장비에 대한 관리 목적은 고객에게 높은 품질의 음식과 서비스를 제공하면서 동시에 현행 사용 품목의 원활한 작업 수행을 위한 것이다. 또한, 미래 지속적인 기능 유지를 위한 것이 궁극적인 목적이다.

따라서 주방 생산 능력을 최대한 유지할 수 있도록 해야 되며, 관리비용이 최소화되어야 하고, 주방 근무자의 안전과 고객 만족이 이루어져야 한다.

2) 주방 장비의 선택

주방 장비란 기계와 기구를 합하여 말하는 것으로 기계 부분을 가지고 있는 것을 기계, 그렇지 않는 것을 기구라 한다. 주방 장비의 선정 조건은 조리 방법, 성능, 내구성, 유지 관리의 용이성, 경제성 등이 고려되어야 한다.

(1) 조리 방법에 의한 선정

식단이 결정되면 조리에 필요한 기기를 결정하며 이때 위생적인 면, 능률적인 면, 경제적인 면을 함께 고려해야 된다.

(2) 성능에 의한 선택

조리 기기의 성능(또는 효율성)을 정확히 판정하기는 쉽지 않으나, 기기 제조회사의 안내 책자나 판매원의 설명을 참고로 한다. 이에 고려할 점은 다음과 같다.

① 조리할 음식의 양
② 조리 시간
③ 음식의 서빙 방법
④ 마감 처리

(3) 내구성에 의한 선택

조리 장비는 사용 빈도가 높으므로 내구성을 충분히 고려하여야 한다. 기기의 내구성은 종류, 사용 빈도, 관리 방법 등에 따라 달라질 수 있다.

(4) 유지관리에 의한 선정

바람직한 기기는 성능과 내구성이 좋으며 유지관리가 쉬운 것이다. 그러나 실제로 기기의 유지관리는 쉬운 일이 아니며, 고장의 대부분은 기기 전문가에 의해서만 수리가 가능하다. 따라서 기기의 구입의 기본 원칙은 다음과 같다.

① 기기의 사용이 간편하고 편리한 것으로 누구나 손쉽게 사용할 수 있는 쉬운 것으로 해야 한다.
② 주방 기기는 고장이 잘 나지 않는 것으로 해야 한다. 잦은 고장은 장비의 구입 비용과 기능에 적합한 조리 상품 생산과 경영 전반에 영향을 미칠 수 있다.
③ 청소와 손질이 간단한 것으로 해야 한다. 또한, 직원은 기기의 사용법은 물론 취급관리 및 정비에 대한 지식이 있어야 한다.

(5) 경제성에 의한 선정

조리기기는 단순히 영업장의 시설의 일부가 아니라 작업의 능률 향상과 함께 식원가의 감소를 줄일 수 있어야 한다. 시설비로 많은 돈을 일시적으로 지출하는 것은 경제적으로 바람직하지 않으므로 연차적으로 이익금의 일부를 축척하여 새로운 시설의 도입 또는 개보수에 대비하여야 한다.

3) 주방 장비 및 기구의 매뉴얼

주방 시설관리와 주방 장비 및 기구의 매뉴얼화 하기 위해서는 먼저 시설물에 대한 사전 지식이 필요하다. 사용 방법과 용도, 사용 연한 및 생산지 등을 파악하여 적절한 기법을 적용해야 한다.

① 모든 조리 장비 및 시설물에 대한 사용 방법과 기능을 충분히 숙지하고 사용해야 한다.
② 주방 장비의 사용 용도 이외 다른 것으로 사용을 금해야 한다.
③ 주방 장비나 기물에 과부하 가지 않도록 유의해야 한다.
④ 주방 장비나 기물에 이상이 있을 경우엔 즉시 사용을 중지하고 전문가의 수리 조치를 취해야 한다.
⑤ 전기를 사용하는 주방 장비 및 기물의 경우에는 전기 사용량과 사용법을 확인한 다음 사용해야 한다. 특히 감전 위험에 따른 수분의 접촉 여부에 신경을 써야 한다.
⑥ 조리할 때 모터에 물이나 이물질 등이 들어가지 않도록 항상 주의하고, 사용 뒤에는 항상 청결하게 유지해야 한다.

2. 주방 기기의 선택과 구입 고려사항

1) 주방 기기 선택과 구입 시 고려사항

주방 기기의 선정 및 고려사항에서 기기의 선정은 모든 주요 인자를 고려하여야 하며 중요 사항은 다음과 같다.

① 메뉴 분석에 의해 결정된 기기의 필요성

② 고객 인원수 식자재의 구매 형태

③ 식자재의 구매 형태

④ 수방의 형태와 영업시간

⑤ 주방의 조리 작업 시간

⑥ 에너지 소모량(가스, 전기, 스팀 등)

⑦ 기기 구입 예산

⑧ 기기 배치 공간

주방에서 사용하는 기물을 구매하기 위한 처음 단계는 적절한 능력과 효율을 가진 기물을 선택하는 것이라 하겠다. 일반적인 주방 시설물 선택의 일반 원칙은 다음과 같다.

(1) 장비 및 기물과 기기의 필요성 여부

조리 장비와 기물, 그리고 기기가 갖고 있는 성능과 사용 방법 및 유지 비용 등은 주방의 시설관리 기능에 매우 중요한 요소가 된다. 특히 이러한 요소들이 새롭게 개발되는 메뉴에 적용될 수 있도록 구매 의뢰자는 구매 품목 선택 필요성을 감안해야 한다. 주방 기물이 작업 비용과 시간을 감소시킬 수 있는 것인지, 조리 작업에 참여하는 조리 인원들의 불만을 해소시킬 수 있겠는가를 평가 기준으로 삼아 구매 여부를 결정해야 한다.

(2) 구입 비용

주방에 배치해야 할 장비나 기물이 당면한 최종적인 결정의 수단이 바로 적절한 가격을 평가하여 선택하는 것이다. 초기 구입 장비는 대부분의 경우 15년에서 20년 정도의 경제적 수명을 가지고 있다. 시설물 구입 비용과 기능에 맞는 조리 상품 생산이 가능할 때에 비로소 구입 가치가 판단되는 특징이 있어, 구입 초기의 비용 결정은 곧 경영 전반에까지 영향을 미칠 수 있다는 점을 인식해야 한다.

(3) 규정된 성능

주방 장비나 기물의 선택 요인은 기물의 속성들 중 사용 방법의 편리성과 안정성에 의해 선택하는 경우가 많다. 주방 장비나 기물의 성능은 구입 비용과 절대적으로 부합되어야 한다. 대부분의 장비나 기물에 대한 성능은 얼마 동안 만족스러운 성능으로 유지할 수 있을 것인가를 볼 때, 성능의 기록 평가에서 우위를 갖는 것이 구입 선택 가능성이 높다.

(4) 특정 조건에 맞는 만족도

구입한 장비나 기물에 대한 투자를 현명하게 하고 성공적인 작동으로 성능을 유지한다면, 그 다음으로 특정 조건에 맞는 필요조건의 내용을 분석하게 된다.

(5) 안정성과 위생의 조건

안정성과 위생은 장비나 기물을 구입하여 설치 단계에 있어 기준점을 제시해 주는 효과적인 요소가 되었다. 따라서 주방 기물을 선택하는 기준에서부터 안전성의 검토는 공인된 기구가 인정할 수 있는 안전성과 효과성을 확보할 기기를 선택하게 된다.

(6) 제품 모양과 디자인

주방 장비나 기물 및 기기는 모양과 디자인이 주방의 기준과 건물 구조, 그리고 색상이 전체 분위기와 맞지 않는다면 바람직하지 못하게 되어 구입 선택에도 악영향으로 미치게 된다. 주방에서 사용되고 있는 모든 장비나 기물은 청소와 작업 과정에서 불편을 주거나, 내구력과 활용성에 부합되지 않으면 결국 그러한 시설물의 구입은 미뤄지게 될 것이다.

(7) 타장비와의 조화성

주방 기물과 시설물들은 하나의 시스템으로 일괄 배치되는 경향이 크다. 업무의 효율성을 위한 배치인데 이러한 시스템이 이루어지려면 기물들 상호 간의 조화성이 우선되어야 한다. 그러나 이러한 조화성에 맞지 않는 기물이 있다면 전체적인 시스템의 문제로 간주되기 때문에 고려해야 할 문제가 된다.

3. 조리 장비

1) 열기기류(Heat Equipment)

(1) 오븐(Oven or Stove)

일반적으로 오븐이란 조리 재료를 밀폐한 후 가열하여 건열로 음식을 익히게 설계된 조리기구이다. 서구에서 오랫동안 사용한 것으로 오늘날 전 세계적으로 빵이나 쿠키, 스테이크 등의 요리를 하는 데 사용한다.

오븐의 종류는 크게 열원, 오븐 개수, 형태, 크기에 의해 나눈다. 특히 열원에 따라 전기, 가스, 이중 연료로 나누며, 형태에 따라 거치형과 설치형으로 나눈다. 또한, 오븐 개수나 크기에 따라 나눌 수 있다.

오븐은 그 규격이나 형태, 기능에 따라 매우 다양한 모델이 있다. 제품 기술 발달에 따라 과거에 오븐은 사용 연료에 따라 숯불 오븐, 연탄 오븐, 기름 오븐, 전기 오븐, 가스 오븐 등으로 나누며, 사용 방법에 따라 회전식 오븐(rack oven)과 데크 오븐(deck oven), 터널식 오븐(tummel oven) 등을 나눌 수 있다.

전기가 발명되기 이전까지는 숯불 오븐과 연탄 오븐이 사용되었으며, 최근에는 기름 오븐 및 가스 오븐과 전기 오븐이 함께 사용되고 있다. 회전식 오븐은 주로 가스를 사용하며, 동일한 종류의 빵을 대량으로 굽는 장점을 갖고 있으며 수레가 오븐 속으로 들어간다.

데크 오븐은 전기를 사용하는 것과 가스를 사용하는 것이 있다. 데크 오븐은 위 불과 아래불을 조절할 수 있어 단과자빵, 스펀지케이크, 파이 등을 굽는 데 용이하다. 데크오븐은 데크 위에 또 다른 데크를 올려놓는 고정형이다.

또 열원의 사용 형태에 따라 오븐 내부의 급속한 열의 이동을 위해 팬을 사용한 컨벡션 오븐(convection oven), 사용 용적률이 높이고 문을 열었을 때 열방출을 방지하기 위해 트레이를 4~7개 설치한 트레이 회전식 오븐(revolving oven), 전자파를 이용한 전자 오븐(microwave oven), 전자 오븐과 유사한 적외선 오븐(infrad oven), 최소 공간을 확보하여 사용할 수 있도록 제작한 데크 오븐(deck oven) 등으로 구분할 수 있다.

이러한 오븐들은 구이, 로스트, 오븐-브로일(oven-broil), 오븐 튀김(oven fry), 그밖에 국물이 있는 조리 등의 용도로 다양하게 이용된다. 아래의 그림은 오븐의 종류를 나타낸 것이다.

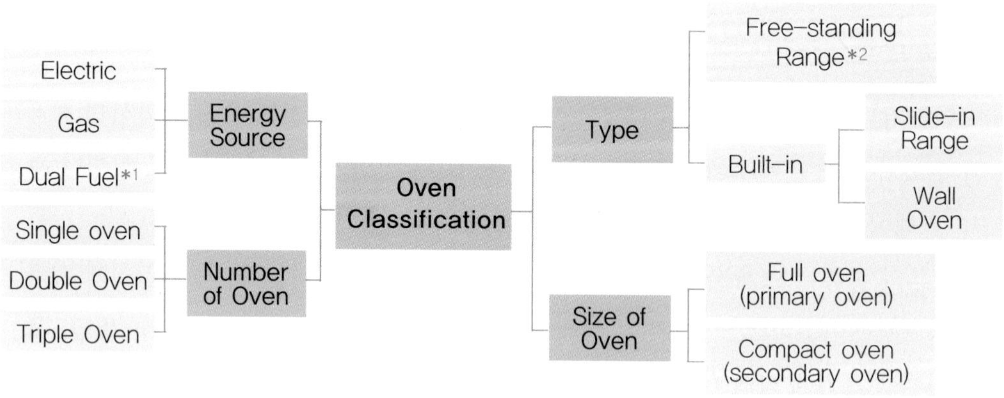

*1 Duel Fuel : Electric & Gas, usualy gas for cook top, electric for oven

*2 Range : Oven & Cook top

[오븐의 종류]

1 오븐(Gas / Electric oven)

일반 호텔이나 외식업체에는 가스 테이블 및 가스와 오븐 시설이 같이 혼합된 것이 있으며, 조리설비의 용도가 다양한 것일수록 쓰기에 편리하다. 가스 테이블의 중요한 부분은 가스열이 나오는 노즐과 점화 장치, 그리고 조리할 때 그릇이 닿는 부분인 그릴이다. 자동 점화와 수동 점화되는 장치가 있고, 열량(불꽃)을 조절하는 게이지(gauge)가 정밀한 것일수록 에너지 소비율의 경제성이 좋으며, 특히 강력 적외선 그릴은 제품의 성능이 오래가는 편이다.

Oven의 몸체는 내습 · 내화 · 내구력이 있는 스테인리스제로 가스 소비를 최대한 억제할 수 있도록 설계된 것이 주방에서 사용하기 좋다. 제조회사에 따라 버너가 좌우로 배치된 것과 그 가운데 오븐 버너와 그릴 버너가 달린 것이 있다.

Oven-range를 사전에 구입할 때에는 주방의 설비 특성을 고려하여 안전 · 내구(耐久)를 위한 구조로 설계되어 있는지, 그 밖에 재질과 정밀도를 충분히 검토해야 한다.

Gas oven-range (1)

Gas oven-range (2)

6 Burner Convection Gas Range with Electric Oven

8 Radiant Element Electric Convection Oven Range

Fan Forced Jumbo Oven Range

pyrolytic oven

2 Speed ovens(Microwave / Electric Convection oven)

과거에 가스 오븐 내에 돔(dome) 형태의 철망을 붙여 복사열이 증대하도록 한 것이나 팬을 붙여 열풍을 순환시켜서 강제적으로 대류에 의하여 열전달을 크게 한 오븐으로 반사현상을 이용하여 만든 기기로 초단파를 이용한 식품 조리기기이다.

Speed oven

초단파는 빛의 파동과 같은 복사 에너지의 전자파로, 허용된 주파수는 915MHz와 2,450MHz의 2종류가 있다. 초단파(microwave)는 빛처럼 직진하며 물을 포함한 식품 성분에는 흡수되지만, 금속에 의해서 반사되고 자연상태(전기적 성질을 갖지 않고 존재하는 것, 벤젠, 파라핀 등)를 유지하는 물질과 만나면 통과한다.

The smart oven

만약 초단파가 표면에서 반사되면 열을 발생하지 않고 흡수된 것만이 열을 발생한다. 전자레인지는 식품가공 · 조리에 있어서 온도의 상승으로 인한 비타민의 파괴와 손실을 감소시킬 수 있다.

특히 채소류 가공 시 초단파를 이용하면 물 없이 가열하게 되므로 물속으로 빠져나오는 비타민 등의 영양분 손실을 막을 수 있다. 편의점, 휴게소, 패스트푸드, 커피숍, 스낵바 등에서 사용한다.

3 데크 피자 오븐(Deck Pizza Ovens)

전면부를 제외한 3면에서 열이 발생, 피자를 단시간에 고르게 익혀 주기 때문에 맛의 균질성을 보장할 수가 있다. 또한, 오븐 바닥이 직경 410~435mm의 세라믹 특수판으로 설계되어 있어 내열성과 내구성이 좋으며 순간적인 고온을 내는데 상당히 유리하다.

Deck Pizza Oven

피자 전문점의 경우에는 일반 오븐보다 피자 전용 오븐을 사용하는 경우가 많다. 피자는 빵과 각종 채소, 치즈 등을 한 번에 조리하는 과정을 거치기 때문에 고온에서 단시간에 고루 익는 것이 매우 중요하기 때문이다.

그만큼 피자를 조리하는 과정은 온도의 중요성이 최우선시 된다. 그뿐만 아니라 피자는 일정한 틀이 없이 오븐 위에 그대로 올려지므로 오븐 바닥이 중요한 역할을 한다.

4 콤비 오븐(Combi Ovens)

콤비 오븐은 기능성 · 효율성 겸비한 만능 조리기기로서 특징으로 복합 기능을 들 수 있다. 건열 방식인 컨백션 기능과 습열 방식인 증기 방식을 동시에 적용, 건열 요리인 구이와 베이킹은 물론 습열 요리인 찜과 조림 등 다양한 조리가 가능한 것이 가장 큰 장점이다. 이처럼 높은 효율성으로 단체급식과 같은 대규모 업장은 물론 최근에는 대형 한정식 전문점에서도 사용할 정도로 보급률이 확대되는 추세다.

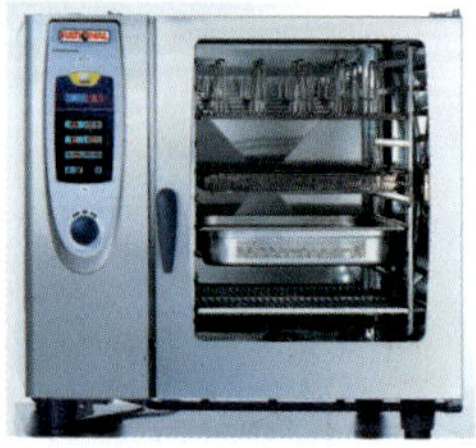

Combi Oven

최근 출시되는 대부분 제품은 사전 예열 없이도 조리가 가능하며 조리 온도 유지

기능이 강화돼 전체적인 조리 시간을 단축하는 효과가 있다. 여러 가지 기계의 성능이 이루어져 주방 공간을 효율적으로 활용, 동선의 재배치를 통해 생산성을 높일 수 있는 것도 장점이다.

Convotherm Combi oven

복합적인 기능에 비해 사용 방법은 간단하다. 원하는 조리법을 선택해 버튼을 조작하기만 하면 조리가 완료되며 사양에 따라 자주 쓰는 조리법을 입력해 놓고 원터치 방식으로 조리할 수 있다.

조리 프로그램이 내장된 제품의 경우 인건비가 비싼 전문 조리사 없이도 웬만한 메뉴는 조리가 가능해 특히 많은 일손을 필요로 하는 대형 업장에 적합하다. 최근에는 세척까지 원터치로 해결해 주는 자동 세척 기능을 탑재한 콤비 오븐도 많다.

5 콘벡션 오븐(Gas/ Electric Convection Ovens)

컨벡션 오븐은 가스와 전기로 이용한 제품이 있으며 바삭바삭한 과자류나 파이, 치킨요리 등에 많이 사용되고 치킨을 주메뉴로 하고 있는 외식 프랜차이즈 업체들이 일반적으로 사용하고 있는 형태이다.

Convection Ovens

컨벡션 오븐은 열풍을 강제 순환시켜 음식을 굽는 방식이다. 소형으로도 제작이 가능하기 때문에 저렴한 가격대의 가정용 컨벡션 오븐도 출시되어 있지만 그러한 제품들은 내구성이나 기능 면에서 외식 업소용과는 현격한 차이를 지니고 있으므로 비교가 불가능하다.

특히 일부 외식업소의 경우, 오븐 구입 비용을 조금이라도 줄이기 위해 가정용 컨벡션 오븐을 설치하는 곳도 있지만, 가정용 컨벡션 오븐은 열악한 주방 또는 조리 현장에서 얼마 버티지 못하고 애프터서비스를 받아야 할 때가 낳아 장기적으로는 비용이 더 들어가게 되는 결과를 초래하게 된다.

컨벡션 오븐은 음식 조리 시 최대 350도까지 가열이 가능하며 별도의 타이머가 장착되어 있어 바쁜 와중에도 조작이 간편하다. 또한, 제품 내·외부가 꼼꼼하게 마감처리되어 있기 때문에 열풍 또는 열 손실이 적은 편이다. 중·대형 음식점이나 다양한 업태의 외식업소 등에서 주로 사용되며 소비전력은 2600W이다.

6 Deck Ovens

선반 형태의 서랍식 오븐으로 현재 제과 · 제빵업계에서 가장 보편적으로 사용되는 오븐이며, 사용하는 에너지원의 종류에 따라 가스 · 전기 · 장작 등의 오븐으로 분류하기도 한다. 음식을 넣는 입구와 출구가 동일해 외식 업소에서 사용했을 시 공간과 인력의 낭비 또한 줄일 수가 있다.

오븐 내부에는 별도의 조명이 설치되어 있을 뿐만 아니라 전면 투시창이 마련되어 있어 밖에서도 음식의 조리 과정을 파악하기가 쉽다. 때문에 오븐을 자주 여닫을 필요가 없고 조리 시 열 손실도 최소화할 수가 있다. 게다가 오븐 자체 내에는 디지털 타이머가 장착되어 있어 조리 과정에서 발생하는 열의 손실을 크게 줄일 수 있다.

데크 오븐의 장점은 음식이 밀착되는 면과 공기 중의 온도를 다르게 설정할 수 있어 음식의 겉과 속을 고르게 익힐 수 있다. 단시간에 음식을 고르게 익히기 때문에 수분 손실이 없고 영양소의 파괴 또한 적다. 데크 오븐은 매장 규모가 작은 외식 업소에서 열효율을 극대화하면서도 음식 맛을 고르게 만들어주기 위한 조리 제품이다.

데크 오븐은 빵의 특성에 맞게 Steam 공급 장치가 필요로 한 바게트, 하드롤, 유럽빵 등의 표피가 두꺼운 빵과 Steam 공급 장치가 필요없는 일반적인 빵류와 케이크류, 페스트리류까지 광범위하게 이용되고 있다.

데크 오븐의 용량과 크기는 제품의 생산량 및 종류에 따라 모양 및 크기를 다양화하여 사용된다. 또한, 새로운 기술의 발달로 데크 오븐 안에 Tray 형식으로 취한 회전식 데크 오븐도 만들어져 사용되고 있다.

Deck Ovens

revolving-tray oven

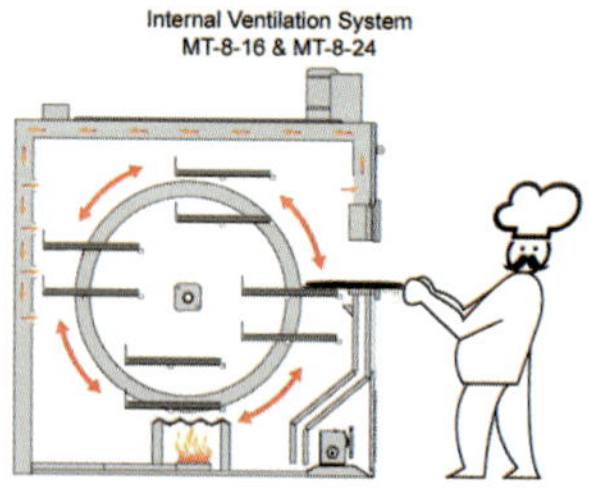

revolving-tray oven (1)

7 콘베이어 피자 오븐(Conveyor pizza ovens)

데크오븐과 다르게 제트 분사식 가열로 모든 음식을 균일한 맛과 색깔을 낼 수 있는 시스템이 장점이다. 가열된 공기에 압력을 가해, 제트 분사로 식품의 위아래에 충돌시켜, 직접 식품을 가열하기 때문에 식재료의 신선함과 풍미를 잃지 않고, 종래의 오븐보다 2~4배의 가열 속도로 빠르게 조리된다. 피자, 생선, 꼬치 등의 구이요리에 적합한 구이용으로 사용된다.

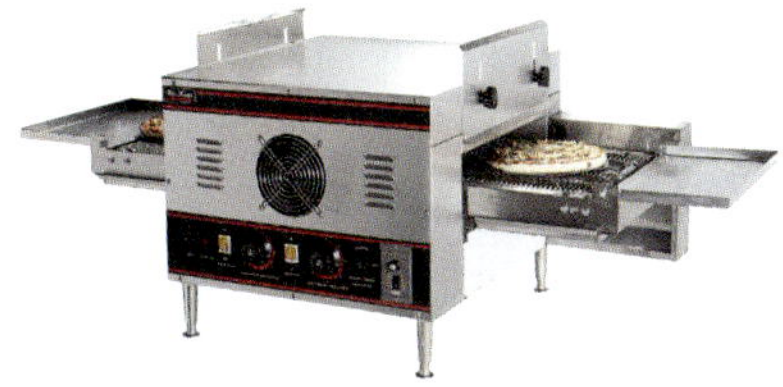

Conveyor pizza ovens (1)

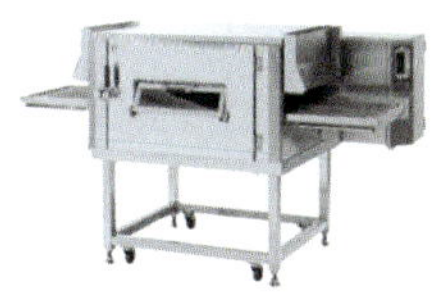

Conveyor pizza ovens (2)

8 Gas barbecue ovens

육류 재료의 중량에 상응하도록 요리 시간을 설정하고, 설정된 요리 시간에 따라 바비큐 요리를 수행하는 단계를 도합하여 이루어짐을 특징으로 하는 가스오븐 레인지의 바비큐 요리 방법이다.

gas barbecue oven

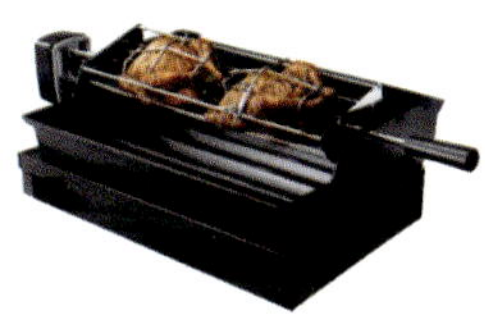

Barbeque Oven(1)

9 Duck oven

지면과 일정한 간격을 두고 설치되며, 내부 바닥면 센터에 숯불 화로가 장착되는 화로 장착 홀이 형성되고, 내부의 공기가 상기 숯불 직 상방에서 데워져 상승한 후에 내벽에 따라 하강하여 순환하는 것에 의해서 오리 고기가 익혀져가는 원리로 만들어진 기계다. 주로 중식식 오리구이 요리에 사용된다.

Duck oven

⑩ 훈제기(Smoking chamber, Smoke-House)

Smoke chamber
(Smoke-House)

훈제용 훈연기 및 이것을 이용한 훈제기에 관한 것으로, 전기적으로 발생된 열을 이용하여 건조된 목재를 태워 훈연(燻煙)을 얻고, 이 훈연을 이용하여 육류 및 어류를 훈제할 수 있도록 구성함으로써, 장작 소비량에 비해 많은 훈연을 얻을 수 있을 뿐만 아니라 육류 및 어류의 맛을 한층 더 높일 수 있는 훈제용 훈연기 및 이것을 이용한 훈제기를 제공하는 데 있다.

제품의 훈연제로써 적합한 조건은 수지의 함유량이 적고, 향미가 높고 방부성을 지닌 물질을 많이 가진 것이다. 따라서 경목류(硬木類)인 벚나무, 떡갈나무, 졸참나무, 히코리(호두과의 낙엽교목), 너도밤나무, 자작나무, 미루나무 등은 적당하지만 노송나무, 오동나무, 나왕, 삼목 등은 사용해서는 안 된다.

미국에서는 히코리(아메리카 오크)가 가장 적당하다고 여기고 있다. 한편, 전자동 스모크 하우스에는 스모크 제네레터가 필요하기 때문에 이 경우에는 톱밥이나 나무토막의 형태로 사용된다.

⑪ Low temp roasting oven(저온 오븐)

Low temp roasting oven

저온 조리 가능한 오븐으로 조리실 내부에 저온 냉기를 투입하여 저온의 음식물 조리를 할 수 있고, 육류에서 나온 습기를 오븐 내에 보존할 수 있도록 설계된 오븐이다.

요리 시간이 대략 3~6시간 소요되며, 에너지는 시간에 비해 적게 소모된다. 고기를 부드럽게 익혀 주는 장점이 있다.

(2) 레인지(Gas/Electric range)

레인지 위의 조리용 발연체인 탑(top)을 가르켜 전기 레인지의 경우에는 유니트(surface units)라 하고, 가스레인지의 경우는 버너(burners)라 칭한다. 전기 레인지는 스위치로, 가스레인지는 벨브 조절기로 온도의 조절이 가능하다.

레인지의 유니트나 버너의 배치는 여러 가지 형으로 되어 있다. 어떤 것은 철판(griddle)이 따로 설치된 것도 있고, 모델에 따라 유니트나 버너가 다양하게 있다.

1 gas table ranges(가스 테이블 레인지)

gas table range

2 Gas Low Range(가스 낮은 레인지)

Gas low range (1)

Gas low range (2)

stock pot cooker

3 Gas Chinese Range(중화 레인지)

Gas chinese range (1)

Gas chinese range (2)

Gas chinese range (3)

④ Gas toppanyaki plate(데판야끼)

Gas Teppanyaki Plate (1)

Gas Teppanyaki Plate (2)

⑤ Electric induction range (전기 인덕션 레인지)

Induction range (1)

Induction range (2)

인덕션의 원리는 세라믹 상판 아래에 있는 유도 가열 코일(워킹코일)에 전류를 보내게 되면 아주 높은 주파수가 생성돼 자력이 생기게 된다. 이때 발생한 자력이 철 계통의 금속 그릇에 전자 분열을 일으키고, 그러면 그릇 자체에 소용돌이가 생성되어 대단히 많은 전류가 발생하게 된다. 이 때 그릇 자체가 니크롬선과 같은 역할을 해 발열되는 원리를 이용해 음식을 익히는 것이 인덕션 레인지다.

불이 아닌 전기를 이용한 열로 음식을 가열하는 것이다. 인덕션 레인지는 기존의 가스레인지보다 첨단 터치 컨트럴 시스템을 사용하여 편리하며 기능적인 측면에서 전기적인 이상이나 이상고온 발생 시 자동 Power의 차단 기능을 할 수 있다.

또한, 청소가 간편하고 만져도 화상을 입지 않는 안전성 유지비용이 저렴하며, 산소소모가 없고, 유해가스 배출이 없어 실내공기 오염 방지 효과가 있다. 그러나 대량의 조리나 단시간 내에 빨리 조리하는 주방에서는 다소 적합하지 않다.

(3) 튀김기(Fryer)

튀김기는 전기나 가스를 이용한 것들이 나오는데, 자동온도조절기가 부착되어 일정한 온도로 유지시키는 데 별 어려움이 없고, 규격도 다양하다. 최근에 일본에서 개발된 튀김기는 빵가루나 튀김옷이 가라앉아도 타지 않는 냉관장치를 추가한 기기이나 가격이 비싸서 보급이 잘되지 않고 있다. 튀김기의 재료와 기름의 양은 보통 1:6 정도로 하는 것이 경제적이다.

Gas fryer (1)

Gas fryer (2)

Electric Fryer (1)

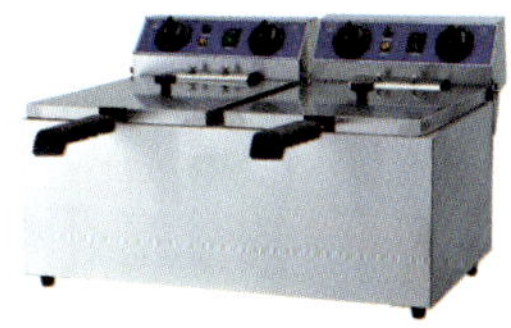

Electric Fryer (2)

(4) 그리들(Gas/Electric griddles)

그리들은 열원이 하부에 있는 철판이며, 규격은 매우 다양하지만, 조리 용도는 대체로 3~5분 정도 조리 시간으로 완성될 수 있는 식품 조리에 적합하다. 이것은 주로 대량급식이나 패스트푸드(fast food)의 경영에 적합한 기기이다.

Gas Griddle (1)

Gas Griddle (2)

Electric Griddle (1)

Electric Griddle (2)

(5) 브로일러(broilers)

브로일러는 식품의 신속한 조리를 위한 장비로서 열원이 위에 있는 브로일러(overhead broiler)와 열원이 아래에 있는 브로일러(underpriced broiler)로 구분되는 직열 조리 장비이다.

가스나 전기를 이용하며 최근에는 오븐과 복합 형태로 나오는 것도 있다. 또 작은 브로일러는 레인지 위에 설치하여 상하 이동이 가능하게 만들어져 사용한다.

Broiler

(6) 다용도 튀김기(tilting fry pan)

다용도 튀김기는 'tilting'이란 용어에서 알 수 있듯이 '기울이다'라는 의미로 팬 전체를 기울일 수 있게 만들어져서 튀김뿐만 아니라 삶기, 끓이기 등의 용도로도 사용할 수 있으므로 명칭을 다용도 튀김기라고 붙이는 것이 좋을 것 같다. 자체로 식후의 세척에서 예비 조리와 튀김 등을 다양하게 처리 가능한 조리기기로서 대량 처리에도 편리하다.

Electric Tilting Bratt Pan

(7) 뱅마리에(bain-marie)

뱅마리에(bain-marie)는 주방에서 끓는 물에 조리된 음식이 담긴 그릇을 넣고 음식을 따뜻하게 데우는 중탕기를 뜻한다. 뱅마리에를 이용하면 고객에게 서빙되기 전까지 음식을 태우지 않고 데우거나 위생적으로 적정 온도를 유지할 수 있다.

Bain Marie (1)

호텔이나 대형 레스토랑과 같이 뷔페 음식을 제공하는 곳에서는 알코올 버너를 이용하여 음식의 보온을 유지하는데 사용되며, 고온의 물 대신 얼음을 넣어 음식을 차게 하기도 한다.

뱅마리에(bain-marie)로 중탕하는 방법은 2가지가 있는데, 음식재료를 담은 냄비를 뜨거운 물에 띄워서 가열하는 방법과 물을 채운 밀폐 용기 위쪽에 구멍을 뚫고 냄비를 얹어 물을 가열한 후에 이때 발생된 증기로 냄비에 열을 전달하는 방법이 있다.

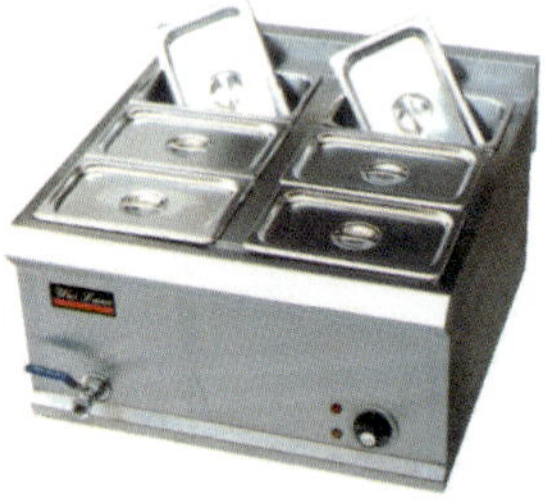

Bain Marie (2)

(8) Salamander

그릴은 열 공급원이 랙 아래에 위치한다. 브로일러나 살라맨더는 열 공급원이 위에 있다. 일부는 음식 시간을 조절하기 위해, 음식을 더 높이거나 낮출 수 있는 조정 가능한 랙을 가는다. 대부분 거의 가스로 사용이 되며, 살라맨더는 작은 브로일러로 음식에 색깔을 내주거나 글레이즈를 바름으로써 음식을 더욱 완성하기 위해 사용되는 기기이다.

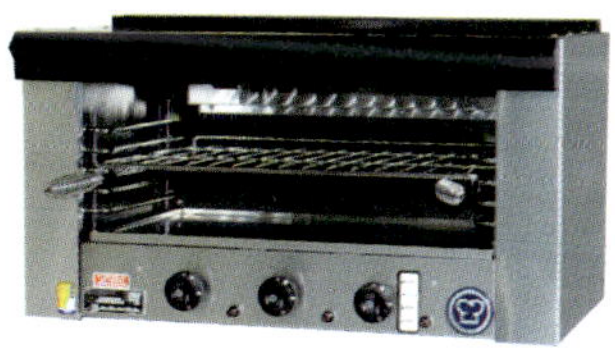

Gas salamander

Electric Salamande

(9) Char grill

그리들과 같이 열원이 하부에 있는 철판이며, 규격은 매우 다양하지만, 조리 용도는 대체로 3~5분 정도 스테이크 같이 육류나 해물류, 채소류를 조리할 수 있는 식품 조리에 적합하다.

Char grills

(10) 기타 열기기류

1 보온고(Heated Cabinet)

Heated cabinet

2 찜통기(steamer)

Steamer

③ 면조리기(noodle cooker)

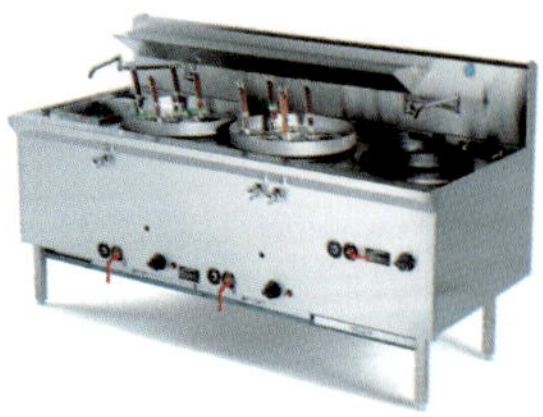

noodle cooker

noodle range

pasta cooker

④ Kebab 기계(Shawarma grill)

kebab machine

Shawarma grill

⑤ 크레페 기계(Gas / Electric Crepe maker)

Gas crepe maker

Electric crepe maker

2) 냉기기류(Refrigeration Equipment)

냉기기류는 주방에서 사용되는 장비 중 사용 빈도가 많고, 식품의 위생에 가장 직접적인 영향을 줄 수 있으며, 음식의 질과 직접적인 영향을 줄 수 있다. 냉동 · 냉장고의 냉동 방식은 다음과 같다.

첫째, 액체의 증발과 응축으로 액체는 증발할 때 주위에서 증발열을 빼앗아 온도가 내려가는 현상이다.

둘째, 압축 기체의 단열팽창(斷熱膨脹)으로 외부와 열 교환 없이 물체의 부피가 늘어나는 현상이다.

셋째, 기체의 탈착(脫着)으로 활성탄과 같은 다공성(多孔性) 물질이 고압의 저온 상태에서 흡착한 다량의 가스를 탈착하는 과정에서 생기는 저온을 이용한 것이다.

넷째, 펠티에 효과로써 두 종류의 금속을 접속하여 전류가 흐를 때 두 금속의 접합부에서 열의 발생 또는 흡수가 일어나는 현상으로 하는 방식이다.

다섯째, 전자 냉동으로 열전기상에 열기전력에 저항하는 전류를 통하게 하면, 고온접점 쪽에서 발열하고, 저온 접점 쪽에서 흡열(따라서 냉각)이 이루어지는 효과를 이용하는 방식이다.

냉동의 종류로는 냉매를 사용하여 압축(증기압축식), 냉매를 사용하여 액화를 시켜 압축하는 방법(증기분사식), 기계적 압축 대신 열원(熱源)을 이용해서 열적(熱的) 압축(흡수식)이 있다.

냉장기기류는 정상적으로 1.7~4.4℃의 온도를 유지시켜야 하며, 이 온도에서는 신선한 육류 · 채소 · 과일 · 당일 식재료 · 음료 등을 저장하게 된다. 보통 중형 호텔주방에서도 평균 300~400명 분의 준비된 식재료를 보관할 수 있는 용량을 선택하고, 대규모인 호텔이나 단체급식 업체일 경우 일정 공간을 창고로 만들어야 할 것이다.

따라서 종류도 다양하며 종래의 단순한 냉동 및 냉기기류에서 요즘은 세분화된 기기류가 많이 사용되고 있다. 식품의 저장용으로 단기 저장용, 장기 저장용, 선도 유지용, 쌀 저장용, 생선 전용, 육류 전용, 채소 전용, 제과 · 제빵 전용, 음료 저장용, 주류 저장용 등 다양하게 사용되고 있다. 사용도의 분류에 따라 스탠드형 냉장고, 테이블형 냉장고, 서랍식 냉장고, 조리용 냉장고 등 다양한 형태의 기틀로 분류된다.

(1) 냉장고(Refrigerator)

냉장고의 원리는 냉매인 프레온이 증발기 속에서 기화될 때 저장실 내의 열을 기화열로 흡수하여 냉각시키며, 외부에서는 반대로 액화하여 흡수한 열을 발산한다. 이러한 작용이 전동기에 의해 반복되어 저장실 안의 온도는 일정한 저온 상태를 유지하게 된다. 냉장고의 수용 능력 유효 용적(㎥) X 0.4(t/㎥)이다.

원부 재료나 식품을 적정 온도로 저장과 판매에 이용을 목적으로 하는 기계이다. 냉장고는 수용하는 용적이 수십 L ~ 수백 L인 가정용 냉장고에서 수십 kℓ인 대형 호텔 및 단체급식용 등까지 다양한 냉장 창고가 있다.

1 냉장고의 구조

압축기, 저장 공간, 컨트롤 장치로 되어 있다.

① 냉동기는 냉매(冷媒)를 압축, 순환시켜 냉장고 내의 열을 흡수하여 외부로 발산시킴으로써, 냉장고 안을 저온으로 유지하는 작용을 한다.

② 저장고는 식품을 넣는 공간으로서, 압축기에 의해 냉각된 내부 온도가 상승하지 않도록 외기(外氣)와 차단하기 위해, 내부 공간과 외부 공간 사이에 단열재가 들어 있다.

③ 컨트롤 장치에는 온도조절기와 성에 제거 장치가 있다. 온도조절 장치는 냉장고 안을 적당한 온도로 유지시키기 위한 장치며, 그 온도는 수납(收納)하는 식품에 따라 다르나 대체로 2~12℃이다. 성에 제거 장치는 냉장고 문의 개폐(開閉)에 따라 흡수된 외기 중의 수분이나, 냉장고 안의 식품에서 증발한 수증기 등이 서리가 되어 증발기에 부착한다. 그런데 성에가 많아지면 냉각력이 저하되므로 바로 제거해야 한다. 성애 제거 장치는 성에를 녹이는 장치며, 강제 제상과 자연 제상의 방법이 있다.

2 냉장고 분류(Refrigerator)

냉각 방식에 따라 전기냉장고, 가스냉장고, 얼음냉장고, 전자냉장고 등이 있으며 이 중 가장 많이 보급되어 있는 것은 전기식 냉장고이다.

① 전기냉장고

전기냉장고의 원리는 냉매인 프레온이 증발기 속에서 기화될 때 저장실 내의 열을 기화열로 흡수하여 냉각시키며, 외부에서는 반대로 액화하여 흡수한 열을 발산한다. 이러한 작용이 전동기에 의해 반복되어 저장실 안의 온도는 일정한 저온 상태를 유지하게 된다.

② 가스냉장고

1922년 스웨덴의 한 공업학교 학생인 맨타와 플란텐이 발명한 것으로 소음이 없고, 기계적 마모에 따른 고장이 없는 특징이 있다. 냉각 장치는 본체 뒤쪽에 있으며, 그 속에는 암모니아, 물, 수소 기체가 약 20 kg/㎠의 고압 상태로 봉입되어 있고 가스의 연소로 냉각장치를 작동시키는 흡수식 냉장고의 형태다.

③ 업무용 분류

Reach in Cooler, Walk in Cooler, Show Case, 빙온고, 숙성고(와인 · 제빵 · 육류 · 케이크), 테이블 형태의 냉장고, 냉장창고용 우레탄패널 냉장고로 분류가 된다.

3 올바른 사용 방법

① 냉장고에서 냉각되는 속도는 식품의 포장 상태, 삽입되는 온도, 크기, 두께 등에 따라 다르다.

② 냉장고 안은 공기의 대류에 의해 고르게 냉각되므로, 공기가 잘 통할 수 있도록 충분한 공간을 확보해야 되며 따라서 너무 많은 것을 넣어 두면 골고루 냉각이 잘되지 않게 된다.

③ 냉장고 내부는 저온 상태로 유지되기 때문에 증기압(蒸氣壓)이 낮아 식품에 함유되어 있는 수분을 빼앗으므로 오래 보관하면 식품이 건조 상태가 되므로 식품을 밀봉하여 보관하도록 한다.

④ 수분과 함께 향(냄새)도 증발하므로 향은 미약해지거나 없어지고 냄새는 다른 식품에 옮아가 쉽기 때문에 밀봉하여 보관하도록 한다.

⑤ 냉장고의 손질은 외부 상자, 내부 상자, 부속품 등을 월 1회 정도로 정기적으로 락스와 중성세제를 따뜻한 물과 혼합하여 부드러운 소재로 세척하고 물기는 완전히 건조시킨 후 사용하도록 한다.

⑥ 여름철에 냉장고를 자주 열거나 닫으면, 냉장고 안의 온도는 문을 닫아도 몇 분 동안은 회복되지 않으므로 주의해야 한다.

⑦ 뜨거운 것은 반드시 식힌 뒤 냉장고에 삽입하여야 한다. 이유는 냉장고 안의 다른 식품이 온도 상승에 따른 식품의 수분 결정이 급격히 변해 식품의 신선도가 떨어지기 때문이다.

⑧ 증발기에 부착된 성애는 칼과 같은 예리한 것으로 무리하게 제거해서는 안 된다. 심하면 가스누설로 인한 직접적인 고장 원인을 제공하거나 증발기의 표면이 손상되어 성애가 그 부분에 자주 발생할 수 있는 간접적인 고장 원인이므로 주의한다.

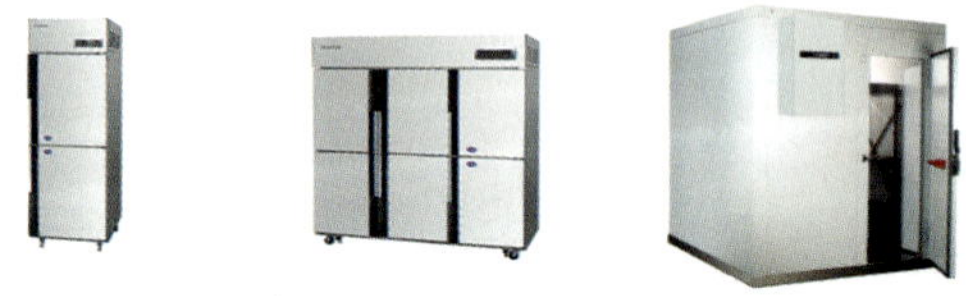

refrigerator-freezer (1) | refrigerator-freezer (2) | cold rooms

[성에 제거 방법]

▶ 냉동고는 제상 기능이 반 자동 시설로 성에가 끼어 있으면 제상 버튼을 눌러 제상히터가 작동, 기계적으로 성에 제거가 되도록 시설되어 있으며 성에가 다 녹으면 자동으로 운전된다. (개인 주방 업체 제품은 이러한 기능이 없다.)

▶ 제상 기능이 없는 냉동고는 전원을 OFF하고 문을 열어 자연 해동 후 물기를 완전히 닦아내고 다시 작동시킨다.

▶ 칼, 송곳, 드라이버 등 강제로 성에를 제거하려 하면 증발기의 손상으로 인해 장비 전체가 못쓰게 될 수 있으므로 주의를 요한다. 즉 냉매가스 누설 및 수분 침투로 인한 고장의 원인이 된다.

(2) 냉동고(Freezer)

냉동고는 육류나 해물류, 아이스크림류, 케익류, 냉동식품 등을 냉각시키거나 부패를 막기 위하여 저온(低溫)으로 저장하는 기계 장치이다. 냉동고는 처음에 얼음을 만들기 위한 제빙용(製氷用)으로 만들어졌으며, 오늘날에도 제빙은 냉장고 응용의 큰 분야이다.

냉동고의 탄생과 발전은 1902년 W.H.캐리어(Carrier)는 냉수에 의한 공기의 냉각과 습도 조절의 이론을 확립하였다. 그 후 냉동고는 공기 속의 습도 및 온도를 조절하는 공기조화 쪽으로 이용하게 되었다. 지금은 냉동기의 원리에 응용되어 식품 냉동용 냉동칭고, 냉동식품 수송용 냉동차가 만들어지고 이윽고 가정용 냉장고에도 냉동실 또는 냉장고가 부착하게 되었다.

현재 가장 많이 사용되는 전기냉장고의 저장실은 습도조절기에 의해서 영하 18℃ 가까이 유지된다. 따라서 냉동식품을 대량으로 보존할 수 있게 되었고 일반 가정에서도 원하는 대로 식품을 냉동해서 먹을 수 있게 되었다.

1 냉동고의 분류

냉동식품의 보급에 따라서 공기를 온도 차이에 의한 자연대류를 유도해 온도를 유지시키는 직접 냉각 방식과 증발기에 송풍 휀을 장착하여 공기를 빠르게 강제로 순환시켜 온도를 유지시키는 간접 냉각 방식이 있다.

2 식품냉동

① 저온 저장의 원리

식품을 상온에 그냥 두면 효소에 의하여 변질하고, 이어서 미생물에 의하여 변패한다. 식품을 부패, 변질시켜 먹을 수 없도록 하는 가장 큰 원인은 효소와 미생물의 작용을 억제하면 되는데, 그 방법의 하나로 식품을 저온에 저장함으로써 효소의 작용과 미생물의 발육을 억제하는 저온 저장 방법을 들 수 있다.

일반적으로 세균이 발육을 억제하는 온도는 -12℃ 이하이며, 또한 효소(이스트)의 작용이 정지되는 온도는 -18℃ 이므로, 식품을 -18℃ 이하에서 저장하면 변질을 막을 수 있다. 또 저온에 의해서 산소의 산화 작용과 호흡작용 및 체내 성분의 소비를 억제 할 수 있어 식품의 품실을 유지힐 수 있게 된다.

② 식품의 품온

어떤 온도 범위를 이용하는가 하는 것은 식품의 종류나 성상, 저장 기간이나 용도에 등에 따라 다르다. 저장 기간만으로 본다면, 장기간이 될수록 보다 낮은 온도를 이용하는 것이 보통이다. 식품 중의 빙결량이 동결 상태인 때보다 적다는 뜻으로 반동결 칠드 식품보다 품온이 낮기 때문에 냉각 또는 연동결이라고 한다.

동결 식품에서는 식품의 온도가 -18℃ 이하인 것은 심은 동결이라 하여 보통 동결과 구분하고 있다. 최근에는 동결 식품의 품온이 낮아지는 경향이 있는데, 지질이 많은 어류는 -30℃가 보통이고, 일본에서는 다랑어의 적색을 장기 보존하기 위해서 -40℃ 이하로 보존하는 경우가 많다.

(3) 제빙기(Ice cube maker)

제빙기

① 현재 사용 원수(상수도 혹은 지하수)에 따라 제빙기의 수명이 달라지는 경우가 있다. 상수도의 경우 지역에 따라 품질의 차이가 없으나 지하수를 사용하는 경우에는 많은 차이가 있음에 유의해야 한다.

② 지하수의 경우는 기기 내부의 오염이 심각하니 노출된 부분이라도 자주 세척을 하여 석회가루를 제거해야 한다. 지하수 사용 기계는 전처리 필터를 부착하여 주기적으로 교환하여야 하지만 워낙 오염 속도가 빠르니 자주 교체하지 않을 경우라면 설치하지 않는 것이 오히려 기기 유지비용 대비 기기 수명 연장에 있어서 효율적이다. 지하수 사용 시 기기 노즐의 세척은 주기적으로 해야만 한다.

[제빙기 관리 시 유의 사항]

- 제빙기 내부는 덮개 부분까지 포함하여 청결을 유지해야 하며 제빙기 내부에 냉장 보관을 위한 물품은 두지 말아야 한다. (캔음료, PET병, 한약봉지 등)
- Ice Bin(얼음 저장고) 내부의 얼음을 컵이나 손으로 만지게 되면 대장균 번식이 늘어나게 되므로 얼음 사용 시 반드시 적절한 용기(Ice Scoop)를 사용해야만 한다.

(4) 피자토핑 테이블(3 Door Pizza Prep Table Granite Worktop)

피자의 반죽과 음식재료를 화강암 위에서 차갑게 작업하여 만드는 작업 테이블 겸 냉장고이다.

3 Door Pizza Prep Table Granite Worktop

Pizza Preparation Table

Preparation Table

(5) 냉 테이블(Cold Table Refrigerator · Topping Cold table)

냉동 및 냉장의 기능을 가지고 있으며 조리대와 작업대로 겸용해서 사용할 수 있다. 샌드위치, 피자 토핑, 각종 차가운 요리를 위에서 전용으로 할 수 있다.

Cold Table Refrigerator

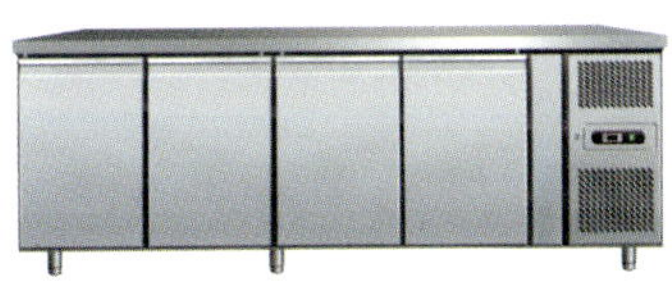

Frezer Preparation Counter

cold table

(6) 서랍식 냉 테이블(Drawer Refrigerator)

냉 테이블 위에서 전처리 된 재료들을 서랍식 안에 담아 냉장 상태로 보관하는 기능으로 사용할 수 있으며, 조리대와 작업대로 겸용하여 사용할 수 있다.

Drawer Refrigerator

(7) Ice cream maker

우유, 당류, 안정제, 유화제, 탈지분유를 첨가한 훈에 혼합하여 시료를 만들어 놓고 시료를 15±2℃에서 30분 내지 35분간 숙성시켜 균질한 상태로 만든 후 이를 -8℃ 내지 -10℃의 온도로 조절된 아이스크림 기계에 투입하여 아이스크림을 생성하는 제조기계이다.

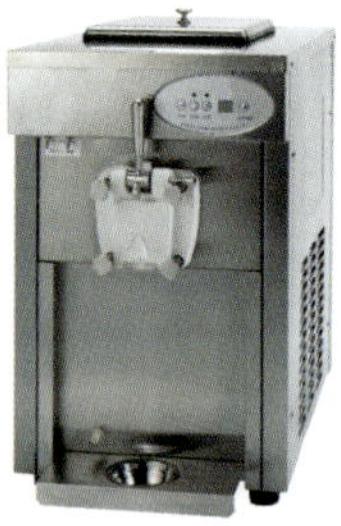

Ice Cream Maker

3) 취반 기류(Rice Cooker Equipment)

(1) 가스 자동밥솥(Auto Gas Rice Cooker)

버튼식 점화 방식이며 자동으로 온도를 유지하며 취반이 끝나면 자동으로 소화되어 숙련된 기술이 필요 없다. 직화식과 오븐식 혼합 가열 방법으로 취반이 되므로 밥맛이 양호하다. 가스 자동차단 과열방지 사용 시 정전기 방지 등 각종 안전장치가 부착되어 있으므로 매우 안전하다.

Auto gas rice cooker

rice cooker

(2) 가스/스팀 다단식 취사기 (Gas/steam multistage rice cooker)

소량에서부터 대량급식의 취사에서 삶기, 찜 등 다기능으로 할 수 있으며, 취사 후 60분간 보온 가능하다. 500석 정도의 급식을 하는 곳에 적합하며 누룽지가 생기지 않아 미곡의 손실이 없고 연료비가 적게 들어 경제적이다.

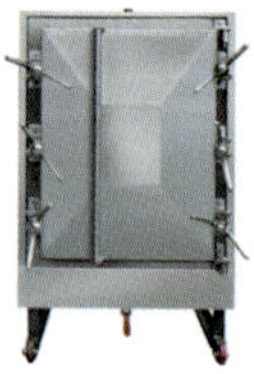

Gas multistage rice cooker

(3) 증기솥(Gas/Electric steam kettle)

증기솥은 수증기를 이용한 솥으로 핸들을 돌려서 기울일 수 있기 때문에 대량의 육수나 수프를 만들 때 유용하게 사용할 수 있다.

Gas steam kettle

Electric Braising Pan
Tilting Skillet

(4) 회전식 프라이팬(Tilting skillet)

두꺼운 바닥 재질로 대량으로 굽기, 삶기, 끓이기, 튀기기 등 다용도로 사용되고 있으며, 회전으로 안전하게 음식을 기울여 쏟을 수 있는 장점이 있다. 대량의 연회 요리에 사용되며, 가스형과 전기형의 형태가 있다.

Tilting skille (1)

Tilting skille (2)

4) 절단기류(Slicer Equipment)

(1) 고기 마쇄기(Meat choppers)

원료육의 두꺼운 고기를 잘게 세절하는 기계로서, 탈수한 어육을 원료 투입구에 넣으면 몸통 내에서 screw shaft의 회전에 의해서 전진하면서 압출되며 출구의 다공판과 절단기에 의해서 세절된다.

다공판의 구멍 지름은 큰 것 10~20mm, 중간 3~5mm 및 작은 것 2mm 정도이다. 또 다공판을 한 장 사용하는 것도 있으나, 발열하여 육질을 변질시킬 수 있으므로 플레이트 구멍의 크기별로 2~3단 배열시킨 기계도 있다.

Meat chopper & mincer

(2) 감자 탈피기(Potato peeler)

potato peeler

Commercial vegetable pellers

감자 탈피기는 감자, 고구마 등의 구근류의 껍질을 제거하는데 사용(세척 및 탈피가 동시에 가능)에 사용된다. 특징은 원통형으로 주로 감자(동글한 형태의 구근류) 탈피에 많이 쓰이며 작업이 빠르고 간편하여 누구나 쉽고 빠르게 사용할 수 있다. 주의사항은 감자를 넣는 투입구에 감자 이외에 딱딱한 물질을 넣어서는 안 되며, 감자는 용량의 70%만 채우고 작동시키도록 한다. 호텔 및 단체급식 업체, 대형 외식업체, 전처리 업체, 식품가공 업체 등에서 주로 쓰인다.

(3) Vegetable cutter

채소 절단기는 모터축에 연결되어 회전하는 원통 드럼의 내측 원주면에 절단 날을 배치하여 채소를 효율적으로 절단할 수 있도록 함에 목적이 있다.

대량의 채소를 단시간에 원하는 모양으로의 전처리 시 사용한다. 기계 안에 칼날의 회전으로 깨끗하게 썰린다.

vegetavle cutter (1)

vegetavle cutter (2)

Commercials vertical cutter mixers

(4) 육절기(Food slicer)

육류와 단단한 채소를 동시에 가로세로 방향으로 썰 수 있도록 서로 다른 칼날이 직각 방향으로 설치된 절단기에 넣으면 일정한 크기로 절단할 수 있다. 그러나 초보자들은 안전용 장갑을 착용하고, 전원을 차단한 후 작업해야 하며, 기계 작동 중에는 손으로 재료를 억지로 빼내거나 밀지 말아야 한다. 안전사고의 위험이 매우 높은 수방 기계이다.

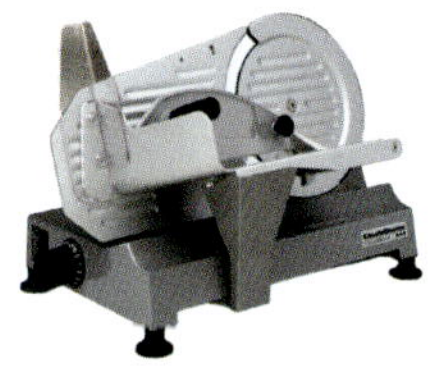

Food slicer

(5) 골절기(Bone saw)

골절기로 불리며, 육류용의 톱으로 고기의 뼈나 냉동된 고기를 절단하기 위해 만들어진 장비이다. 기계의 모든 부분은 분리가 가능하며 세척할 수 있다.

수평을 정확하게 맞추어야 하며 톱날이 고속으로 돌아가면서 작업을 하는 제품으로 톱날 주위에 절대 손이나 인체 부위는 물론 옷, 소매 등이 닿지 않도록 주의해야 한다.

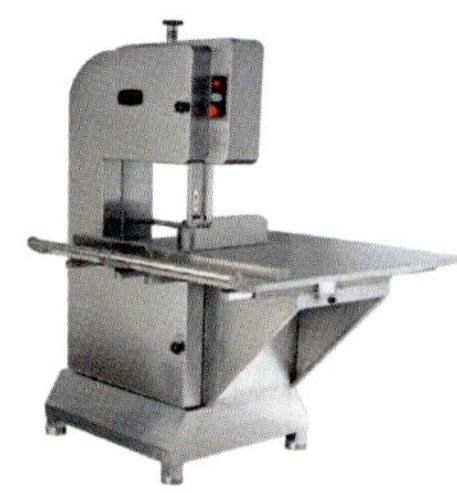

Bone saw

(6) 만육기(Meat Grinder or Mincer)

육류를 가는 동안에 마찰열이 생기므로 저온으로 유지시키기 위하여 냉각할 수 있게 설계된 고기 갈이 기계이다. 육류의 종류나 가축의 연령, 성별, 부위에 따라 근섬유나 연도가 다르므로 제조하는 소시지에 따라 다르게 만육해야 한다. 만육(Gringding)을 하기 전에 plate와 knife의 점검 날이 서 있는지 여부와 밀착 여부 등을 점검한다.

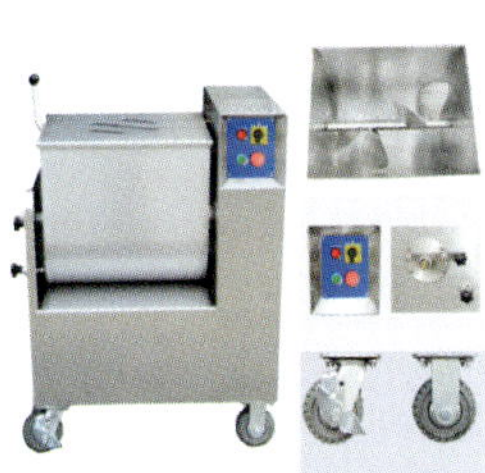

Meat Mixers

Meat Mixers & Grinder

(7) Food cutter

반원형 칼날이 보호덮개 밑으로 고속 회전하면서 각종 채소와 육류를 절단하거나 다지는 기능을 가지고 있다. 하지만 칼날에 손이 베이거나 안전사고가 많이 발생되는 하므로 주의를 해야 된다.

Food cutter

(8) 믹서기(Mixer & hand blender mixer)

믹서기는 소량의 반죽이나 재료를 혼합하는 데 사용하는 기계이다. 핸드블랜더 믹서기는 이동이 편리하여 각종 기물 안에 넣어 손쉽게 섞거나 갈을 때 사용한다. 그러나 블랜더 아랫부분에 회전 날개가 있어 손에 베이지 않도록 안전사고를 주의해야 한다.

Mixer

hand blender and chopper

5) 운반기류(Mobile Equipment)

주방의 다양하게 생산된 물품을 운반하거나 검수대에서 각종 물품을 작업대로 안전하게 이동하는 수단으로 사용하는 기기이다.

(1) Transport cart

transport cart (1)

transport cart (2)

(2) 리프트 운반차

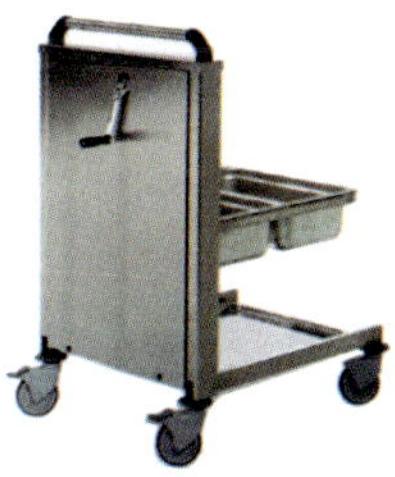

리프트 운반차

(3) 식기 회수차

식기 회수차

(4) 국보온 운반차

국보온 운반차

(5) 소쿠리 및 운반차

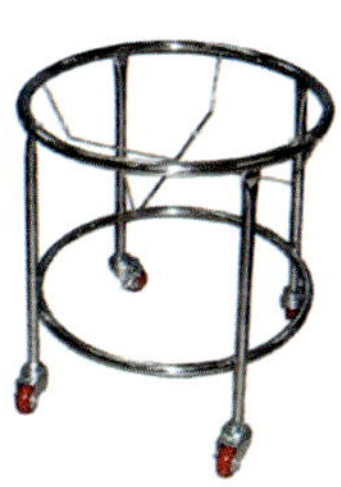

소쿠리 운반차

튀김 운반차

(6) Tray trolley

Tray trolley

Heavy duty trolley

(7) 잔반 운전차

잔반 운반차

(8) Food pan rack

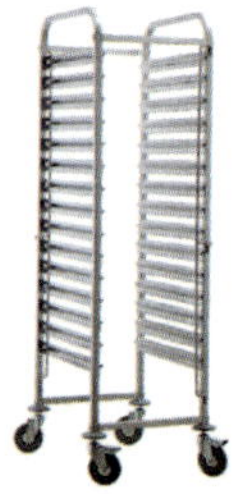

Food pan rack

6) 작업 선반대 기기류(Preparation Equipment)

(1) 기본 작업대(Prep tables)

Prep tables (1)

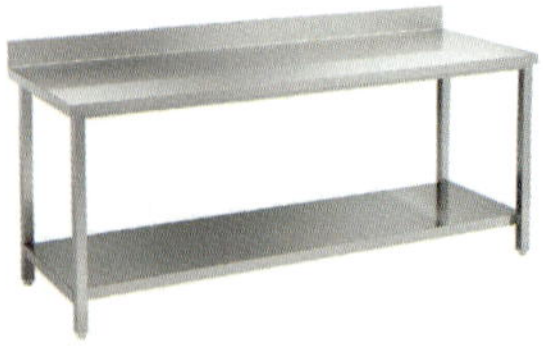

Prep tables (2)

(2) 이동 테이블(Mobile tables)

Mobilc table

이동식 건조대

이동식 작업대

(3) 육류 작업대 (Meat preparation tables)

meat prep tables

(4) 온작업 테이블 (Hot prep tables with storages)

Hot prep tables with storages

(5) 전처리 작업 테이블(Prep tables with sinks)

Prep tables with sinks (1)

Prep tables with sinks (2)

(6) 전처리 저장 작업 테이블(Prep tables with storage)

Prep tables storage (1)

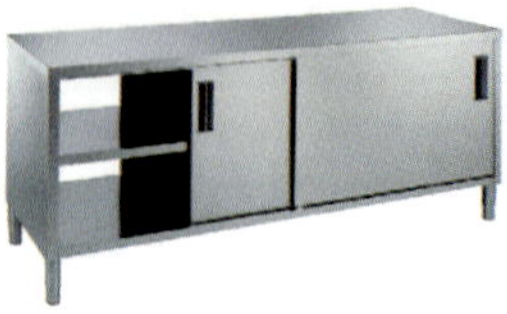

Prep tables storage (2)

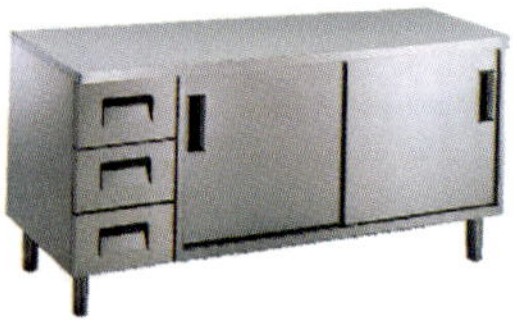

Prep tables storage (3)

(7) 1/2/3조 싱크대(1/2/3 Compartment sink)

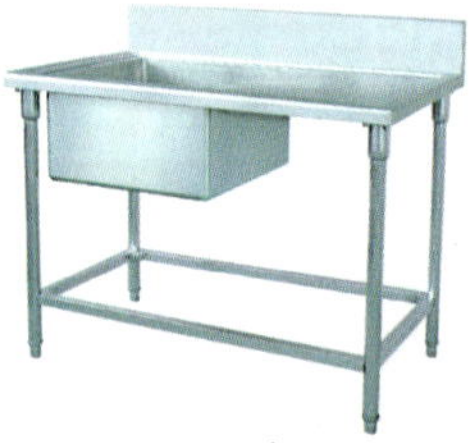

1 Compartment sink

2 Compartment sink (1)

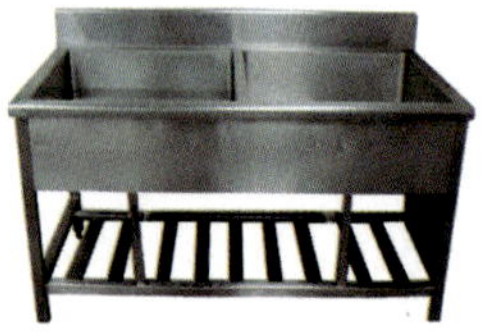

2 Compartment sink (2)

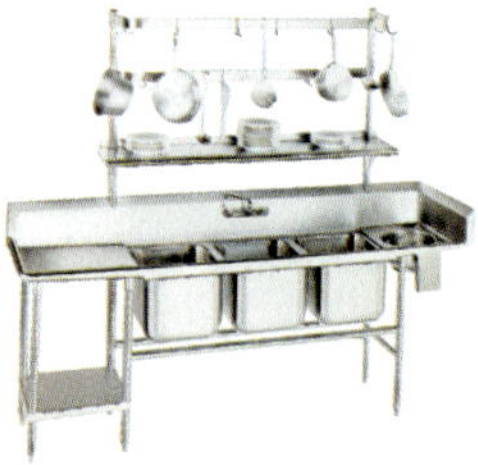

3 Compartment sink

(8) 생선 작업대 (Fish preparation Sink tables)

Fish preparation tables

Fish preparation tables with water jet

(9) 저장 선반 (Storage shelf)

Storage shelf

7) 세척기류(Washing Equipment)

기물 세척기(ware washing equipment)의 종류는 용량적인 측면에서 물탱크의 숫자에 따라 구분되는데, 단순 탱크 접시세척기(single-tank dishwasher)는 가장 적은 용량의 기기이며, 용도가 제한되어 있다. 단지 규모가 큰 2탱크 이상의 용량은 예비 세척 공간과 주세척 공간이 있으며, 랙(rack)이 더 있고, 헹굼도 1차, 2차 헹굼으로 완전히 처리할 수 있다.

단순 탱크 세척기는 식사시간에 50~600명 분의 처리가 가능하며 2탱크(two-tank) 세척기는 1500~2000명 분의 처리가 가능하다. 일반적으로 접시의 세척은 접시 종류(sort)의 분류 → 남은 음식의 처리(scrape) → 1차 헹굼(Prerinse) → 세제세척(wash in detergent) → 더운물 헹굼(rinse in hot water) → 위생처리(sanitite) → 물기 제거(drain) →보관(store)등의 과정으로 처리된다.

(1) 1 Rack type 식기 세척기

Hood dishwashers

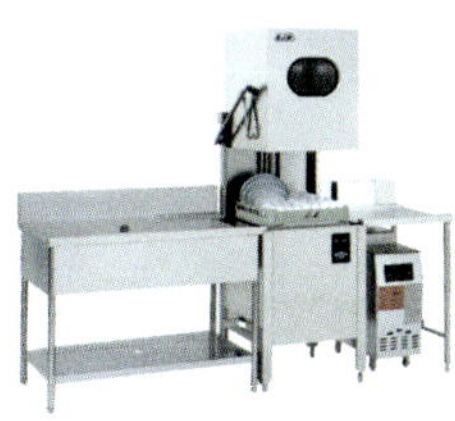

식기세척기

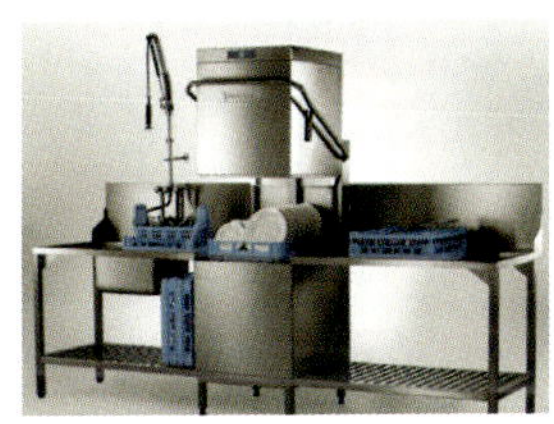

Dish & Glasswasher

(2) 채소 세척기

채소 세척기

Commercial vegetable washers (1)

Commercial vegetable washers (2)

(3) 홍합 세척기(Mussels cleaning machines)

Commercials mussels cleaning machines

8) HACCP 기기류

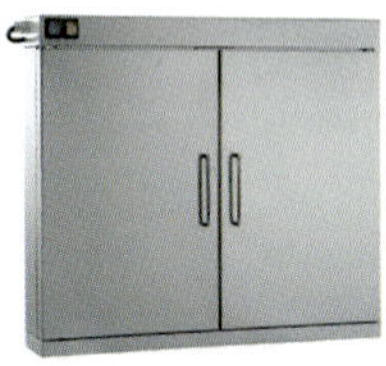

1. 칼 소독기 (knife sterilizers)

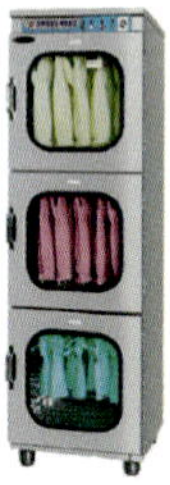

2. 고무장갑 소독기

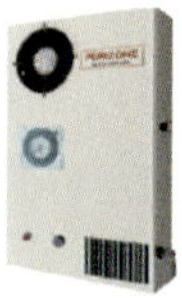

3. 공기살균탈취기

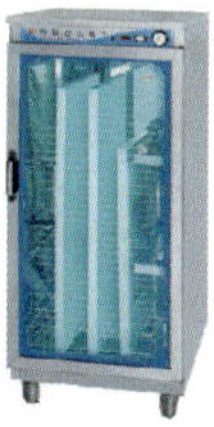

4. 도마, 칼 소독기

5. 발판 소독기

6. 해충 방제기기

7. 살충등

8. 식판 소독기

9. 에어샤워

10. 에어커튼

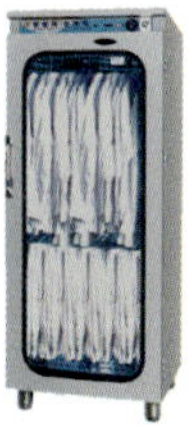

11. 옷 건조 소독기

12. 자동 릴호스

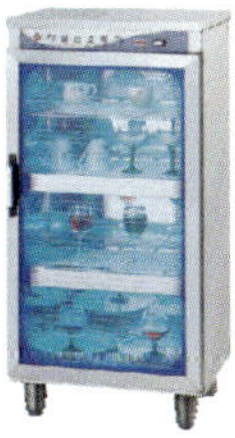

13. 자외선 컵 소독기

14. 장화 건조 소독기

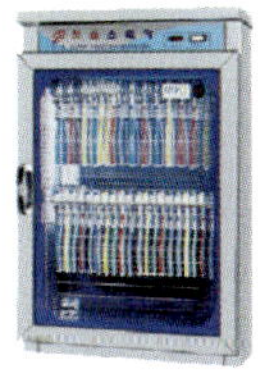

15. 칫솔 소독기

16. 컵 회수대 소독기

17. 에어샤워

18. 에어커튼

19. 오존에어 살균기

9) 기타 기기류

(1) 칼 보관대

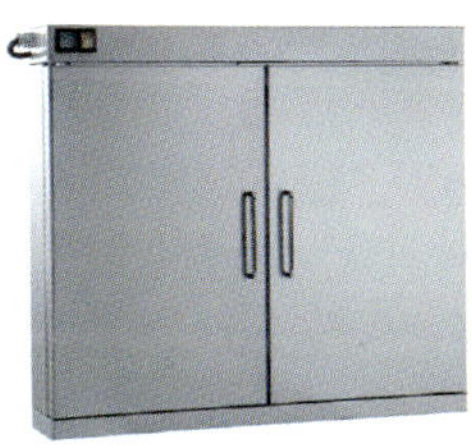

knife sterilizers

(2) 진공포장기 (Vacuum packing machines)

Vacuum packing machines

Vacuum machine

(3) 급배기 후드

급배기 후드

(4) 수저 · 식판 배분대

수저 · 식판 배분대

(5) 회전식 무침

회전식 무침

(6) 전자저울

전자 저울

4. 베이커리 장비

장비 이름	특징 및 사용도
Oven	사용 연료에 따라 – 숯불오븐, 연탄오븐, 기름오븐, 전기오븐, 가스오븐 사용 방법에 따라 – 회전식오븐, 데크오븐, 터널식오븐, 릴오븐
믹서기(Mixer)	수평형 반죽기, 수직형 반죽기, 나선형 반죽기가 있다.
빵슬라이스 (Bread slicer)	빵을 써는 회전칼을 가진 반자동 또는 자동기계. 두께는 조정가능.
빵 분할기 (Bun divider rounder)	대량 생산의 작업에 쓰이는 반죽 분할기계. 기능에 따라 전동식, 반자동형, 자동형이 있다.
Depositer	주로 양산라인에 사용되며, 쿠키, 케이크시트, 케이크 아이싱 등 묽은 반죽을 일정하게 펌프 혹은 실린더로 이송하여 모양을 성형하게 하는 장치
Dough divider	반죽을 분할하여 둥글게 해주는 기계로서 소프트롤, 하드롤 등의 롤 종류를 분할 및 둥글리기 할 때에 사용되며, 100g 미만의 빵 반죽 분할 및 둥글리기에 이용
Dough moulder	일정한 양의 반죽을 분할하여 기계에 넣고 조작하면 원하는 길이와 굵기로 말아주는 기계로서 길이를 요하는 빵에 사용

Dough sheeter	패스트리나 도우를 유지와 함께 얇게 눌러주는 공정에 사용하는 기계
Dough fryer	소량의 도넛이나 양파 등을 튀길 때 사용되는 기기로서, 내용물에 따라 시간과 온도조절을 잘해야 한다.
Egg breaker machine	계란의 다량 소비에 대비해서 노른사만을 분리하는 기계. 운송 용적의 축소, 냉장, 냉동이 용이하게 되는 등 경제적임. 1/2마력으로 매시간당 1,800~18,000개의 알을 분리하는 능력을 갖고 있는 것이 일반적이다.
Flour sifter	밀가루의 제품을 가볍고 부드럽게 하는 것으로서 높이와 지름이 나양한 둥근 금속기기
압력분할기 hydraulic divider	일반적으로 측정된 반죽 덩어리를 원하는 만큼의 조그만한 반죽 덩어리로 잘라주는 기계이다.
Dough conditioner	냉동 · 해동 · 발효의 공정 프로그램 하여 시간대별로 온도와 습도를 제어하여 오븐에 굽기 전에 무인 자동 운전되므로 작업시간 단축 효과를 위한 설비이다.
Proofer	건조발효실 (dry proof box) – 건조가 필요한 제과, 제빵용 식재료의 건조 및 해동에 이용 습윤 발효실 – 반죽을 발효시키는데 이용
Marble table	아래에는 냉장시설 완비하고 위에는 냉장고와 작업대 겸용 테이블로서 온도 조절이 요구되는 제과 및 제빵용 작업대
Baguette Moulder	바게트 생산에 적합한 구조로 만들어져 있으며 벨트가 상하로 움직여 도우의 두께와 길이를 손쉽게 조절할 수 있는 구조로 되어 있다.
Showcases	제품을 최적의 상태로 유지하여 고객에게 상품가치를 높여 진열상품을 판매할 수 있도록 만든 것으로 냉장 및 온장의 종류가 있고, 냉장케이스에는 케이크류, 아이스크림류를 보관하여 온장에는 햄버거, 파스타, 피자 등 판매하는 케이스도 있다.
Spiral mixer	암(Arm)과 보올(Bowl)이 함께 움직이며 빵의 믹싱에 적합하며 보울의 크기(L)와 모터의 용량에 따라 분류한다.

1T deck oven

Mixer

Bread slicer

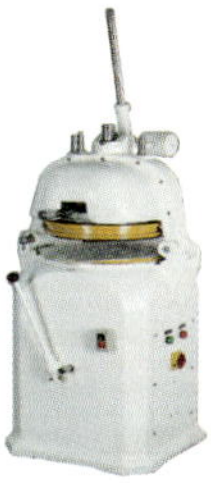

Bun divider rounder

Cookie depositer

Dough divider

Dough moulder

Dough sheeter

Dough fryer

Egg breaker machine

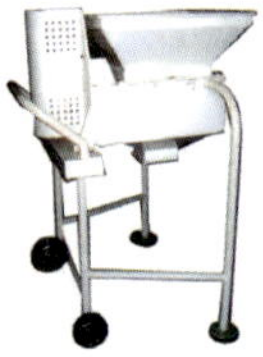

Flour sifter

Hydraulic divider

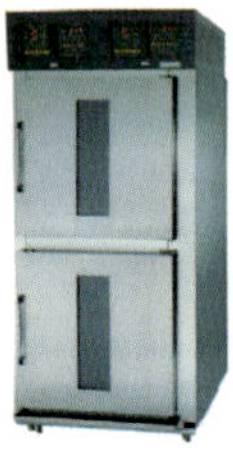

Dough conditioner

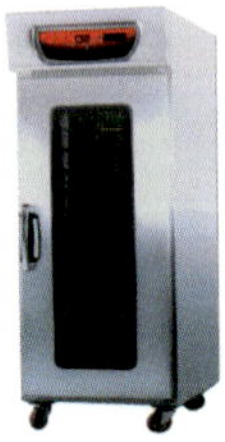

Proofer

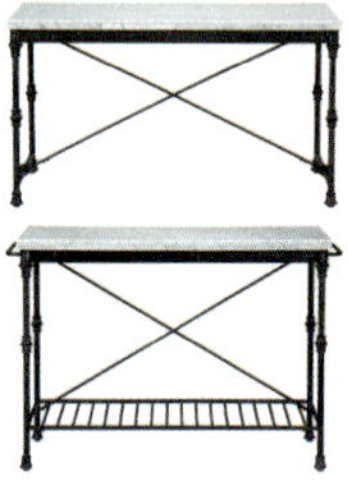

Marble top table

Baguette Moulder

Showcases

Spiral mixer

5. F & B 장비

1) Service 기물

1 Service wagon

음식을 운반할 때 주로 사용한다.

2 Gueridon

최고급 서비스를 하는 데 필요한 장비로서 고객 앞에서 직접 Carving하고 와인을 서비스할 때 사용한다.

3 Roast beef wagon

요리된 로스트비프가 식지 않도록 뚜껑이 있으며 밑에는 연료를 사용하여 적당한 온도를 유지한다.

4 Flambe wagon

고객에게 직접 전채, 앙뜨레, 후식 등의 요리를 할 때 사용하는 것으로 알코올 레인지, 간단한 조리용 양념 등을 갖추고 있다.

5 Liqueur trolley

고객에게 직접 코냑 및 리큐르를 제공할 때 사용한다.

6 Dessert trolley

냉장 설비가 있는 것과 없는 것으로 구분되는데 디저트의 종류가 고객이 잘 볼 수 있도록 되어 있다.

2) Coffee machine

2-groups-commercial-fully-automatic-coffee-machines

1 Coffee Grinder

coffee grinder (1)

coffee grinder (2)

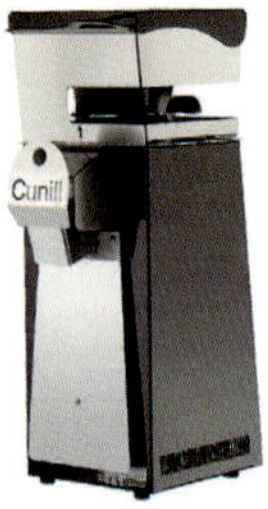

coffee grinder (3)

2 Coffee Machines

coffee Machine (1)

coffee Machine (2)

coffee Machine (3)

3 Coffee dosers

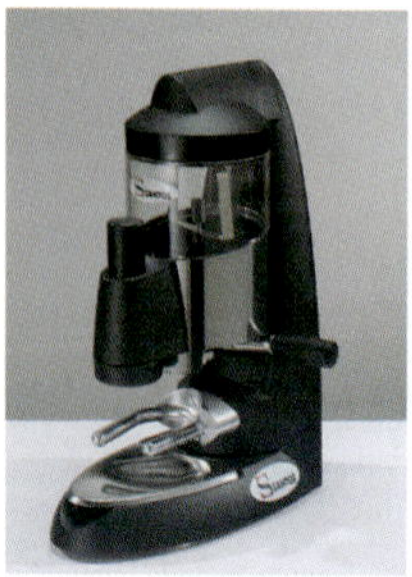

coffee-dosers (1)

coffee-dosers (2)

4 Coffee Grinder / dosers

coffee grinder & dosers (1)

coffee grinder & dosers (2)

5 커피언

커피언

6 커피브로워

커피브로워 (1)

커피브로워 (2)

7 디켄 타워머

디켄 타워머

8 온수기

온수기

3) Beverage machine

1 Slush Machine & Ice Cream Machine

Slush Machine &
Ice Cream Machine

2 Juice Dispenser

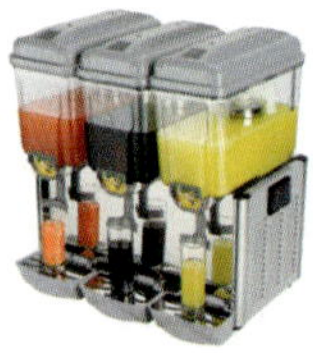

Juice Dispenser

3 Fresh juicer

fresh juicer

강무근, 《주방관리론》, 학문사, 2000년.
김기영, 《호텔 외식산업 주방관리실무론》, 백산출판사, 2007년.
김진수, 《식품냉동냉장학》, 효일, 2000년.
신재영, 《호텔 레스토랑 식음료 서비스 관리론》, 대왕사, 2001년.
우정베이커리시스템, 《BAKERY UTENSILS & MACHINES》, 2007년.
윤수선 · 채현석 · 김정수, 《주방관리》, 백산출판사, 2010년.
오석태, 《서양조리학개론》, 신광출판사, 2002년.
이권복, 《주방설비관리론》, MJ미디어, 2008년.
한삭명, 《주방시설관리론》, 석학당, 2005년.
한수정, 《오븐 제품에서 온도센서를 이용한 육류 가열 알고리즘 최적화》, 경북대학교 석사학위논문, 2010년.
황춘기 외 9인, 《New주방관리론》, 지구문화사, 2010년.

03 주방의 기물관리

1. 조리 기물의 관리

현재 호텔 주방에서 사용하고 있는 기물(utensil)은 시대적 환경과 음식 문화의 발전과 함께 눈부시게 발전을 거듭하여 오늘날에 이르렀다. 그 결과 조리 작업 과정이 조직화 및 기계화되어 가고 있으며, 이러한 과정을 통하여 조리 제품의 대량생산과 균일 시대로 접어들게 되었다.

따라서 조리 장비 및 기물의 현대화는 조리 종사자들의 노동력을 감소시키면서 단위면적당 작업의 능률을 향상시키는 결과를 낳았다. 작업 능률의 향상은 수작업으로 하는 작업 내용이 기계화되었으며, 기계에 의한 1차 가공을 거친 식재료 반입에 따른 결과로 나타났다.

그러한 결과 때문에 주방의 기물은 규모가 큰 것에서 작은 것, 복합적 능률을 가진 기물, 전문 기능을 가진 기물, 음식 조리기물과 전처리 기물, 세척 기물, 건조 기물, 절단 기물, 제빙 기물, 오븐, 반죽 기물, 혼합 기물, 껍질 벗기는 기물, 훈제기 등 이루 헤아릴 수 없는 많은 기물의 탄생을 필연적으로 가져 왔다.

그러므로 기물을 확보하고 있는 것은 각 업장별 주방마다 혁신을 예고하는 계기가 되었고 주방의 환경, 작업 방식, 작업 범위 및 조리 작업자의 특성에 따르는 요구사항이 다양하게 전개되어, 작업 단계에 접어들면서 유용하게 소화해 나가고 있다.

그렇기에 장비 및 기물들은 조리사들 공동으로 사용하며, 주방 공간을 차지하는 점유율이 높기 때문에 기능, 색상, 크기, 사용의 간편함을 고려하여 구입하여야 한다.

2. 조리용 기물

1) 칼(knife)

칼의 생김새부터 살펴보면 가운데 칼날, 칼끝의 형태, 칼등의 두께, 측면의 폭 등 특생이 각각 다르다. 그 이유는 조리 목적에 따라 사용하기 편리하도록 만들어졌기 때문이다.

조리용 칼날은 보통 영국이나 독일의 메탈타원에서 생산하는 강철로 주로 만들어진다. 강철에 포함된 혼합물은 다양하고 그중 탄소(Carbon)의 양이 칼날의 날카로움을 결정짓게 한다. 가장 오래된 재질인 스테인리스 스틸(Stainless steel) 재질은 크롬을 함유하고 있어 녹슬지는 않으나 다시 날카롭게 만들기가 어려운 면도 있다.

(1) 칼의 구조

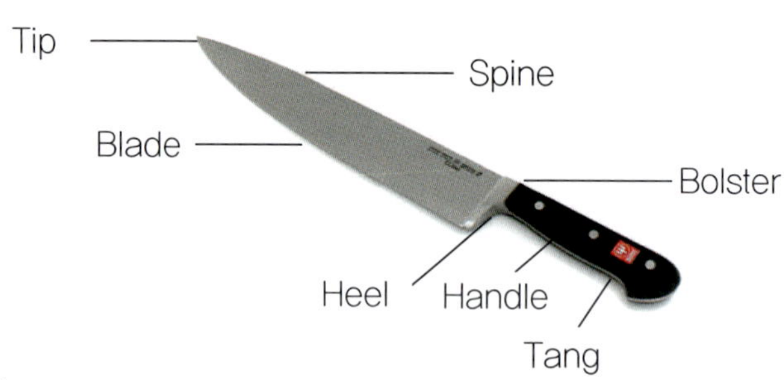

① 팁(Tip)

칼끝이며 작은 재료나 정교한 칼질을 할 때 사용한다.

② 블레이드(Blade)

칼날이며 재료를 썰 때 주로 사용한다.

③ 볼스터(Bolster)

손잡이와 칼 몸통을 잇는 받침이며 칼질을 할 때 손가락과 칼날의 거리를 적당히 유지한다.

④ 핸들(Handle)

손잡이로서 탱이 붙어 있는 칼의 손잡이 부분이다.

⑤ 힐(Heel)

칼 뒤축이며 무, 셀러리 뿌리 부분 등 딱딱한 재료를 썰 때 사용한다.

⑥ 탱(Tang)

손잡이 속의 강철을 밀하며 이곳의 길이가 적당해야 칼의 균형이 잘 맞는다.

⑦ 스핀(Spine)

칼등을 말한다.

(2) 종류

① 보닝 나이프(Boning Knife)

생고기의 뼈를 제거하는데 사용되는 날카로운 날을 가진 짧고 좁은 칼

② 부처 나이프(Butcher Knife)

생고기를 등분하고 스테이크를 자르는데 사용하는 약간 휘어지고 날카로우며 무거운 날을 가진 칼이다.

③ 부처 스틸(Butcher Steel)

나이프의 날을 유지하기 위해 사용되는 것으로써 손잡이를 포함하여 1.5피트(Ft) 정도의 길이를 가진 둥근 강철봉, 이것은 날을 날카롭게 한 후 자성에 의해 부스러기를 제거한다.

④ 클리버(Cleaver)

뼈를 쪼갤 때 사용되는 탄소강으로 만든 아주 넓고 무거우며 사각형 날을 가진 나이프이다.

⑤ 프렌치 나이프(French Knife)

가장 널리 사용되는 나이프로서 얇게 썰기, 다지기, 쪼개기, 그리고 잘게 썰기에 사용된다.

⑥ 클렘 나이프(Clam Knife)

조개를 여는데 사용되는 짧고 널찍한 날을 가진 나이프이다.

⑦ 파링 나이프(Parling Knife : Vegetable Knife)

과일과 채소를 깎을 때 사용하는 짧고 날카로운 날을 가진 나이프이다. 끝 부분은 과일과 채소 내부에 있는 씨와 홈을 제거하는데 사용한다.

⑧ 파이 앤드 케이크 나이프(Pie & Cake Knife)

널찍한 나이프로 파이나 케이크를 깨뜨리지 않고 자를 때 사용된다.

⑨ 로스트 비프 슬라이서(Roast Beef Slicer)

둥근 코와 기다란 날을 가진 나이프로서 구운 쇠고기를 자를 때 사용된다.

⑩ 감자 앤드 채소 필러(Potato & Vegetable Peeler)

금속 손잡이에 부착된 금속날을 가진 껍질을 벗길 때 사용된다. 날은 두 개의 서로 다른 방향으로 껍질을 벗길 수 있도록 측면까지 움직일 수 있다.

⑪ 햄 슬라이서(Ham Slicer)

햄을 얇게 썰 때 사용되는 좁고 길며 유연성 있는 단소강의 날을 가지고 있다.

⑫ 고기 톱(Hand Meat Saw)

나무 손잡이를 가진 휠 모양의 금속 틀에 부착된 얇고 가는 이를 가진 날로서 식육(食肉)의 뼈를 자를 때 사용된다.

⑬ 메론 볼 혹은 파리지엔 국자(Melon Ball or Parisienne Scoop)

반구 모양의 컵으로 형성된 스테인리스 강철 날의 손잡이에 부착시킨 것, 이것은 다양한 종류의 과일과 채소를 공 모양으로 자를 때 사용된다.

⑭ 굴 나이프(Oyster Knife)

짧고 약간 얇으며 무딘 날을 가진 나이프 끝점으로 경사가 지며 굴을 깍을 때 사용된다.

⑮ 페스트리 휘일(Pastry Wheel)

모든 종류의 가루 반죽 파이지를 자를 때 사용되며 자르는 날고 끼워 박은 손잡이를 가진 둥근 스테인리스 강철 원판으로 되어 있다.

Boning & Fillet Knife

Boning Knife

Bread Knife(8-in)

Carving Fork(7-in)

Carving Fork(6-in)

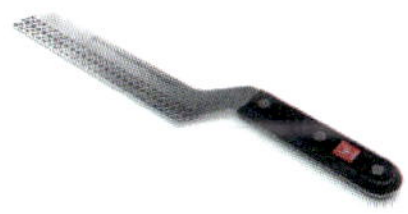
Cheese Knife(5-in)

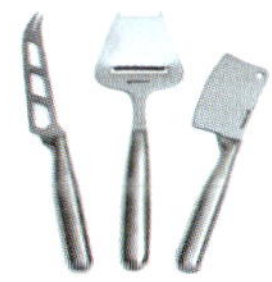
Cheese Knife Gift Set(3-pc)

Chef's Knife(8-in)

Cleaver(7-in)

Cleaver(8-in)

Cook's Knife(5-in)

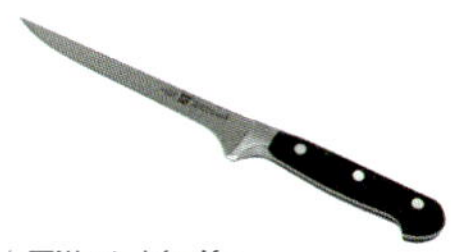
Fillet Knife

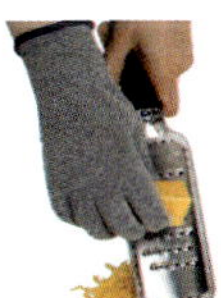
Cut Resistant Glove

Peeling Knife (2.75-in)

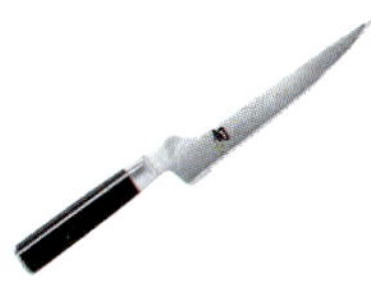
Offset Bread Knife

Hollow Edge Cook's Knife(8-in)

Tomato and Cheese Knife(5.5-in)

Utility Knife(6-in)

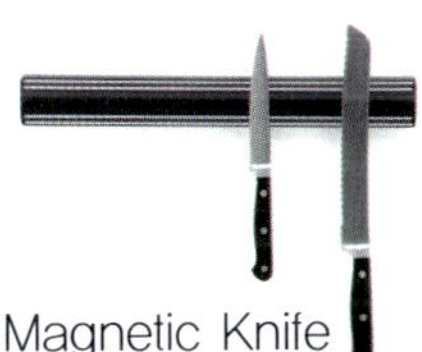
Magnetic Knife Holder

Wide Cook's Knife (10-in)

Oyster Glove

Oyster Knife(7-in)

Soft Cheese Knife(5-in)

Stainless Steel Mezzaluna with Wood Handles(8-in)

Paring Knife(3-in)

Hollow Edge Roast Beef Slicer(10-in)

Serrated Salami Knife(6-in)

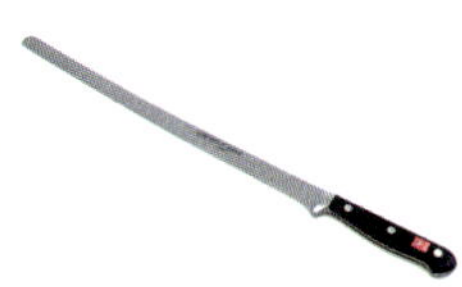
Hollow Edge Salmon Slicer(12-in)

2) 냄비(Pot, Sauce pan)

(1) 그릇류(Pot)

① 바인 마리(Bain-Marie)

스테인리스강으로 된 둥근 모양의 음식 저장 용기로 높은 벽을 가지고 있다.

② 소스 냄비(Sauce pot)

깊은 속을 가진 냄비로서 젓기 작업이 필요한 경우 레인지의 상부에서 요리하는 데 사용한다.

③ 스톡 포트(Stock Pot)

커다랗고 둥글며 높은 벽을 가진 금속제 포트, 이것은 쉽게 들어 올릴 수 있도록 고리 모양의 손잡이가 달려 있으며 어떤 경우에는 내용물을 빼낼 수 있는 꼭지가 달려있다. 이것은 칠면조, 스톡용 뼈, 햄 그리고 일부 채소와 같은 것을 삶고 끓이는 데 사용한다.

④ 여과기(Strainer)

포트에 걸치기 위한 고리와 상당히 기다란 손잡이를 가진 구멍 뚫린 금속 사발, 이것은 모든 형태의 식품을 거르고 수분을 제거하는 데 사용된다.

(2) 굽기용 도구(Pan)

① 강철 프라이팬(Steel Skillet)

강철로 만들며 홈이 파진 벽이 있고, 약간 가벼운 팬, 이것은 달걀, 감자, 오믈렛 등을 튀기는 데 사용된다. 지름이 인치에 이르는 여러 가지 크기가 있다.

② 튀김용 팬(Frying or Saute Pan)

기다란 손잡이가 달린 둥글고 홈이 있으며 얇은 벽을 가진 팬으로서 손잡이 끝에는 쉽게 걸 수 있도록 구멍이 뚫려 있다.

이것은 일반적으로 알루미늄으로 만들며 그 크기는 윗부분 지름이 7에서부터 16인치까지 이른다. 채소와 일부 고기를 튀기는 데 사용된다.

③ 무쇠 프라이팬 (Iron Skillet)

두껍고 무거운 칠로 만들어져 있으며, 이것은 열을 잘 보존하여 닭고기, 돼지고기,

비프 커틀렛(Beef Cutlet) 등을 구워서 튀길 때 사용 앞면의 지름이 6.5 ~ 15인치 범위의 여러 가지 종류가 있다.

④ 굽기용 팬(Baked Pan)

직선이나 홈이 파진 중간 높이의 벽과 고리 모양의 손잡이가 달린 장방형의 알루미늄 팬, 특정 고기와 채소류를 굽는 데 사용한다.

⑤ 로우스팅 팬(Roasting Pan)

일반적으로 커다랗고 장방형이며 중간 높이에서부터 상당히 높은 벽에 이르는 금속 팬으로 뚜껑이 없을 수도 있으며, 그 크기는 어떠한 오븐에서도 사용할 수 있도록 종류가 다양하다. 쇠고기, 돼지고기, 닭고기 등을 굽는 데 사용한다.

⑥ 시트 팬(Sheet pan)

아주 얇은 장방형의 금속 팬으로서 쿠키, 달콤한 케이크, 넓적한 파이 등을 굽는 데 사용된다.

3) 일반 소도구

(1) 음식 취급 제도구(諸道具)

① 구멍난 주방 스푼(Pierced Kitchen Spoon)

액체가 흘러 나갈 수 있도록 구멍이 뚫린 커다란 스테인리스 강철 스푼으로서 잘게 썬 채소를 취급할 때 사용된다.

② 그물 국자(Skimmer)

넓적하고 구멍이 뚫린 스테인리스 강철 원판을 손잡이에 고정시킨 것으로서 수프(Soup), 스톡(Stock) 혹은 소스(sauce)에서 나오는 기름, 거품, 식품 조각들을 건져내는 데 사용한다.

③ 국자(Ladle)

기다란 손잡이에 부착된 완전히 막혔거나 구멍이 뚫린 스테인리스 강철 컵으로써 젓기, 혼합, 담그기에 사용된다. 또 소스와 드레싱의 모양 조절이 필요할 때 사용되며 여러 가지 크기로 이용할 수 있다.

④ 홈이 파진 주방 스푼(Slotted Kitchen Spoon)

액체가 빠져나갈 수 있도록 스푼에 3~4개의 홈을 낸 커다란 스테인리스 강철 스푼, 커다랗게 쪼갠 채소나 통째로의 음식을 취급할 때 사용한다.

⑤ 막힌 주방 스푼(Solid Kitchen Spoon)

커다란 스테인리스 스푼으로서 뜨기, 젓기, 차려내기에 사용한다.

⑥ 플라스틱 스크레이퍼(Plastic Scraper)

유연성 있는 플라스틱 조각으로 버터를 혼합할 때 그릇을 긁어내려 모든 재료가 골고루 섞이게 하는 데 사용한다.

⑦ 스크레이퍼 또는 도우커터(Scraper or Dough Cutter)

넓적한 장방형의 금속날을 나무 손잡이에 고정시킨 것으로서 고깃덩어리를 긁거나 반죽의 절단에 사용한다.

⑧ 나무 혹은 금속 젓개(Wood or Metal Paddle)

여러 가지 종류의 크기가 있으며 속이 깊은 냄비(Pot)나 증기솥 안에 있는 음식을 젓는 데 사용한다.

⑨ 철사 젓개(Wire Whips)

철사 젓개는 상당히 견고하며 피아노 젓개는 약간 더 약하고 신축성이 있다. 철사 고리로 구성되어 끝 부분은 손잡이에서 모이게 된다. 달걀, 크림, 고깃국물, 소스 등을 젓는 데 사용한다.

⑩ 고기 다지개(Hand Meat Tenderizer)

주형에서 제작한 견고한 사각형의 알루미늄 덩어리에 나무 손잡이를 부착시킨 것이다. 알루미늄 덩어리는 한쪽은 거칠게, 다른 한쪽은 가늘게 다지는 두 개의 쪼갠 격자와 함께 주조된다. 이것은 거칠게 자른 고기의 근육조직을 분쇄하여 좀 더 부드러운 고기가 되도록 하는 데 사용된다.

⑪ 상자 강판(Box Grater)

다양한 크기의 격자가 달린 금속 상자로서 음식을 작은 조각으로 갈거나 쪼개는 데 사용된다.

⑫ 페스트리 튜브와 백(Pastry Tube and Bag)

여러 가지 모양의 구멍을 가진 금속 조각 용기(모양각지 : Pastry Tube)와 삼각 원통 모양으로 된 페스트리 백(Pastry Bag)은 한 조를 이루어 사용한다. 케이크, 카나페, 쿠키 등의 장식(Decoration)용으로 사용한다.

⑬ 페스트리 브러시(Pastry Brush)

좁은 모양의 도구로서 털이나 다른 물질로 플라스틱, 금속 혹은 나무 손잡이에 장지시킨다. 특정 형태의 패스트리 작업 시 아이싱 날살 워시(Egg Wash : 달걀과 우유의 혼합물)를 바를 때 사용된다.

⑭ 롤링핀(Rolling Pin)

나무, 테플론, 그리고 다른 재료로 만든 롤로서 그 크기는 10 1/2-25인치 범위에 이른다. 손잡이는 롤러의 양 측면에 붙어 있다. 파이 반죽, 스위스트 반죽, 비스킷 반죽 등을 펼치는 데 사용된다.

⑮ 벤치 브러시(Bench Brush)

경화된 고무에 기다란 검은색이나 하얀 털을 고정시킨 기다랗고 얇은 브러시로서 손잡이가 달려 있다. 패스트리 반죽으로 작업을 하는 경우 작업대 위에서 과잉 양의 밀가루를 제거하는 데 사용된다.

⑯ 꼬챙이(Skewer)

나무나 금속으로 만든 핀으로서 식품을 함께 고정 시키거나 굽거나 튀기기 작업에 있어서 모양을 형성하는 역할을 한다.

⑰ 음식 집게(Food Tongs)

각각의 끝 부분에 톱니집게가 있는 V자 모양의 두 개의 가지로 구성된 스프링 형태의 금속으로 손을 대지 않고 음식을 집는 데 사용된다.

⑱ 키친 포크(Kitchen Fork)

커다랗고 두 개의 가지를 가진 포크로서 얇게 썰기, 로스트를 뒤집기, 스테이크를 굽는 작업에 있어서 고기를 고정시키는 역할을 한다.

⑲ 깡통 따개(Can Opener)

병류, 캔류 등을 열 때 사용한다.

Bright Red hand Blender and Chopper Set(5-pc)

Come-Apart Kitchen Shears

Cookware Set (13-pic)

End Grain Chopping Block

Hard Cheese knife with Bamboo board

Game Shears(9-in)

Food pan

Cook's Cutlery with sharpener(5-pc)

Nonstick Cookware Set(14-pic)

White professional Cutting Board

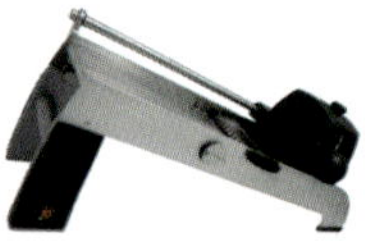

Pro Mandolin (20,5-in)

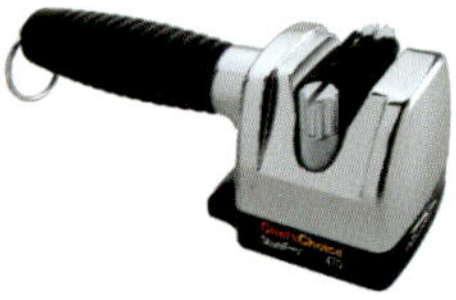

Steel pro

Sharpening Steel (10-in)

Zester Grater(12-in)

Saucepan

ProAccurate Large Dial Cooking Thermometer

Spreader Set

Extra Course Grater

Kitchen Shears(9-in)

Lage Cutting Board

3. 베이커리 기물

분류	명칭	사용도
D Baguette plate, Pizza, Hamburger, Muffin	Baguette plate	바게트 빵용
	D Baguette tray(D 바게트 트레이)	양산 베이커리 위한 것
	Standard baguette tray (스탠더드 바게트 트레이)	자동기계 라인을 위한 바게트 트레이
	Baking Fillet(베이킹 필레)	모든 반죽 굽기에 사용
	Pizza plate(피자판)	피자 베이킹
	Hamburger plate(햄버거판)	햄버거 브레드 베이킹
	Muffin plate(머핀판)	머핀용 베이킹
Bread plate, Perforated plate(빵판, 타공판)	Aluminum bread plate(알루미늄 빵판)	일반적인 모든 반죽을 위한 트레이
	AC bread plate(AC 빵판)	〃
	Display plate(디스 플레이판)	〃
	Hard roll plate(하드롤 판)	모든 반죽을 위한 반듯한 모서리각 90°
	Hard roll-Perforated(하드롤-타공판)	〃
Four ways to make sliced bread mold (식빵팬 4가지 제작방식)	Bread pan(식빵팬)	식빵용 팬
	Connected bread/sliced pans (연결 식빵팬)	샌드위치로프, 브레드 로프, 러스크(살짝 구우빵), 브리오쉐 등 굽기
	Connected round cake pans (연결원형 케이크 팬)	브레드 몰드 생산용 베이거리
	Rectangular sponge cake pan(스펀지 사각 케이크 팬)	스펀지 케이크 반죽을 준비하고 베이킹을 위한 것
	Testing Pan(테스트용 팬)	테스트용 팬
	Cookie mold plate(과자 몰드판)	과자 몰드판
	Multipurpose grids(스텐채반)	저장, 발효, 베이킹, 그리고 디스플레이를 위한 것

	Mousse ring mold(무스링 몰드)	환상적 무스 케이크를 위한 링
	Cookie cutter(쿠키커터)	쿠키커터 / 스페샬 브레드를 위한 몰드
Drawer-type rack, Pipe rack(서랍식, 파이프 랙)	Drawer rack(서랍식 랙)	베이킹 빵판 저장, 발효에 사용
	Pipe rack(파이프 랙)	라운드 파이프
	Rotary oven rack(로터리 오븐 랙)	대량 생산라인에 사용하는 베이커리 랙
	Multipurpose oven support rack(다용도 오븐 받침용 랙)	컨벡션 오븐을 올려놓을 수 있는 랙
	Oven support rack(오븐 받침용 랙)	〃
	Oven rack-stainless steel(오븐랙-스텐)	
	Fermentation, Storage rack(발효, 저장랙)	발효, 저장에 사용하는 랙
	Fermentation cabinet(발효 캐비닛)	발효를 위한 캐비닛
	Rail fermentation rack(레일 발효대)	스텐 볼 베아링 휠을 사용한 아주 간단한 발효대
	Wall type rack(벽걸이형 랙)	벽선반
빵판 (Bread sheet)	Baking sheet(빵판)	빵을 굽는 데 사용하는 판
	AL perforated baking sheet	타공판
	Tray for fresh loaves	바게트 판
	Silicon pad	실패드
	Tenfold sheet	터프론 시트
	Silpop	실밥
	Wooden dough display sheet	반죽 진열판
	Castella baking frame	카스테라틀
	Square grate	사각 채반
	Bread grate	빵 채반
	Stainless steel grate	스텐 채반
	Round grate	원형 채반
	Square mousse flame	직사각 무스틀

빵판 (Bread sheet)	Bread box	빵보관통
	Confectionary storage box	화과자 보관통
	Home baking sheet for cookie	쿠키판
	Baking sheet for cookie	과자판
	Cinnamon AL baking sheet	시나몬 AL 빵판
식빵팬 (Bread pan)	AC/W milk bread pan	우유식빵팬
	Corn bread pan	옥수수식빵팬
	Mable cake pan	마블팬
	Mini · Oranda · Chestnut bread pan	미니 · 오란다 · 밤식빵팬
	Melon bread pan	메론빵팬
	Long · Medium · Mini pound cake pan	장 · 중 · 미니 파운드 팬
	New · Home pound cake pan	신 · 홈 파운드 팬
	Half-moon bread pan	반달 식빵
	Mini balf moon bread pan	미니 식빵 팬
	Fluted half moon bread pan	주름 반달식빵 팬
	Fluted triangular bread pan	주름 삼각식빵 팬
	Fluted pastry pan	주름 패스츄리 팬
	Fluted round bread pan	주름 마무 식빵팬
	45 pinetree bread pan	45 통나무 케이크
	Log cake pan	통나무 케이크팬
	Octagons log cake pan	통나무 케이크오각
	Triangle log cake pan	통나무 케이크삼각
	Log cake half moon	통나무 케이크반달
	Big cone pine mouse cake	잣나무 무스케이크
	Square cake pan(folding)	사각팬(폴딩)
	Pound 5 connected pan	주문식 빵파운드 5연결
	Ordered AC 2/3/4 AC connected pan	주문 2/3/4 연결 AC

Cake pan (케이크팬)	Round cake pan	원형팬
	AL/70 round cake pan	원형 AL/70 라운드 팬
	Round stainless pan	원형 스텐리스팬
	70AL round cake pan	70치즈원형AL팬
	Sweet potato cake pan	고구마케이크팬
	Mini cake pan	미니케이크팬
	Heart cake pan	하트팬
	Clover cake pan	클로버케이크팬
	Square cake pan	정사각팬
	Kugelhof pan	구겔호프팬
	Angel pan	엔젤팬
	Chiffon cake pan	쉬폰팬
	Small mousse	소형무스
	Animal cake pan	동물케이크팬
	Panettone pan	파네토네팬
	Brioche cake pan	브리오시팬
	Omelette pan	오므라이스팬
	Dome cake pan	돔형케이크팬
	Mousse au chocolate	무스쇼콜라
	Mousse flower · Mousse pentagon	무스꽃 · 펜타곤
	Tart pan	타트트팬
	Pie pan	파이팬
	Pizza substituted pan	피자경질팬
	Screen pizza pan	스크린피자
	Perforated pan	피자타공판
	Pizza sauce ring	피자토핑링
	Pizza board, wood	피자나무받침
	Mousse ring	무스링
	Mousse oval	무스타원

Cake pan (케이크팬)	Mousse heart	무스하트
	Mousse triangle	무스삼각
	Mousse square	무스사각
	Mousse Pentagon	무스오각
	Mousse hexagon	무스육각
	Mousse vichy	무스비취
	Mousse water drop	무스물방울
	Mousse taegeuk	무스태극
	Small mousse	스몰무스
	Mousse ring	무스매화
Cookie Sheet (과자판)	Small round sheet	뿌지원형판
	Financier sheet	휘난새빵
	Madeleine	마르렌느 부채판
	Seashell · Walnut · Mango · Lemon · Banana · Square sheet	조가비판 · 호두 · 망고 · 레몬 · 바나나 · 사각피자판
	Friand Sheet	후리앙판
	Hotdog round sheet	핫도그원판
	Cup sheet	컵판
	Cosmos sheet	코스모스판
Mold (과자형틀)	Cosmos, Brioche, Baby square, Madeleine, Jelly, Sunflower, Star, Seashell, Savarin, Genoise, Boat, Castella, Tarte, Hamburger, Cup, Flower Pudding, Pudding, Murffin, Oval, Lemon, Almond, Banana, Engadiner, Financier, Hotdog, Long castella, Horn, Cannel	과자모형을 만드는 다양한 종류의 틀
Bakery Tool(소도구)	Stainless steel Mixing bowl	스테인레이스 믹싱볼
	Copper bowl	동그릇
	Copper bowl with handle	자루 동그릇

Bakery Tool (소도구)	Stainless steel scoop	가루뜨개
	Soboro sieve Stainless steel/ bamgoo	소보로체
	Flour sieve	가루체
	Set of sugar sieves	분당체
	Sugar sieve with handle	자루분당체
	Omnipotence skimmer	만능 건지개
	Fine skimmer	고운 건지개
	Doughnut Skimmer	도너츠건지개
	Home scale	주부저울
	Pretty scale	1g 단위저울
	Electronic scale	1, 2, 5, 10g 전자저울
	Weight scale	부등비저울
	Measuring cup	계량컵
	Meter cup	계량도구
	Thermometer	온도계
	Slice scale	제단자
	Turntable	돌림판
	Spatula	스패튤러
	Cake divider	분할기
	Cake sheet ring set	케이크 시트제단링
	Pastry bag	짤주머니
	Tube	모양깍지
	Tube flower	모양깍지(꽃받침)
	Scraper	스크래퍼
	Bread knife	빵칼
	Half-moon pizza knife	반달피자칼
	Cake sheet	재단칼
	Baquette knife	바게트칼
	Blades of slicer	슬라이셔칼날

Bakery Tool (소도구)	Diamond cutter · Spiked roller	다이아몬드커터 · 스파이크롤러
	Croissants cutter	크로와상커터
	Pastry cutter(5 · 7 wheels)	패스트리커터
	Channel	채널
	Chocolate knife	초코민칼 · 톱칼
	Charlotte comb	반죽이랑빗
	Brush	붓
	Rolling pin	밀대
	Oven Accessories	오븐 손도구
	Tongs	집게
	Table can opener	캔오프너
	Plastic cutting board	플라스틱 도마
	Wooden cutting board	나무도마
	Work table mable	대리석 작업대

미니 피자팬

스탠볼

자루 동그릇

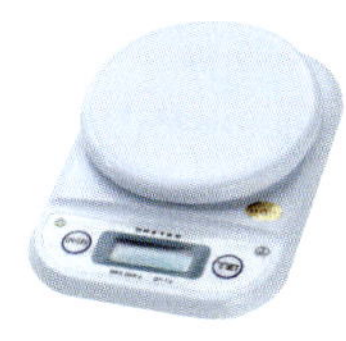

프리티저울

스패튤러

초콜릿 디핑 포크

초콜릿 컴프레셔

크림 주입기

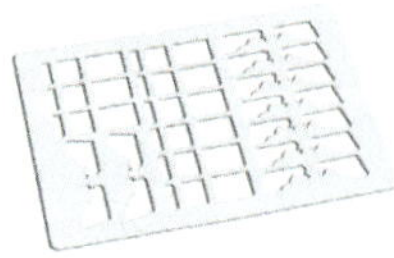
장식 초콜릿 몰드

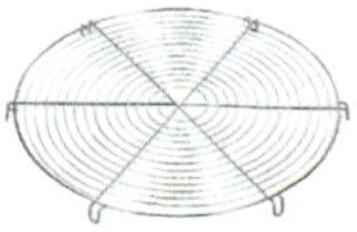
원형 채반

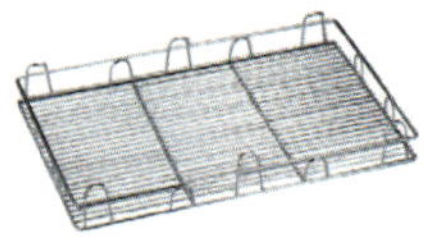
빵 채반

설탕공예 램프

즉석 빵가루 기계

바게트판4롤(D단)

옥수수식빵팬

주문3연결

앵가디너판

마드렌느 부채판

로제트팬

스텐 분활기14구

케이크 덮개

계란거품기

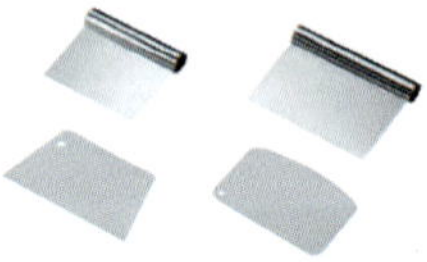
스크랩퍼

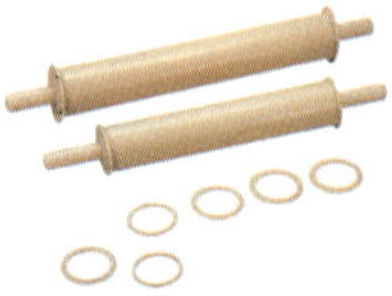
다용도 밀대

파이팬

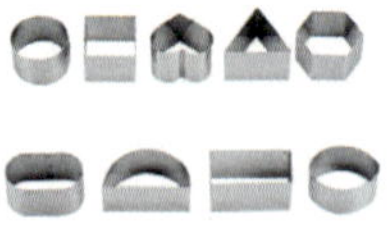
소형 무스

엔젤팬

미니 케이크판

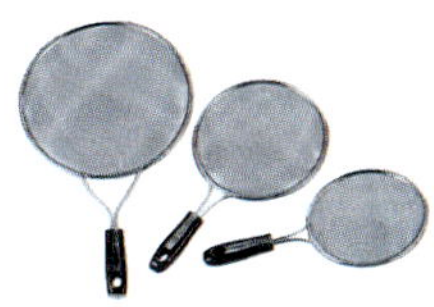
만능 건지개

개량 스텐 도구

돌림판 스텐

크로와상 커터

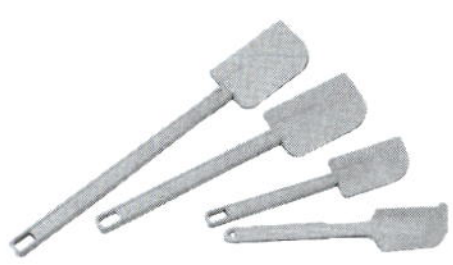
자루주걱

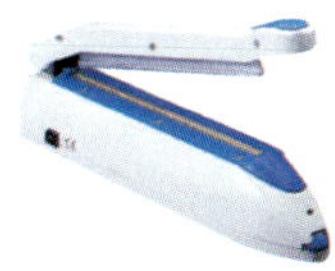
비닐접착기

밀티카 히팅기

전기발효기

버티칼믹서

서랍식 락크(40매용)

재료 보관용(스텐)

운반 카트 L

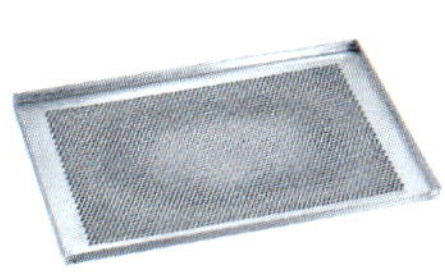
하드롤판

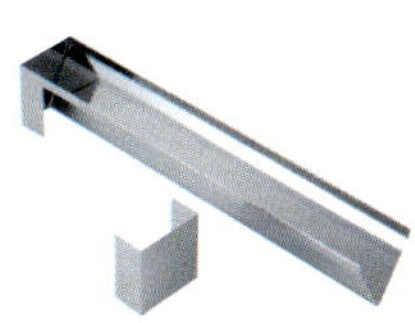
통나무 케이크(삼각)

슬로프케이크(원형팬)

빵 보관통

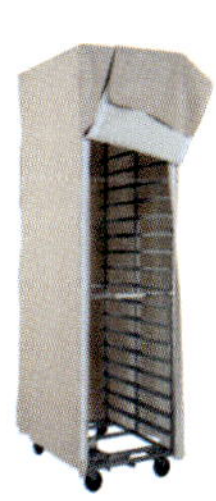
숙성천

햄버거 24구

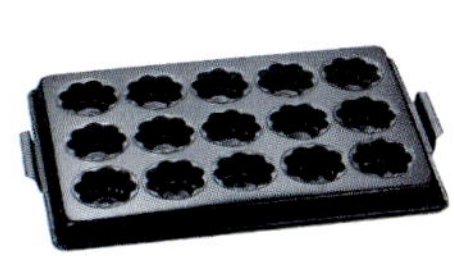
해바라기판

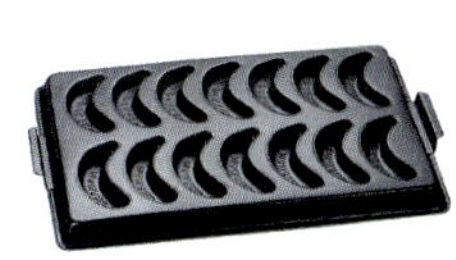
바나나판

4. F & B 기물

1) 도자기류(Chinaware)

(1) 도자기류(Chinaware)의 종류

1 접시류 (Plates)

① 디너 접시(Dinner plate)

생선 요리, 앙트레, 육류 요리. 접시 지름이 25㎝ 정도가 있다.

② 브랙퍼스터 접시(Breakfast plate)

접시 지름이 디너 접시보다 조금 작아 23㎝ 정도가 있다.

③ 후식 접시(Dessert plate)

접시 지름이 19㎝ 정도가 된다.

④ 빵 접시(Bread plate)

접시 지름 이 19㎝ 정도가 된다.

⑤ 샐러드 접시(Salad plate)

⑥ 오트밀 접시(oatmeal dish)

⑦ 애피타이즈 접시(appetizer plate)

크기에 일정한 규정이 있지 않으며, 지름이 12~ 15㎝, 25~30㎝가 있다.

⑧ 받침 접시(Under plate, Saucer)

2 컵(Cup)류

Coffee cup, Demitase cup, Mocca cup, Boullon cup

3 Bowl류

샐러드 볼(salad bowl), 과일 볼(fruit bowl), 설탕 볼(sugar bowl), 수프 볼(soup bowl), 잼 또는 버터 볼(jam or butter bowl)이 있다.

(2) 도자기류 취급법

1 서브할 때

① 음식을 담을 때 오점이나 이가 빠진 것이 있는가를 검토한다.

② 엄지손가락이 접시 안쪽 부분에 들어가서는 안 되고 끝 부분에 갖다 대어야 한다.

③ 접시에 로고가 있을 경우 고객이 보았을 때 바로 보이도록 한다.

④ 운반할 때 보통 왼손에 3개, 오른손에 1개의 접시를 드는 것이 보통이나 남이 보았을 때 불안하지 않을 정도로 드는 것이 좋다.

2 Set off 할 때

① 먼저 잡은 접시를 왼손 엄지와 새끼손가락을 접시 위로 올리고 나머지 손가락으로 접시 밑을 받친다.

② 포크는 엄지손가락에 잡고 나이프는 포크 밑에 끼운다.

③ 접시를 왼쪽 팔목 부분에 올려놓고, 나이프를 손에 든 접시에 나란히 끼우고 음식물을 포크로 접시 밑 부분에 쓸어 담는다.

④ 그 다음 접시도 같은 요령으로 하여 운반한다.

3 유의 사항

① 접시와 접시끼리 부딪히지 않도록 하여야 한다.

② 운반 시 한꺼번에 많은 양을 취급하지 않도록 하여야 한다.

③ 항상 남이 보았을 때 불안하지 않을 정도로 운반하여야 한다.

2) 글라스류(Glassware)

(1) 종류

글라스는 보통 재질에 따라 분류하며 원형으로 된 목이 없는 글라스(Cylindrical glass : Old fashioned, Highball glass)와 목이 있는 글라스(Stemmed glass : Wine, Champagne, Cocktail, Brandy glass)로 분류하고, 재질에 따라서 크리스탈 글라스(Crystal glass)와 보통 글라스(Normal glass)로 구분하기도 한다.

① 물잔(water goblet, water glass)

② 칵테일 글라스(cocktail glass)

③ 샴페인 글라스(champagne glass)

④ 적포도주(red wine glass)

⑤ 백포도주(white wine glass)

⑥ 브랜디 글라스(brandy glass)

⑦ 리큐어 글라스(liqueur glass)

⑧ 위스키 샤워 글라스(whisky sour glass)

⑨ 셰리 글라스(sherry glass)

⑩ 셔벗 글라스(sherbet glass)

⑪ 바닷가재 칵테일 글라스(lobster cocktailglass)

⑫ 굴 칵테일 글라스(oyster cocktail glass)

⑬ 텀블러(tumbler)

⑭ 올드 패션 글라스(old fashion glass)

⑮ 위스키 글라스(whisky glass

⑯ 믹싱 글라스(mixing glass)

⑰ 콜린스 글라스(collins glass, tall glass)

⑱ 주스 글라스(juice glass)

⑲ 유리제 물 주전자(water jug)

⑳ 기타 Decanter glass 등이 있다.

(2) 글라스류(Glass Ware)의 취급법

1 서브 및 운반할 때

① 글라스류는 밑 부분을 잡아야하며, 손잡이(stem)가 달린 글라스는 손잡이 부분을 잡아야 한다. 고객이 입술을 닿는 윗부분이나 글라스 안에 손가락을 넣고 잡아서는 안 된다.

② 유리컵을 운반할 때에 손으로 운반하는 방법과 쟁반(tray)으로 운반하는 방법이 있다. 원통 모양 글라스류(cylindrical)는 Tray를 사용하는 것이 좋다.

③ 쟁반 운반 시 매트(mat) 또는 냅킨 사용하며 중심 자리부터 글라스를 붙여서 놓는다.

④ Stemmed glass(목이 있는 글라스)는 왼손가락에 끼워 운반해야 한다.

⑤ 많은 양의 유리컵 운빈 및 세척할 때는 글라스 랙을(glass rack : 선반, 시렁) 사용해야 한다.

⑥ 닦기 전 항상 손상을 확인해야 한다.

(3) 글라스류(Glass Ware) 닦는 방법

① 글라스 랙을 사용하여 식기 세척기에서 세척한다.

② 용기에 뜨거운 물을 따로 준비한다.

③ 세척된 유리컵에 수증기를 쏘인다.

④ 글라스 타월을 엄지손가락으로 잡은 다음 왼손바닥으로 유리컵 밑 부분을 감싼다.

⑤ 오른손으로 한쪽 타월을 글라스 안쪽에 넣고 엄지손가락을 갖다 대고, 나머지 손가락은 글라스 바깥 부분을 완전히 잡는다.

⑥ 타월을 돌려가면서 글라스 안팎을 닦을 후 글라스 손잡이를 닦고 밑바닥을 닦는다.

⑦ 수증기를 쏘여도 얼룩이 충분히 닦이지 않을 때에는 물에 담갔다가 닦는다.

⑧ 유리컵을 닦을 때에는 무리한 힘을 가하지 말아야 하며, 닦으면서 유리컵이 깨어지지 않았는가를 확인한다.

3) 은기물류(Silverware)

은기류는 순은제와 은도금의 두 종류가 있는데, 대부분 호텔에서는 은도금 기물을 사용하고 있다. 은도금 기물은 고가품이고 관리도 잘해야 한다. 때로는 은제 대신 대체품으로 품질이 좋은 스테인리스(stainless)를 사용하기도 하는데, 이들을 취급할 때에는 소음을 내서는 안 된다. 특히 테이블 세팅을 할 때에는 더욱 조심해서 취급해야 한다. 은기는 녹이 슬 염려가 있으므로 뜨거운 물에 깨끗이 닦은 후에 반드시 마른 수건으로 닦아 건조하게 보관해야 한다. Service tray, Knife&fork, Spoon, Soup tureen, Sauce boat, Water pitcher, Coffee pot 등이 있다.

(1) 종류

1 Service tray

Round, Oval(달걀 모양, 타원형), Square(정사각형), Rectangular(직사각형) Tray등이며, Round Tray의 경우 직경이 30~50cm이면 적당하다. 운반할 때는 미끄럽지 않도록 Mat를 깔아서 사용한다.

2 Fork

포크가 처음 사용된 때는 16세기 이탈리아의 메디치 가문의 캐서린 메디치 공주가 앙리 2세에게 시집올 때 포크와 접시류를 가지고 와서 프랑스 궁중에서부터 사용하였고, 1886년 이후에 일반 대중에게 보급되었다. 에피타이저 포크(Appetizer fork), 육류 포크(Meat fork), 생선 포크(Fish fork), 샐러드 포크(Salad fork), 후식 포크(Dessert fork), Snail fork, Oyster fork, 과일 포크(Fruit fork), 칵테일 포크(Cocktail fork)가 있다.

3 Knife

육류 나이프(Meat knife), 생선 나이프(Fish knife), 버터 나이프(Butter knife), 버터 스프레더(Butter spreader), 과일 나이프(Fruits knife)가 있다.

4 Spoon

수프 스푼(Soup spoon), 티 또는 커피 스푼(Tea or Coffee spoon), 후식 스푼(Dessert spoon), 아이스크림 스푼(Ice cream spoon), 바 스푼 또는 믹싱 스푼(Bar spoon or mixing spoon), 서비스 스푼(Service spoon)이 있다.

5 기타

빵 집게 또는 케이크 집게(bread tong or cake tong), 얼음 집게(ice tong), 설탕 집게(sugar tong), 설탕 국자(sauce ladle), 소스 국자(sauce ladle), 수프 국자(soup ladle), 크림 피처(cream pitcher), 설탕 포트(sugar pot), 커피포트(coffee pot), 물 피처(water pitcher), 샴페인 쿨러(champagne cooler), 둥근 수프 테린

(soup tureen round), 빵 바구니(bread basket), 버터 볼(butter bowl), 소스 보트(sauce boat), 얼음 버킷(ice bucket) 등이 있다.

(2) 은기물류 취급 방법

① 사용된 은기물은 한 곳에 모은다.
② 모여신 은기물은 식기 세척기에서 뜨거운 물로 세척 액을 사용하여 충분히 씻어 낸다.
③ 세척된 은기물은 종류별로 모은다.
④ 뜨거운 물을 용기에 따로 준비한다.
⑤ 종류별로 분류된 은기물을 왼손에 적당량을 잡고, 핸드 타월을 오른손에 잡아 용기 속의 뜨거운 물을 사용하여 신속하고 깨끗하게 닦는다.
⑥ 잘 닦여진 은기물을 종류별로 가지런히 정리해 놓는다.

1 은기물류 유의점

① 여러 종류의 은기물을 닦을 시 큰 기물부터 닦는다.
② 닦여진 기물을 사용하여 테이블 세팅을 할 때는 음식이 닿는 기물 부분을 손으로 잡거나 만져서는 안 된다.
③ 손잡이 부분을 모로 잡아 가능한 한 지문이나 손자국이 나지 않도록 해야 한다.

강무근, 《주방관리론》, 학문사, 2000년.
권봉헌 · 박재희, 《호텔식음료관리론》, 백산출산사, 2009년.
김기영, 《호텔 외식산업 주방관리실무론》, 백산출판사, 2007년.
신재영, 《호텔 레스토랑 식음료 서비스 관리론》, 대왕사, 2001년.
박병근, 《관광호텔 조리업무의 효율적인 운영방안에 관한 연구》, 경기대학교 석사학위논문, 1996년.
우정베이커리시스템, 《BAKERY UTENSILS & MACHINES》, 2007년.
윤수선 · 채현석 · 김정수, 《주방관리》, 백산출판사, 2010년.
오석태, 《서양조리학개론》, 신광출판사, 2002년.
이권복, 《주방설비관리론》, MJ미디어, 2008년.
이형우외 10인, 《현대제과제빵학개론》, 지구문화사, 1999년.
한삭명, 《주방시설관리론》, 석학당, 2005년.
황춘기 외 9인, 《New주방관리론》, 지구문화사, 2010년.
Lenda H. Kotschevar & Margaret E. Terrell, 《Foodservice Planning : Layout and Equipment》, New York: John Willy, Inc. 1997.

04 주방의 설비 환경관리

1. 주방 시설의 환경

주방 설비란 주방 설계에 따른 부대설비를 말하며, 주방이 차지하고 있는 공간에서부터 식품을 다루는 모든 기구와 장비들을 말한다. 즉 냉 · 난방 시설을 비롯한 환기 시설, 가스, 스팀 등의 시설과 조명, 채광 시설, 식기 세척기, 기물 세척 장소, 바닥, 벽, 청정의 설비 등과 주방이 차지하고 있는 공간에서부터 식품을 다루는 모든 기구와 장비들을 말한다. 이러한 시설들은 식품 조리 과정의 다양한 작업을 합리적으로 수행하기 위한 것으로써 주방 계획에서부터 세심한 주의를 필요로 한다.

호텔에서 음식 생산이 이루어지는 조리 작업장은 업무의 특성에 따라 표준 환경은 다르지만, 각 주방별로 원활한 업무가 수행됨으로써 그 호텔만의 최고 음식과 음료를 생산하여 고객에게 제공해야 한다. 그러므로 주방에서 근무하는 조리사들에게 높게 평가받는 주방 시설 환경 및 레이아웃이 주방 작업 환경 만족, 조직 후원 인식, 직무 만족에 꼭 필요한 선행 사항이라 할 수 있는 것이다.

작업 환경은 근로자의 건강에 직접적인 영향을 미치며 물리적 · 화학적 · 생물학적 제반요인에 의해 정신적 · 육체적, 그리고 사회적으로도 영향을 미친다. 좋은 작업 환경은 근로자들의 건강한 심신으로 인해 작업 효율을 증진하면서 생산성을 높이기 때문에 장기적인 안목을 가지고 주방 내부의 환경 개선을 지속적으로 추진해야 하며, 중요한 것은 주방 환경을 개선하려는 노력과 자기 자신을 보호하려는 의지, 그리고 제도적인 장치가 있어야 한다.

이러한 사항들이 준비되었을 때 주방 환경은 안전하고 쾌적하게 되어 생산력과 노동 의욕을 향상시킬 수 있을 것이다. 주방의 공기 환경이 조리사에게 건강상 악영향을 줄 수 있으며, 주방의 오염은 수증기, 열기, 취기 등에 의한 것으로 이를 효과적으로 개선해야 한다.

그리고 주방 시설은 조리를 하는 데 있어서 일의 흐름에 따른, 동선, 조리 능률, 위생 등의 기본적 요소들이 고려되어야 한다. 또한, 주방 시설을 하는 데 있어 예산 건물 면적, 생산성 제고 시간과 노동력의 효율성과 절감이라는 측면에서 인간 공학적인 면의 디자인 원리도 고려해야 한다.

1) 주방의 바닥과 벽

주방 바닥 처리의 기본 방향 설정은 다음과 같이 한다. 미끄럼이 방지(non-slip)가 되게끔 시설해야 하며 바닥의 경사 처리가 용이하고, 위생 및 내구성을 고려, 항상 건조 상태가 유지(Dry-system)되도록 해야 한다.

주방 내에서 가장 중요한 만큼 시공하기 힘들고 복잡한 것이 바로 주방 바닥이다. 바닥에는 배수관과 가스, 전기 등의 배관이 묻혀 있고, 또한 여러 가지 주방 기기를 설치해야 하므로 하중이 튼튼한 것으로 시공되어야 한다.

바닥의 재질은 직원들의 위생관리 · 작업 효율화 · 재해 방지 · 주방 기기의 재구성 증가 · 직원 건강 유지 등을 고려하여 시공한다. 바닥재의 종류는 매우 다양하며 각 재질마다 장 · 단점이 있다. 바닥재 선택에 있어 가장 먼저 고려해야 할 점이 재질의 유공성이다.

유공성이란 얼마나 수분을 흡수할 수 있는가 하는 성질을 말한다. 바닥재로 수분이 흡수되면 바닥재 자체에 손상이 올 뿐만 아니라 미생물과 세균 번식의 온상이 되고 그것들을 제거하기가 힘들어진다. 따라서 주방과 창고의 바닥재는 반드시 유공성이 작은 재질을 써야 한다.

그다음으로 고려해야 할 점은 바닥재의 탄성이다. 탄성은 충격에 견디는 정도를 의미한다. 유공성이 적어 흡습성이 낮은 재질은 대리석, 테라조 타일, 자연석 타일, 아스팔트가 있다.

탄성이 좋은 바닥 재료는 리놀륨, 아스팔트, 비닐계통, 목재류이다. 탄성이 거의 없는 재질로는 콘크리트, 테라죠, 대리석, 자연석 타일 등이다. 근래에는 유공성이 적고 탄성이 좋은 에폭시가 바닥재로 개발되어 이용되고 있다. 이는 다른 재질에 비해 비용이 매우 저렴하고 흡습성이 적어 위생적이며 탄성이 좋아 잘 견디고 미끄럼을 방지하여 안전사고도 줄일 수 있다.

바닥과 벽 사이의 연결 틈새는 정기적으로 보수하는 것이 바람직하다. 페인트칠만으로는 충분히 틈새를 없앨 수 없으므로 타일 조각 등으로 완전히 바르는 것이 좋다. 벌어진 틈새에 세균과 해충이 서식할 가능성이 매우 높기 때문이다.

바닥재와 마찬가지로 주방 벽도 장식성뿐만 아니라 위생에 만전을 기할 수 있는 재질이어야 하고, 유공성이 적어 흡습성이 낮아야 하며 탄성이 좋아야 한다. 또한, 벽은 쉽게 소재할 수 있어야 하고 소음을 최대한 흡수해야 한다. 색깔도 중요한데 특히 주방 내부 벽은 가능한 밝은 색이어서 조명을 일정하게 퍼지게 하고 때와 먼지를 잘 보이게 해야 한다.

세라믹 타일은 가장 인기 있는 벽 재료이다. 표면이 매끄럽고 방수가 되어야 하며, 각 타일 사이가 꼼꼼히 메워져 틈새가 벌어지지 않은 상태라야 한다. 타일 사이에 구멍이나 틈새가 있으면 때와 먼지가 끼고 세균과 해충이 번식하기 때문이다. 스테인리스 스틸재는 수분에 강하고 내구력이 뛰어나서 조리대 주변과 같이 습도가 높고 더러움이 쉽게 타는 곳에 사용하기 훌륭한 재료이다.

페인트칠은 주로 습도가 낮은 곳에 사용할 만한 벽 마감재이다. 그러나 조리대 주변 등의 조리 지역에는 사용하지 않는 것이 좋다. 납 성분이 들어 있는 유독성 페인트는 외식업소 내부에 절대 사용을 하지 않도록 한다. 유독성 페인트뿐 아니라 납이 들어 있지 않은 페인트라 할지라도 쉽게 벗겨져 각질이 일어나는 페인트는 음식물에 들어가서 음식물을 오염시키는 물리적 위험이 있으므로 역시 이 또한 사용하지 않는다. 일반적으로 마감재는 자기타일, 금속판, 모자이크타일, 내수합판, 합성수지 타일 등이 있다.

2) 주방의 천장, 창문, 출입구

주방의 천정은 기름 종류의 증기와 조명기구 등이 부착되어 있어서 화재의 위험성이 높기 때문에 일반적으로 마감재는 내열성과 내습성이 강한 소재로써 내화 보드(Board) 또는 코팅(Coating) 처리된 불연성 보드 계통이 좋고, 물을 많이 쓰는 지역인 식기 세척실 등에서는 알루미늄 또는 금속판도 고려할 수 있다.

천정의 고도는 너무 높을 필요가 없는데, 환기 장치 등을 통해서 충분히 통기성을 유지할 수가 있기 때문이다. 그러나 너무 낮은 천정은 피하도록 하는데, 이는 공기 순환과 심리적 관점에서 좋지 않기 때문이다. 천정은 바닥면으로부터 최소한 2.5m이어야 하고 이중 천정 구조로 하여 평편하고 청소가 용이하며 색채가 밝은 것이 좋다.

창문과 출입구는 다른 부분과의 상호 연락이 용이하도록 설치한다. 주방과 객장은 화장실과 격리시키고, 출입구에는 자동개폐문을 설치하는 것이 좋다. 문의 사용 여부에 따라 방충망 설치 여부, 크기, 모양, 문 여는 방법 등을 고려한다. 창문의 위치는 건물의 외관상 디자인을 참고하여 크기, 높이, 위치 등을 결정한다. 가능하면 자연광을 이용하는 것이 이상적이다.

3) 주방의 배기 후드(Exhaust hood)

주방 환기란 주방과 객장 내의 조리 과정 중 발생한 증기, 기름기, 폐가스, 분진, 취기 등을 실외로 배출하고 신선한 공기를 공급하는 것이나 주방기기 또는 모터 등으로부터 발생하는 열을 실외로 배출하는 것, 연소 기구에 있어서 연소를 위해 필요한 산소를 실외에서 공급하는 것, 조리사의 작업 환경을 좋은 상태로 유지하는 것이라 설명할 수 있다.

호텔 주방의 경우도 좁은 공간에서 조리사들이 작업하고 있기 때문에 실내에서의 주방 연료와 난방 연료의 연소 과정에서 발생하는 오염물질이 실내공기 오염을 가중시킬 수 있으며, 온도 · 습도나 풍속과 같은 물리적 요소와 일산화탄소, 이산화탄소, 이산화질소 등과 같은 화학적 요소 및 세균, 바이러스, 벌레 같은 생물학적 요소가 실내의 공기 질에 영향을 주는 오염물질이라 할 수 있다.

또한, 주방에서 취사 시 발생하는 각종 유해물질은 실내공기 오염의 주된 요인이 된다. 특히 연소 시 발생하는 유해물질과 음식물의 조리 냄새는 적절하게 옥외로 배출되고, 실내의 다른 공간이나 건물 전체로 확산되는 것을 방지할 수 있도록 하여 실내의 공기 환경을 쾌적하고 안전하게 유지하는 중요한 역할을 할 수 있도록 주방에서 음식물을 조리할 때 발생하는 열과 습기 냄새를 효과적으로 제거할 수 있도록 배기 장치를 적절한 용량으로 설계하여야 한다.

따라서 주방과 식당과의 기류 흐름의 차압 등을 고려하여 냄새가 식당으로 확산되는 것을 방지하도록 하고, 주방용 배기와 식당 내 공기의 흐름을 위해서는 배기용 후드와 흡입 공기량, 공급 공기량, 인접실과의 차압 특성 등을 고려하여 효과적인 환기 계획을 수립하여야 하며, 특히 화장실 냄새가 유출되지 않는 범위 내에서 주방 내부의 압력 밸런스를 면밀히 검토하여야 한다.

그러므로 실내의 음압(−)이 너무 커서 환기 시스템의 성능이 저하되지 않게 하기 위해서는 후드에 의하여 배기되는 풍량 만큼 외기가 공급되어야 하며, 이러한 보급 공기의 유입 방법에 따라서 오염물질의 배출 성능이나 주방의 실내 환경이 크게 영향을 받게 되는 것이다.

2. 주방의 에너지 관리

1) 전기

전기 에너지는 주방에서 가스와 함께 가장 많이 사용하는 에너지원이다. 주방 전기 기기류, 조명이나 환기 등이 에너지원으로 사용된다. 따라서 주방 기기류의 전기 시스템을 결정할 때는 먼저 건물의 전기 시스템의 특징을 잘 파악해야 한다.

(1) 냉동 · 냉장고

① 냉장고는 가정 전력 사용량을 가장 많이 차지할 정도로 전력 사용량이 높은 제품으로 냉장고의 문을 자주 열지 않아야 소비전력을 줄일 수 있다. 또한, 냉장고를 꽉 채워 놓는 것은 전기요금을 증가시키며, 냉장고 내부를 10% 채울 때마다 3.6%의 전력 소비량이 증가한다. 냉장고의 60% 정도만 채우는 것이 적당하다. 조리 작업 후 바로 따뜻한 음식을 바로 넣어도 차갑게 하는데 에너지가 소비되므로 식혀서 넣는 것이 기본이다.

② 냉장고와 냉동고의 보관 방법은 다르므로 냉장고는 차가운 공기가 골고루 퍼져야 하기에 간격을 두고 보관해야 하며, 냉동고는 전도에 의해 냉기가 전달돼야 하므로 간격이 없이 음식물을 보관해야 한다.

③ 설정 온도를 너무 낮추는 것도 높은 전기세의 원인이 된다. 냉장고의 적정 온도는 4~15℃로가 좋으며 과일과 채소는 5℃ 이하에 보관하면 아삭거리는 질감이 나빠지며 단맛도 제대로 느끼지 못한다.

④ 냉장고 내부 10%를 더 채울 때마다 월 1.8kWh 증가하고, 하루 4회 개폐마다 월 0.75kWh 증가한다.

⑤ 냉장고 문 여는 시간이 10초에 월 0.51kWh 증가, 설정 온도를 중에서 강으로 했을 경우 월 5.14kWh 증가한다.

(2) 전기오븐 · 레인지, 소형 전자제품

① 전기오븐을 사용할 때 오븐 공간을 최대한으로 이용해야 전력의 소비를 절약할 수 있다.

② 유리, 사기, 스테인리스 용기를 사용하면 온도를 10도를 낮출 수 있다.

③ 조리를 하였을 경우 음식이 거의 다 구워졌을 때 전원을 끄고 미열로 조리를 완성하여 전력소비를 절약한다.

④ 소형 전자제품을 사용하였을 경우 빨리 조리되는 작은 음식을 만들 때나 음식을 잠깐 데울 때만 사용하여 전력소비를 절약한다.

2) 가스

주방 관리자는 주방 안에서 다소 많은 에너지를 소비하는 가스 에너지 절약을 통해 비용을 절감해야 하는데, 아래와 같이 조리기계 사용을 통해 가스 에너지의 손실을 줄일 수 있다.

① 오븐, 뚜껑이 있는 솥 등의 밀폐되고 단연된 기기를 사용하면 에너지의 소모가 적기 때문에 절감이 된다.

② 소량씩 여러 번 조리를 하게 되면 에너지가 비용이 많이 발생되기 때문에 가능한 대량으로 조리한다.

③ 낮은 온도로 조리하면 에너지의 비용이 적게 든다.

④ 기기의 예열 시간을 조정하면 에너지가 절약된다.

(1) 가스 사용 시 지켜야 할 안전 수칙

1 사용 전

주방 기기의 점화전에 가스 냄새가 나는지 누설 여부를 확인해야 한다. 그리고 주방 안의 창문을 열고 환기를 시킨 후 연소 시 주위 인화물질의 제거를 필히 해야 한다.

2 사용 중

주방 기기로 조리를 작업을 할 때 점화 시 확실히 불이 붙었는지 확인하고, 조리 시 국물이 넘치거나 바람에 불이 꺼지지 않는지 수시로 확인을 해야 된다. 파란색 불꽃(완전 연소 시 불꽃)이 나오는지 확인을 해야 된다.

3 사용 후

주방 조리기구를 사용 후 점화 콕크와 중간밸브는 항상 잠근다.

4 가스 사고의 주요 원인

주방 안에서 사고 원인은 점화 미확인으로 가스 누설이 제일 많이 발생이 되며, 밀폐된 장소의 특성으로 인해 가스 사용 시 환기 불량에 의한 질식 사고도 발생이 된다.

또한, 가스 사용 중 장시간 자리를 비우거나 성냥불, 라이터로 누설 확인 중 폭발 · 콕크 조작의 미숙하거나, 연소기 주위에 인화성 물질을 방치하였을 경우 주요원인이 되므로 주방 관리자의 각별한 주의가 요구된다.

5 가스 누설 시 응급조치 방법

주방 안에서 가스 누설이 발생했을 때 당황하지 말고, 즉시 1차적으로 콕크와 중간밸브, 메인밸브를 모두 잠근다. 그리고 2차적으로 창문, 출입문 등을 모두 열고 이때 전기기구는 절대 만져서는 안 된다.

3) 상하수도

싱크대의 물을 배수하기 위해 보통 구멍 뚫린 하수관을 주방 바닥에 설치하게 되는데, 특히 물기가 많은 조리대 주변의 물 배수 처리에 필요하며 이를 위해서 바닥면을 경사지게 하는 점을 간과해서는 안 된다.

한편, 스팀오븐과 같은 장비에는 누출을 방지하기 위해 통풍 구멍이 뚫린 하수관이 필요하다. 주방 하수 장치에는 반드시 그리스 트랩을 설치하도록 하는데, 그 이유는 유지 및 고체 덩어리 등을 걸러주는 역할을 하기 때문이다. 하수처리 시설은 보통 주방 외부에 설치하도록 하고 정비 및 유지관리에 용이하도록 해야 한다.

4) 환기 시스템

주방 내부는 조리기기의 열과 밀폐된 공간으로써 매우 습하고 열악한 환경 조건을 형성하고 있다. 환기란 실외로부터 청정한 공기를 공급하여 실내의 오염 공기를 실외로 배출해서 실내의 오염 공기를 환기 또는 희석하는 것을 말한다.

환기의 목적은 실내 공기의 열, 증기, 취기, 분진, 유해물질에 의한 오염과 산소농도 등의 감소에 의한 재실자의 불쾌감이나 위생적 위험성 증대의 방지, 혹은 음식생산 공정, 품질관리에 있어서 조리 기기와 주방 환경의 악화로부터 조리 기기 등의 손실을 방지하는 데 있다.

또한, 화장실의 환기 시스템은 상부에 바람개비의 성질을 이용해 바람이 불면 회전하면서 내부의 공기를 외부로 뿜어내는 자연 친화적 기구인 무동력 환기 시스템을 설치하여 에너지를 절약한다.

3. 채광과 조도(조명)

조리 작업장의 조명 시설은 충분한 조도를 유지시켜 조리 업무를 효율적으로 할 수 있도록 해야 하며, 조리사의 경우 장기간 좁은 공간에서 업무에 임해야 함으로 눈의 피로를 줄여 안전사고를 사전에 예방할 수 있어야 한다.

또한, 조리 업무는 위생과 밀접한 관계에 있으므로 식자재의 상태 파악 및 위생관리 차원에서도 꼭 관리되어야 한다. 일반적으로 주방에 필요한 권장 조도는 161~215 룩스(Lux)가 적당하고, 조리 작업이 매우 복잡하고 공간이 넓은 주방의 작업 공간에는 323~430룩스(Lux)까지 필요로 한다.

한편, 주방 시설물의 경우는 스테인리스로 된 작업 테이블과 조리 기계 등의 눈부심으로 인하여 안전사고를 일으키기 쉽기 때문에 조리사들의 작업에 직접적으로 불편함을 주어 피로를 유발시킬 수 있는 조리 작업장의 조명 시스템은 충분한 조도를 유지시켜 조리 업무를 효율적으로 할 수 있도록 해주어야 한다.

일반적으로 기준 이하의 조명에서는 작업 능률이 떨어지며 오류가 많고 작업자의 피로도 빨리 오므로 적당한 조명이 필요하다. 조명의 역할은 조리실 내부의 밝기에 따라 조리 작업의 안전성과 편안함을 주는 요인이기 때문에 조명의 방향과 조명의 색깔에 주의해야 한다.

조리실 내부에서 조명 시설을 위한 방법으로 전반 조명과 부분 조명으로 나누어 조명을 설치해야 하지만, 일반적으로 전반 조명 밝기는 50~100Lux가 가장 실용성 있는 형태라고 할 수 있다. 특히 전반 조명은 주방의 업무 특성별로 확산 조명과 간접 조명으로 나누어 설치해야 하며, 작업내용에 직접 관계될 경우엔 확산 조명 + 간접 조명 +전반 조명을 합쳐서 300~400Lux가 적당하다.

[표 3-2] 고효율 에너지 기자재 인증 대상 품목

품 목 명	에너지 절약의 효과
삼상(단상) 고효율 유도전동기	일반 전동기에 대비 연간 6.5% 에너지 절감
26mm 32W 형광Lamp 및 안정기	일반 40W형광램프 및 안정기보다 20%이상 에너지 절감
안정기내장형 Lamp	백열전구보다 소비전력은 70% 감소, 수명은 8배 증가
형광Lamp용 고조도반사갓	조도 증가에 따라 등기구수 20% 줄일 수 있음
HID Lamp 및 안정기	동일한 밝기에서 약 32% 전력절감
Inverter	전동기 속도제어에 따라 33% 전력절감
HID Lamp용 고조도반사갓	기존 제품 대비 약 20% 전력절감

자료 : 에너지관리공단

4. 온도와 습도 조절

인간은 온도에 매우 민감하게 반응하기 때문에 근로 작업장의 환경 조건에 큰 영향을 끼치는 요인이나. 득히 조리사의 경우, 주방 업무 특성상 계속되는 높은 온도, 높은 습기, 뜨거운 기계의 방열에 노출되어 불편을 느끼는데 이는 높은 장애 요인으로 나타나고 있다. 조리실의 특성상 고열, 다습한 환경과 고열 장비로부터의 장시간 노출 등은 조리사의 능률 저하와 부적응 등을 일으키게 하는 주요 원인이 된다.

그러므로 주방 종사자의 조리 작업의 능률을 높이기 위해서는 일정 범위 내의 작업 온도(겨울 : 18.3℃~21.1℃, 여름 : 20.6℃~22.8℃) 유지를 권장하고 있다. 또한, 적당한 상대습도(40~50%)를 유지하여 쾌적하고 생산성을 높일 수 있는 환경으로 만들어야 한다. 특히 주방과 같이 뜨겁고 습기를 많이 발생시키는 주방 기기가 있는 곳은 높은 관심을 필요로 한다. 일반적으로 작업장의 온도는 16℃에서 24℃ 사이가 적당하고 습도에 따라 차이가 있다.

5. 소음

주방 내 다양한 소음 등은 근무자에게 업무장애 요인으로 작용하여 각종 의사 전달을 어렵고 힘들게 하며, 더 크게는 소음으로 인한 산업재해 및 직업병으로까지 나타나게 된다. 다시 말해 소음 폭로가 인체에 미치는 영향은 소음성, 난청, 소화기관장애, 정신신경장애, 혈압 상승, 호흡수의 증가, 작업 능률 저하로 나타난다고 할 수 있다.

그러므로 조리 작업장의 소음을 관리하기 위해서는 노후 된 장비의 시설 교체와 조리 작업 간의 소음 발생 요인을 근무자 스스로가 통제함으로써 쾌적한 환경에서 질 높은 음식을 조리해야 하는 것이다. 주방에서 발생되는 소음은 크게 시설 장비에서 발생되는 기계적인 소음과 조리 과정에서 발생되는 인위적 소음, 조리 후의 조리 기구 및 기물 세척, 운반 등이 있다.

대부분 설비 소음의 주파수 특성은 음압 레벨이 저음역에서 불규칙한 패턴을 보이다가 250Hz에서 최고치를 기록하고 있으며, 고음역으로 갈수록 서서히 감소하는 패턴을 보이고 있다. 주파수가 2,400Hz에서 4,800Hz까지의 범위에서는 인간의 청력에 손상을 초래할 수 있으며, 청력 손실은 내 귀의 감각기관 손상을 초래하고, 결국에는 음향 파장을 뇌에까지 전달하지 못하게 되며, 특히 높은 강도를 갖는 주파수 아래 노출 시간이 증가되면 될수록 청력의 완전 손실을 초래하게 된다고 하였다.

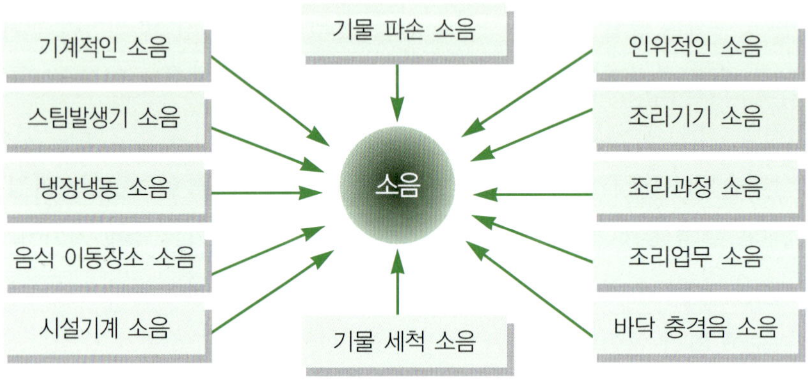

6. 색상

주방 내부의 색은 안정된 조리사의 작업 가치를 높이는 것과 필연적으로 관계를 맺고 있으며 조리사들의 조리 작업을 실행하는데 직접적 영향을 미친다. 이와 같이 색은 인간 본질에 흥미로운 영향을 미치므로 색깔에 따른 온도 차이, 색칠에 따른 무게의 불평, 개개인의 배려와 가치가 있는 색의 선택은 직원들의 사기 향상을 위한 중요한 요소이다.

색은 단독으로 또는 복합적으로 결합하여 사용함으로써 작업자의 피로를 줄이고, 사기를 향상시키며, 생산성 기능도 수행하므로 창조성을 갖고, 좋은 색의 선택은 주방의 안전사고를 줄일 수 있다.

고령자들의 경우, 상대적으로 눈을 통한 정보 습득 과정이 노화로 인해 장애가 생겨 작업 행위에도 지장이 생기는 경우가 많으며, 이는 호텔 주방에서의 재해로 직결될 우려가 있으므로 시각적인 특징을 고려하여 가시도와 명료도에 따른 색채 조절을 낮추어 전체적인 재해를 저하시킬 수 있을 것이다.

강무근, 《주방관리론》, 학문사, 2000년.

곽동경 외 12인, 《단체급식의 이해》, 신광출판사, 2008년.

교육과학기술부, 《학교급식위생관리자율기준》, 2000년.

교육과학기술부, 《학교급식 위생관리 지침서》, 2004년.

김기영, 《호텔 외식산업 주방관리실무론》, 백산출판사, 2007년.

박병근, 《관광호텔 조리업무의 효율적인 운영방안에 관한 연구》, 경기대학교 석사학위논문, 1996년.

윤수선 · 채현석 · 김정수, 《주방관리》, 백산출판사, 2010년.

이권복, 《주방설비관리론》, MJ미디어, 2008년.

이보숙 · 채인숙 · 차진아, 《단체급식》, 교문사, 2008년.

이종미 외 6인, 《단체급식》, 2007년.

전효진, 《외식업체 주방 설비배치 관리의 계층 구조 분석 연구》, 경기대학교 박사학위논문, 2009년.

한삭명, 《주방시설관리론》, 석학당, 2005년.

황춘기 외 9인, 《New주방관리론》, 지구문화사, 2010년.

CHAPTER

04 과학적 주방 시설의 설계와 배치

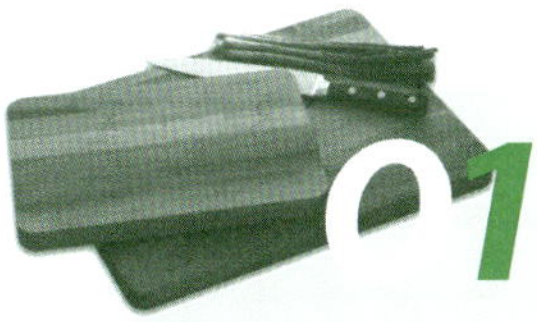

01 과학적인 인체공학과 공간 설계

인체공학은 환경과 인간과의 상호작용을 연구하는 학문이므로 인체의 구조와 기능에 대한 기본적인 이해가 필요하다. 사람의 인체는 특징적인 구조물로 몸통의 지주 역할을 하는 척추가 있으며, 신체의 외측 면에는 피부로 덮여 있는데 충격 흡수작용과 체온조절, 감각기의 구실을 하고 있다.

즉 인체는 몸에 있는 206개의 뼈들이 모여서 이루어진 골격계가 있으며 지지, 보호, 조혈, 무기질 저장의 기능을 한다. 근육계는 근육으로 이루어졌으며 주로 인체의 운동 부위에 부착되어 있다. 근육의 종류에는 자유적으로 움직이는 평활근(불수의근)과 심장근, 의지대로 움직일 수 있는 골격근이 있다. 관절계는 인체의 뼈가 서로 기능적인 연결을 이루게 하는 것이다. 뼈의 연결 형태는 손목과 같은 hinge 형태, 팔꿈치와 같은 pivot 형태, 어깨나 엉덩이와 같은 ball & socket 형태 등이 있다.

따라서 인체 측정은 인간 신체의 어떤 물리적 특징 및 치수의 측정을 다룬다. 인체 치수에는 고정된 자세에서 측정하는 구조적(정적) 인체 치수와 물리적인 활동 중에 측정하는 기능적(동적) 인체 치수가 있다. 인체 측정의 3가지 응용 원칙은 극단에 속하는 사람을 위한 설계, 조정 범위의 설계, 보통 사람(평균치)을 위한 설계이다. 계측 방법에는 입체 사진법, multiplex projector를 이용한 방법, color tape 투영법, cytographometer에 의한 방법 등이 있다.

또한, 마틴식 계측사(생년 인체 계측)는 주로 인체 측정 시에 사용되며, 인체 계측치를 기본으로 하여 '정상 작업 영역'과 '최대 작업 영역'을 조사하여 사람이 사용하는 설비의 설계에 이용한다.

그리고 모아레법에 의한 인체 측정은 값이 싸고 신체의 굴곡을 한눈에 볼 수 있어 시간이 적게 들고 동적으로 변화되는 신발, 의류 등과 같은 체형 데이터를 요구한다. 컴퓨터 비전을 이용한 3차원 인체 계측은 컴퓨터를 이용하여 3차원 좌표계에서의 인체 표면의 3차원 좌표값들을 알아내는 것이다.

1. 인체공학적 측정

건축물의 주방 공간을 사용 목적에 따라 사용하기 쉽고 편안한 분위기의 공간이 되도록 설계하는 것이며, 사용 목적에 따라 적절한 실내 공간을 만들기 위해서는 기능별 요구, 동선, 사용 빈도, 공간의 크기, 형태 등을 계획하여 그 공간에 실제 사용자가 이용할 수 있도록 바닥, 벽, 천장, 가구, 조명, 장식품 및 기타 소품 등의 주방 디자인의 요소를 고려하여 설계하는 것이다.

1) 인체공학의 개념

인체공학(Ergonomics)의 개념은 사용자의 입장에서 인간을 위한 디자인 개발에 적극적으로 참여해야 한다. 즉 인간의 작업 능력과 그 한계를 알고 인간을 위한 공간적 측면, 시각적 측면, 생활 환경적 측면, 기능적 측면, 특수 환경(신체 부자유자에 대한 고려)까지를 고려하여 인간이 안전하고 효율적으로 인공물들을 사용할 수 있게 디자인하고 인간의 삶과 작업에 적당한 환경을 조성하는 일이다.

2) 인체공학의 기본

인체공학의 기본은 실내 공간을 구성하는 모든 요소는 인간적인 측면의 고려가 사전에 이루어져야만 한다. 따라서 인체공학에 기본이 되는 것은 인체의 크기를 나타내는 인체 치수와 일상생활의 활동 중에 일어나는 동작과 작업 역으로 크게 구분될 수 있다.

(1) 인체 치수

인체공학에 있어 가장 기초가 되는 자료인 인체 치수는 대표적으로 키, 앉은키, 몸무게로 표시한다.

키와 인체 각 부위의 치수와의 사이에는 비례적인 관계가 있으며 세로 방향은 키에 비례하고 가로 방향은 몸무게에 비례하여 각 부의 치수가 구해질 수 있다.

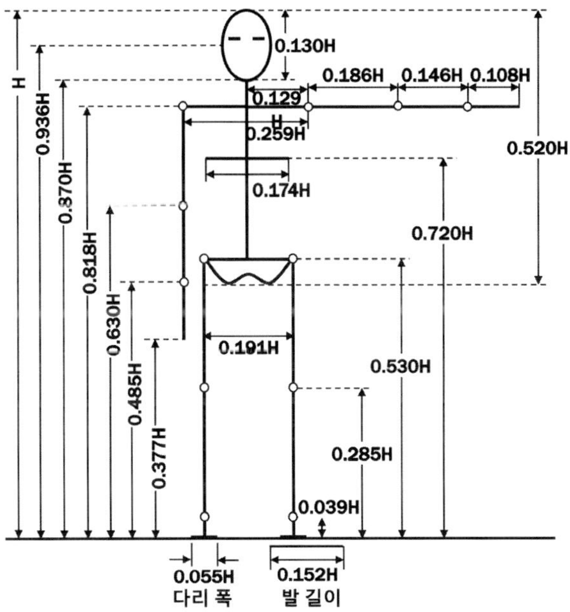

[신체 부분별 길이]

(2) 설계 치수를 결정하는 요인

설계 치수는 크게 기능, 미, 재료나 제작, 환경의 네 가지로 결정된다.

① 기능적인 치수

설계 치수 = 인체 치수 · 동작 치수(활동 공간) + 물품 치수(점유 공간) + 여유 치수(여유 공간)

여유 치수로는 크게 안전 여유, 설계 조건의 변화에 대응하기 위한 여유, 동작이 쉽게 행해지기 위한 여유의 세 가지가 있다.

안전 여유는 인체 치수 등이 평균치로 잡혀 있을 때 평균치에서 벗어날 경우에 대한 여유이며, 설계 조건의 변화에 대응하기 위한 여유는 장래의 변화(공간의 기능, 사용 상황, 기종, 대수 등)의 변동에 대비한 여유이다.

동작이 용이하게 행해지기 위한 여유는 동작은 고되지만 일할 만한 치수, 비교적 쉽게 동작할 수 있는 치수, 동작에 벽의 존재를 느껴지지 않게 하는 치수의 세 가지가 있다.

자 세	좌우 폭(㎝)	전후 폭(㎝)	점유면적(㎡)	점유율(%)
물건 없이 자연스럽게 서 있을 때	58	30	0.17	100
쇼핑백을 들고 있을 때	59	43	0.25	147
잡지를 읽고 있을 때	55	58	0.32	188
신문을 펼쳐서 읽고 있을 때	89	77	0.69	406
정자세로 앉아 있을 때	54	62	0.33	194
책상다리로 앉아 있을 때	81	65	0.52	306

② 디자인상[美]의 효과를 연출하기 위한 치수

밸런스, 비례, 바람직한 분위기, 상징적인 효과 등을 고려하는 치수이다.

③ 재료나 제작에 의한 치수

부품이나 패널의 치수 등을 무시해서 진척시키면 상당한 원가 상승이 발생하기 때문에 유의해야 한다.

④ 환경 요인에 의한 치수

주위의 자연환경과 생활환경에 의해 정해지며, 계속적으로 이어져 온 생활습관과 사회 관습에 의해 정해지기도 한다.

(2) 동작과 작업역

1 자세와 동작

일상생활 중에 있어 일어나는 자세의 기본은 서 있는 자세, 의자에 앉은 자세, 바닥에 앉은 자세, 누운 자세로 나누어지고 이들 자세가 연결 동작으로 이어져 생활 행위가 된다.

설계를 할 때 이들 자세는 인체 치수를 기본으로 하고 분석적 자료를 구하되 종합적인 판단하여 적용하여야 한다. 피로 부위의 조사, 동작 범위의 조사, 주관적인 판단의 조사, 칼로리 소비량, 근전도에 의한 분석, 피로에 수반되는 자세의 변화 등은 판단 기준이 된다.

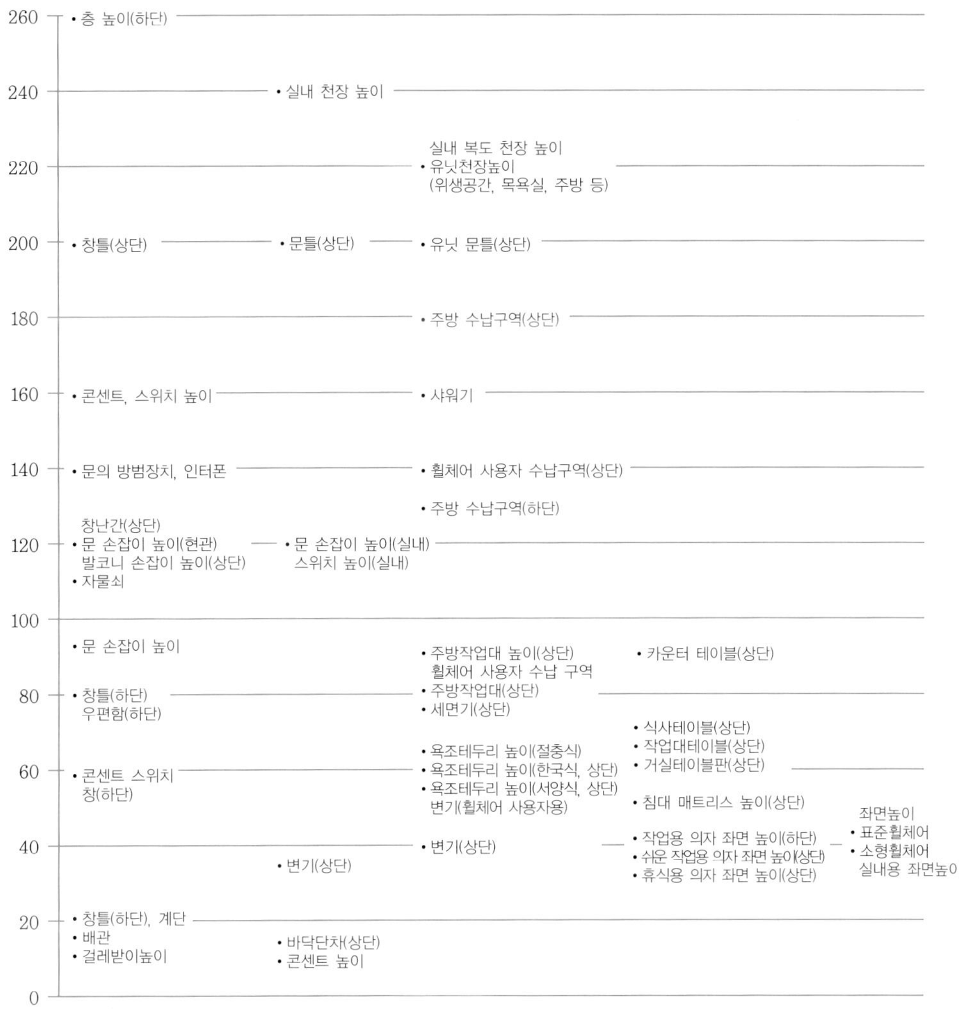

[높이의 치수]

2 작업역

인간이 신체의 각 부분을 움직일 때 평면적, 입체적으로 동작 영역의 한계 값이 나오는데, 이러한 작업의 영역 공간을 작업역이라 하며, 인간이 수평면 상태에서 수작업을 하는 것을 수평 작업역, 팔을 움직여 수직적으로 움직이는 범위를 수직 작업역이라 하고, 수평 수직이 입체적으로 연결된 영역은 입체 작업역이라 한다.

실내 계획에 있어 치수나 위치를 결정할 때 작업역을 고려하여 설계하면 무리한 동작으로 인한 작업 능률의 저하, 피로, 사고의 원인 등을 방지할 수 있다. 특히 작업을 행하는 경우 인체의 정적(精的) 치수보다 동적(動的) 치수가 더 중요하다.

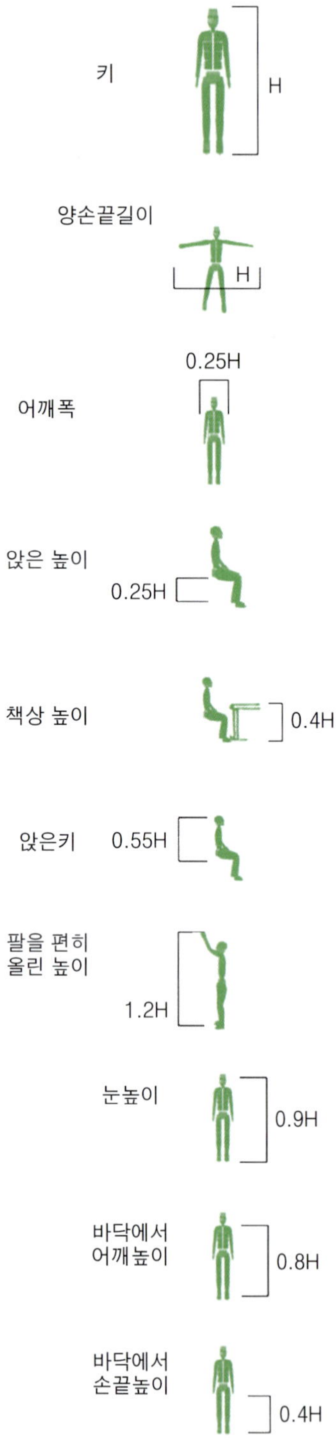

[자세와 동작]

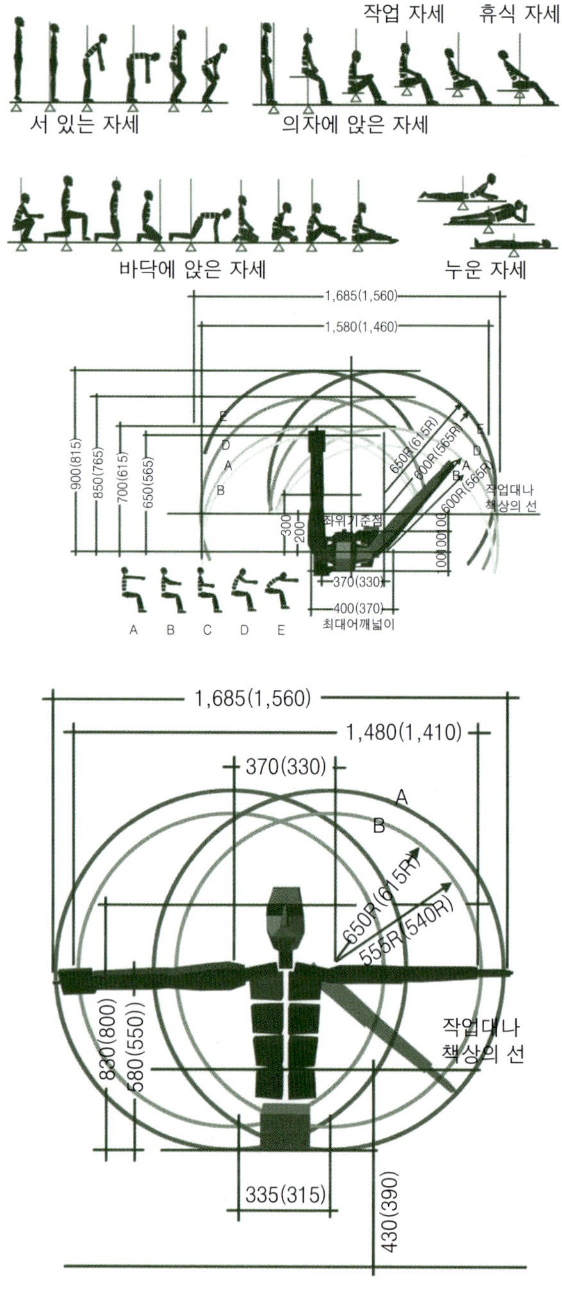

[자세와 작업력]

③ 동작 공간과 단위 공간

동작 공간은 인간이 어떤 행위를 하기 위해 필요한 3차원 공간으로 인간과 물건을 포함한 필요한 공간이다(인체 치수 + 물건 치수 + 여유 치수). 설계 시 이 동작 공간이 여러 개 모여 단위 공간을 형성한다. 이때 실내에서 느끼는 심리적인 여유 공간을 더해야 하고, 어떤 동작 시 주위 공간을 적게 하면 무리한 자세를 가져오고 조작이 부정확해지므로 적절한 여유 공간을 두어야 한다.

3) 실내디자인과 인체공학

인체공학적 요소를 고려한 실내디자인은 인간의 행동 영역, 인간의 심리적 측면, 공간의 기능적 측면 등 다양한 요소를 철저하게 다루어 디자이너나 사용자 모두가 만족할 수 있는 실내 공간을 만드는 것이다.

따라서 사용하기 쉽도록 하여 보다 능률적이고 편리하며 사전에 재해를 방지하여 안전하도록 해야 하는 것이다. 인체공학은 실내디자인 계획 시 치수 계획의 지표이며 체크 수단이 되어 실내를 이루는 바닥, 벽, 천장, 계단, 문, 창, 난간, 가구, 기기, 설비에 이르기까지 전 요소에 적용된다.

2. 작업 공간

1) 정상적 작업 영역과 최대 작업 영역

주방의 근무자가 정상적으로 작업할 수 있는 영역을 규정지어 본다면 다음과 같은 방법을 통해 규명이 가능하다. 즉 인간이 수평면상에서 한쪽 팔을 자연스럽게 수직으로 늘어뜨리고 한쪽 팔만을 가지고 편하게 뻗어 작업 업무를 파악할 수 있는 구역을 정상적인 작업 영역으로 판단할 수 있고, 양팔을 곧게 펴서 작업 업무를 파악할 수 있다면 구역을 최대 작업 영역이라고 한다.

2) 작업대 높이 결정

인체 계측과 무게 중심 결정 등 방법으로 일반적으로 작업하는 사람에게 알맞은 작업대의 높이를 구하고자 할 때는 보통 작업자가 작업대 위에 팔을 올려놓고 자연스러운 자세로 서서 팔꿈치보다 5~10cm 정도 낮은 것을 기준으로 하는 것을 기본 원칙으로 한다.

대부분의 경우엔 작업 내용별로 특성과 성격에 따라 최적 높이가 달라진다고 볼 수 있는데, 일반적으로 섬세한 작업일수록 기준보다 약간 높아야 하고, 거친 작업에는 기분보다 약간 낮은 것이 인체공학적으로 적합하다는 것을 인식하여 필요 작업 내용별로 적용해야 한다. 아래의 표는 한국인과 미국인의 적합한 작업 치수를 나타낸 것이다.

[표 4-1] 한국인과 미국인의 적합한 작업 치수

(단위 : cm)

치수	한국인		미국인	
	Man	Female	Man	Female
A	40.64	35.56	37.78	34.92
B	67.31	59.69	61.10	57.91
C	39.37	35.56	34.73	32.14

D = 2C + A, E = 2B + A, F = 19cm

D : 작업대 높이, E : 신체 표준 키, F : 남녀의 차이

자료 : 박경수, 안전공학, 영지문화사, 1992. p391

작업 센터(work center : work station)는 한 개인이나 여럿이 서로 밀접하게 관련된 한 무리의 조리 작업을 수행하는 조리 작업 공간을 말한다. 일례로 스테이크 레스토랑의 경우 가장 중요한 작업 센터로 브로일링 센터(broiling center)가 필요하고, 거기에 튀긴 음식을 제공할 수 있는 튀김 센터(fry center)가 더 필요하다. 작업 센터의 크기와 레이아웃은 작업을 수행해야 할 기능이 얼마나 많은가 취급할 재료의 부피는 얼마나 큰가에 따라 결정된다.

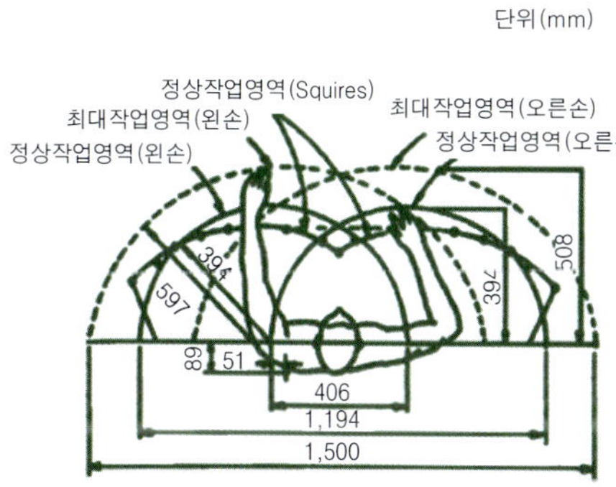

(a) 수평 작업 영역

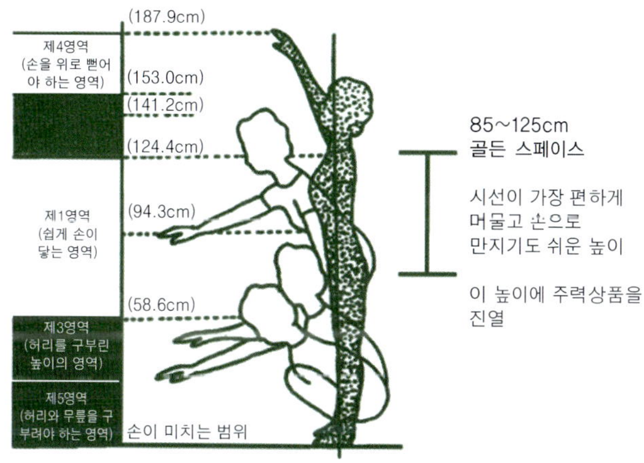

(b) 수직 작업 영역

[수평 작업 영역과 수직 작업 영역]

3) 작업대 신체이상

평균적인 조리사들의 체격이나 신체의 역학을 고려하여 가능하다면 서서 작업하는 작업대(Work Table)의 높이를 결정하기 전에 먼저 작업대 밑받침의 높이 조절 범위를 기존의 5cm 안팎에서 실제로는 10~15cm 정도로 늘려서 제작해야 바람직하다고 볼 수 있다.

조리 작업 과정에서 일어날 수 있는 관련되는 많은 변수들 때문에 체격이 다른 모든 사람에게 맞는 작업대를 고정적으로 배치하고자 설계한다는 것은 매우 힘들기 때문에, 조리 작업의 성격에 따라서 다음과 같은 지침을 밝힐 수 있다.

즉 작업면의 높이는 위팔이 자연스럽게 수직으로 늘어뜨려지고 아래팔은 수평 또는 약간 아래로 비스듬하여 작업면과 만족스러운 관계를 유지할 수 있는 수준으로 정해야 한다. 작업면이 이보다 높아 위팔을 늘어뜨리지 못하고 조금 올려야 할 때에는 작업의 대사가(Metabolic Cost)가 증가한다.

작업대 면적이 너무 낮으면, 기립 상태에서 일하는 조리사에게는 장시간 앞으로 굽힘 자세가 요구된다. 등근육의 내성은 굽힘 자세, 즉 이 자세에서 인체를 지지하는 근육의 능력 범위를 초월하는 자세에서는 감소한다. 반면 작업대 표면이 너무 높으면, 어깨와 팔의 통증을 야기시킬 것이다.

일반적인 작업대의 사용에서 오는 신체적 이상은 아래의 표에서 보는 바와 같이 작업대의 높낮이가 작업자에게 맞지 않아서 오는 자세의 불안정함과 신체적 이상을 나타낸 것이다.

내용 \ 구분		취해지는 자세	신체적 이상
작업대	높은 경우	1. 머리를 들고 가슴 어깨를 일으키는 자세 2. 앞가슴을 위로 올리는 경향 3. 겨드랑이를 벌린 상태	1. 허리가 경직하고 장 근육이 압축 됨 2. 어깨의 피로와 통증 3. 근시 발생의 원인 4 .호흡이 긴박, 식욕 감퇴 등 현상이 나타남
	낮은 경우	1. 가슴이 압박 받음 2. 상체의 무게가 양 팔꿈치에 걸림	1. 등뼈가 앞으로 휘어짐 2. 어깨가 위로 올라가므로 쉽게 피로를 느낌

3. 작업 중심점

작업 중심점은 주방 설비 배치에서 가장 작은 기본 단위이다. 즉 주방에서 행해지는 모든 작업은 작업 중심점을 기준으로 일어나고 있다. 한 주방에서도 작업이 세분화된 경우에는 여러 개의 중심점이 필요하다.

작업 중심점은 작업자가 직접 행하는 작업 영역으로 편안한 접근이 가능하고 신체를 이동시키지 않고 도달되는 영역이다. 작업대 앞에 서있는 남자 조리사(약 170cm 전후)의 경우에는 작업대의 길이는 187cm, 높이는 78.1cm, 평균 작업 공간 확보율 약 1.48m^2의 작업 공간이 필요하며, 정상적 영업 범위가 36.4cm, 최대 작업영 범위는 76.6cm인 작업 센터 공간의 작업이 가능하며, 커다란 움직임이 없이 주방에서 관련된 조리 업무를 원활히 처리할 수 있다.

일반 주방의 카운터의 높이는 약 91.4cm이다. 이 높이는 주방 안의 모든 작업과 사용자와의 관계를 수용하는 수치는 아니다. 어떤 음식은 일어선 상태서 보다 효과적으로 조리할 수 있으므로 91.4cm 이하의 카운터 높이는 곤란하다. 머리 위에 위치한

선반에 작은 사람은 거의 접근하기 힘들며, 아래쪽의 선반은 구부리거나 무릎을 꿇지 않으면 대부분 접근이 어렵다. 여기에 대한 논리적인 해답은 사용자 개인의 인체 측정을 수용할 수 있도록 주방 캐비닛 장치를 발전시키는 일이다.

주방 작업대의 높이, 순환을 위한 캐비닛과 주방 장비 및 도구와의 적절한 허용치, 머리 위와 카운터 및 수납의 적절한 접근, 그리고 절한 시계는 조리 공간을 디자인할 때 먼저 결정하고 고려해야 될 사항이다. 즉 사용자와 주방의 각 장비 및 도구들과의 상호 이해관계가 원만하게 이루어지려면 모든 요소가 신체지수와 규격에 과학적으로 적합해야 한다.

작업 흐름에 따라 주방은 기본적으로는 음식을 만드는 작업 공간이다. 어느 부분을 얼마나 크게 할지, 어느 부분을 어떤 모양으로 할지를 따지기 전에 음식을 다루고 준비하는 일, 즉 작업의 흐름이 방해받지 않도록 설계되는 것이 무엇보다 중요하다.

4. 공간 설계

1) 주방 동선의 흐름

주방에서 처음 시작하여 요리가 완성되는 단계는 조리를 만들 재료를 파악하여, 발주를 하게 되며, 다음으로 구매하고 검수하여, 창고 저장 혹은 업장으로 출고, 업장에서 준비, 세척하여 조리 과정, 그릇에 담기, 서빙, 식사, 뒤처리, 기물 세척, 쓰레기 처리, 분석과 평가의 과정이라 할 수 있다. 주방에서 이루어지는 조리 단계는 업장 냉장고 또는 입고, 세척, 준비 과정, 조리 과정, 담기, Garnish, 서빙 단계라고 할 수 있다.

주방 동선을 위한 설비는 이러한 공정 과정이 이루어질 수 있도록 냉장고, 냉동고, 작업 테이블과 오븐 및 버너, 수납장, 선반 등 작업 공정이 순서에 입각하여 작업이 이루어지도록 설비가 되어 있어야 한다.

업장의 전체적인 크기와 작업 효율성을 높이기 위해서 통로는 넓게 확보해야 한다. 만약 이동 통로가 좁으면 직원들이 평소 일하는 동안 매우 힘들며, 더 많이 이동을 하게 되어 업무에 피로감이 쌓인다.

주방의 작업 통로가 협소하거나 장배의 배치가 비능률적인 경우 조리 작업을 하는데 주방 직원들이 피곤함이 쌓이며 생산성이 떨어진다. 조리 작업 통로는 가능한 작업자의 만족감과 업무 능력이 최대가 될 수 있도록 해줘야 한다. 조리사들이 작업 활동을 하기 위해 다른 장소로 움직이거나 장비와 식재료를 들고 이동하기 위한 이동 통로가 필요하다. 주방 공간에서 한 사람의 필요한 공간의 넓이는 대략 61~92cm를 적용해줘야 한다.

주방에 규모에 따라 소규모 주방은 공간 기능적인 시스템 구분에서 사람이나 물건이 동선이 아닌 점으로 취급된다. 하지만 대형 규모의 호텔이나 단체급식 및 케이터링 등의 주방에서는 작업 중심점 혹은 작업 센터가 여러 곳에 있으므로 이 작업 센터에 따라 사람이나 장비, 식재료가 이동해야 한다.

따라서 효율적으로 설계하기 위해서는 작업 센터 간의 배치와 이동 거리 및 통로 설계, 재료를 처리하거나 기본적인 기능을 수행하는 작업의 순서 흐름 등을 과학적인 배치가 필요하다.

주방 공간은 대체적으로 검수 → 저장 → 전처리 → 조리 → 서비스 → 세척 공간으로 구분되고, 각 공간별에 따라 작업대 · 냉동 및 냉장고 · 싱크대 · 각종 주방기기류 등이 서로 밀접하게 연결되는 주방 동선은 작업의 효율성을 높일 수 있다.

No	주방 동선을 결정할 때 올바른 고려 사항
1	동선 교차나 역행이 필요하지 않도록 주의, 만약 필요 시 최대한 최소화
2	가능한 동선의 일직선 라인으로 통과
3	옆 통과되는 동선도 최소화
4	식품 구매된 식재료가 방치되거나 흐름과 역행되지 않도록 주의
5	주방 작업자의 식재료 이동 거리를 빨리 축소해야 함
6	업장의 공간이나 설비는 최대한 활용되어야 함
7	오염 구역(화장실, 쓰레기장 버리는 곳)에서 비오염 구역(주방)으로 들어오는 동선이 없어야 함

(1) 주방 동선의 구성 요소

주방 레이아웃 구성 요소인 작업 센터, 섹션 주방 및 토털 레이아웃 등의 동선 디자인에서의 주방 작업 기능들은 교차 이동과 후진 이동을 최소화하면서 배열에 따라 직접적으로 진행되어야 하며, 원만하고 신속한 생산과 서비스가 이루어지도록 작업 시간과 작업에너지의 소모를 최소화하여야 한다.

또한, 작업자와 식자재의 이동은 최단 거리이고, 식자재와 기물의 취급은 최소화하고, 주방 기기를 취급하는데 신경이 너무 쓰이지 않게 작업자의 주의가 최소화되어야 한다. 그리고 공간과 주방 기기의 이용을 최대화할 수 있게 동선이 계획되어야 하는 동시, 공정상 중요한 관리지점(Critical point)마다 품질관리가 필수적이다.

(2) 목적

주방 레이아웃의 목적은 경영의 공간적 표현이다. 경영의 사명을 달성하는 가장 효과적인 시스템을 전제로 하여 이를 공간적으로 표현하는 것이다. 구체적으로는 시스템 설계를 통하여 주방 내의 설비나 기기, 작업자나 장비, 기물 등의 위치를 결정한다. 그리고 구비 조건으로 물리적 요건을 충족시켜야 한다.

또한, 필요에 따라서 관리 부문과 작업장을 접근시켜 커뮤니케이션을 양호하게 하고, 전망이 좋은 배치나 통로를 잡는 방법에 따라 관리 감독을 하여야 한다.

2) 조리 공간의 설계

조리 공간의 인체 측정 치수를 활용하여 설계해야 이유는 여러 가지 주방 장비와 기기들의 기능이 복합적으로 얽혀 있으므로 가장 바쁘게 움직이는 시간과 짧은 시간에 제공할 수 있는 메뉴의 수를 기본적인 근거로 해야 된다.

즉 주방의 조리사들의 신체지수와 규격에 접합하게 해야 각 장비 및 기기들이 상호관계가 원만하게 이루어진다. 거리를 고려할 때도 냉장 · 냉동고의 문이나 오븐 등이 바깥으로 돌출되어 있기 때문이며, 직원들이 이동 통로나 카운터 사이의 공간 폭도 근무자들의 인체 치수의 최대 폭과 깊이를 고려해야 되기 때문이다.

일반적으로 주방에서 캐비닛이 부착된 작업대를 많이 사용하는데 공간 활용을 위해 작업대 위에 선반을 많이 설치한다. 적절한 작업대 높이가 약 90cm 정도이며 10cm 정도 높이를 조절할 수 있는 조절 장치가 부착되어야 한다. 그 이유는 조리사는 자신의 키와 성격에 따라 높낮이를 조절하여 사용하면 되는데 이것은 능률에 지대한 영향을 미치기 때문에 중요하다.

세척 공간에서 작업은 싱크대 작업자와 다른 작업자의 동선을 고려해야 한다. 싱크대에서 작업하고 있는 사람이 작업에 방해되지 않고 지나가기 위해서는 최소 77cm의 작업 공간이 필요하다. 그리고 싱크대는 너무 높으면 사용하기 어렵지만, 반대로 너무 낮으면 허리를 직접 구부려서 일해야 하므로 근무자의 피로가 쌓여 업무 능력이 떨어진다.

따라서 싱크대 높이는 바닥으로부터 근무자의 팔꿈치가 아래로 25~30cm 이내로 디자인되어야 좋다.

그리고 수납장의 가장 편리하게 사용할 수 있는 작업 영역은 보통 주방 근무자의 눈높이에서 작업대 표면까지의 높이이다. 주방에서 작업 시 재료, 도구, 기구는 작업자가 이용하기에 편리한 장소에 저장 공간에 배치해야 한다.

또한, 조리 작업 공간은 주방의 특정한 메뉴 품목을 만들어 내는 공간으로써 정해진 작업 활동 공간이 조리사 한 사람이 작업 공간에서 최대한 활용할 수 있도록 해야 된다.

그리고 주방에 근무하는 조리사들이 서로 작업할 때 상호 방해를 받지 않고 업무 효율성을 높일 수 있는 작업 공간을 설정해야 한다. 후드의 높이는 평균 성인 남성의 신장을 고려해야 한다.

권영국, 《산업인간공학》, 형설출판사, 2001년.
김기영, 《호텔 외식산업 주방관리실무론》, 백산출판사, 2007년.
박경수, 《안전공학》, 영지문화사, 1992년.
윤태환 · 이정자, 《최신호텔 외식실무 주방경영론》, 백산출판사, 2005년.
이건호, 《조리작업과 주방환경이 조리 종사원의 업무 피로도에 미치는 영향에 관한 연구》, 우송대학교 경영대학원 석사학위논문, 2007년.
이춘섭 역(J.파네로 저), 《인체공학과 실내공간", 미진사, 1990년.
황춘기 외 9인, 《New주방관리론》, 지구문화사, 2010년.

02 식당 시설의 개발 절차

1. 식당의 Concept

식당 콘셉트의 방향성을 잡으려면 사업주가 타깃으로 하는 판로, 즉 시장을 정해야 한다.

중요한 것은 콘셉트의 동기가 되는 시장의 존재다. 타깃으로 하는 시장이 존재해야 콘셉트의 방향성을 잡을 수 있다. 먼저 시장, 즉 고객이 왜 외식을 하는가에 대한 필요성을 이해해야 한다. 아무 이유도 없이 고객이 업소를 찾지는 않기 때문이다. 시장이 원하는 요소들을 종합하여 자기 업소만의 시장을 개척하고 창출하는 것이 올바른 콘셉트 정립을 위한 지름길이다.

외식산업에 있어 메뉴의 종류(주로 취급하게 될 음식의 대분류 – 예 : 고깃집), 세부 메뉴(예 : 삼겹살, 돼지갈비, 항정살 등의 취급 메뉴), 서비스, 맛, 가격, 분위기, 위치와 운영 방식은 콘셉트와 시장을 결정하는 일반적인 요소들이다. 콘셉트와시장을 구성하는 이 요소들이 곧 시장이 창출되는 동기이며 이유가 된다.

명확한 콘셉트가 있다면 레스토랑은 이미 절반의 성공을 이룬 것과 같다. 시장을 잘 파악하여 만든 콘셉트는 방향이자 타점포와 구별 짓는 차별화(unique)이며, 모든 경영자원을 한 곳으로 집중할 수 있게 하는 목표이다. 창입 후 고객관리, 마케팅, 서비스 등의 지속적인 노력이 필요하겠지만 그 또한 콘셉트가 처음부터 제대로 되어 있다면 잘 풀어 나갈 수 있다.

1) 시장조사

외식사업은 고객에 대한 정확한 정보는 식당 경영의 기본이며 매우 중요하다. 식당의 사업 경영을 시작하는데 앞서 실시하는 시장조사는 중요하다.

따라서 표적 시장을 파악하고, 시장 규모와 수익을 충분히 검토, 어떤 방법으로 커뮤니케이션할 것인지, 잠재 고객과 상품과의 관계는 어떻게 설정할 것인지, 반복적인 구매를 위한 메뉴 품질관리는 어떻게 할 것인지, 마케팅은 어떻게 할 것인지 등을 꼭 자료 조사해야 된다.

2) 메뉴 결정

시장조사를 바탕으로 한 차별화된 아이디어와 경영 방침을 결합하여 메뉴 개발이 이루어진다. 메뉴에 따라 식당 경영의 결정, 주방 시설의 설계와 방향 · 직원 배치 · 서비스 형태 등이 결정되고 많은 영향을 미친다.

메뉴 개발을 시행할 경우 주메뉴와 메뉴 품목 수, 1인분의 레시피, 다양한 조리 기법, 특별 메뉴 등이 포함되어야 하며, 주방 시설의 계획 중 대다수의 의사결정이 메뉴 개발에 의해 영향을 많이 받는다.

2. 자본

식당을 오픈하는 것에 가장 중요한 것은 자본일 것이다. 자본금에 대한 접근 방법으로 첫째 최적의 방법을 모색하여 필요한 자본금을 산출하는 것과 둘째, 결정된 자본금 안에서 최선의 방법을 찾는 것이다.

식당 시설의 자본 계획을 할 사항 중에는 계획 비용, 토지나 건물에 대한 구입 비용 및 임대 비용, 건물 시공 및 주방 시설 비용, 주방 장비 및 기기류의 구입, 주방 소기물 구입, 가구 및 비품, 전체적인 인테리어, 운영 비용 등이 있다.

위와 같이 투자금의 확보와 자금 필요성을 예상하고 채권자나 투자자는 콘셉트의 개발, 초기 설계, 시공 계획을 통해 시장조사가 완성되면 최종적으로 투자 의견에 대한 결정을 하게 된다.

3. 경영관리

식당 경영자의 최고의 역할은 기업의 존폐 가치를 결정짓는 요인 중에 경영관리가 된다. 성공적인 식당의 특징으로 경영자의 경영관리가 가장 우선이 된다. 또한, 일관적인 경영 정책을 실행함으로써 합리적인 운영 매뉴얼을 적용해야 된다.

따라서 외식사업은 생산과 제공의 기술적인 측면에서 매우 복잡한 특징을 가지고 있으며 사회, 경제적인 외부 요인들과 연결된 사업으로서 외식사업의 경영관리는 시장 규모의 확대, 새로운 콘셉트의 등장, 경쟁 심화 등이 진전되면서 사업 규모와 관계없이 적정 투자비용 유지, 운영관리 비용 최소화, 객단가 최대화 전략 및 회전율 향상을 통한 매출 증대 등 경영 효율화가 실현되어야 한다.

4. 실행

생산 방법과 통제 시스템, 인적 자원의 운영 등에 대한 전반적인 식당 시설 운영 방법에 대한 결정은 콘셉트 개발 단계에서 확정되어야 한다.

생산 방법은 주방에서 필요로 하는 직원 수 및 직원 조리 기술 수준 등을 결정하게 되며, 주방의 형태인 단일 주방인가, 중심 지원 주방인가, 편의형 주방인가에 따라서 많은 부분이 달라져야 될 것이다. 즉 주방의 면적이나 조리 장비나 기기류, 인력 구조 등이 달라진다.

통제 시스템은 현금관리와 고객 전표관리, 매출 분석과 수요 예측, 안전관리와 창고 및 냉장 · 냉동고 관리, 구매와 검수관리, 품질관리, 인력 관리 등이 신중하게 고려해야 된다.

인적 자원의 운영 방법으로 직원들의 근무 스케줄과 근무시간, 적재적소의 배치, 복리후생, 경력의 차등 등도 본격적인 작업이 되기 전에 결정해야 된다. 임금 수준은 기술 수준과 경력에 관련이 많으며, 시간제 비숙련 직원은 인건비는 낮추지만 서비스 수준도 같이 낮아진다. 주방 직원의 수는 메뉴의 수나, 장비의 수량도 밀접한 관련이 있다. 인력 운영 방법에 따라 기술 수준이나 필요 장비가 바뀌거나 장비의 수량에 따라 바뀔 수도 있다.

5. 설계 Process

주방 설계 계획의 핵심은 위생적으로 작업할 수 있도록 위생적인 부분을 반드시 확보해야 하며, 주방 작업상 능률의 경제성을 유지해야 하고, 또 주방 관련시켜 작업을 할 때 안전성에 중심을 두고 설계를 해야 한다.

즉 위생은 개인적인 위생이나 직원이 점포의 청결 유지로 맛을 더해 주어야 하는 등 누가 보아도 만족하여 신뢰할 수 있어야 하며, 또 작업 시 능률적인 조리가 될 수 있도록 배치되어 경제성 유지, 그리고 직원의 안전이 고려되어야 한다.

주방의 위치를 개략적으로 선정하고 건물 전체의 구조를 체크하여 가스, 급 · 배수 라인과 출입구 상황 등을 보아 가면서 현장 실측 시 또는 그 현장 확인 시 그 결정을 할 수 있다.

이때 주방 규모를 결정해야 하는 데 보통 메뉴의 종류, 품질 수준, 메뉴의 수와 차후 개발 메뉴에 따라 주방의 기기와 보조 설비가 결정되며 이렇게 해서 주방 규모가 결정되어 진다.

이때 예비 창업자는 비싼 임대료와 욕심 때문에 조금이라도 홀 공간을 확보 후 주방 면적을 결정하려고 고집을 부리는 경우를 종종 볼 수 있는데, 주방의 중요성이 높아가고 있으므로 냉 · 난방 시설 등도 충분한 사전 검토가 필요하다. 다음은 주방의 시설에 전반적인 개발은 다음의 단계에 따라 진행된다.

사전 설계
1. 콘셉트 개발
2. 시장 타당성 조사

→

설계
3. 프로그래밍
4. 초기 설계
5. 설계 개발
6. 시공 문서
7. 입찰 및 낙찰
8. 시공관리
9. 검사 및 승인

→

사후 설계
1. 실행 및 훈련

김기영, 《호텔 외식산업 주방관리실무론》, 백산출판사, 2007년.
나영선, 《외식사업 창업과 경영》, 백산출판사, 2006년.
안대희 · 안광호 · 박형권, 《외식사업론》, 기문사, 2007년.
윤태환 · 이정자, 《최신호텔 외식실무 주방경영론》, 백산출판사, 2005년.
황춘기 외 9인, 《New주방관리론》, 지구문화사, 2010년.

03 효율적인 주방 설계와 공간 분석

주방 설계에서 기본적인 설계의 원칙은 다양한 시설이나 방법에 따라 배치도와 메뉴 및 서비스 방법들에 큰 차이가 있겠지만 거의 비슷하다. 설계 원칙의 준수는 업무의 효율성을 높이고, 주방 직원과 고객에게 쾌적한 환경과 분위기를 제공해준다.

주방에 설계의 작업에서는 유연성과 안정성에 중심을 두고 설계를 해야 한다. 위생은 개인적인 위생이나 직원이 점포의 청결 유지로 맛을 더해 주어야 하는 등 누구나 보아도 만족하여 신뢰할 수 있어야 하며, 또 작업을 할 때 능률적인 조리가 될 수 있도록 배치되어 경제성 유지, 그리고 직원의 안전이 고려되어야 한다.

주방의 위치를 개략적으로 선정하고 건물 전체의 구조를 체크하여 가스, 급·배수 라인과 출입구 상황 등을 보아 가면서 현장 실측 시 또는 그 현장 확인 시 그 결정을 할 수 있다.

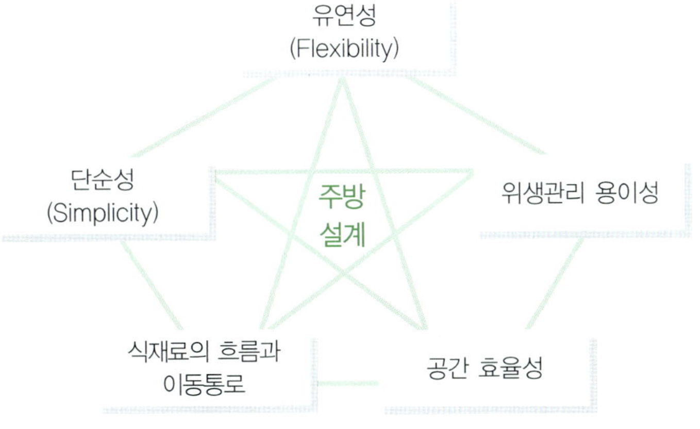

1. 효율적인 주방 설계

1) 주방 설계의 의의

주방 설계는 먼저 유연성, 단순성, 위생관리 용이성, 공간 효율성의 5가지 원칙에 기본을 두어야 한다. 이 중에서 무엇보다도 중요한 것은 위생적인 시설이고, 그 다음은 안전이다. 주방이 소란스럽고 불안전한 상태일 경우 주방에서의 작업은 조리사는 물론 그 이외 주방을 출입하는 사람들에게도 위험을 초래하게 되며 안심하고 작업을 할 수 없게 만들기 때문이다.

주방 내의 동선 연구나 주방 기기의 선정과 취급 방법, 동력원의 이용 방법 및 그 외 근무자들의 훈련 등을 포함한 효율 향상과 합리화에 대한 노력도 중요하지만 안전을 잊은 채 효율 향상과 합리화만을 꾀해서는 안 된다. 또한, 그 밖의 미관과 경제성도 기본 계획 요소로서 고려하여야 할 점이다.

주방 설계는 일반적으로 필요로 하는 각 기능의 면적을 업소 규모와 객장의 크기를 미리 확인하고, 그것에 필요로 하는 공간 배분과 상호 관련이 합리적으로 되도록 배치구분을 검토할 필요가 있다. 주방 설계에는 동선이 합리적으로 계획되어 저장, 다듬기, 조리, 배선 서비스 및 식기 세척 등의 구역이 구분되는 것뿐만 아니라, 특히 주방이 과학적으로 위생관리될 수 있는 시설 환경 또한 중요하다. 주방 바닥의 배수 대책과 적절한 환기, 조명과 바닥의 건조 공법도 시공 시 반드시 고려할 사항들이다.

또 현재의 비효율적인 식기 세척 작업을 개선하여 과학적 세척 방식으로 전환시키려는 시도 등 주방 설비의 자동화와 다양한 위생관리 대책도 마련되어야 하며, 아울러 식품위생관리상 대단히 중요한 조리사의 위생적인 작업 규칙의 개선과 후생 시설의 배려 또한 깊은 관심을 가져야 할 부분이다. 식당에서 주방이 갖고 있는 기능을 살펴보면 다음과 같다.

① 음식 식자재의 수령 및 검수의 장소
② 음식 식자재의 보존 온도별 저장 및 잡품류의 보관 장소
③ 전처리 공정 및 메뉴 차림 장소
④ 각종 조리에 필요한 가열 처리 장소

⑤ 취반 작업의 장소

⑥ 판매 메뉴차림, 배선 및 식기류의 보관 및 세척 장소

⑦ 각종 주방 기기류의 세척과 보관 장소

⑧ 음식물쓰레기, 잔반 음식의 폐기 및 보관 장소

⑨ 관리 사무실과 회의실

⑩ 직원용 탈의실, 락커, 샤워, 화장실 등의 복리후생 시설

⑪ 주방 내외에 필요한 동선 및 이동 통로

⑫ 화기 장치, 보일러, 냉동기용 등에 필요한 주방 기기의 장소 또는 기계실

이러한 기능을 갖고 있는 주방의 공간 분류는 시설 규모에 따라 배치와 공간의 구분이 다르나 원칙적으로 주방에서의 작업 거리 단축 및 직원과 식자재의 흐름을 합리적으로 하여 공간의 낭비를 줄이고, 적당한 공간의 편성 배치를 검토할 필요가 있다.

음식의 안전성이 보장된 식사를 위해서는 식품의 오염과 부패를 막을 수 있도록 충분한 설비를 갖춘 시설 및 면적은 필수적이다. 그래서 우리나라 식품위생법에서는 급수, 조명, 환기, 배기 및 배수와 채광, 바닥, 벽면 처리가 적절하게 되고, 주방의 구분이 작업 특성별로 구분되도록 하며, 조리 종사자들의 청결이 유지될 수 있는 후생복지 시설이 구비되도록 명시하고 있다.

2) 주방 설계의 계획

주방 계획 전개 과정으로 주방 계획은 식자재의 반입부터 각 부문의 조리 작업과 식사 제공, 그리고 식기의 세척에 이르는 일련의 음식 서비스 과정의 연계성을 고려하여 계획한다.

(1) 주방 위치

① 음식 식자재와 주방 쓰레기 반입출이 쉬운 곳일 것

② 주방의 한 면이 외부와 접해 있을 것

③ 충분한 열량 원이 확보되어 있을 것

④ 환기, 배연 등의 설비가 가능할 것

⑤ 객장에 접근되어 있을 것

⑥ 이용자가 모이기 쉬운 곳일 것

⑦ 법 규제를 만족시키는 위치와 구조일 것

⑧ 그 외 특수한 조건을 만족시킬 수 있는 곳일 것

(2) 주방 면적

주방과 고객 서비스 공간의 이상적인 면적 비율은 없다. 일반적으로 주방의 면적은 생산 수단과 제공 음식의 종류, 유형에 따라 다양해지며 규모의 경제가 적용된다.

주방의 면적(크기)은 여유 공간의 확보를 위해서, 또는 많은 좌석 수의 확보를 위해서 축소되는 경향이 있는데, 수익의 창출이라는 관점에서는 수긍이 가는 일면도 있지만 주방 면적의 축소가 반드시 업소의 매출 증대를 가져오는 것은 아니므로 주방 면적은 생산성을 향상시킬 수 있는 범위 내에서 계획되어야 한다.

비좁은 주방은 서비스 시간의 지연과 혼선을 가져오고 결국 고객의 수를 감소시키게 된다. 또한, 직원들에게 맞는 작업 환경이 되도록 설계되어야 한다. 제공하는 메뉴 품목 수가 많을수록 덜 가공된 식자재를 많이 쓸수록 주방의 면적은 넓어야 한다.

(3) 주방 설계에 필요한 기초 자료

생산적이며 효율적인 주방의 기능이 발휘되기 위해서는 합리적인 기초 자료를 근거로 하여 과학적인 설계를 추구하여야 한다. 이와 같은 합리적인 접근과 운영을 시스템화함으로써 비로소 효율적인 투자를 도모할 수 있다.

계획에 필요한 기초 자료를 산출할 때는 다음과 같은 것이 필요하다.

① 단위 시간당 서비스 할 메뉴 품목의 수

② 주요 메뉴 구성과 그 조리 방법, 평균 조리 목표량

③ 주요 식자재의 보존 형태별(특히 온도 조건) 분류

④ 일일 식자재의 소요 수량과 보존별 재고 일수의 설정

⑤ 재고량에 대한 기능별 저장량과 그 필요 공간 면적의 산출

⑥ 구입하는 식자재 형태에 따른 필요 다듬기 기능과 시간당 필요 처리 능력의 산출

⑦ 가공식품 또는 조리된 식품을 사용할 경우에는 그 마무리 조리법 또는 재가열

방법과 시간당 필요한 처리 능력 및 서비스 조건의 산출

⑧ 식사 후의 치우는 방법과 시간당 및 작업 피크 시의 1분당 치울 수 있는 식사 수, 그 처리 조건

⑨ 사용 식기의 품종과 1인당 평균 사용 식기의 수 및 시간당 필요한 세척 능력의 산출

이상의 내용과 같이 각 공정에 필요한 작업 내용을 계수적으로 산출하지 않고 전체를 검토하는 과정에서 작업의 표준화와 공정의 시간관리 등을 고려한 합리적인 방법을 생각해야 한다. 또한, 필요한 숙련도와 공정수 등을 검토하는 것도 운영의 시스템화를 추구하는데 효과적이다.

(4) 주방 레이아웃의 검토

주방은 환경적 측면에서 보면 통풍 · 채광 · 상하수도 시설 · 공기가 좋으며, 조리 작업과 물품 배송 등을 하기에 적당한 위치에 있어야 하고, 공해의 나쁜 영향을 받지 않는 곳이어야 한다.

특히 다음과 같은 사항을 점검하도록 한다.

① 객장과의 연락이 원활한가?

② 출입구, 벽, 기둥 등 건물과의 관계가 좋은가? (특히 식자재와 잔반의 반출입 및 큰 기둥과 두꺼운 벽 등이 작업에 방해되지 않는가?)

③ 적정한 공간이 확보되어 있는가?

④ 필요한 주방 기기가 작업 동선에 따라 배치되어 있는가?

⑤ 통로와 작업 공간이 충분히 확보되어 있는가, 또는 통로가 평평한가?

⑥ 작업 면과 물품 저장 수납 부분은 좋은가?

⑦ 청결 부분과 불결 부분이 확실히 분리되어 있는가?

⑧ 가열 기기류와 물 사용 기기류가 집약되어 환기 설비 및 바닥의 건조(dry)와 젖음(wet)의 구분이 가능한가?

⑨ 이동 기기류가 잘 이용되고 있는가?

⑩ 안전성 및 방재면의 검토가 이루어졌는가?

⑪ 노동 환경 및 직원의 후생이 고려되었는가?

⑫ 조명(조도)은 확립되었는가?

⑬ 생산성이 좋은가?

3) 주방 설계의 순서

① 주방에서 판매할 메뉴 수와 메뉴 종류를 먼저 결정한 다음에 메뉴를 어떻게 조리할 것인가, 조리 방법을 결정해야 한다.

② 메인 주방에서 조리를 전부 할 것인지, 또는 일부는 객석에서 할 것인지 검토와 최대 예상 판매량을 설정한 다음 주방 기기의 종류와 규격, 수량을 결정한다.

③ 냉장 · 냉동고 등의 창고 스페이스와 가스레인지 등 공간을 확보해야 하고, 이때 열기구와 냉장 · 냉동고는 반드시 일정 거리를 두어야 한다.

④ 1시간 내 최대 판매 개수 등 생산량을 설정하고 주방 기기별 생산 능력을 체크

⑤ 작업 동선인 기기와 기기 사이를 최소 1.2~1.3m 확보해야 한다.

⑥ 식재료 가공할 때 전처리 스페이스도 확보하고 조리 속도를 빠르게 할 수 있는 주방 기기를 선정한다.

⑦ 지금까지의 조건에 맞추어 주방 레이아웃을 만들어 본다.

⑧ 주방의 위치는 객석에서 제품을 서빙하기 편리한 동선을 전제로 설정한다.

⑨ 정설은 없으나 좌석 회전율이 높은 식당은 주방 면적이 넓어야 하는데, 일반적으로 다음과 같으므로 도면 면적과 비교해 본다.

⑩ 주방은 점포의 평면 형태(정사각, 직사각, 특수형으로 구분)에 따라 합리적으로 설정한다.

⑪ 방수 공사, 배수, 트렌치 공사, 그레이스트랩(G/T) 설정 후 시멘트 마감을 하며 주의할 점은 바닥재는 미끄럽지 않게 처리하는 등 주방 바닥과 주방 벽체의 마감재는 반드시 샘플을 보고 결정한다.

⑫ 온수 공급 라인 확보와 배수 시설 확보로 화장실이 가까울수록 설정이 쉬우며 물이 완전하게 빠질 수 있도록 가능한 한 경사지게 한다.

⑬ 전기(전압, 전력) 용량은 에어컨, 간판 등을 고려하여 과소, 과다 시 문제가 되므로 합리적으로 설정해야 하며 과다 시 승압비 용과 전기 요금이 과다하게 나오므로 주의가 요구된다.

⑭ 도시가스 설치 지역 여부 체크와 후드 설치 도면 확인을 해야 하며, 가스 납품 계약서를 반드시 체결해야 한다.

⑮ 닥터(환기) 설비 도면 확인(흡기, 배기 시설로 숯불 사용 시 특히 주의)과 주방 기기 배치도 체크(식품 보관 공간, 전처리 공간, 가열조리 구역, 메뉴 차림대, 식기 세척기 공간 등) 그리고 주방 기기 종류, 규격 및 리스트 작성 → 주방 기물 선정(메뉴의 가격, 품질, 홀의 테이블 크기 등과 피크시간대 설거지 기물까지 고려한다.)을 한다

2. 주방 공간 분석

1) 수령과 검수 구역

음식 재료의 반입을 위한 공간은 호텔 및 외식업체 등 대형 주방에서 필요한 공간이다. 수평 공간은 반입되는 재료를 처리할 수 있는 충분한 면적을 확보해야 한다. 검수가 진행되는 동안에도 계속 사용할 수 있어야 한다.

또한, 설치 위치는 재료를 운반하기 편리한 곳으로 하며, 재료를 보관하는 저장 공간 가까이에 위치시키는 것이 바람직하다. 수령 지역은 외부와 직결하고 있으면서도 외부인의 눈에 잘 띄지 않는 곳으로 물품을 내리기 최적인 곳, 검수 장소는 반입구와 가까운 곳이 편리하다. 반입, 검수 공간은 바닥과 벽이 상하기 쉬우며, 더러워지기가 쉬우므로 청소하기 용이하며 청결을 유지하기 쉬워야 한다. 또한, 세면대나 청소 도구를 씻는 대형 세면대, 청소 기구함 등이 있어야 한다.

2) 저장 구역

검사를 마치 재료는 바로 조리 공간으로 옮겨지는 경우도 있으나 일반적으로 저장 공간에서 일정 기간 보관하게 된다. 식자재의 보관에는 상온과 저온 보관대가 있어야 하고, 식품의 신선도를 지키기 위해 건냉하고 햇빛이 닿지 않는 통풍이 좋은 위치를

선택한다.

설치 위치는 재료의 특성과 사용 빈도 등 여러 요소를 고려하여 결정하게 되나 일반적으로 수령 공간과 조리 공간의 중간 지점에 설치하는 것이 바람직하다. 식품 보관용 냉장 · 냉동실을 주방 내에 설치하는 경우는 가능한 한 주방 내에도 반입구에 가까운 곳으로 하고 조금씩 자주 사용하는 냉장고와는 구별하여야만 한다.

(1) 일반 저장고

종이류 등 음식 서비스와 관련되어 사용되기도 하나 보통 음식물이 아닌 일반 품목 · 청소 용품과 장비 · 린넨류 · 향신료 · 식당의 비품 등을 보관한다. 위치를 결정할 때는 운반의 간결성 · 유연성 · 동선의 흐름 등을 고려하며, 제품의 안전을 위해 적절한 온도(15~21℃)와 방습 · 방충에도 충분히 고려해야 한다.

(2) 통풍이 잘되는 저장고

가열이나 냉각 등 기계적인 수단을 사용하지 않고 통풍을 이용해서 재료를 안전하게 저장하는 공간이다. 이 저장고는 기후에 상당한 영향을 받으므로 연중 몇 개월은 사용이 어려운 경우도 있다.

(3) 냉동 · 냉장실

신선한 채소, 유제품, 해물 어패류, 육류 등을 저장하는 공간으로 재료의 종류와 저장 기간에 따라 보관 장소가 결정된다. 소형의 주방은 시판되는 냉동고가 사용되나 주방의 경우는 직접 제작 설치하는 경우가 많다.

3) 조리 구역

(1) 전처리실

다듬기 공간은 많은 물을 사용하게 되고, 겨울에는 상당히 추울 수도 있는 곳이다. 그러므로 이러한 상태를 방지하기 위하여 환기 장치와 난방 장치를 설치하고, 물의 배수를 위해 바닥의 기울기를 충분히 주며, 배수 및 배수 파이프 크기는 물론 너무 각

지지 않도록 고려해야 한다. 또한, 다듬기 공간은 재료의 선별, 신선도 판정 등이 요구되는 곳이므로 조명이 밝은 곳을 택하며 인공조명을 사용할 때는 될 수 있는 한 태양광선에 가까운 자연광을 이용하는 것이 바람직하다. 채소 다듬기실은 조리실과 연결되어야 하고 내부의 설비 배치는 작업의 순서에 따라 계획되어야 한다.

(2) 가열 조리 구역

메인 주방이라 불리는 구역으로 현재 중소 규모 외식업소에서의 이 구역은 냉열 혼합형으로 된 레이아웃으로서 사용되지만 원래 따로 완전하게 구분되는 것이 원칙이다. 특히 온채 구역은 내열, 내수재에 의해 천정까지 백색 타일로 마감하는 것이 이상적이다. 내부 마감 재료는 내수성 · 내습성 · 내충성 · 내마모성 · 내화성 · 내열성 등으로 쓰여야 한다. 특히 바닥 재료는 청소하기 쉽고, 탄력성이 있어 걷기 쉽고 피로하지 않아야 한다. 천정 재료는 내수 · 내습성이며 흡음성이 있고 결로 방지가 가능한 단열성이 높은 재료를 사용하는 것이 좋다.

(3) 메뉴 차림대

조리된 후 공용하는 메뉴 차림대를 사용한다. 조리로서는 끝마침이 되므로 주(主)방에서 구분된 독립 코너로 하는 것이 일반적이며 바닥 마감은 완전히 건조시키는 것이 바람직하다.

4) 기타 구역

(1) 식기 세척 구역

식기를 순회하여 사용하기 위해 꼭 필요한 이 구역은 다른 주방 설비와는 달리 주방에만 있는 설비이다. 식기 세척 지역은 다소 잡음은 피할 수 없는 부분이 있기 때문에 고객과는 완전히 구분되어야 좋으며 음식찌꺼기가 떨어지기 쉽고, 식기 잡음, 증기 등이 많이 발생하는 곳이므로 배기와 환기, 흡음 장치를 잘 갖추도록 해야 한다.

(2) 직원실(탈의실, 휴게실, 샤워실, 화장실)

주방 내의 작업은 상당히 중노동이고 서서하는 작업이 대부분이며 또한 동시에 위생적인 면에도 유의하여야 하는 작업이다. 그러므로 신발, 위생복을 갈아입고 휴식하는 숙박시설이 필요하며 전용 화장실이 있어야 한다. 직원 관계는 인수에 비례하는 면적을 확보하고 남녀별로 구분한다.

권영국, 《산업인간공학》, 형설출판사, 2001년.

김기영, 《호텔 외식산업 주방관리실무론》, 백산출판사, 2007년.

김동승 · 김경주 · 김영태 · 곽성호, 《혁신급식경영론》, 백산출판사, 2007년.

나영선, 《외식사업 창업과 경영》, 백산출판사, 2006년.

윤태환 · 이정자, 《최신호텔 외식실무 주방경영론》, 백산출판사, 2005년.

이권복, 《주방설비관리론》, MJ미디어, 2008년.

이건호, 《조리작업과 주방환경이 조리 종사원의 업무 피로도에 미치는 영향에 관한 연구》, 우송대학교 경영대학원 석사학위논문, 2007년.

황춘기 외 9인, 《New주방관리론》, 지구문화사, 2010년.

윤태환 · 이정자, 《최신호텔 외식실무 주방경영론》, 백산출판사, 2005년.

호텔 & 레스토랑, 《실무코너 안전관리》 월간 호텔 & 레스토랑 1999년 1월호, 1999년.

황춘기 외 9인, 《New주방관리론》, 지구문화사, 2010년.

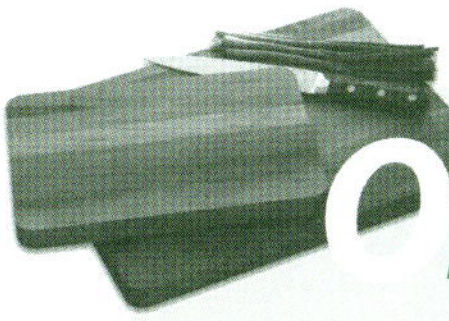

04 기기류의 배치(Layout)

1. 주방 기기의 배치와 내장

1) 주방 기기의 배치

주방의 각 공간 배치는 작업의 흐름과 작업자의 동선에 따라야 하며, 선정된 필요 기기를 동선 계획과 연결하여 배치하여야 한다. 다음은 기본적으로 주의해야 될 사항들이다.

① 주방에 관련된 각 공간의 배치는 작업 동선의 흐름에 따라야 한다.

② 주방 기기의 배치는 근무자의 동선이 짧고, 교차가 없도록 하며, 작업 집중도와 사용 빈도 수가 많은 조리기기를 점진적으로 고려해야 한다.

③ 주방 기기의 배치 계획을 할 때 관련 설비(조명, 환기, 배수, 급수, 급탕 등)를 고려해야 한다.

④ 주조리 공간은 음식재료 및 음식쓰레기의 출입이 용이한 장소로 선택해야 한다.

⑤ 주조리 공간 내에 냉장고를 설치할 때는 열을 사용하는 열기 기류를 근처에 배치시켜서는 안 된다. 에너지 소비가 많아져 비효율적이다.

⑥ 주조리 공간에서는 더운 음식 공간과 찬 음식 공간은 에너지 효율성을 떨어트리기에 가능한 분리하여 배치해야 한다.

⑦ 주조리 공간과 검수 공간 사이에는 가능한 칸막이를 설치해야 한다.

⑧ 주방 기기의 평면적인 요철은 되도록 없앤다.

⑨ 각 공간과의 이동 통로를 확보해야 한다.

[표 4-2] 업종별 평균적인 식당 / 주방 면적 비율

업종	식당면적	주방면적	좌석회전율	인/㎡	비 고
고급레스토랑	55~65	35~45	5~6	0.50	
중식음식점	65~75	25~35	5~6	0.53	
일식전문점	65~75	25~35	4~5	0.50	
Steak house	70~80	20~30	2~5	0.55	
호프집	80~85	15~20	1.5~3	0.58	
이태리식당	70~75	25~30	2~3	0.53	
일반주점	80~85	15~20	2~3	0.80	

2) 주방의 내장

(1) 천장

천장의 마감은 방습성 · 내화성 · 흡음성이 좋은 재료를 사용하고, 결로 방지용으로 단열재를 붙인 것을 사용한다.

① 바닥면에서 천장까지의 높이는 약 2.4m 이상으로 한다.

② 천장은 2층 구조로 하고, 평탄하고 하여 청소가 쉽도록 하고, 결로 방지를 위해 단열재를 설치한다.

③ 천장 마감의 색깔은 더러움을 확인하기 쉽도록 밝은 색깔로 한다.

(2) 바닥

바닥면의 마감 요점은 작업의 안정성과 해로운 미생물을 번식을 조장하는 습기류의 체류를 막는 것이다. 기기류가 설치되는 작업 구역의 바닥 하중은 300kg/㎡ 이상을 표준으로 하여, 동시에 바닥면의 세척을 위하여 방수층으로 시공한다. 또한, 배수가 잘되도록 각 작업 구역마다 배수 피트 또는 배수구를 설치하고 적절한 구배(1/50 ~ 1/20)를 준다.

바닥면의 마감 재료는 내산 · 내알칼리, 내열 · 내충격성 이외에 속건성 · 미끄럼

방지 효과와 탄성을 갖는 것이 이상적이다. 일반적으로 자기로 된 타일이 우수하다. 내열성을 필요로 하는 조리 구역은 크렁커 타일(Clinker tile)을 기타는 경제적인 면을 고려하여 에폭시 수지 모르타르가 마감 재료로 많이 사용된다.

① 청소가 쉽도록 기름과 수분을 흡수하지 않아야 한다. 또한, 균열이나 틈새가 없어야 하고, 사고발생 가능성이 있는 불규칙한 면이 없어야 한다.
② 바닥 재료의 표면은 뜨거운 물이나 세척제 등의 사용으로 인한 손상에 견딜 수 있는 저항성을 가져야 한다.
③ 바닥 배수고는 청소가 용이하도록 충분한 폭(0.2m 이상)을 확보하고, 1/100 이상의 구배를 주며, 배수구 말단은 내산 · 내열성의 망을 설치한다.

(3) 벽

내벽은 틈새가 없고 평탄해야 하며, 청소하기에 편리한 구조로 한다. 색조는 밝은 색깔로 하거나 반사도가 강한 하얀색보다는 담색계가 작업의 피로 완화에 효과적이다. 원칙적으로 내산 · 내화성의 재료로 전체를 마감하는 것이 좋다.

바닥면에서 최소 1.2km 이상을 타일로 마감하고 들어간 모서리 부분은 곡면 마감을 하는 것이 좋다. 대형의 주방은 반송차나 이동 기구의 많은 이동에 대해서 기둥이나 벽면에 튀어나온 모서리 부분에 스테인리스 강판제 앵글이나 완충기 등의 내충격성 커버를 설치하는 게 좋다.

2. 주방 기기의 배치 방식

1) 배치의 배열 형태

주방 기기의 배치는 상품 · 생산량 · 경로 · 하위 시스템 · 시간을 고려하여 고객을 위한 주방 시설의 목적에 맞게 근무자나 장비, 재료 등을 배치해야 한다. 즉 주방 근무자의 업무나 행동에 방해되지 않고 능률적으로 될 수 있는 제품의 작업 센터와 장비의 배치로는 배면 병렬형, 직선형(일자형), L자형, U자형, 백카운터, 사각형 등의 방식이 있다.

(1) 배면 병렬형

주요 가열 조리기기를 집중해서 각 기기의 배면을 서로 마주보며 상태로 배치하는 방식이다. 조리 작업의 관리를 효율적으로 할 수 있으며 배기 후드도 집중하여 설치할 수 있는 장점이 있다. 이 방법은 아일랜드 방식이라고도 불리며, 일반적으로 권장하는 표준 방식이다.

(2) 직선형

일반적으로 벽면을 따라 주요 가열 조리기기를 배치하는 방식이다. 각 직원이 평행으로 서서 각자의 역할 작업을 동시에 해야 할 작업이 많은 경우에 적합한 형태이다. 계획을 할 때는 작업 동선을 충분히 검토하여 면적이 과대해지지 않도록 주의할 필요가 있다.

(3) L형

배면 병렬형과 직선형의 개념을 조합한 방식이다. 주방의 모양과 면적을 고려하여 적절한 경우에 채택한다. L자형의 외형은 두 개의 그룹으로 작업하는 경우에 효과적인 방법이다. 동선의 최소화가 가능하며 주방 전체를 관리할 수 있는 장점도 있다.

(4) 대면 병렬형

양쪽 벽면에 각종 주요 조리 기구를 마주보게 배치시켜 중간 공간을 형성하는 방식이다. 대규모 집단 급식 시설의 주방과 같은 대형 주방에 주로 이용되며 중간 공간은 작업대, 저장 용구, 이동 카트 등이 점유하는 공간과 통로로 이용된다.

(5) 백카운터 방식

커피숍형 식당의 주방에 주로 이용되는 형식이다. 간이화된 예비 조리 장소를 주방 가까운 곳에 배치하고, 식당 쪽 정면에 설치하는 카운터의 뒤쪽으로 기기를 배치하여 이용한다.

2) 주방 기기의 설비 배치

주방기기를 선택하여 설치할 때는 기기의 필요성과 가격, 성능 요구에 대한 만족도, 안정성과 위생, 모양과 디자인, 제반시설 등에 잘 파악하여 설비 배치를 해야 한다.

주방 기기의 설비 배치

기구명		급수	급탕	배수	열원			동력
					가스	증기	전기	
예비조리용 기기	Vegetable peeler	○		○				○
	Vegetable washer	○		○				○
	Sink	○	○	○				
	Bain-marie		○	○	○	○	○	
가열조리용 기기	Range				○		○	
	Chinese range				○			
	Broiler				○			
	Fryer				○			
	Steam cooker	○	○	○	○	○	○	
	Rice Broiler	○	○	○		○		
	Soup kettle	○	○	○	○		○	
	Tilting pan	○	○	○	○		○	
취사용기기	Rice dispenser	○		○				○
	Rice Washer	○		○				○
	Rice cooker				○		○	
	Steam rice cooker					○		

냉각용기기	Refrigerator	○		○				○
	Walk-in freezer	○		○				○
	Cold table	○		○				○
	Ice cube maker	○		○				○
	Ice Cream machine	○		○				○
	Bottle cooler	○		○				○
서비스용 보온·보냉 기기	Sake warmer	○		○	○	○	○	
	Display case	○		○				○
	Soda fountain	○		○				○
	Steam table	○	○	○				
	Dish washer		○	○	○	○	○	○
	Sterilizer Cabinet	○	○	○	○	○	○	
세척 및 보관용기기	Ultrasonic dish washer	○	○	○		○		○
	Steam Sterilizer						○	
일반 공통용기기	Instantaneous water heater	○		○	○	○	○	
	Disposer	○		○				○
	Conveyor	○	○	○				○

3. 주방의 유틸리티 설비

1) 급수 설비

(1) 수원

수원(Source of water)으로는 시수(potable water)와 정수(well water)가 사용되며, 정수의 경우 수처리(purification of water)와 살균에 주의를 기울여야 한다. 상수도법에 의한 수질 기준으로는 음용을 목적으로 하기 때문에 위생상 문제가 없어야 된다.

(2) 급수량 산정

주방의 급수량은 조리의 종류, 양, 조리 기구, 조리 방법, 주방의 운영 형태에 따라 큰 차이가 있다. 일반적으로 각 주방 기구의 급수 부하단위를 산정하고 동시 사용률을 곱해서 구하며, 건물의 용도별 또는 급식 인원에 따라 구하기도 한다.

(3) 급수관

수압은 일반 급수 · 급탕용 수도꼭지는 0.3kgf/㎠ 이상, 수압식 세미기(洗米機)는 0.7kgf/㎠ 이상, 자동식 세척기는 2.0kgf/㎠ 이상이 필요하다. 급수 방식은 수도직결식, 압력탱크식, 펌프직송식, 고가탱크식 등이 있으나 순간 급수 부하변동이 심한 점을 감안하여 고가 탱크식이 주로 사용된다. 수압이 부족할 때는 가압펌프를 사용한다.

(4) 배관 방식

대형 규모로서 주방이 크고 사용량이 많은 주방의 경우는 조닝(Zoning)하여 분산 급수 방식을 채용하는 것이 효율적이다. 여러 종류의 주방이 같이 있을 경우에는 각 주방별로 조닝(Zoning)한다. 급수 설비를 필요로 하는 기기가 집중되어 있는 경우는 집중 급수 방식을 채택한다. 배관 방식에는 천정 배관, 매설 배관, 기구 기초 밑 배관 등이 있다.

1 천정 배관

천정에다 배관을 하고 바닥에 설치된 급수 필요 개소에 연결하여 공급하는 방식이다. 유지 보수나 변경 등에 따라 관리가 유리하지만 수직관에 대한 작업 동선의 장애 우려가 있다.

2 매설 배관

슬래브 상부에 배관을 매설하고 필요 개소로 공급하는 방식이다. 시공이 편리하나 기기의 재배치 및 변경에 대처하기가 곤란하고 매설층이 단절된 부위는 우회하는 경우가 있으므로 배관이 길어질 불편함이 있다.

3 기기 기초 밑 배관

슬래브 하부에 배관하고 상부의 필요 급수 개소에 슬래브를 관통하여 공급하는 방식이다. 방수층이 파괴될 우려가 있으나 가장 보편적으로 사용되는 방식이다.

2) 급탕 설비

주방의 규모 및 종류에 중앙식 또는 개별식으로 선택한다. 개별식으로 선택할 경우 주방의 규모 및 설치 장소에 따라 집중 방식과 분산 방식으로 구분된다. 주방에 필요한 급탕 온도는 45~60℃ 정도이나, 살균 및 세척을 필요로 하는 경우는 80~85℃ 이상의 온도를 필요로 하기 때문에 재가열 장치를 설치해야 한다. 급탕량 산정 방식, 급탕압, 배관 방식은 급수 설비와 동일하다.

식기 세척기는 후처리 단계에 설치되어 살균과 세척을 하는 기기로서 열원의 종류에 따라 여러 형태가 있으므로 주변의 설비, 운전비용, 세척 온도 등을 고려해서 선택해야 된다. 특히 급탕 온도가 85~90℃ 정도 필요하므로 온도를 높이는 부스터가 필요하며, 급탕 압력 1.5~2.5kgf/㎠ 이상이면 내열 펌프에 의한 승압이 필요하다.

3) 배수 설비

(1) 주방 배수의 특징

① 일상생활 여러 가지 오염 배수 중에 오염도가 가장 높으며 특히 분쇄기(Disposer)를 거쳐 나오는 배수는 물과 함께 음식물을 미세하게 파쇄시킨 다음 스크류 등에 의해 압축 · 탈수하여 배출되므로 오염도가 높다.

② 배수 온도는 30~35℃의 고온으로 쉽게 부패되어 악취가 발생한다.

③ 조미료 등이 사용되므로 산성이다.

(2) 배수 배관

주방의 배수에는 기름기가 포함되어 있으며, 그리스트랩(포집기)을 설치하여 담당 조닝을 충분히 고려해야 한다. 그리스트랩으로 유입 방식은 배수 피트에 의한 방식과 배관에 의한 방식이 있다.

배수 피트에 의한 방식은 바닥 청소 및 주방 기기에서 배수가 용이하지만 배수 피트 밑면에 주방 쓰레기가 침전되거나 부착되어 악취가 발생하는 원인이 되기 쉽다. 배관에 의한 방식은 구배를 충분히 주어야 하고, 각 주방기기에 배수 트랩을 설치한다.

오버플로 관에도 드랩을 설치해야 하며, 통기는 각개 통기 방식을 채용하는 것이 바람직하다. 배수처리 유입구에 기름 및 음식물찌꺼기를 제거하기 위한 미세 스크린을 설치하고 주 1회 정도 기름기를 제거한다.

(3) 그리스트랩(포집기)

제조회사에 의한 기성제품과 현장 시공에 의한 형태가 있고 기성제품으로는 스테인리스강제, FRP제, 강판제, 주철제 등이 사용된다. 용량은 10~750ℓ 정도로 크기가 다양하다. 용량이 커질수록 내부의 격판매수가 증가하게 된다. 현장에서 시공하는 포집기는 콘크리트제, 강판제 등이 사용되며 용량이 큰 경우가 많다.

포집기에서 포집한 기름기 및 주방 쓰레기는 정기적으로 제거해야 한다. 청소는 1일 1회, 밑바닥의 찌꺼기를 제거하기 위한 청소 주기는 영업용 주방의 경우 1주일 정도, 사원용 및 급식용 주방의 경우는 1개월 정도로 하는 것이 좋다.

4) 열원 설비

주방의 설비 중에 열원으로는 가스 · 전기 · 기름 · 증기가 사용되고 있으며, 현재 주방에서는 가스와 전기가 많이 사용되고 있다.

(1) 가스 설비

가스 기기를 사용하는 경우 가스의 종류(도시가스 또는 프로판가스) · 열량 · 공급 압력을 확인하고 가스 누설 여부를 검사해야 한다. 배관은 노출 배관으로 하는 것이 현명하다.

(2) 전기 설비

주방에서 전기기기를 사용할 때는 주파수별 · 전압(단상 또는 3상) · 접지 · 누전 방지기 등의 안전장치 · 결선부의 절연 · 방수 · 방로 등을 확인한다. 주방 안에서는 많은 물이 사용되기 때문에 기기의 스위치나 콘센트는 바닥에서 0.6m 사이의 높이에 설치해야 안전하다. 또한, 배관 · 배선은 바닥 매립을 피하고, 노출이 될 경우에는 코드는 화기 사용 기기와 거리를 둬야 안전하다. 전기량 사용 기준은 동력만의 경우는 0.4kW/100식, 동력 및 열원의 경우는 10~30kW/식을 표준으로 한다.

(3) 증기 배관

증기를 열원으로 사용하는 주방 기기는 사용 압력이 다르므로 적정한 안전밸브 및 압력계를 설치한다. 또한, 작업자의 안전을 위하여 배관은 유리섬유 등의 단열재로 피복해야 안전하며 증기 사용량은 직원 1인마다 약 0.4~1.0kgf/h로 표준시킨다. 음식의 종류 및 양, 주방 기기에 따라 다르다.

주방 기구	사용량(kg/h)	주방 기구	사용량(kg/h)
국솥(20ℓ 마다)	9	커피포트(1ℓ 마다)	0.36
취반솥(1ℓ 마다)	0.6~1.0	에그 보일러	8.3
스팀 테이블(표면 1㎡ 마다)	0.8	접식세척기(1열 마다)	27
중탕기(Bain-marie)	1.6	식기보온찬장(1㎡ 마다)	28

[주방 기구의 증기 소비량]

5) 배기후드 설비

호텔 및 외식업체의 주방에서 배기후드(급배기) 설비는 연소하는 공기 공급, 산소 결핍 방지, 실내에서 발생되는 열의 제거, 냄새 제거, 방습, 식품의 품질 유지 등을 위해 반드시 필요한 설비이다.

배기량에 의한 기기 배기의 필요량 공식은 다음과 같다.

$V = K \times Q$
V : 필요 배기량(㎥/h)
K : 연료의 단위 연소마다의 이론 폐가스량(㎥/㎥ 또는 ㎥/kg)
Q : 단위 시간마다의 연료소비량(㎥/h 또는 kg/h)

배기를 설치하여 연기를 제거하며, 기름기가 많이 포함된 연기를 배기하는 후드에는 그리스 필터를 설치해야 한다. 기름기가 포함된 연기가 쌓이면 화재의 위험성이 높으며 이를 예방하는 방법에는 다음과 같다.

① 자동적으로 팬을 멈추게 하고 닥트 입구는 댐퍼로 닫는다.

② 기름기 등을 분리 추출하는 부분에는 소화제를 자동으로 분사하게 한다. 급기량은 배기량의 90% 정도로 하며, 조리 작업 부분에 공조 설비를 하는 경우가 많다.

6) 조명 설비

주방의 조명기구는 방습 처리가 된 형광등이 많이 사용되며, 최저 룩수 105룩스 이상의 조도로 하고, 특히 작업 빈도가 높은 파상면은 피로도를 예방하기 위하여 400~500룩스 정도의 조도가 필요하다. 조명기구는 천정에 매립하여 기구 위쪽에 먼지가 쌓이지 않도록 한다. 또한, 후드나 레인지 등과 같이 고열이 발생하는 조리기기 근처에는 내열 조명기구를 사용해야 안전하다. 또한, 점멸 스위치는 고온 및 습기가 없는 장소에 설치해야 된다.

7) 소화 설비

주방에서 전기 시설이나 가스로 인하여 화재가 발생하였을 때 피난 통로에 수동으로 전기스위치나 가스 차단밸브를 잠그고 대피할 수 있도록 해야 한다.

(1) 소화 기구

수동식 소화 기구 설치는 소방 대상물의 각 부분으로부터 보행 거리가 소형 소화기는 20m, 대형은 30m 이내가 되도록 배치한다. 호텔 및 외식업체, 단체급식업체 등 주방에서 공동 취사를 하는 주방은 부속 용도별로 자동 확산 소화기구를 설치하고 자동소화 설비가 시설된 경우는 예외로 한다.

(2) 소화시설

물 분무 소화전 설비, 포 소화전 설비, 이산화탄소 소화전 설비, 옥내소화전 설비, 스프링클러 설비, 할로겐 화합물 소화전 설비, 분말 소화 전설비 등의 시설을 설치해야 된다.

(3) 주방용 자동 소화 시스템

자동적으로 열 센서에서 화재가 감지되었을 경우 호화 약재를 방출하여 화재를 진압하는 방식이다. 주방의 작업자가 자리를 비웠을 때 화재가 발생하여도 연소 확대의 우려가 없다. 호텔 및 외식업체 주방에는 보통 대형의 후드와 배기용 닥트가 설치를 해야 된다.

닥트 내에는 다량의 먼지와 기름이 붙어 있기 때문에 불티가 유입되면 쉽게 연소할 우려가 있다. 따라서 주기적으로 닥트 내부의 기름기를 제거하여 청소를 해주고 화재의 확산을 방지하기 위해서 방화 댐퍼를 설치해야 한다. 주방 후드에 적용되는 소화 설비로는 물 분무 소화 설비, CO_2 소화 설비, 분말 소화 설비 등이 있다.

김기영, 《호텔 외식산업 주방관리실무론》, 백산출판사, 2007년.
김동승 · 김경주 · 김영태 · 곽성호, 《혁신급식경영론》, 백산출판사, 2007년.
대한전기협회, 《건축전기설비 내진설계 및 시공지침서》, 2009년.
윤태환 · 이정자, 《최신호텔 외식실무 주방경영론》, 백산출판사, 2005년.
이권복, 《주방설비관리론》, MJ미디어, 2008년.
이보숙 · 채인숙 · 차진아, 《단체급식》, 교문사, 2008년.
이종미 외 6인, 《단체급식》, 2007년.
전효진, 《외식업체 주방 설비배치 관리의 계층 구조 분석 연구》, 경기대학교 박사학위논문, 2009년.
한국건설기술연구원, 《건축설비 설계 및 시공 지침서》, 2003년.
황춘기 외 9인, 《New주방관리론》, 지구문화사, 2010년.

도면 배치도 및 기기 리스트

한식 도면 배치도(예)

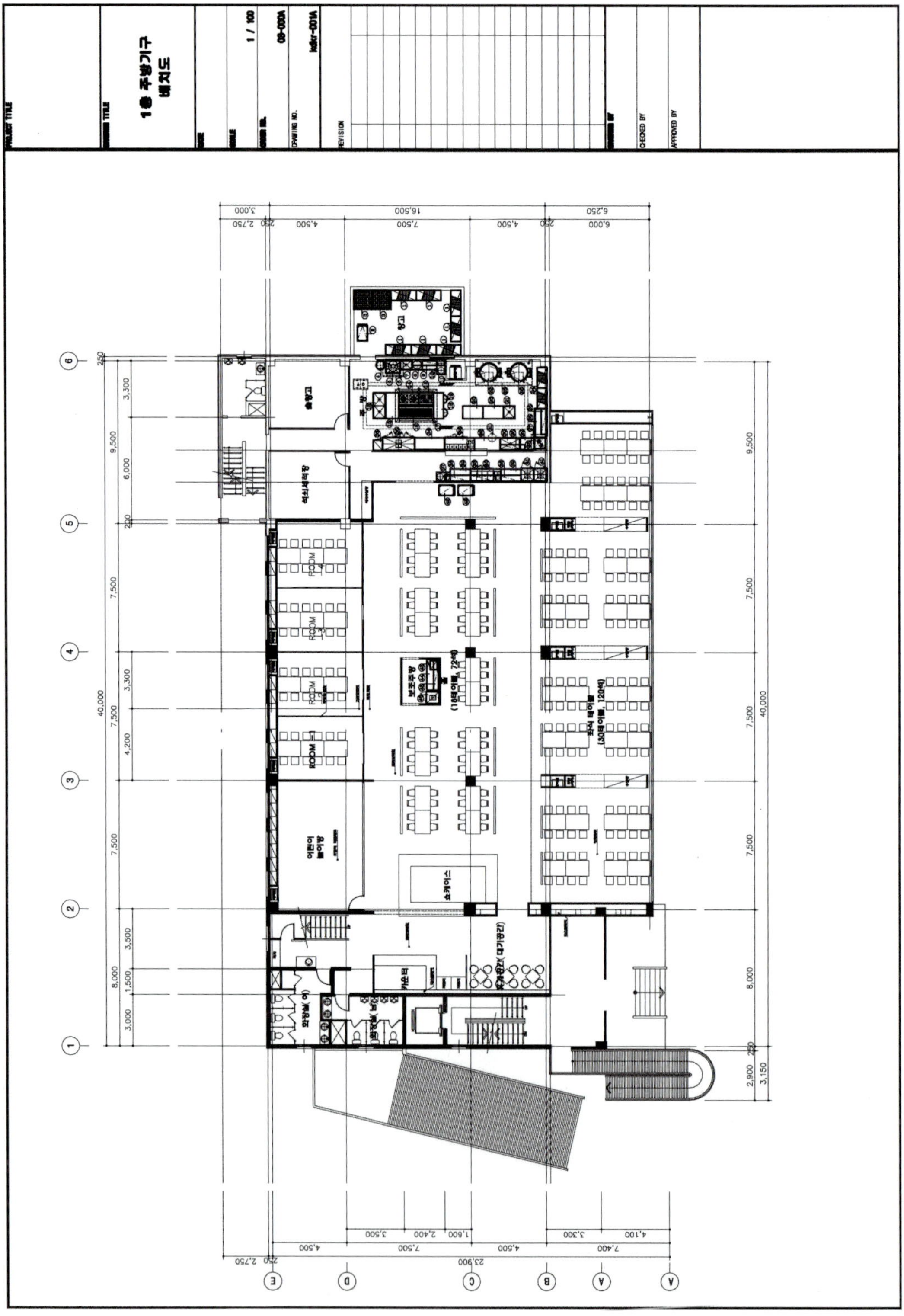

한식 기기 리스트(예)

NO.	DESCRIPTION	DIMENSION Length	Width	Height	QTY	WATER CONN. C.W	H.W	Drain	GAS CONN. In	kcal/h	STEAM CONN. In	Out	kg/h	ELECTRIC P	V	kw	EXHAUST Air(CMH)	REMARKS
01	창고선반	1500	600	1800	7													
02	월형운반차	900	600	850	1													
03	창고깔판	1100	1100	150	2													
04	반죽기		MD-705		1									1	220	1.2		
05	냉면레지/기계	850	800	750	1	15		50	20	22000				1	220	1.5		
06	배기후드(이중박스형)	1200	1000	600	1													
07	면세정대	700	600	850	1	15	15	50										
08	면냉각기	600	600	850	1			50						1	220	0.3		
09	벽찬장	2000	400	600	1													
10	작업대/찬장	900	600	850	1													
11	육수냉장고	850	500	850	1									1	220	0.3		
12	2-조세정대	1500	750	850	1	15	15	50										
13	작업대	1500	750	850	1													
14	가스낮은레지	1200	750	450	1				20	30890								
15	가스레지	900	750	850	1				20	18866								
16	가스록배기레지	2100	750	850	1				20	86700								
17	배기후드/휠타(이중박스형)	2500	1900	600	1													
18	작업대/하부밥솥받침대	1500	600	850	1													
19	가스자동밥솥		50인용		2				15	8400*2								
20	작업대/찬장	1200	750	850	2													
21	1-조세정대	700	750	850	1	15	15	50										
22	가스회전식국솥		250리터		2	15*2			15	34400*2								
23	배기후드/휠타(이중박스형)	3400	1500	600	1													
24	다단식선반	1200	600	1800	2													
25	랙선반	1500		520	2													
26	식기건조작업대	1700	750	850	1													
27	배기후드	950	950	600	1													
28	식기자동세척기		DOOR-TYPE		1	15		50	20	19900				1	220	2.0		
29	세척준비대	900	750	850	1													
30	1-조담금세정대	1200	750	850	1	15	15	50										
31	잔반회수차	∮490		550	1													
32	퇴식작업대	1500	750	850	1													
33	받드냉장테이블	1800	750	850	1									1	220	0.4		
34	작업대/찬장	1800	750	850	1													
35	냉동냉장고	1900	800	1830	1									1	220	1.0		
36	칼도마소독기	550	600	1350	1									1	220	1.0		
37	동치미냉장고	850	500	850	1			50						1	220	0.3		
38	벽찬장	1500	400	600	3													
39	준비대/찬장	1200	700	850	2													
40	받드냉장테이블	1800	700	850	1									1	220	0.4		
41	육류숙성고	850	800	1900	2									1	220	0.6*2		
42	음식운반차	900	600	850	2													
43	밥보온고	440	440	730	1									1	220	1.0		
44	작업대/찬장	1800	750	850	1													
45	벽찬장	1800	400	600	1													
46	음료냉장고	730	770	2031	1									1	220	0.6		
47																		
48																		
49																		
50																		

PROJECT TITLE

DRAWING TITLE
1층 주방기구 리스트

DATE

SCALE 1 / 100

ORDER NO. 09-000A

DRAWING NO. kdkr-L01A

REVISION

DRAWN BY

CHECKED BY

APPROVED BY

양식 도면 배치도(예)

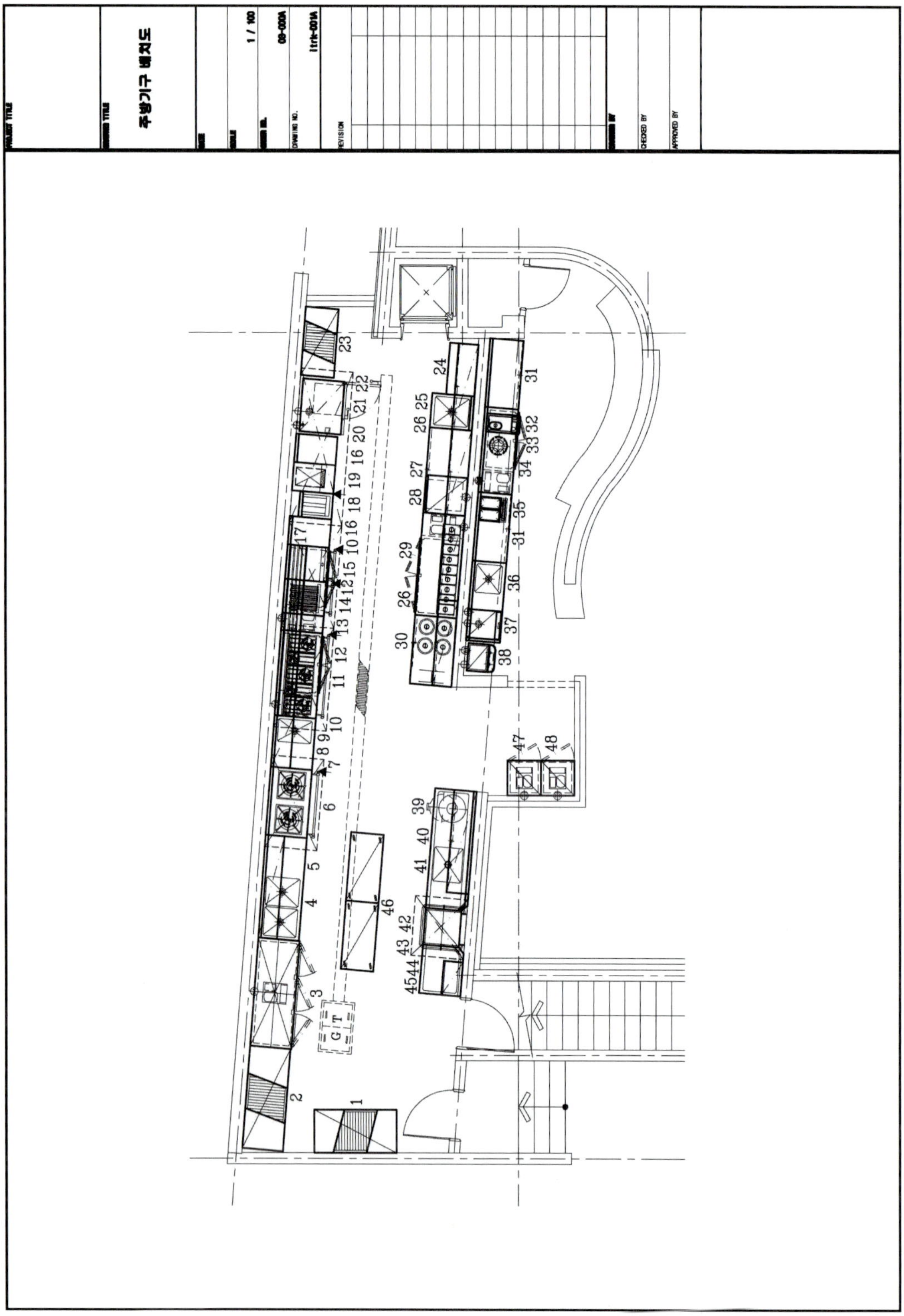
PROJECT TITLE
주방기구 배치도
1 / 100
DRAWING NO.
REVISION
CHECKED BY
APPROVED BY

양식 기기 리스트(예)

NO.	DESCRIPTION	DIMENSION Length	Width	Height	QTY	WATER CONN. C.W	H.W	Drain	GAS CONN. In	kcal/h	STEAM CONN. In	Out	kg/h	ELECTRIC P	V	kw	EXHAUST Air CMH	REMARKS
01	다단식선반	1500	750	1800	1													
02	다단식선반	1800	750	1800	1													
03	냉동냉장고	1900	800	1830	1									1	220	1.0		
04	2-조 세정작업대	1800	750	850	1	15	15	50										
05	벽선반	1800	350	250	1													
06	가스낮은렌지	1200	750	450	1				20	30890								
07	배기후드(이동박스형)	1600	950	600	1													
08	1-조 세정작업대	900	750	850	1	15	15	50										
09	벽선반	900	350	250	1													
10	배기후드/휠타(이동박스형)	1800	950	600	2													
11	가스렌지	1500	750	300	1				20	34700								
12	낮은냉장테이블	1500	750	500	2									1	220	0.4*2		
13	보조대	300	750	300	1													
14	가스그릴러	600	750	300	1				20	12000								
15	가스부침기	600	750	300	1				20	12000								
16	보조대/선반	500	750	850	2													
17	파이프식벽선반	1500	350	250	2													
18	가스튀김기	450	600	850	1				15	13000				1	220	0.1		
19	후라이어덤프스테이션	500	750	1600	1									1	220	1.0		
20	배기후드/휠타(이동박스형)	2700	950	600	1													
21	콤비스팀오븐	GXC-611			1	15		50						3/5	380	11.0		
22	오븐받침대	1000	800	700	1													
23	다단식선반	1200	600	1800	1													
24	보조대/선반	900	500	850	1													
25	1-조 세정대	600	750	850	1	15	15	50										
26	벽찬장	1500	400	600	4													
27	작업대/찬장	1500	750	850	1													
28	피자오븐	P 44			1									1	220	7.2		
29	밧드냉장테이블	1800	750	850	1									1	220	0.4		
30	숩워머/보온찬장	1200	750	850	1									1	220	3.0		
31	작업대/찬장	1200	600	850	2													
32	커피기계	Palazzo			1	15		50						1	220	2.0		
33	컵보온기	HW-420			1									1	220	0.3		
34	냉장테이블	1500	600	850	1									1	220	0.4		
35	쥬스디스펜서	2-TANK			1	15								1	220	0.4		
36	1-조 세정작업대	1400	600	850	1	15	15	50										
37	제빙기	55kg/DAY			1	15		50						1	220	0.5		
38	냉온정수기	WFP-7350L			1	15		50						1	220	2.0		
39	이동잔반회수차	∮490		550	1													
40	벽찬장	1800	400	600	1													
41	세척전처리대	2100	750	850	1	15	15	50										
42	식기세척기	DOOR-TYPE			1	15		50	20	19900				1	220	3.0		
43	배기후드(박스형)	1050	950	600	1													
44	식기건조대	850	750	850	1													
45	벽선반	600	400	450	1													
46	이동식작업대	1200	600	850	2													
47	와인냉장고	500	610	1270	1									1	220	0.5		
48	음료냉장고	600	613	1865	1									1	220	0.5		
49																		
50																		

PROJECT TITLE

DRAWING TITLE

주방기구 배치도

SIZE

SCALE 1 / 100

ORDER NO. 08-000A

DRAWING NO. ltrk-001A

REVISION

DRAWN BY

CHECKED BY

APPROVED BY

중식 도면 배치도(예)

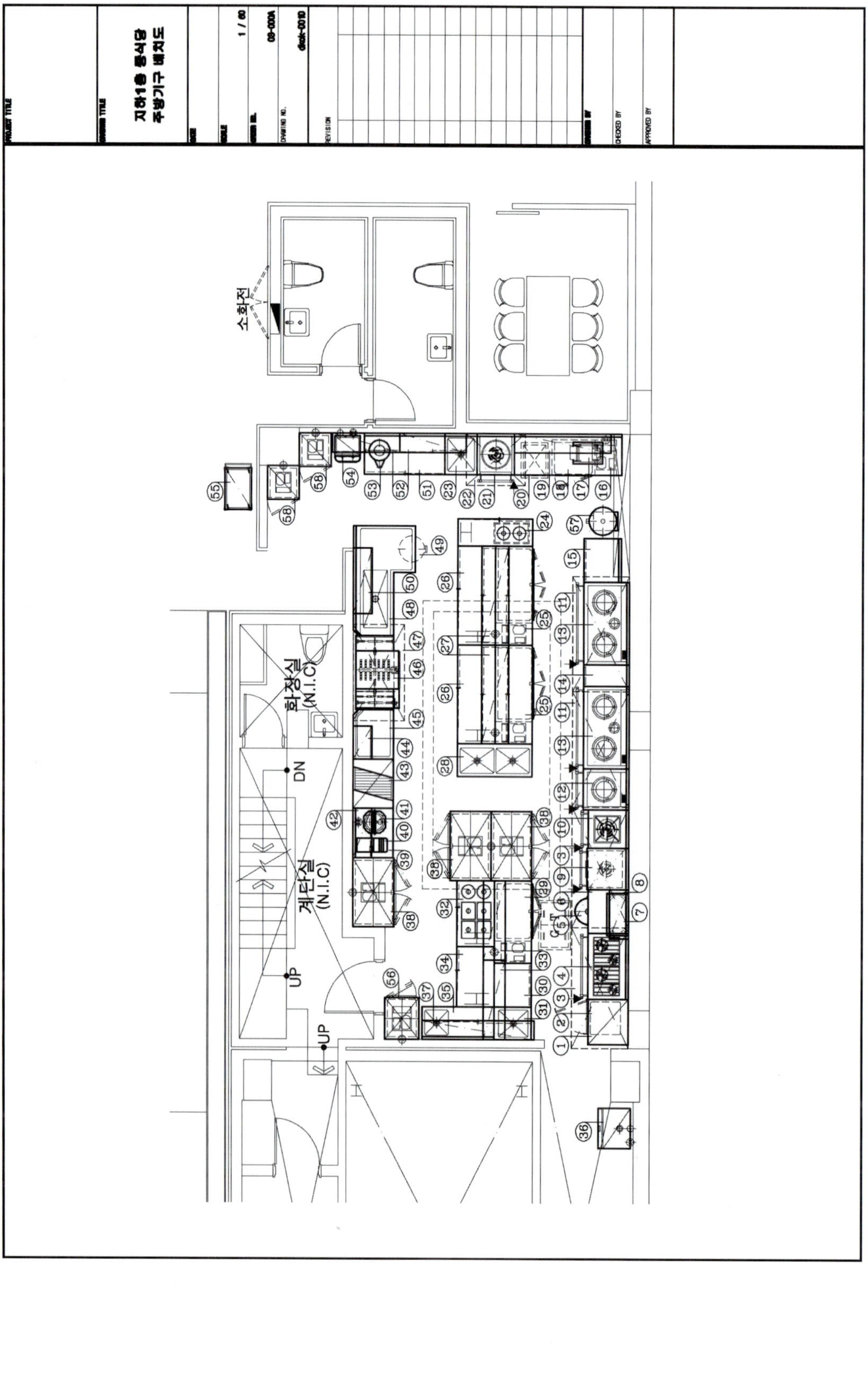

중식 기기 리스트(예)

NO.	DESCRIPTION	DIMENSION Length	Width	Height	QTY	WATER CONN. C.W	H.W	Drain	GAS CONN. In	kcal/h	STEAM CONN. In	Out	kg/h	ELECTRIC P	V	kw	EXHAUST Air(CMH)	REMARKS
01	오븐받침대	900	750	800	1													
02	콤비스팀오븐		GN 1/1 6단		1	15		50						3/5	380	6.7		
03	배기후드/휠타	2200	1050	600	2													
04	가스렌지	1200	750	850	1				20	30000								
05	가스자동밥솥		50인용		1				15	8400								
06	작업대/하부밥솥받침대	800	750	850	1													
07	가스사라만다		RSB-923F		1				15	6200								
08	사라만다선반	900	400	250	1													
09	딤섬렌지	750	770	1500	1				20	7800								
10	가스낮은렌지	700	750	450	1				20	12974								
11	배기후드/휠타	2100	1050	600	2													
12	가스중화렌지	750	850	800	1	15		50	20	34300								
13	가스중화렌지	1500	850	800	2	15*2		50*2	20	64800*2								
14	양념보조대/오픈찬장	400	850	800	1													
15	작업대/오픈찬장	800	700	850	1													
16	하부냉장고	1200	650	750	1									1	220	0.4		
17	면기계	500	600	380	1									1	220	0.4		
18	면작업대	2000	750	850	1													
19	벽선반	1800	350	250	1													
20	밀가루통	650	500	650	1													
21	면렌지	700	750	850	1	15			20	18000								
22	배기후드	1100	950	600	1													
23	1-조 세정대	600	750	850	1	15	15	50										
24	배인마리/오픈찬장	1400	500	850	1			50						1	220	2.0		
25	냉장테이블	1800	700	850	2									1	220	0.4*2		
26	작업대/접시보온고	1800	700	850	2									1	220	3.0*2		
27	상부냉장쇼케이스	1800	500	950	2									1	220	0.3*2		
28	2-조 세정대	1400	600	850	1	15	15	50										
29	냉장테이블	1500	700	850	1									1	220	0.4		
30	작업대/오픈찬장	800	700	850	1													
31	1-조 세정대	600	700	850	1	15	15	50										
32	보온테이블/접시보온고	1200	700	850	1									1	220	2.0		
33	상부선반	1450	400	750	2													
34	작업대/접시보온고	1100	700	850	1									1	220	2.0		
35	1-조 세정작업대	1350	600	850	1	15	15	50										
36	제빙기		75KG/DAY		1	15		50						1	220	0.7		
37	벽찬장	2100	350	600	1													
38	냉동냉장고	1260	800	1830	3									1	220	0.75*2		
39	기기받침대	900	750	850	1													
40	야채절단기		HMV-200		1									1	220	0.4		
41	다용도믹서기		다믹서		1									1	220	1.2		
42	벽찬장	900	350	600	1													
43	다단식선반	900	750	1800	1													
44	퇴선반	600		520	1													
45	식기정리작업대	900	750	850	1													
46	식기자동세척기		1-TANK/RACK-TYPE		1	20		50	20	24400				3/5	380	6.8		
47	배기후드	1750	950	600	1													
48	세척준비대/싱크	2000/1150	750/850	850	1	15	15	50										
49	잔반통	∮490		550	1													
50	퇴선반	1200		520	1													
51	작업대/오픈찬장	1500	750	850	1													
52	벽찬장	1250	350	600	2													
53	차끓임기		60리터		1									1	220	1.0		
54	냉온정수기		WMF-5000		1	15		50						1	220	1.5		
55	음식운반차	750	500	850	2													
56	냉장고	640	800	1830	1									1	220	0.56		
57	반죽기	340	450	905	1									1	220	1.2		
58	음료냉장고	600	613	1865	2									1	220	0.56*2		

PROJECT TITLE

DRAWING TITLE
지하1층 중식당
주방기구 리스트

DATE

SCALE 1 / 60

ORDER NO. 03-000A

DRAWING NO. dkck-L010

REVISION

DRAWING BY

CHECKED BY

APPROVED BY

일식 도면 배치도(예)

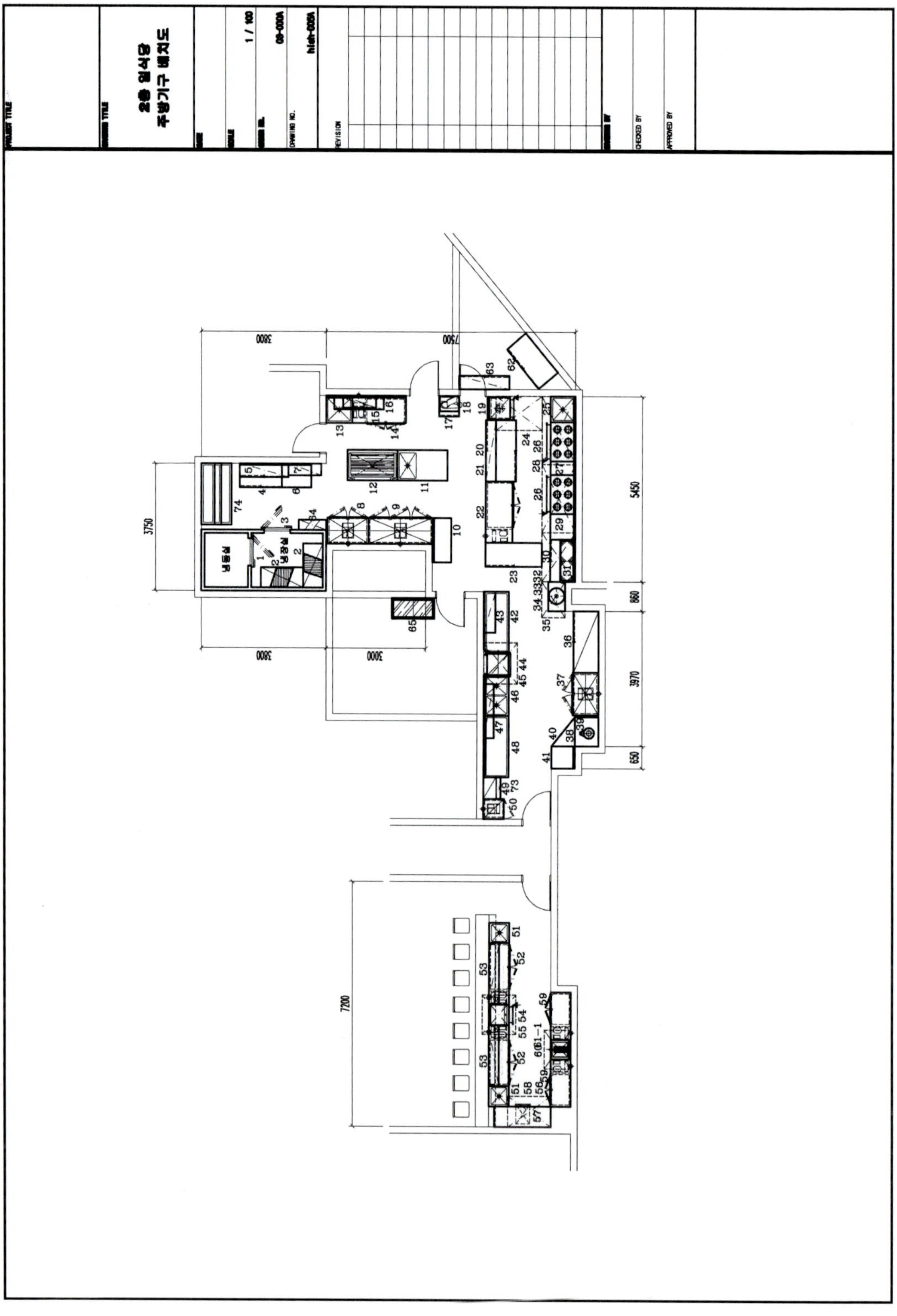
2층 일식당
주방기구 배치도
1 / 100
DRAWING NO.
REVISION
CHECKED BY
APPROVED BY

일식 기기 리스트(예 1)

NO.	DESCRIPTION	DIMENSION Length	Width	Height	QTY	WATER CONN. C.W	H.W	Drain	GAS CONN. In	kcal/h	STEAM CONN. In	Out	kg/h	ELECTRIC P	V	kw	EXHAUST Air CMH	REMARKS
01	냉동실	1400	1800	2400	1									3	380	3.0		
02	냉동냉장실선반	1300	600	1500	2													
03	냉장실	2300	1800	2400	1			50						3	380	3.0		
04	작업대/찬장	1300	700	850	1													
05	벽찬장	1500	400	600	1													
06	작업대	950	700	850	1													
07	벽선반	1000	350	250	1													
08	냉장고	1260	800	1900	1									1	220	0.75		
09	냉장고	1800	800	1750	1									1	220	0.75		
10	작업대	1300	570	850	1													
11	1-조세정작업대	1500	900	850	1	15	15	50										
12	생선세정대	1500	900	850	1	15	15	50										
13	1-조세정대	800	800	850	1	15	15	50										
14	냉장테이블	1600	800	850	1									1	220	0.4		
15	벽찬장	1500	400	600	1													
16	벽선반	1000	350	250	2													
17	받침대/오픈찬장	600	600	850	1													
18	미트슬라이서	1712E			1									1	220	0.4		
19	가스스티머	600	600	1630	1				20	10000								
20	작업대/찬장(양문)	1800	900	850	1													
21	상선반	1800	300	700	1													
22	냉장테이블	1800	800	850	1									1	220	0.4		
23	작업대/찬장	1700	700	850	1													
24	배기후드/휀타	1450	1000	550	1													
25	1-조세정대	750	750	850	1	15	15	50										
26	가스오븐렌지	1150	750	850	2				20	85000×2								
27	보조작업대	400	750	850	1													
28	배기후드/휀타	2000	1000	550	2													
29	작업대	750	750	850	1													
30	작업대/찬장	1250	750	850	1													
31	가스생선구이기	RSB-926			1				15	12800								
32	배기후드/휀타	1400	1000	550	1													
33	밥솥받침대	860	500	850	1													
34	가스자동밥솥	50인용			1				15	8400								
35	배기후드	1050	700	550	1													
36	식기찬장	1800	750	1800	1													
37	냉장고	1200	750	1900	1									1	220	0.75		
38	식수대	850	700	850	1													
39	식수공급기	60리터			1	15		50						1	220	1.5		
40	보조작업대	850	700	850	1													
41	보조작업대	650	700	850	1													
42	식기건조대	1800	750	850	1													
43	벽선반	1200	350	250	1													
44	식기자동세척기	650	650	1400	1		20	50	20	20000				1	220	5.0		
45	배기후드	1200	1000	550	1													
46	2-조세정대	1200	750	850	1	15	15	50										
47	벽선반	1600	300	250	1													
48	세척준비작업대	1800	750	850	1													
49	제빙기	633	520	850	1	15		50						1	220	0.5		
50	음료냉장고	600	600	1900	1									1	220	0.65		

PROJECT TITLE

DRAWING TITLE

2층 일식당
주방기구 리스트

DATE

SCALE 1 / 100

ORDER NO. 03-000A

DRAWING NO. hish-005A-1

REVISION

DRAWING BY

CHECKED BY

APPROVED BY

일식 기기 리스트(예 2)

NO.	DESCRIPTION	DIMENSION Length	DIMENSION Width	DIMENSION Height	QTY	WATER CONN. C.W	WATER CONN. H.W	WATER CONN. Drain	GAS CONN. In	GAS CONN. kcal/h	STEAM CONN. In	STEAM CONN. Out	STEAM CONN. kg/h	ELECTRIC P	ELECTRIC V	ELECTRIC kw	EXHAUST Air CMH	REMARKS
51	1-조 세정대	600	600	800	2	15*2	15*2	50*2										
52	콜테이블냉장고	1800	600	800	2									1	220	0.4*2		
53	냉장스시쇼케이스	1800	300	250	2									1	220	0.2*2		
54	데판야끼대	600	600	800	1				20	12000								
55	데판야끼후드	1150	1000	550	1													
56	야끼도리후드	1300	900	550	1													
57	일식야끼도리기계 (3H-212YC)	810	550	400	1									1	220	3.0		
58	야끼도리작업대	1700	600	800	1													
59	냉장테이블	1390	600	800	2									1	220	0.4*2		
60	일제후지막튀김기 (FEMF19)	500	600	800	1									1	220	6.0		
61	뎀뿌라배기후드	1150	800	550	1													
62	케비넷	1800	750	1800	1													
63	벽찬장	1500	400	600	1													
64	선반	830	300	1800	1													
65	참치급냉동고	1270	600	850	1									1	220	0.75		
66	전자렌지	LG MR305S			1									1	220	1.5		
67	이동카	700	500	150	1													
68	랙이동카	500	500	150	1													
69	전기컵온장고	480	320	680	1									1	220	0.5		
70	손수건냉장고	440	450	500	1									1	220	0.3		
71	온장고	480	440	500	1									1	220	1.0		
72	전용워머기				1									1	220	0.5		
73	제빙기받침대	630	500	350	1													
74	수족관	1800	900	1620	1	15		50						1	220	3.0		

PROJECT TITLE	
DRAWING TITLE	2층 일식당 주방기구 리스트
DATE	
SCALE	1 / 100
ORDER NO.	03-000A
DRAWING NO.	hish-005A-2
REVISION	
DRAWING BY	
CHECKED BY	
APPROVED BY	

단체급식 도면 배치도(예)

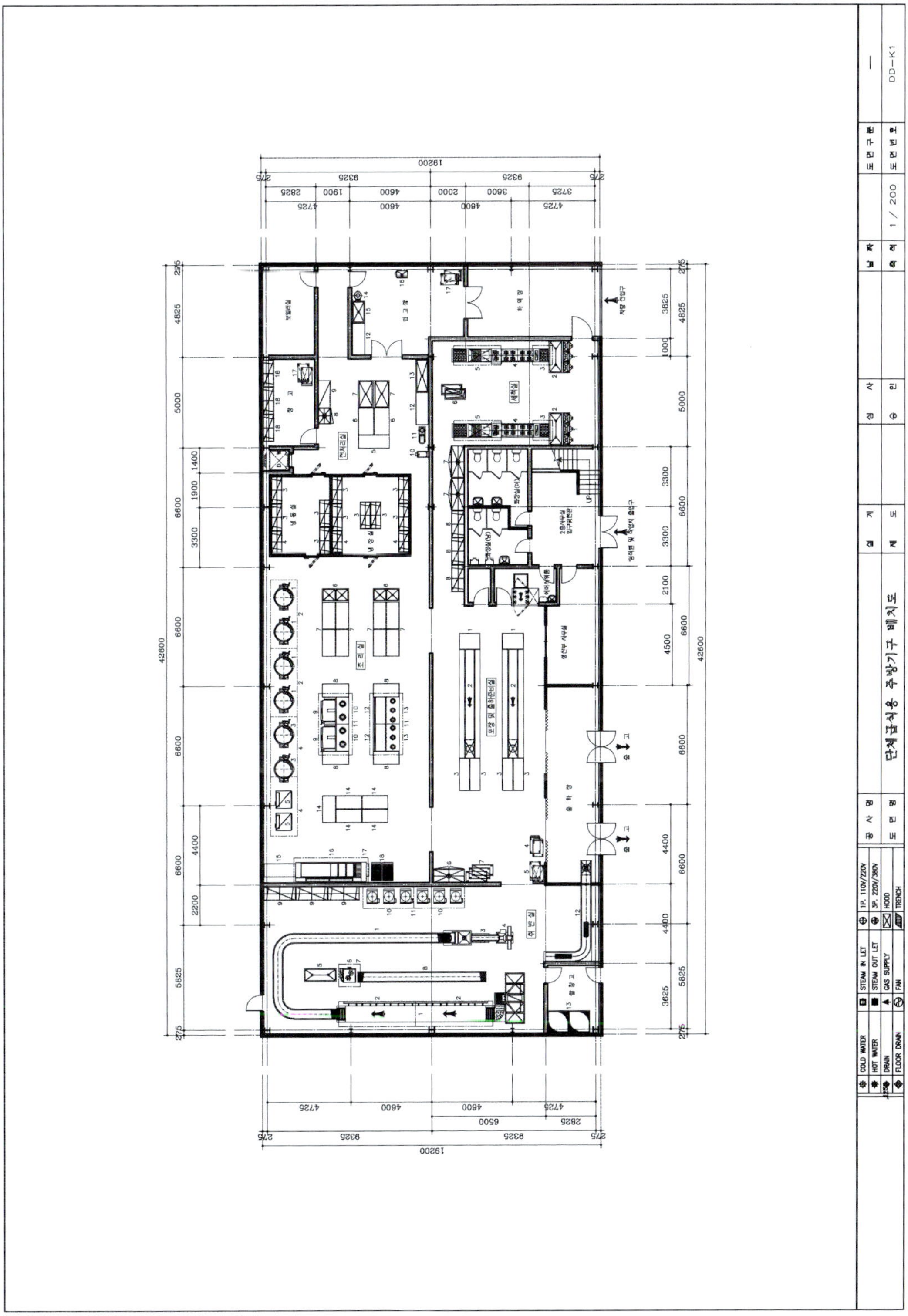

단체급식용 주방기구 배치도
1 / 200
DD-K1
COLD WATER
HOT WATER
DRAIN
FLOOR DRAIN
STEAM IN LET
STEAM OUT LET
GAS SUPPLY
FAN
1P. 110V/220V
3P. 220V/380V
HOOD
TRENCH

단체급식 기기 리스트(예)

{ 검수,가공 및 전처리실 }

번호	품명	규격 가로	규격 세로	규격 높이	수량	급.배수 냉수	급.배수 온수	급.배수 배수	가스 인입	가스 발열량 (Kcal/h)	스팀 인입	스팀 배출	스팀 소비량 (Kg/h)	전기 상 P	전기 전압 V	전기 용량 KW	비고	번호
01	냉 장 실	4500	4500	2400	1			75						3/4W	380	5		01
02	냉 동 실	3500	4500	2400	1			75						3/4W	380	5		02
03	냉동냉장실 선반	1500	600	1600	10													03
04	냉동냉장실 선반	1200	600	1600	3													04
05	작 업 대	1800	750	850	1													05
06	작 업 대	1500	900	850	2													06
07	1조 세정대	1500	900	850	2	15X2	15X2	50X2										07
08	소 독 기	900	700	1900	1									1	220	4		08
09	식기 찬장	1500	700	1800	1													09
10	민 찌 기	MGB-32			1									3/4W	380	3.75		10
11	야채 절단기	CL-60			1									1	220	1		11
12	작 업 대	1800	750	850	2													12
13	1조 세정대	1800	750	850	1	15	15	50										13
14	감자 탈피기	MP-30			1	15		50						1	220	0.75		14
15	감자 세정대	1200	600	500	1	15	15	50										15
16	저 울	200Kg			1									1	220	0.1		16
17	짐 운반차	900	600	850	4													17
18	창고 선반	1500	600	1800	3													18

{ 조 리 실 }

번호	품명	규격 가로	규격 세로	규격 높이	수량	급.배수 냉수	급.배수 온수	급.배수 배수	가스 인입	가스 발열량 (Kcal/h)	스팀 인입	스팀 배출	스팀 소비량 (Kg/h)	전기 상 P	전기 전압 V	전기 용량 KW	비고	번호
01	스팀 회전식 국솥	300 LITER			4	15X4					20		60X4					01
02	배기 후드	3800	1500	600	2													02
03	가스 회전식 다용도솥	250 LITER			2	15X2			25	41000X2								03
04	배기후드 /휠타	3300	1500	600	2													04
05	가스 콘벡션 오븐	965	915	1664	2				25	21000X2				1	220	2X2		05
06	2조 세정대	1500	750	850	2	15X2	15X2	50X4										06
07	작 업 대	1500	750	850	8													07
08	조리 작업대	1500	750	850	4													08
09	가스 만능 조리기	1500	750	850	2				25	32000X2								09
10	가스 낮은 렌지	1500	750	450	2				25	57000X2								10
11	배기후드 /휠타	3400	1900	600	2													11
12	가스 부침기	1500	750	850	2				25	52000X2								12
13	가스 렌지	1500	750	850	2				25	62000X2								13
14	준비 작업대	1500	750	850	5													14
15	작 업 대	1800	750	850	1													15
16	가스 콘베어 튀김기	4000	800	850	1				25	68000				1	220	1		16
17	배기후드 /휠타	4200	1400	600	1													17
18	튀김 운반차	900	600	750	2													18
19																		19
20																		20

{ 취 반 실 }

번호	품명	규격 가로	규격 세로	규격 높이	수량	급.배수 냉수	급.배수 온수	급.배수 배수	가스 인입	가스 발열량 (Kcal/h)	스팀 인입	스팀 배출	스팀 소비량 (Kg/h)	전기 상 P	전기 전압 V	전기 용량 KW	비고	번호
01	가스 연속 자동 취반 시스템	1SET			1	25		75	40	384000				3/4W	380	5		01
02	배기 후드	4400	1400	600	2													02
03	밥 이송콘베어	2000	500	1600	1									1	220	0.75		03
04	도시락 성형기	950	1250	1600	1									1	220	0.75		04
05	작 업 대	1800	750	800	1													05
06	밥솥 담금 세정대	1800	750	800	1	20		50X2										06
07	밥솥 세척기	750	750	1350	1	20		50						1	220	5		07
08	배기 후드	1250	1250	600	1													08
09	밥솥 콘베어	6500	670	500	1													09
10	밥솥 선반	1800	750	1800	3													10
11	가스 자동 밥솥	150 인용			6				20	28000X6				1	220	0.1X6		11
12	배기 후드	2900	1200	600	2													12
13	출하 콘베어	8300	600	500	1									3/4W	380	0.75		13
14	창고 팔레트	1200	1200	150	2													14

{ 세 척 실 }

번호	품명	규격 가로	규격 세로	규격 높이	수량	급.배수 냉수	급.배수 온수	급.배수 배수	가스 인입	가스 발열량 (Kcal/h)	스팀 인입	스팀 배출	스팀 소비량 (Kg/h)	전기 상 P	전기 전압 V	전기 용량 KW	비고	번호
01	잔반 처리통		ø480	590	6													01
02	담금 세정대/잔반처리대	1800	1200	850	2	20X2	20X2	50X4										02
03	배기 후드	1100	1100	600	2													03
04	식기자동세척기/스팀부스타	2TANK/DRY			2		25X2	75X4			25		150X2	3/4W	380	8X2		04
05	배기 후드	2700	1100	600	2													05
06	이동식 식기건조대	1200	600	850	2													06
07	전기 식기 소독 보관고	1800	750	1900	2									1	220	6X2		07
08	식기 선반	1500	750	1800	3													08
09																		09

{ 포장 및 출하대기실 }

번호	품명	규격 가로	규격 세로	규격 높이	수량	급.배수 냉수	급.배수 온수	급.배수 배수	가스 인입	가스 발열량 (Kcal/h)	스팀 인입	스팀 배출	스팀 소비량 (Kg/h)	전기 상 P	전기 전압 V	전기 용량 KW	비고	번호
01	준비 작업대	1200	900	850	2													01
02	포장 콘베이어	6000	1200	850	2									3/4W	380	0.4X2		02
03	작 업 대	1800	600	850	4													03
04	운 반 차	900	600	850	2													04
05	짐 운반차	900	600	850	2													05
06	전기 식기 소독 보관고	1800	750	1900	1									1	220	6		06
07	이동식 작업대	1200	600	850	3													07
08																		08
09																		09

* 총 전기용량 : 1P 220V 36KW
: 3P 380V 36.4KW

* 총 가스열량 : 766,000Kcal/h

* 총 스팀소비량 : 540Kg/h

범례			
COLD WATER	STEAM IN LET	1P. 110V/220V	
HOT WATER	STEAM OUT LET	3P. 220V/380V	
DRAIN	GAS SUPPLY	HOOD	
FLOOR DRAIN	FAN	TRENCH	

공 사 명		설 계		심 사		날 짜		도면구분	—
도 면 명	단체급식용 주방기구 사양	제 도		승 인		축 척	/	도면번호	DD-K2

식음료 도면 배치도(예)

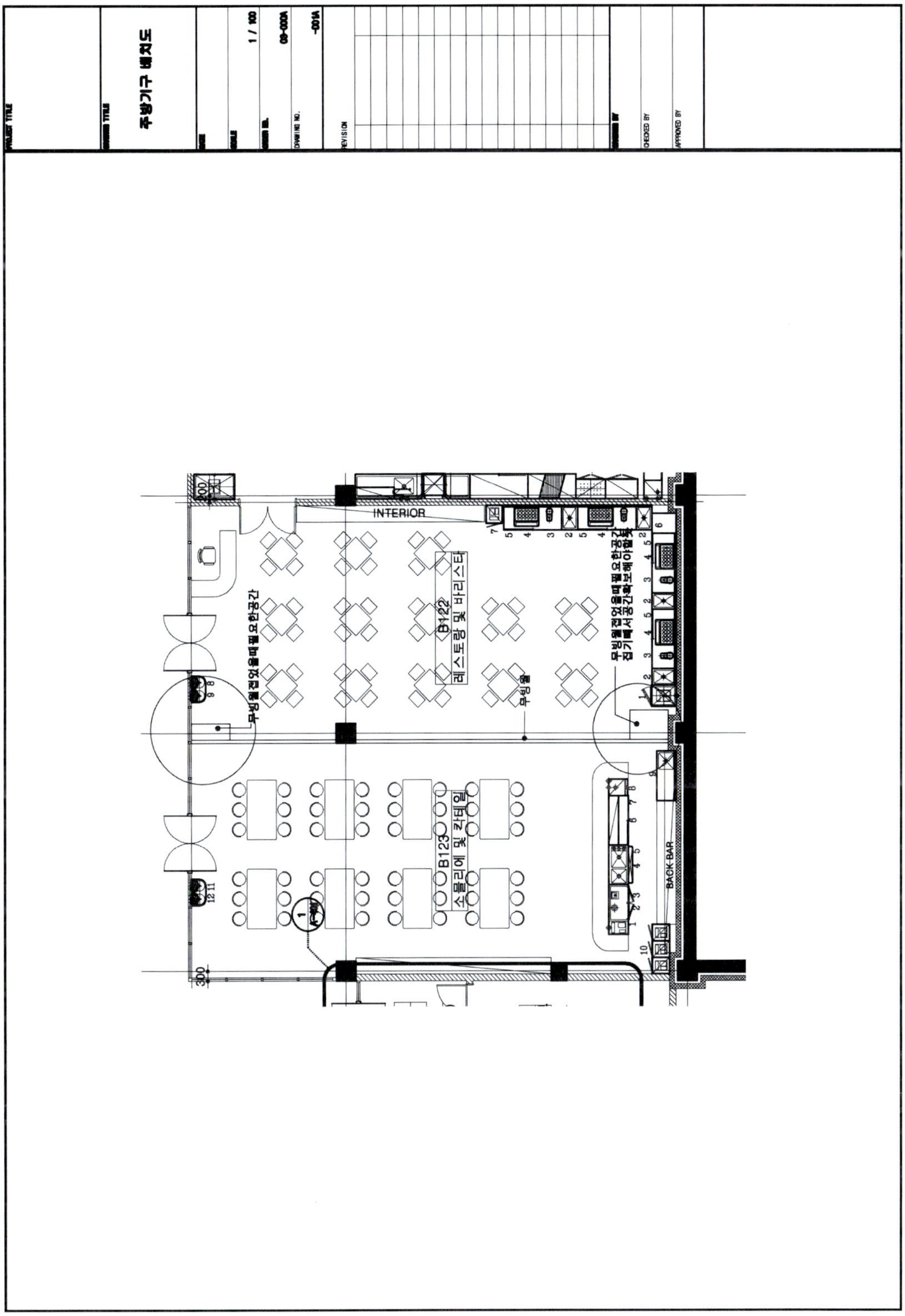

주방기구 배치도
1 / 100
INTERIOR
B122
레스토랑 및 바리스타
B123
소믈리에 및 칵테일
무빙월
BACK-BAR

식음료 기기 리스트(예)

레스토랑 & 바리스타

NO.	DESCRIPTION	DIMENSION Length	Width	Height	QTY	WATER CONN. C.W	H.W	Drain	GAS CONN. In	kcal/h	STEAM CONN. In	Out	kg/h	ELECTRIC P	V	kw	EXHAUST Air(CMH)	REMARKS
01	냉동냉장고	640	800	1830	1									1	220	0.5		
02	1-조 세정대/찬장	500	750	850	4	15*4	15*4	50*4										
03	에스프레스그라인더	FEIMA 900N			4									1	220	0.4*4		
04	커피기계	E98 President A2			4	15*4		50*4						1	220	5.0*4		FEIMA
05	작업대/찬장	1800	750	850	4													
06	보조작업대	600	750	850	1													
07	와인셀러	HMC-1100MA			1									1	220	0.5		하이얼
08	손세정대(2인용)	센서식			1	15*2	15*2	50*2										
09	손소독기	분무식			2									1	220	0.3*2		
10																		
11																		
12																		
13																		
14																		
15																		
16																		
17																		
18																		
19																		
20																		

전기총용량 : 1P 220V 23.2kW
: 3P 380V

소믈리에 & 칵테일

NO.	DESCRIPTION	DIMENSION Length	Width	Height	QTY	WATER CONN. C.W	H.W	Drain	GAS CONN. In	kcal/h	STEAM CONN. In	Out	kg/h	ELECTRIC P	V	kw	EXHAUST Air(CMH)	REMARKS
01	냉장테이블	1500	600	850	1									1	220	0.4		
02	블렌더믹서	91200			1									1	220	1.0		HamiltonBeach
03	아이스크루셔	94500			1									1	220	0.4		HamiltonBeach
04	바세정대	1200	600	850	1	15	15	50										
05	스피드레일	1100	150	200	1													
06	작업대/찬장	1500	600	850	1													
07	와인글라스홀더선반	1500	300	750	1													
08	제빙기	55kg/DAY			1	15		50						1	220	0.4		BREMA
09	1-조 세정작업대/찬장	1200	600	850	1	15	15	50										
10	와인셀러	HMC-1100MA			3									1	220	0.5*3		하이얼
11	손세정대(2인용)	센서식			1	15*2	15*2	50*2										
12	손소독기	분무식			2									1	220	0.3*2		
13																		
14																		
15																		
16																		
17																		
18																		
19																		
20																		

전기총용량 : 1P 220V 4.3kW
: 3P 380V

PROJECT TITLE

주방기구 리스트

1 / 100

08-000A

DRAWING NO.

-001A

REVISION

CHECKED BY

APPROVED BY

기초 프랑스어(조리용어) 해설

제1절 발음과 철자

1. 문자와 발음 alphabet

인 쇄 체	발음기호	나타내는 음	필 기 체
A a	〔a〕	〔a〕, 〔a〕	A a B b
B b	〔be〕	〔b〕, 〔p〕	
C c	〔se〕	〔k〕, 〔s〕	C c D d
D d	〔de〕	〔d〕	
E e	〔ə〕	〔ə〕, 〔e〕, 〔ɛ〕	E e F f
F f	〔ɛf〕	〔f〕	
G g	〔ʒe〕	〔g〕, 〔ʒ〕	G g H h
H h	〔aʃ〕	〔무음〕	
I i	〔i〕	〔i〕, 〔j〕	I i J j
J j	〔ʒi〕	〔ʒ〕	
K k	〔ka〕	〔k〕	K k L l
L l	〔ɛl〕	〔l〕	
M m	〔ɛm〕	〔m〕	M m N n
N n	〔ɛn〕	〔n〕	
O o	〔o〕	〔o〕, 〔ɔ〕	O o P p
P p	〔pe〕	〔p〕	
Q q	〔ky〕	〔k〕	Q q R r
R r	〔ɛ:r〕	〔R〕	
S s	〔ɛs〕	〔s〕, 〔z〕	S s T t
T t	〔te〕	〔t〕, 〔s〕	
U u	〔y〕	〔y〕, 〔u〕	U u V v
V v	〔ve〕	〔v〕	
W w	〔dubləve〕	〔w〕, 〔v〕	W w X x
X x	〔iks〕	〔ks〕, 〔gz〕, 〔s〕, 〔z〕	
Y y	〔igrɛk〕	〔i〕	Y y Z z
Z z	〔zɛd〕	〔z〕	

2. 음의 종류

크게 나누어 모음과 자음으로 구별하는데 이들의 중간 성질을 반자음(semi-consonne)
- 혹은 반모음(semi-voyelle)이라고도함 -을 따로 나눌 때도 있다.

모음(16개)	〔i〕〔e〕〔ɛ〕〔a〕 : 〔u〕〔o〕〔ɔ〕〔a〕 : 〔y〕〔ø〕〔oe〕〔ə〕 : 〔õe〕〔Ȅ〕〔ã〕〔ɔ̃〕
반자음 (3개)	〔j〕〔u〕〔w〕
자음 (17개)	〔p〕〔b〕〔t〕〔d〕〔k〕〔g〕 : 〔f〕〔v〕〔s〕〔z〕〔ʃ〕〔ʒ〕〔l〕〔r〕 : 〔m〕〔n〕〔ɲ〕

1) 모음

(1) 구강모음

발음할 때의 입모양과 혀의 위치를 그림으로 소개할 터이니, 아래표의 그림들을 보면 이해가 빠를 것이다.

혀의 위치	혀의 앞부분	입술모양	
[i] [e] 페음 [ɛ] 개음 [a] 전음	앞 ↓ 뒤	위 ↓ 아래	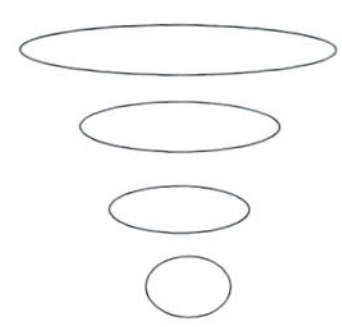
[u] [o] 페음 [ɔ] 개음 [a] 후음	뒤 ↓ 앞	위 ↓ 아래	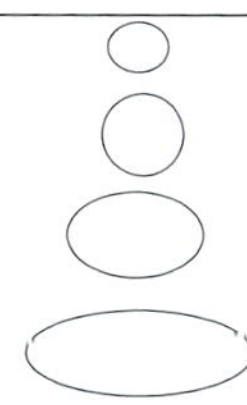
[y] [Φ] 페음 [Œ] 개음	[i]와 같다 [e] 같다 [ɛ]와 같다	([u]와 같다) ([o]와 같다) ([ɔ]와 같다)	
[ə]	[ø]와 [oe]의 중간음		

※ 마지막 e는 단음절어가 아니면, 발음되지 않는다.
de[də], madame[madam]

(2) 비강모음

비강모음은 소리가 입으로만 나지 않고 코에서도 나기 대문에 비강모음이라 부른다. 입안에서 숨의 일부를 코로 내보내면서 소리를 낸다. 한 음절 속에서 모음 다음에 이나 이 올 때 (am,an,em,en) m이나 n음을 내지 않고 우리말의 받침 o 소리가 된다.

비강모음에는 아래의 네 가지가 있다.

[ã] [ɛ] [õ] [õe]

	혀·입술의 위치와 모양
〔ã〕	〔a〕와 같다
〔õ〕	〔ɔ〕와 같다
〔ɛ〕	〔ɛ〕와 같다
〔õe〕	〔õe〕와 같다

2) 반자음 [j][W][ɥ]

모음 [i], [u], [y]의 소리가 제대로 모음의 구실을 못하고 아주 짧게 발음되어 소리는 모음에 근사하나 자음으로 사용되는 모음의 발음기호를 말한다.

[i] → [j]

[u] → [W]로 표시한다.

[y] → [ɥ]

[모음+j]가 마지막 음이 될 때는 [이]소리 끝에 가서 [으]소리를 내도록 발음하면 된다. 그러므로 file은 [fij 피이으]처럼 발음한다.

- 모음과 절차

절차	발음	예
a,à e+mm, nn	[a]	salade[salad]사라다 ananas[anana]파인애플 femme[fam]부인 solenner[sɔlanel]장중한
a,â	[a]	gaz[gaz]가스 tasse[tas]찻잔
an, en am, em+b, p, n aon, aen	[ã]	France[frã:S] 프랑스 cent[sã] 100 lampe[lãp] emdqnf ensemble[ãsã:bl]다같이 paon[pã]공작 caen[kã]깡

é e+끝자음이 묵음일 때	[e]	été[ete]여름 xafé[kafe]커피 nez[ne]코 aimer[ɛme]사랑하다
è,ê e+이중자음일때 e+끝자음이 발음될때 어미가 -et일때 ai, ei, ai	[ɛ]	près[prɛ]가까이 tête[tɛ:t]머리 lettre[lɛtr]편지 elle[ɛl]그녀 mer[mɛtr]바다 sel[sɛl]소금 guet[gɛ]감시 projet[proʒɛ] lait[lɛ]우유 계획 maɛtre[mɛtr]주인 seize[sɛ:z] 16
ain,aim ein,eim in,im yn,ym	[ɛ]	pain[pɛ]빵 faim[fɛ]기아 plein[plɛ]가득찬 Reims[rɛ:s]랭스 vin[vɛ]포도주 simple[sɛ:pl]단순한 symbole[sɛbɔl]상징
eu oeu	[ф]	deux[dΦ]2 feu[fΦ]불 boeufs[bΦ]소(복수) oeufs[Φ]계란(복수)
eu oeu oe ue	[oe]	enuf[noef]9 fleur[floer]꽃 oeuf[ooef]계란 coeur[koer]심장 oeil[oej]눈oeuf[boef]소 orgeil[orgoej]자존심
e	[ə]	menu[məny]메뉴on[məɔ̃]참외
un,um	[õe]	lundi[lõedi]월요일 parfum[parfõe]향기
o,Ǒ au e au	[ə]	pot[po]술항아리 jaune[ʒo:n]노랑de[so:s]소오스 veau[vo]송아지 gâteau[gato]케익
o, Ǒ u(외래어에서)	[o]	olive[ɔliv]올리브 hotel[ɔtɛl]호텔 rhum[rɔm]럼주 album[albɔm]엘범
on om+p,b	ɔ̃]	citron[sitrɔ]레몬 bonbon[b̃ɔb̃ɔ]사탕 pompe[p̃ɔp]펌프 bombe[b̃ɔb]폭탄
i, ǐ y	[i]	limande[lim@d]가자미 hu@tre[@itr]굴 style[stil]양식
u,	[y]	confiture[k̃ɔfityr]쨈 múr[myr]익은
ou, ou, oύ	[u]	chou[ʃu]배추 ou[u]어디에 go ύt[gu]맛

• 반자음과 그 철자

철자	발음	예
i+모음	[j]	piano[pjano]피아노 miel[mjɛl]꿀
ay(=ai+i)+모음자 ey(=ei+i)+모음자	[ɛ j]	crayon[krɛjɔ]연필 payer[pɛje]지불하다 asseyez-voux[asɛjevu]앉으세요
ill ail, aille eil, aille euil, duille ueil, ueille ouil, ouille	[ij] [aj] [ɛ j] [Œ j] [uj]	anguille[ãgij]뱀장어 vanille[banij]바닐라향 ail[aj]마늘 paille[pa:j]짚 appareil[aparɛj]기구 bouteille[butɛj]병 cerfeuil[serfŒj]전호속 chevreuil[ʃevrŒj]노루 accueil[akŒj]환대 cueillagu[kŒja:ʒ]따기 fenouil[fənuj]회향풀 grenouille[grənuj]개구리
oeil, oeille	[Œ j]	oeil[Œj]눈 oeilles[Œjɛ]카네이션
ien, yen	[jɛ]	bien[bjɛ]잘, 매우 moyen[mwajɛ]중간의
u+모음자 uy(+ui, i)+모음자	[ɥ] [ɥij]	huit[ɥit]8 nuage[nɥa:ʒ]구름 bruyant[brɥijă]빛나는
ou+모음자 oi, o@ oy(=oi, i)+모음자 oin	[w] [wa] [waj] [wɛ]	ouest[wɛst]서쪽 oui[wi]네 loi[lwa]법 croître[krwa:tr]번식하다 voyage[vwaja:ʒ]여행 royal[rwajal]왕의 moins[mwɛ]적게 loin[lwɛ]먼

3) 자음

(1) 주요자음의 발음규칙

① c

c+a,o,u일 때는 [k]: cahier, copie, cuisine
c+e,i일 때는 [s] : ceci, centre, civil
c+a,o,u일 때는 [s] : garcon, facade, recu

② g

g+a,o,u일 때는 [g] : gare, gomme, figure g+e,i 일 때는 [ʒ] : gėnie, ėge, agir

③ h는 언제나 발음되지 않는다. 그러나 h에는 유음(h aspirė)과 무음(h muet)의 구별이 있어, 발음은 둘다 안하나 유음의 h는 연독이나 생략을 못한다는 것이 그 차이점이다.

무음 h : l'homme [lɔm], les hommes[lezɔm] 유음 h : le hɘros [ləero], les heros[leəro] ※ 사전에 보통 유음 h로 시작하는 단어 앞에는 † 표가 붙어 있다.

④ [ɲ]혀의 모양과 위치를 [ʃ]나 [ʒ]와 마찬가지로 하고 [n]이 변질된 소리를 내면 된다. peigne[pɛɲ]

⑤ [r]은 가장 어려운 발음중의 하나인데, 우리말의 [ㄹ]과는 발음이 다르다. 즉 혀를 아래로 숙이고 목젖을 울려서 입 밖으로 나오는 소리이다. 이때, 혀를 밑에 깐 채 움직이지 않는 것이 중요하다.

⑥ 마지막 자음은 원칙적으로 발음되지 않는다. 단 c,f,l,r,q는 대체로 발음되지만, 발음 안될 때도 있다.

avec[abɛk]함께 mer[mɛr]바다 chef[ʃɛf]장(장) sec[sɛk]마른 tabac[taba] journal[ʒurnal]신문 coq[kɔk]닭 banc[bâ:] 음과 철자

철자	발음	예
b,bb	[b]	baba[baba] abbe[abe]
c+a,o,u cc cu+e q qu+a,e,i,o k ch	[k]	caneton[kanətɔ̃] cube[kyb] accord[akɔr] accident[aksidâ] accueil[akŒj] cueillir[kŒji:r] coq[kɔk] cinq[sɛ:k]5 quatre[katr]4 que[kə] qui[ki] kilo[kilo] kaki[kaki]

		choeur[kŒ:r] chretien[kretjɛ]
ch	[ʃ]	chocolat[ʃɔkɔla] champagne[ʃâpaɲ]
d,dd	[d]	demain[dəmɛ] addition[adisjɛ]
f,ff ph	[f]	farine[farin] effet[efɛ] phare[fa:r] photo[fɔto] (=photogrephie)
g+a,o,u gu+e,i	[g]	margarine[margarin] légume[legym] langue[lã:g] fique[fig]
j g+e,i,y ge+a,o,u	[ʒ]	jus[ʒy] jour[ʒu:r] potage[potaʒ] gʒte[ʒit] bourgeois[burʒwa]
l,ll	[l]	langouste[lãgust] laaer[ale]
m,mm	[m]	madame[madam] homme[ɔm]
n,nn	[n]	neige[nɛʒ] donner[done]
gn	[ɲ]	mignon[miɲ͂ɔ] champignon[ʃãpiɲ͂ɔ]
p,pp b+s	[p] [p]	tapioca[tapioka] paprika[paprika] absent[apsã] absolu[apsɔly]
r,rr	[r]	ris[ri] (ris de veau) catarrhe[kate;r]
s,ss sc+e,i,y c+e,i ç+a,o,u t+i x	[s]	soufflé[sufle] assiette[asiɛt] scie[si] sole[sɔl] cerise[səriz] ici[isi] garÇon[gars͂ɔ] provenÇal[prɔvãsal] nation[ans͂iɔ] démocratie[demɔkrasi] six[sis]6 bruxelles[brysɛl]
t,tt	[t]	tomate[tomat] tulipe[tylip] attaque[atak] thé[te]
v,w	[v]	vapeur[vapœ:r] wăgon[vag͂ɔ]
s(모음사이에서) z,x	[z]	rose[ro:z] vase[va:z] gaz[ga:z] sixiéme[sizjɛ:m]

4) 철자기호

다음과 같은 불어의 철자기호는 26개의 문자와 더불어 사용하니 글자와 같이 생각하고 쓰이는 용도도 알아야 한다.

종류	예	용도
accent aigu	éte poupée	e위에 붙어 [e]발음 유도함
accent grave	père là oừ	e,a,u위에 붙고 è는 [ɛ]를 유도함
accent circonflexe	bătir hǒpital forêt maitre aoǔt	a,e,i,o,u 위에 붙음
cédille	garÇon leÇon	c 밑에 붙어서 Ç가 [s]발음을 유도함
tréma	Noel mais[mais]	e,i,u 위에 붙어서 e,i,ü발음을 유도함
paostrophe	l'école l'homme	단음절어 le,la,me,te,ne,ce,de,que 등이 모음 또는 무성음 h앞에 놓으면 모음생략되고 ' 를 놓는다.
- trait d'union	grand-père est-ce que	두 개 이상의 단어를 하나의 단어로 쓸 때

5) 연음 (liaison)

(1) 앞 단어의 마지막 자음과 뒷 단어의 모음 또는 무음 h와 연결되어 발음되는 것을 연음 또는 연독(liaison)이라 한다.

(2) 연독을 해야 하는 경우와 하지 않아야 하는 경우는 다음과 같다.

연독하는 경우	연독하지 않는 경우
① 관사(형용사, 지시・소유형용사)와 명사 사이 les anciens amis, mon oncle ② 대명사와 동사, 동사와 대명사 사이 vous êtes, je les aime ③ 조동사와 본동사 사이 Il est allé, il faut étudier ④ 전치사와 보어 사이 dans une maison ⑤ 부사와 형용사 사이 très aimable, pas encore ⑥ 관용어에서 de temps en temps, pas à pas	① 접속사 et뒤어서 vingt et/un ② 명사주어와 동사 사이 les enfants/ont ③ 단수명사와 형용사 사이 une saison/agréable ④ 유음 h 앞에서 les/héros, très/haut ⑤ oui, huit, onze 앞에서 mais/oui, tous les/huit jours

(3) 연독 될 때 발음이 달라지는 경우

- d→[t] : un grand homme[œgrãtɔm]
- s,x→[z] : six heures[sizœːr] les enfants[lezãfã]
- g→[k] : long hiver[lɔ̃kibɛːr]
- f→[v] : neuf ans[nœbã], neuf heures, neuf hommes, neuf autres 에서만 [v]로 바뀐다.

6) 생략(élision)

생략이란 앞에 놓인 단어가 모음자로 끝나 있고 (대개는 한음절로 된 낱말이 많다) 다음에 오는 낱말이 모음 또는 무성 h로 시작할 때 모음 충돌을 피하여 앞의 단어 모음어미가 탈락된다. 이때 아포스트로프 (apostrophe:')로 대치된다.

(1) 정관사 : le, la

- le hôtel → l'hôtel　　　la usine → l'usine

(2) 지시대명사 : ce

- ce est → c'est

(3) 인칭대명사 : je,me,te,le,la,se

- je aime → j'aime　　　Ils le ont → Ils l'ont
- Il me aime→Il m'aime　　　vous la avez → vous l'avez
- je te aime → je t'aime　　　se ouvrir → s'ouvrir

(4) 전치사 : de, jusque

- de hôpital → d'hôpital
- jusque à → jusqu' à

(5) 부정부사 : ne

ne est → n'est

(6) 의문대명사, 접속사 : que

que est → qu'est

7) 구두점(les dignes de ponctuation)

종류	용도
. le point	문장의 끝남을 표시
, la virgule	쉼표
; le point virqule	문상속의 절을 끝는데 사용
: les deux points	인용이나 설명에 사용
? le point d'inerrogation	의문부호
! le point d'exclamation	감탄부호
… les point de suspension	문장이 와넌히 끝나지 않았음을 표시
- le tiret	대화중 말하는 사람이 바뀔때 사용
( ) les parenthèses	괄호
<< >> les guillemets	인용문 앞뒤에 사용

제2절 LES METS

○ LES PATAGE :
Consommé brunoise
Consommé madrilène
Aux paillettes
Potage cultibateur
Potage julienne Darblay
Potage Saint-Germain
Aux croûtons
Potage ambassadeur
Velouté choisy
Gratinée à 1 oignon
Soupe de poisson

○ LES HORS D´OEUVRE FROIDS :
Crudités variées
Légumes à la grecque
Macédoine de legumes
Mayonnaise
Abocat aux crevettes
Salade façon niçoise
Gnocchi à la parisienne
Gnocchi à la romaine

○ LES OEUFS
Oeufs mollets florentine
Oeufs cocotte à la créme
Oeufs brouilles portugaise
Omelette aux fines herbes
Omelette plate à l´espagnole

○ LES POISSONS
- darne de colin pochée
sauce mousseline,
pommes à l´anglaise
- Filet de merlu poche,
beurre blanc
pommes à l´anglaise
- Trutte au bleu
beurre blanc, pommes vapeur
- Trutte pochée au court -

○ LES HORS D´OEUVRE CHAUDS
Asperges sauce mousseline
Quiche lorraine
Tarte à l´oignon
Allumettes au fromage
Allumettes aux anchois
Talmouses en trecorne
Saucisson en brioche
sauce porto
Soufflés au fromage

○ LES PATES ET LES FARINAGES
Spaghetti bolognaise
Spaghetti napolitaine

○ LES CRUSTACÉS :
Coquilles Saint - Jacques
"paçon" Nantaise
Moules marinière
Pilat de fruits de mer

○ LES VIANDES DE BOUCHERIE :
- Pot au feu
- Blanquette de veau
à l´ancienne, riz créole
- Carré d´agneau
aux primeurs
- Grigot d´angneau rôti
gratin de pommeees de têrre
- Selle d´agneau rôtie
pommes Anna
- Contre-filet rôti
jardinière de légumes
- Côtes d´agneau maréchale
- steak sauté Bercy
pommes miettes
- Tournedos sauté Chatelaine
(mascotte)
- Escalope de veau milanaise
- Medaillon de veau duroc

bouillon,
beurre fondu, pommes vapeur
- Merlan à l´anglaise,
beurre maître d´hôtel
- Sole grenobloise
pomme à l´anglaise
- Sole grillée,
beurre d´anchois
pomme à l´anglaise
- merlan frit au citron
- Sole colbert
- Filet de sole marguery
- Filet de barbue, duglère
- Lotte à l´americaine
riz pilaf
- Sole normande

- Curry d´agneau, riz madra

○ LES ABATS :
- Flie de veau sauté
a l´anglaise
- Rognons de veau sautés
aux champignons et au madère
pommes lyonnaise
- Ris de veau braises
petite pois paysanne

○ LES VOLALLES ;
- Poularde pochée
sauce suprime, riz pilaf
- poulet rôti
pommes allumettes
- Poulet grille à l´américaine
sauce diable
- Caneton poêle aux navets
- Caneton poêle aux petits pois
- Fricassée de volaille
à l´ancienne, riz pilaf

○ LES DESSERTS :
Bavarois rubanne

pommes noisettes
- Côtes du proc charcutiére
  pommes purée
- Côtes d´agneau, vert-pre
- Côte de boeuf ou
  Entrecotes grillés,
  sauce bordelaise,
  pommes croquettes
- Carré de veau, poêle choisy
- Aiguillette de boeuf
  braisée bourgeoise
- Grenadins de veau zingara
  pommes cocottes

Charlotte aux fraises
Creme renversée au caramel
Mousse au chocolat
Oeufs à la neige
Pudding diplomate
Beignets de pommes
Charlotte aux pommes
Crepés au sucre / Glaces ou sorbets aux freits
Soufflés à la sucre
Souffles à la liqueur
Choux chantilly
Choux à crème / Fruits melba
Genoise, crème anglaise
Moka Mille-feuilles
Savarin chntilly/Poires belle Hélène
Tarte aux pommes

제3절 명사와 관사

1. 명사

1) 명사의 성 (genre)

모든 명사에는 남성(masculin) 또는 여성(féminin)의 구별이 있다. 명사를 수식하는 관사나 형용사도 그 명사에 다라 남성이나 여성으로 구별되므로 반드시 명사의 성을 외워야만 한다. 불어에는 중성명사란 없다.

생물의 성은 대부분 자연성에 따라 남성은 남성명사, 여성은 여성명사이나 무생물의 성은 관습에 따르므로 암기하는 수 밖에 없다.

<예>

n.m.	남 성 명 사	n.f.	여성명사
père	아버지	mère	어머니
garçon	소년	fille	소녀
coq	수닭	poule	암닭
légume	야채	table	식탁
soleil	태양	lune	달

<고유명사의 성>

고유명사에도 지리명은 성의 구별이 있다. (도시명은 제외)

France (f.) 프랑스　　Seine (f.) 세느강

○ 국명은 어미가 로 끝나면 를 제외하고는 대체로 여성이고, 그외의 어미로 끝난 국명은 모두 남성이다.

Canada (m.) 캐나다　　Corée (f.) 한국　　Japon (m.) 일본

2) 명사의 수

명사의 수(數)는 영어와 마찬가지로 단수와 복수가 있다. 원칙적으로 복수는 단수의 어미에 s를 붙여서 만든다. 이때 복수 어미 s는 발음되지 않는다.

<예>

s.　단수	pl.　복수
père　아버지	pères
frère　형제	frères
coq　수닭	coqs
légume　야채	légumes

2. 관 사

관사는 부정관사, 정관사, 부분관사로 나누며 인명, 도시명을 제외한 모든 명사 앞에 놓여 그 성과 수를 명시한다.

1) 부정관사

남성단수 un	여성단수 une	남녀성복수 des

한정되어 있지 않는 사람, 사물에 붙여진다. [어떤] 또는 [하나의] 복수일 때는 [몇몇의]라는 뜻이 된다. 부정관사는 명사의 성과수에 일치시킨다.

<예>

m. s.	남성단수	m. pl. 남성복수
un garçon un pain	소년 빵	dus garçons des pains
f. s.	여성단수	f. pl. 여싱복수
une fille une pomme	소녀 사과	des filles des pommes

2) 정관사

남성단수 le	여성단수 la	남녀성복수 les

부정관사와 마찬가지로 명사의 성. 수에 따라 일치시킨다.

<예>

단 수	복수
le père l'hôtel la viande l'anguille	les pères les hôtels les viandes les anguilles

※ le와 la 는 명사가 모음이나 무음 h 로 시작되는 단어 앞에서는 l' 으로 쓴다.

★ 정관사의 용법

(1) 총체적인 뜻 :

Le chien est un animal utile. (개는 유용한 동물이다.)

(2) 한정 (특징)사람 또는 사물

Leau de la fontaine est fraiche. (이 샘의 물은 신선하다.)

(3) 유인물 또는 이에 준하는 표현

le soleil, la lune, le ciel, le monde

(4) 신체 부분의 명칭

J'ai mal à lestomac. (나는 배가 아프다)

(5) 계절 방위 · 학술명 · 병명 · 순서 · 날짜 앞에서
le prinemps (봄), l´ouest (서쪽), la chimie (화학)
la grippe (유행성감기) le troisième étage (4층), le 15 aut (8월 15일)
(6) 가격 · 속도 · 무게의 단위 (낱개의 의미)
La viande coûte 5 frascs le kilo. (이 고기는 킬로그람당 값이 5프랑이다.)
(7) 가족관계
les Durand (뒤랑씨 가족)
(8) 고유명사는 사람이름과 도시이름을 제외하고 원칙적으로 정관사를 붙인다.
les Alpes. (알프스산맥) la France. (프랑스) la Seine. (세느강)

3) 부분관사

남성단수 de	여성단수 de la

주로 샐 수 없는 물질명사나 추상명사 앞에 놓여 [얼마만큼의] [약간의] 라는 듯을 갖는다. 명사가 모음이나 무음 h로 시작할 때는 de l´로 된다.

- 남성단수 du, de l´

du pain (약간의) 빵
du poisson (약간의) 생선
de l´ananas (약간의) 파인애플

- 여성단수 de la, de l´

de la soupe (소량의) 스프
de la viande (소량의) 고기
de l´eau (소량의) 물
de l´huile (소량의) 기름

4) 관사의 단축 : 전치사 à, de 와 정관사가 결합할 때 다음과 같이 단축된다.

구분	예	비고
à le→au de le→du	à le garçon →au garçon de le garçon →du garçon	자음 또는 유음 h로 시작하는 남성 단수 명사 앞에서
à les→aux de les→des	à les États-Unis→ aux Etats-Unis de les femmes →des femmes	모든 복수 명사 앞에서
à la→그대로 de la→그대로	à la fille de la dame	자음 또는 유음 h로 시작하는 여성 단수 명사 앞에서
à l´→그대로 de l´→그대로	à l´enfant de l´étudiante	모음 또는 무음 h로 시작하는 단수 명사 앞에서

주의 : 단축관사 du와 부분관사 du의 구별
le fils du professeur (선생님의 아들)-단축관사
Je bois du vin.(나는 술을 마신다)-부분관사

제4절 LE PESTAURANT

Le chef de rang
Sommelier
Serveur (garçon)/ Serveuse
Cher de cuisine / Cuisinier
Barman
Apprenti / Commis
Gérant
Fournisseur
Caissière
Femme de chambre
Brigade

LE RESTAURANT
Entrée
Bar
Salon
Salle à manger
Vestiaire
Cuisine

○ LES MEUBLES
Buffet
Chauffe - plat
Desserte / Gueridon
Table
Chaise / Chaise haute

Chariot
Disposition

○ LE REPAS
Petit déjeuner
Déjeuner
Heure du thé(goûter)
Dîner
Souper

○ ENTRÉE ;
- couteau à entremets.
- fourchette à entremets.

○ MISE EN PLACE(gastronemique) :
- grande assiette de base.
- assiette à pain,
- couteau à entremets (à beurre),
- berre à eau.
- serviette,
- petit matériel (sel et poivre ou ménage, dessous de carafe, numéro de bable)
- décoration florale.
- bougeoir.

○ POTAGE :
- grande cuillère.
FROMAGES (devant l´assiette) :
- couteau à entemets,
- fourchette à entremets.

SALADE(devant l´assiette):
- couteau à entremets,
- fourchette à entremets.

○ ENTRÉE :
- couteau à entremets,
- fourchette à entremets.
SALADE(duvant l´assiette):
- coutea à entremets,
- fourchette à entremets

○ GLACES :
- cuillère à entremets.
Verre à eau.
Verre à vin blanc.
Verre à vin rouge.

○ VIANDES - LEGUMES :
- grand couteau,
- couteau à poissons,
- fourchette à poissons.

제5절 LA CUISNE

○ Le personnel
Le patron du restaunant
Le chef de cuisine
Le cuisinier
Le cuisinier dans la partie poisson
Le cuisinier dans la partie viande
Le cuisinier-pâtissier

○ LES SECTIONS
Le Boucher
Le Saucier
Le Garde - Manger
L ´ Entremétier
La Pâtissier
Le Tour nant
Le Tour nant

○ LA CUISINE
Le congélateur
La cuisinière / cuisinière -
à gaz
L ´ égouttoir
L ´ étagère
L ´ évier
Le four

La poubelle
Le robinet
Le seau
Le surgélateur
Le tiroir

○ LE PERSONNEL

Le four à micro-ondes	le chef
Le fourneau	le sous - chef
Le réfrigérateur	le chef de partie
Le Frigidaire / le frigo	le commis
Le garde - manger	l ' apprenti
La hotte	
La machine à laver la vaisselle	
Les meubles	
L ' office	
Le placard	

제6절 명사의 여성

앞에서 설명한대로 모든 명사는 남성 또는 여성명사 중의 어느 하나로 고정되어 있으나 남성과 여성이 서로 대응하는 어미를 가진 명사 중에는 남성명사의 어미를 변형시킴으로써 여성명사를 만들 수 있는 것이 있다.

(1) 원칙적으로 남성명사의 어미에 -e

un ami un étudiant 학생	un amie 여자친구 une étudiante 여학생

(2) 남성명사의 어미가 -er → -ère

un cuisinier 조리사 un étranger 외국인	une cuisinère une étrangère

(3) 남성명사의 어미가 n, t→ 마지막 자음을 중복하고 + -e

un paysan 농부 un chien 개 un chat 고양이	une paysanne une chienne une chatte

(4) 남성명사의 엄가 -eur → -euse

un vendeur 판매인 un chaneur 가수	une vendeuse une chanteuse

(단, un acteur → une actrice)

(5) un maîktre → une amîtresse, un prince → une princesse

(6) 특수한 명화를 갖는 명사들

un époux 남편 un héros 영웅 un roi 왕 un veuf 홀아비	une épouse 아내 une héroine 여걸 une reine 여왕 une veuve 과부

(7) 남녀성이 공통으로 쓰이는 명사들 (이때는 관사로 성을 구별한다)

- un enfant – une enfant 아이
- un secrétaire – une secrétaire 비서
- un malade – une malade 병자
- un artiste – une artiste 예술가
- un élève – une élève 생도

(8) 남성 · 여성의 형태가 전혀 다른 명사가 있다.

un cheval	말	une jumant	
un neveu	조카	une nièce	
un boeuf	소	une vache	
un rère 아버지		une mère	어머니
un garçon	소년	une fille	소녀
un coq ekfr		une poule	
un mari	남편	unefemme	아내

제7절 명사의 복수

명사에는 단수와 복수가 있고, 원칙적으로 복수형을 만들려면 단수의 어미에 s를 붙인다는 것은 앞에서 배웠다. 그 밖의 규칙을 살펴보기로 한다.

(1) 단수의 어미가 s, x, z → 단 · 복수 같음

un ananas	파인애플	des ananas
un ris	양, 송아지 후두육	dus ris
un noix	호두	des noix
un perdrix	자고새	des perdrix
un nez 코		des nex
un riz	쌀	des riz

(2) 단수의 어미가 au, eau, ou → -x

un noyau	씨	des noyaux
un couteau	칼	des couteaux
un gâteau	케익	des gâteaux
un chou 양배추		des choux

(3) 단수의 어미가 al, ail → -aux
(s를 붙이는 경우도 있다)

un cheval	말	des chevaux
un travail	일	des travaux
un ail	마늘	des aulx(des ails)
un corail	산호	des coraux
un bal	무도회	des bals

(4) 특수한 복수형을 갖는 명사들

un monsieur	- des messieurs	남자에 대한 경칭
une madame	- des mesdames	부인에 대한 경칭
une mademoiselle	- des mesdemoiselles	미혼여성에 대한 경칭
un oeil	- des yeux	눈
un ciel	- des cieux(des ciels)	하늘

(5) 복수형의 발음이 달라지는 경우

un œuf 계란 un boeuf 소	des oeufs des boeufs

(6) 고유명사의 복수

- 고유명사를 복수로 하면 흔히 […과 같은 사람] 이라는 뜻으로 쓰인다.
- Les Molières 몰리에르와 같은 사람
- 고유명사에는 관사만을 복수로 하면 한 가족의 여러사람을 나타낸다.
- Les Duont 뒤뽕가족 (형제, 부처…)

(7) 합성명사의 복수

- 완전히 한 단어의 형태가 된 합성명사는 그 어미에만 복수형을 만든다.
- portefeuille - portefeuilles 지갑
- [명사 + 명사], [명사 + 형용사]는 둘 다 복수표시를 한다.
- chou - fleur - choux - fleurs 꽃배추
- 명사 다음에 전치사가 오면 앞의 명사만을 복수로 하고, 전치사 이후는 변형시키지 않는다.

제8절 형용사

형용사는 명사나 대명사를 직접, 간접으로 수식하여 그 속성이나 상태를 나타내거나 그 뜻을 한정한다.

형용사의 종류로는 품질형용사, 지시형용사, 소유형용사, 관계형용사, 의문형용사, 부정형용사, 수형용사 등으로 분류한다.

1. 품질형용사와 품질형용사의 성(性)

품질형용사는 명사 또는 대명사를 수식하며, 그 명사나 대명사의 성질 혹은 상태를 나타내어 부가형용사나 속사 등으로 쓰인다. 이 형용사는 그것이 수식하는 명사나 대명사를 성 · 수에 따라 어미가 변화한다.

불어에서는 형용사의 여성형은 남성형에서 만들며, 만드는 원칙이나 예외 등이 모두 명사의 여성형 만드는 법과 비슷하다.

(1) 일반적으로 남성 어미에 -e

남성	여성	
grand[grã]	grande[grãd]	큰
petit[pəti]	petite[pətit]	작은
court[kur]	courte[kurt]	짧은
chaud[ʃo]	chaude[ʃod]	뜨거운
froid[frwa]	freide[frwad]	찬
clair[klɛr]	claire[klɛr]	밝은, (색이)연한
salé[sale]	salée[sale]	짭짤한, 간을 한
sucré[sykre]	sucrée[sykre]	달콤한, 가당한
noir[nwar]	noire[nwar]	검은
bleu[blф]	bleue[blф]	푸른
brun[brõe]	brune[bryn]	갈색의
vert[ver]	verte[vert]	녹색의
orange[orãʒ]	orangée[orãʒ]	오랜지색의

(2) 남성 어미가 -e 로 끝난 것의 여성형은 명하지 않고 그대로

propre[propr]	깨끗한	jeune[ʒoeːn]	젊은
riche[riʃ]	풍부한, 부유한	pauvre[povr]	가난한
rouge[ruʒ]	붉은	rose[ro;z]	분홍색의
acide[asid]	(맛이)신	large[larʒ]	넓은
jaune[ʒon]	노랑색의	tendre[tadr]	부드러운
mince	얇은	coriace[korias]	고기가 질긴
sale[sai]	더러운		

(3) 남성의 이미가 l, n, s, t → lle, nne, sse, tte

natuel	naturelle	자연의, 천연의
pareil	pareille	같은, 비슷한
bon	bonne	좋은, 훌륭한
ancien	ancienne	고래의, 낡은
bas	basse	아래의
gras	grasse	지방성의
gros	grosse	굵은, 뚱뚱한

épais	épaisse	두꺼운, 짙은
violet	violette	보라색의
sot	sotte	우둔한

(4) 남성의 어미가 -er → -ére

premier	première	첫째의
amer	amère	(맛이) 쓴
léger	légère	가벼운
dernier	dernière	마지막의

(5) 남성의 어미가 -eur, eux → -euse

acheteur	acheteuse	구매자의
vendeur	vendeuse	판매자의
délicieux	délicieuse	맛있는
juteux	juteuse	즙이 많은

(6) 남성의 어미가 -c → -che, -que

blanx	blanche	흰색의
public	publique	공공의, 대중의
turc	turque	터키의

※ 다음은 -c로 끝났지만 특별한 어미가 붙는다.
grec - grecque 그리스 sec - séche 마른 / franc - franche 솔직한

(7) 남성 어미가 -g → -gue

long	longue	긴
oblong	oblongue	장방형의

(8) 남성 어미가 f → -ve

neuf	neuve	새로운
vif	vive	활발한,생기있는

(9) 그 이외의 변화

doux - douce frais - fraîche complet - complète muet - muette idiot idiote	부드러운 신선한 완전한 벙어리의 바보스런	faux - fausse roux - rousse secret - secrète net - nette dèlicat - dèlicate	거짓의 갈색의 비밀의 깨끗한 한

(10) beau(아름다운), nouveau(새로운), fou(미친), mou(물렁힌), vieux(늙은) 등은 남성 제2형을 가지며, 여성형은 남성 제2형에 -le 를 덧붙여 만든다.

beau nouveau vieux mou	bel nouvel vieil mol	belle nouvelle vieille molle

※ 남성 제 2형은 모음이나 무음 h로 시작하는 남성 단수형 앞에 쓰인다.

un beau fruit   un bel ananas

(11) 주요 국명 및 국민

국명		국민
Corée	한국	Coréen
Angleterre	영국	Anglais
France	프랑스	Français
Belgique	벨지움	Belge
Hollande	네덜란드	Hollandais
Norvege	노르웨이	Norvégien
Suède	스웨덴	Suèdois
Suisse	스위스	Suisse
Italie	이테리	Italien
Espagne	스페인	Espagnol
Prtugal	포르투칼	Portugais
Grèce	그리스	Grec
Union Soviétique	소련	Soviétique/Russe
Etats -Unis	미국	Américian
Canada	캐나다	Canadien
Chine	중국	Chinois

Inde	인도	Indien
Japon	일본	Japonais
Allemagne	독일	Allemand

2. 품질형용사의 수

형용사도 명사처럼 복수형이 있는데 그 방법은 명사의 복수형을 만드는 법과 같다. 앞의 명사를 참고하여 다음 예를 살펴보자.

형용사의 복수형 만드는 법

단순어미	복수어미	예
1. 규칙	-s	petit→petits,grand→grands
2. -s, -x	그대로	bas→bas,un boeuf gras→des boeufs gras 기름진 쇠고기
3. -eau	-x	beau→ beaux. nouveau→vouveaux
4. -al	-aux	royal - royaux

※ 모든 여성형복수는 여성형단수 +s 이다.

ex: beau (m) → belle (f) → belles (f.pl).

3. 품질형용사의 위치

품질형용사는 부가형용사로서 명사를 직접 수식할 때 명사 앞이나 뒤에 놓이는데 전반적으로 명사의 뒤에 놓이는 경우가 많다. 그러나 명사 앞에 놓는 것을 원칙으로 하는 형용사도 있다.

(1) 명사 앞에 오는 형용사

- 짧고 자주 쓰이는 형용사 : beau, bon, grand, gros, haut, jeune, joli, petit, vieux 등
- 보통 수형용사도 명사 앞에 온다. :
- le vingtième siècle 20세기 deux livres.

(2) 명사 뒤에 오는 형용사

- 색깔, 형태, 맛, 기후, 국적 등 그리고 비교적 음절이 긴 형용사

une fleur rouge 붉은꽃	la table ronde 원탁
l´eau salée 짠물	le vin chaud 더운 술
un planche craée 네모난 널판지	un temps froid 추운 날씨
la zone trepicale 열대지역	

(3) 명사 앞에 놓일 때와 뒤에 놀일 때에 뜻이 달라지는 것:

un cher ami 사랑하는 친구	un livre cher 비싼 책
le grand homme 위대한 사람	l´homme grand 키 큰 사람
la dernière année 마지막 해	l´année dernière 작년

4. 품질형용사의 일치

모든 형용사는 그것이 수식하는 명사(또는 대명사)의 성 · 수에 따라서 어미가 변화한다. 즉, 남성명사 단수를 수식하는 경우에는 형용사도 남성단수를, 남성명사 복수를 수식할 경우에는 남성 복수형을, 여성명사 단수를 수식하는 경우에는 여성 단수를, 여성명사 복수를 수식하는 경우에는 여성복수형을 사용해야한다.

이것이 < 형용사의 일치>라 부른다.

un grand jardin	큰 정원
une petite maison	작은집
des fruits succulents	즙이 많은 과일
des oranges acides	신맛이 나는 오렌지

5. 명사화한 형용사의 여성

사람 또는 지방을 가리키는 지리적 명칭의 형용사를 여성으로서 명사적으로 사용하여 [···풍]으로 쓴다.

frasçais는 [프랑스의]와 [프랑스인]의 뜻을 지닌 이형용사의 여성형은 française 이다, 그래서 à la mode française로 쓰던 것을 mode[양식]을 생략하여 사용한 것 이다. 이와 같이 parisien의 여성형은 paririenne로 [빠리풍]으로, à laparisienne으로 쓴다.

(1) 국명에서 따온 중요한 것

- française [arãsɛz]
- allemande [almãd]
- espagnole [espanɔl]
- portugaise [portygɛz]
- anglaise [ãglɛz]
- italienne [italjɛn]
- polonaise [polonɛz]
- russe [rys]
- danoise [danwaz]
- hollandaise [olãdɛz]
- indienne [ɛdjɛn]
- néerlandaise [neɛrlãdɛz]
- turque [tyrk]
- grecque [grek]
- hongroise [ɔgrwaz]
- norvégienne [nɔrve]
- suédoise [syedwaz]
- chinoise [ʃinwaz]
- japonaise [ʒaponɛz]

(2) 도시명에 온 것 :

alsacienne	béarnaise
bourguignonne	bretonne
champenoise	normande
provençale	bavaroise
flamande	
parisienne	lyonnaise
marseille	bordelaise
antiboise	cançalaise
nantaise	niçoise
nîmoise	rouennaise
strasbourgeoise	bâloise
florentine	genévoise

génoise	liégeoise
mayonnaise	milanaise
moscovite	napolitaine
vénitienne	viennoise

(3) 직업을 가리키는 것

bergére	banquière
bouchére	boulangére
charcutiére	fermière
comtesse	duchesse
impératrice	marquise
financiére	forestière
marinière	meunière
paysanne	princesse
reine	

제9절 수 형용사

수 형용사는 기수 형용사와 서수 형용사로 나눈다. 기수 형용사는 un, deux, trois …등이고, 서수 형용사는 premier, deuxième, troisième… 등을 말한다. 서수 형용사는 일반적으로 기수 형용사의 어미에 -ième 를 붙여서 만든다.

기수 형용사의 형태는 1~19까지가 기본이 된다.

1	un, une	2	deux	3	trois	4	quatre
5	cinq	6	six	7	sept	8	huit
9	neuf	10	dix	11	onze	12	douze
13	treize	14	quatorze	15	quinze	16	seize
17	dix-sept	18	dix-huit	19	dix-neuf		

(1) 1에는 남성 un과 여성 une 이 있다.

(2) 기수 형용사가 자음으로 시작되는 말 앞에서 쓰일 때는 cinq, six, huit, dix 의 마지막 자음을 발음하지 않는다.

(단독의 발음)

5	cing[s@:k]	→	[s@] :	cinq livres	[s@li:vr]	5권의 책
6	six [sis]	→	[si] :	six femmes	[sifam]	6명의 여자
8	huit[ɥit]	→	[ɥi] :	huit plumes	[ɥiplym]	8자루의 연필
10	dix [dis]	→	[di] :	dix garcons	[digars@]	10명의 소년

20~69까지의 성립양이 같다.

20 vingt	21 vingt et un	22 vingt-deux
23 vingt-tois	24 vingt-quatre	25 vingt-cing
26 vingt-six	27 vingt-sept	28vingt-huit
29 vingt-neuf	30 trente	31 trente et un
32 trente-deux	40 quarante	41 quarante et un
24 quarante-deux	50 cinquante	51 cinquante et un
60 soixante	69 soixante-neuf	

70~99 까지에서 70대와 90대는 각기 60과 80에 10~19 까지를 더해준다. 80대는 80에다 1~9 까지를 더해준다.

70 soixante-dix	71 soixante et onze	72 soixant-douze
80 quatre-vingts	81 quatre-vingt-un	82 quatre-vingt-deux
90 quatre-vingt-dix	91 quatre-vingt-onze	99 quatre-vingt-dix-neuf

100 이상 다음과 같다.

100 cent	101 cent un	200 deux cents
201 deux cent un	1000 mille	2000 deux mille
1만 dix mille	10억 cent mille	100만 un million
1000만 dix millions	10억 un milliard	1조 un billion

(3) vingt과 cent의 배수는 복수를 나타내는 s를 취하지만 뒤에 계속해서 다른 숫자가 따르면 s를 생략한다.

(4) mille는 복수형이 없다. 연대를 표시할 때는 mil을 사용한다.
L´an mil neuf cent quatre-vingt-six : 1986년
trois mille : 3천

(5) 기수 형용사는 일반적으로 명사 앞에 놓인다.

서수 형용사

1er	premier	4e	puatrieme	8e	huitieme
2ere	premiere	5e	cinpuieme	9e	neuvieme
3e	deuxieme	6e	sixieme	10e	dixieme
4e	troisieme	7e	septieme	21e	vingt et unieme

(1) 어미가 -e일 때는 e를 없애고 ième를 붙인다.
quatre-quatrième

(2) deuxième 대신에 second [səgɔ]/secondc[səg@d]를 쓰기도 한다.

(3) 날짜[1일]만 서수로 쓰며 [2일]부터는 기수를 쓴다.

제10절 주어 인칭대명사와 ETRE 동사

1. 주어 인칭대명사와 être 동사

1인칭	je suis [ʒəsɥi]	나는 ~이다
2인칭	tu es [ty e]	너는 ~이다
3인칭	il est [il e]	그는(그것) ~이다
	elle est [ɛl e]	그녀는(그것) ~이다
1인칭	nous sommes [nusɔm]	우리는 ~이다
2인칭	vous êtes [vuzɛt]	당신은(당신들은)~이다
3인칭	ils sont [il sõ]	그들은(그것) ~이다
	elles sont [ɛl sõ]	그녀들은(그것) ~이다

주어 인칭 대명사 je, tu, il(elle), nous, ils(elles) 은 문장 성분상 동사의 주어로서 사용되는 인칭대명사이다.

<예문>

Je suis grand.	나는 키가 크다.
Tu es grand.	너는 키가 크다.
Il est grand.	그는 키가 크다.
Elle est grande.	그녀는 키가 크다.
Nous somme grands.	우리는 키가 크다.
Vous êtes grands.	당신들은 키가 크다.
Ils sont grands.	그들은 키가 크다.
Elles sont grandes.	그녀들은 키가 크다.

2. 주어 인칭대명사와 ETRE 동사의 용법

긍정형	부정형	의문형
je suis	je ne suis pas	suis-je?
tu es	tu n´es pas	es-tu?
il est	il n´est pas	est-il?
elle est	elle n´est pas	est-elle?
nous somme	nous ne sommes pas	somme-nous?
vous êtes	vous n´êtes pas	êtes-vous?
ils sont	ils ne sont pas	sont-ils?
elles sont	elles ne sont pas	sont-elles?

(1) être는 영어의 be동사에 해당하며 불규칙변화를 한다.

(2) 1인칭 단수 je는 모음 또는 무음의 h로 시작하는 단어 바로 앞에 올 때는 e가 생략되어 j´가 된다.

(3) 2인칭의 tu는 가족·친구간에 사용하고, vous는 존칭, 2인칭복수로 사용된다. 따라서 vous는 단수·복수를 겸한다.

ex. Vous êtes
- grand. (vous는 남성단수·존칭)
- grande. (vous는 여성단수·존칭)
- grands. (vous는 남성복수)
- grandes. (vous는 여성복수)

(4) 3인칭은 남·녀 성 구별이 있고 사람 또는 사물을 받는다.

ex : Voici un garçon. Il est grand.
Voilà une amison. Elle est petite.

(5) 부정형의 ne~pas는 동사의 앞뒤에 위치하며 ne는 모음 또는 무음 h앞이면 모음생략해서 n´로 된다.

(6) 의문형은 동사·주어 사이에 trait d´union(연결부호 : -)을 한다.

(7) etre의 용법은 다음과 같다.

① 존재의 뜻 : ~있다, ~존재하다.
Nous sommes dans la classe.

② 속사를 동반 : ~이다.
Vous êtes Francais.
Je suis petit.

③ 복합시제에서 조동사로 사용(복합과거 참조)
Il est parti hier.

참고 사이트

교육과학기술부, http://www.mest.go.kr
농림수산식품부, http://www.mifaff.go.kr
매일경제신문, http://www.mk.co.kr
식품외식경제신문, http://www.foodbank.co.kr
식품의약품안전청, http://www.kfda.go.kr
에너지관리공단, http://www.kemco.or.kr
축산물품질평가원, http://www.ekape.or.kr
통계청, http://www.kostat.go.kr
한국급식식자재위생관리협회, http://www.kfmsa.or.kr
한국산업안전공단, http://www.kosha.or.kr

자료 협찬

(주)대경나이프
(주)대신종합주방
(주)우정베이커리시스

[저자 소개]

• 김용문

공주대학교 대학원 식품공학과 박사과정 수료
현) 중국 청도주점관리학원 객좌교수
(사)한국음식문화원 상임이사
혜전대학교 호텔조리외식계열 한식전공 전공장

• 박기오

세종대학교 관광대학원 호텔경학과(외식경영석사)
국토해양부 산하기관 제주국제자유도시개발센터 식음시설 심사위원
혜전대학교 호텔조리외식계열 한식전공 외래교수
제임스조리컨설팅 대표

• 권오천

경기대학교 관광전문대학원 관광학박사(외식산업경영전공)취득(2006.2)
현) (사)한국조리학회 수석이사
현) (사)한국향토음식진흥원 부원장
현) 경남도립남해대학 호텔조리제빵과 학과장

• 황성원

수원과학대학교 호텔조리제빵계열 서양조리, 외식경영 담당교수
The Art Institute of Colorado Culinary Arts 전공
르꼬르동블루 MBA 호스피탈리티 경영학 전공
하얏트 호텔 메인 주방 근무-Denver, Colorado, 한국관광공사 (주)그랜드코리아레저 식음료 조리장

• 박윤주

현) 세종호텔실용예술전문학교 호텔조리과 겸임교수
세종대학교 관광대학원 외식경영학과 석사
국가공인 조리기능사 실기시험 감독위원
전) 롯데호텔 프렌치업장 근무

green 주방관리론

2012년 3월 2일 1판 1쇄 발행
2016년 3월 7일 1판 2쇄 발행

지은이: 김용문 · 박기오 · 권오천 · 황성원 · 박윤주
펴낸이: 박 정 태

펴낸곳: **광 문 각**

10881
경기도 파주시 파주출판문화도시 광인사길 161
광문각빌딩 4층
등 록: 1991. 5. 31 제12-484호
전화(代): 031)955-8787
팩 스: 031)955-3730
E-mail: kwangmk7@hanmail.net
홈페이지: www.kwangmoonkag.co.kr

ISBN : 978-89-7093-663-5 93590

정가 : 27,000 원

한국과학기술출판협회회원
KSPA